임베스트
CISA

# 임베스트 CISA

임베스트 | www.LimBestCisa.com

임호진 · 김동현 · 홍미연 · 문홍기 지음

이담 Books

# 임베스트와함께 정보보안전문가로 가는길 ～
# 국가 보안전문가로 가는 단계적 전략……!

임베스트 정보보안 로드맵은 정보보안전문가로 가는 가장 빠르고 현실적인 방법을 제시합니다. 또한 지속적인 사회 활동과 장농면허가 아닌 사회에서 활용될 수 있는 현실적인 접근방법을 제시합니다.

## 공인 정보보안전문가 사이버 침해대응

### 정보보안기사 및 CISSP, CISA

- 해킹 및 사이버 테러의 증가로 50인 이상 사업장에 정보보호전문가 배치
- 정보보호 전문가로 인정받는 공인 자격증으로 대기업 및 공공기관 입사 시에 혜택부여

### 정보보안기술사 및 정보처리기술사

- 정보보안기사 이후 향후 정보보안기술사 제도 시행 예상 현재로써는 정보처리기술사(정보관리기술사 및 컴퓨터 응용시스템 기술사)가 대행하여 수행
- 기술사 취득과 합격 수석감리원증 자동 발급

## 정보보안시스템 및 개인 정보 인증 심사원

### ISMS 및 PIMS 인증 심사원

- 2013년부터 ISMS 인증 심사 의무화
- 개인정보보호에 관한 법률에 근거하여 개인정보에 객관적 인증 평가 PIMS
- 인증심사, 정기심사, 사후 및 갱신심사 실시

### 정보시스템감리사 & 수석감리원

- 의무감리제도 시행으로 공공 정보화 사업 감리 수행 정보시스템감리사 취득으로 수석감리원증 발급

임베스트 정보보안 CISSP (www.LimBestCissp.com)

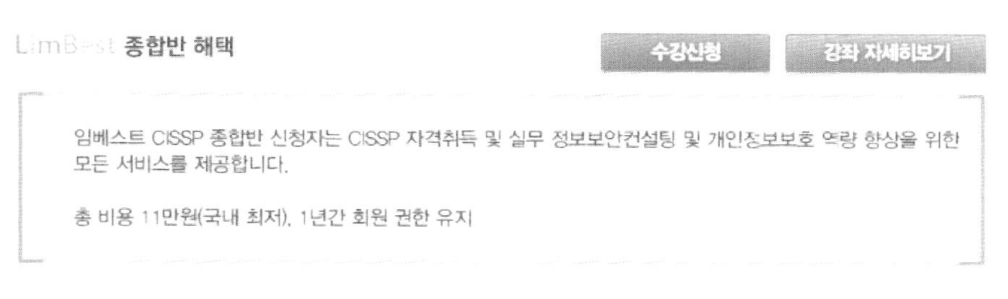

임베스트 CISSP 종합반 신청자는 CISSP 자격취득 및 실무 정보보안컨설팅 및 개인정보보호 역량 향상을 위한 모든 서비스를 제공합니다.

총 비용 11만원(국내 최저), 1년간 회원 권한 유지

1. CISSP 기본반 및 문제풀이(한번신청으로 합격까지 모든 서비스 제공)

2. CISSP 문제은행을 기반으로 하는 문제풀이 서비스

3. 정보안컨설팅(ISMS), 개인정보보호(PIMS), 정보시스템감리에 실무 학습 제공

   OWASP 10대 웹 취약점, 국정원 8대 취약점에 대한 웹 시스템 설계, PIMS 진단방법 등 예방조치 방법을 제시

4. 별도의 서적구매가 필요없는 eBook 서비스

   ※ 개인적으로 별도의 CISSP 관련 서적을 구매할 필요가 없음

임베스트 정보보안 CISSP 과정 소개

– 정보처리기술사 온톨로지 학습기 개발 및 특허출원(Open 10개월 만에 300명이 넘는 신청)
– 정보처리기술사 학습방법, 과목별 범위, 기술사 효과 및 진로 등 다양한 정보제공(국내 최저비용의 정보처리기술사 학습 비용, 66만 원)

임베스트 정보처리기술사 (www.LimBest.com)

임베스트 프로젝트 관리 (www.LimBestpmp.com)





임베스트 PMP 과정 소개

임베스트 CISA (www.LimBestcisa.com)



임베스트 정보보안 CISSP 과정 소개

# eLearning Service

www.Boangisa.com

- 국내 최초의 정보보안(산업)기사 전문 사이트
- 국내 최초로 정보보안(산업)기사 서적 집필
- 임베스트보안(산업)기사 오픈 한 달 만에 100명이 넘은 보안인이 임베스트에 참석하였습니다. (임베스트 정보보안(산업)기사 종합반 참석자는 모든 책을 무로로 받을 수 있습니다. 종합반 비용 16만 원)

# 임베스트 정보보안(산업)기사 서적

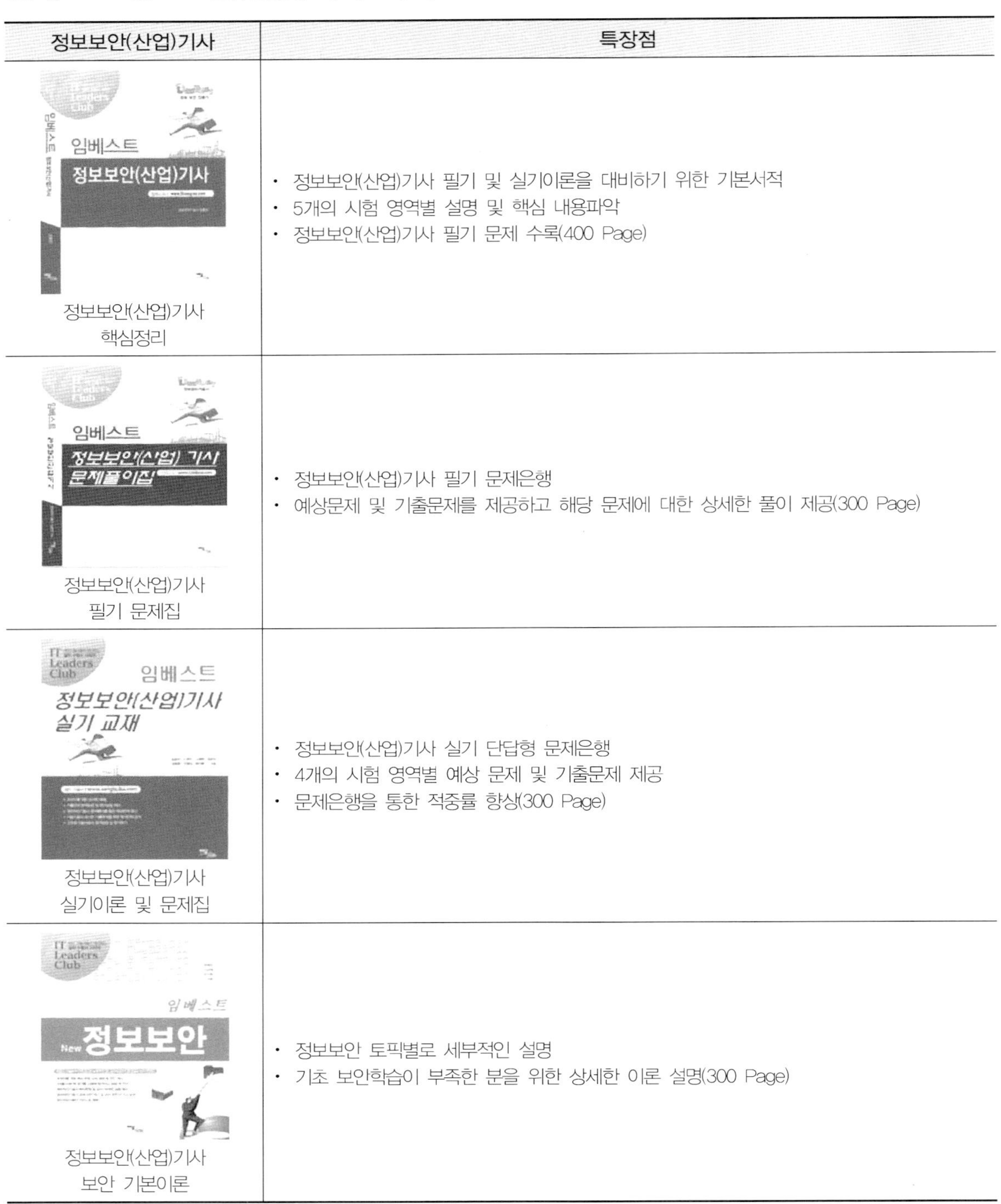

| 정보보안(산업)기사 | 특장점 |
| --- | --- |
| 정보보안(산업)기사<br>핵심정리 | • 정보보안(산업)기사 필기 및 실기이론을 대비하기 위한 기본서적<br>• 5개의 시험 영역별 설명 및 핵심 내용파악<br>• 정보보안(산업)기사 필기 문제 수록(400 Page) |
| 정보보안(산업)기사<br>필기 문제집 | • 정보보안(산업)기사 필기 문제은행<br>• 예상문제 및 기출문제를 제공하고 해당 문제에 대한 상세한 풀이 제공(300 Page) |
| 정보보안(산업)기사<br>실기이론 및 문제집 | • 정보보안(산업)기사 실기 단답형 문제은행<br>• 4개의 시험 영역별 예상 문제 및 기출문제 제공<br>• 문제은행을 통한 적중률 향상(300 Page) |
| 정보보안(산업)기사<br>보안 기본이론 | • 정보보안 토픽별로 세부적인 설명<br>• 기초 보안학습이 부족한 분을 위한 상세한 이론 설명(300 Page) |

(現) SPE 기술사 컨설팅 CEO, 서울과학기술대학교 박사수료
　　　한국 공인감리단 감리원, ISMS 인증심사원
(前) LIG 시스템 · 한국IBM SCC 차장, 동양종합금융증권 과장
74회 정보관리기술사, 수석감리원, PMP, ITIL, MCSE, OCP,
투자상담사, 교원자격
메일 limhojin@lycos.co.kr　전화 010-9043-5223

### 경력

- IBM SCS: 건강보험심사평가원 차세대 DW 구축 컨설팅
- 동양종합금융증권: 차세대 금융시스템(ISP/EA/SOA), 홈 트레이딩 시스템, 고객접점 CRM, 온라인 경영정보시스템 외 다수
- 일본 NTT Data, NTT DoCoMo CTI 프로젝트
- 토지개발공사, 소방방재청 외 다수 감리

### 강의

- 정보처리기술사 수검전략, 정보보안, 경영, 소프트웨어공학, 데이터베이스, 네트워크, 컴퓨터 구조, 보안 등 전 부둔 강의(8년)
- OWASP(The Open Web Application Security Project) 대응방법 강의
- 삼성전자: 소프트웨어 분석설계 강의
- 비트컴퓨터: 소프트웨어 공학 강의
- 중소기업협회: 정보시스템 보안 강의
- 행정안전부: IT 프로페셔널, IT 최신 기술 강의

저자소개
# 김동현

(現) 한국정보기술단 수석
(前) 한국신용정보
CISA, 정보관리기술사, 수석감리원
메일: jay4485@paran.com

강의

−세리기술사: 정보관리기술사 데이터베이스 및 IT 최신기술 강의, 세리기술사
 기술과정 전문강사 및 스터디 지도 기술사

(現) 한국 RFID/USN 협회, 쌍용정보통신 교육센터 근무
경기대학교 행정학과, 평생교육사

## 저자소개
# 문홍기

(現) 한화, 컴퓨터응용시스템 기술사, CISA, CISSP, 수석감리원

경력
- 서울대학교 보안인프라 진단/분석 프로젝트
- 대림산업 Enterprise NAC-NAP 통합보안 프로젝트
- 한국투자증권 SSO/IAM 보안 고도화 프로젝트 등 담당

# 머리말

　임베스트 CISA는 IT Governance의 실현과 IT 감사 전문가를 위해서 집필되었습니다. 임베스트 CISA는 총 5개의 Step으로 Step 1은 정보시스템 감사 프로세스, Step 2는 IT 거버넌스 및 관리, Step 3은 정보시스템의 획득, 개발 및 구현, Step 4는 정보시스템 운영, 유지보수/지원, Step 5는 정보자산의 보호로 구성됩니다.

　각 영역은 출제 가능한 예상문제를 포함하고 있어서 학습 이후 자신의 실력을 객관적으로 검증할 수 있습니다. 본 책은 CISA 자격증을 준비하는 분에게 가장 효과적으로 키워드를 전달하고 넓은 범위를 포함하는 CISA 영역을 체계적으로 학습하도록 이끌어 줄 것입니다.

　임베스트 패밀리는 아래와 같이 IT 자격증에 대한 전문 사이트를 운영하고 다양한 정보를 제공하고 있습니다.

❖ 임베스트 정보보안전문가
  - www.LimBestcisa.com (CISA 자격 취득 준비)
  - www.Boangisa.com (정보보안 기사 및 정보보안 산업기사 자격 취득 준비)
  - www.LimBestcissp.com (CISSP 자격 취득 준비)

❖ 임베스트 PMP
  - www.LimBestpmp.com (PMP 자격 취득 준비)

❖ 임베스트 & 세리 정보처리기술사 및 정보시스템감리사
  - www.seirigisulsa.com (기술사 오프라인 학습)
  - www.Limbest.com (기술사 및 감리사 e-Learning 통합 교육)
  - www.serigamrisa.com (감리사 오프라인 학습)


　CISSP, CISA, 정보보안기사, PMP, 정보처리기술사 및 정보시스템감리사, 정보통신기술사 학습 도중에 궁금한 점이 있으면 언제든 연락 바랍니다.

(limhojin@lycos.co.kr 및 limhojin123@naver.com, HP: 010-9043-5223)

여러분께 합격의 영광이 있기를 바랍니다.

임호진, 김동현, 홍미연, 문흥기 기술사, CISA, CISSP, PMP

# 목차

## 1 STEP 정보시스템 감사 프로세스



## 2 STEP IT 거버넌스 및 관리

# 정보시스템 감사 프로세스

# 1. 정보시스템 감사 개요

(1) 정보시스템(IS: Information System) 감사의 개념
 － 기업의 정보시스템에 대한 통제를 검토하고 정보시스템의 효율성, 효과성을 점검하는 기능


(2) 정보시스템(IS) 감사의 필요성

| | |
|---|---|
| **정보시스템의 중요도 증가** | － 기업의 정보시스템에 대한 의존도는 계속해서 증가 및 투자규모 확대<br>－ 정보시스템을 통한 경영혁신<br>　　예) BPR, ERP, SCM, CRM 등 |
| **정보시스템의 위험관리** | － 사이버 침해 공격에 대한 위험 노출<br>　　예) DDOS)로 정보보안 및 경영과 연계<br>－ 정보시스템을 점검(효율성, 효과성, 안전성 등)하고, 정보시스템을 통해 경영 목적을 달성하지 못하는 위험을 적절한 수준으로 관리함 |


(3) 정보시스템감사의 기능
① 감사 기능의 목표 달성과 감사인의 독립성과 전문성이 보장될 수 있도록 관리 및 지휘 역할
② 감사기능 역할은 경영진이 승인한 감사헌장에 정립


(4) IS 감사 기획

| | |
|---|---|
| **장기기획** | － IT전략 변경 등 중대한 변화 |
| **단기기획** | － 당해연도 감사이슈 |

－적어도 1년에 한 번씩 이슈 분석 수행 및 필요 시 갱신


(5) 감사헌장
 －감사에 대한 경영진의 목적, 감사 범위 및 책임, 권한위험 사항 기술되어 있고, 최고경영자가 승인

| 주요 항목 | 내용 |
|---|---|
| **의무** | － 범위, 목적, 독립성<br>－ 피감사인의 구비사항<br>－ 핵심 성공요인 및 주요 성과지표 |
| **권한** | － 위험 평가<br>－ 감사 수행과 관련된 정보, 시스템, 직원<br>－ 범위 혹은 모든 범위의 제약<br>－ 조항에 대한 합의 및 계약조건에 대한 증거 |
| **책임성** | － 피감사인의 권리<br>－ 품질검토<br>－ 합의 사항, 합의일자 및 가능하다면 합의된 예산 |

(6) 정보시스템 감사 대상 영역

| 단계 | 활동 |
| --- | --- |
| IT 관리 및 거버넌스 | – IT 거버넌스, 프레임워크(Framework) 기준(Standards) 가이드라인<br>– 정보시스템 전략(IS Strategy), 정책(Policy), 절차(Procedure)<br>– IT 조직, 구조, 규칙 및 책임성(Role & Responsibility)<br>– 품질관리 체계<br>– 공급업체 관리(선정, 계약, 관계)<br>– IT 성과 평가 |
| IS 획득, 개발 및 구현 | – 시스템 아키텍처<br>– 프로젝트 관리(PM)<br>– 정보시스템 개발방법론 및 관련 테스트 및 구성관리<br>– 시스템 이행 및 인프라 설치<br>– 구현 후 검토 |
| IS 서비스 운영, 유지보수 지원 | – 서비스 수준 관리(SLM)<br>– 서비스 지원: 서비스 데스크, 사건(Incident) 및 문제관리, 구성관리 변경관리, Release 관리 등<br>– 서비스 전달: 용량 및 성능 계획 모니터링, 비즈니스 연속성 및 재해 복구 계획 등 |
| 정보자산의 보호 | – 보안 통제의 설계, 구현, 모니터링<br>– 위험의 모니터링 및 대응<br>– 논리, 물리, 관리적 접근통제 수행: 네트워크 인프라 보안, 포렌식 기밀정보 관리, 데이터 분류 등 |

# 2. 정보시스템 감사 프로세스

(1) 정보시스템 감사 프로세스의 정의
- 정보시스템을 보호하고 통제하는 것을 지원할 수 있도록 IT 감사기준에 따라 감사 서비스를 제공하는 데 필요한 지식을 갖추도록 하는 절차 및 통제 활동

(2) 정보시스템 감사 프로세스의 프레임워크
- ISACA(정보시스템감사협회)의 정보시스템 감사 프레임워크: 5대 과업과 20개의 지식설명문이 존재
- 과업별 지식 설명문, 설명문에 대한 주요 개념과 CISA 평가매뉴얼을 연계
- IS 감사인이 과업을 달성 조건
  · ISACA의 IT 감사 및 보증
  · 가이드라인
  · 도구 및 기법 가능한 기준제시
  · 직무윤리강령
  · 기타 적용: 정보시스템(IS) 감사 프레임워크를 수립한 기업이 그렇지 않은 기업에 비해 공식화 정도가 높다.

(3) 정보시스템 감사 프로세스의 내용
- IS 감사인의 역할 및 관련 책임, 감사 독립성 및 권한 수준의 확보, 감사 요구사항의 기획
- ISACA 기준과 가이드라인에 대해 요구되는 준수도, 감사 접근방법의 명확한 식별
- 감사 위험과 비즈니스 위험 파악, 감사 증적과 의존성, 준거성 테스트와 실증 테스트, 감사의 책임
- 구현된 통제 및 통제 절차의 목적들간 차이점 등을 평가

(4) 감사계획의 수행절차
- 기밀성, 가용성, 무결성 등 IS요구사항과 비즈니스 목적, 목표, 프로세스의 이해
- 정책, 지침, 절차, 조직구조 파악
- 위험분석 IT내부통제 검토
- 감사범위, 목적수립, 감사접근방법 및 전략 수립
- 감사 인적자원 할당 등 감사 준비

⑸ 감사계획 수립 시 고려사항

－정보시스템 외부 환경 이해: 위험평가, 사업위험, 비즈니스 실무, 기능, 자원제약 요소 등

－법률과 규제 사항 확인: IS사업과 관련된 법규 및 규제사항 확인

　※ 관련 법규의 예: HIPAA, GLBA, SOX/COSO, 바젤II


⑹ IS 감사인의 감사 수행 전 준비 활동

－조직의 핵심설비 견학, IS 배경 관련 자료 및 장기 전략계획 검토

－주요 관리자와 면담, 적용되는 규제의 조사

－전기 감사보고서의 검토 등

# 3. ISACA의 IT 감사 및 보증 기준과 가이드라인

(1) 목적
- 감사의 전문적 특성, 기술의 전문성으로 인해 전세계적으로 정보시스템 감사에 구체적으로 적용되는 정보시스템 감사기준이 필요 ☞ 준수 의무사항

| 이해관계자 | 목적 |
| --- | --- |
| 감사인 | - 직업윤리강령에 명시된 전문가로서 책임을 완수하기 위한 최소한의 사항 공지 |
| 피감사인<br>(고객, 경영진 등) | - 전문 감사인이 제공하는 작업 수준 공지 |

※ IS 감사에 대한 이해도 제고, 고품질 IS감사 서비스 제공

(2) ISACA의 직업윤리 강령
- 전문 직업인으로서 객관적이고 정직한 정당한 의무를 수행
- 준법적, 정직, 품격 유지, 신뢰성 유지
- 프라이버시와 기밀 유지
- 적절한 대상자에 수행한 작업결과 및 감사 후 발견한 모든 중대한 사실 통보 등

(3) ISACA IT 감사 및 보증 기준의 구성

| 구분 | 내용 |
| --- | --- |
| 기준(Standards) | - IS감사에서 의무 준수 사항 |
| 가이드 라인(Guidelines) | - 적용 지침, 전문가적 판단에 근거, 비준수 시 정당성 입증해야 함 |
| 절차(Procedures) | - 절차의 사례 및 옵션 |

(4) IT 감사 및 보증 기준

| 기준 | 내용 |
| --- | --- |
| 감사헌장(Audit Charter) | - IS감사의 목적, 의무, 권한, 책임성을 적절하게 문서화 |
| 독립성 | - 전문가로서의 독립성(태도/외관), 조직상의 독립성 |
| 직업 윤리 및 기준 | - ISACA직업윤리강령 준수, 전문 직업인으로서의 정당한 주의의무 |
| 적격성(Competence) | - 지속적 교육 및 훈련으로 역량 유지 |
| 감사 계획수립 | - 계획수립, 위험 기반 감사접근 방법 개발, 감사프로그램 개발 |
| 감사 업무의 수행 | - 감독(감사인 감독), 증거(충분성, 신뢰성, 관련성), 문서화 |
| 보고(Reporting) | - 감사보고서 제출<br>- 감사보고서 항목: 범위, 목적, 기간, 방법과 시기, 범위, 발견사항, 결론 및 권고안, 유보/한정/제한 사항 |

| 사후관리 활동 | – 감사인이 정보를 요청, 적절, 적시 조치 여부를 파악 조치 결과를 평가 |
|---|---|
| 부정행위 및 불법행위 | – 조직에 영향을 미치는 사항을 경영진, 내부통제 간부에 통보 |
| IT 거버넌스 | – IS 기능이 조직 미션, 비전, 가치, 목표, 전략과의 연계성을 검토 평가<br>– IS에 대한 성과 평가: 효과성, 효율성의 기준<br>– 법적, 환경적, 정보적 품질, 수탁관리, 보안 요구사항 준수 검토 평가<br>– 위험기반 접근 평가 |
| 위험평가를 활용한<br>감사계획 수립 | – 우선순위 결정시 위험요소 평가 기법 및 접근방법<br>– 검토대상 분야 위험요소 파악 평가 |
| 감사 중요성 | – 비효과적 통제, 통제의 부재, 통제 결함의 중요성과 중대한 결함<br>– 중요한 취약점을 초래하는 가능성 공개 |
| 다른 전문가의 작업 이용 | – 다른 전문가의 작업결과의 적절성 평가, 활용 및 의존 정도 결정 |
| 감사증거 | – 합리적 결론 뒷받침할 충분하고 적절한 감사증거 획득 및 평가 |
| IT 통제 | – 설계 및 구현, IT 통제의 운영, 개선 관련 자문 |
| 전자상거래 | – 전자상거래 트랜잭션 통제위험 평가 |

(5) ISACA IT 감사 및 보증 가이드라인

－직무상 필요한 주제를 식별하기 위해 철저하게 검토

－주요 내용: ISACA IT 감사 및 보증 가이드라인은 총 42개 항목이 있음

| 보증 가이드라인 | 내용 |
|---|---|
| 다른 감사인의 작업 이용 | – IS 감사 시 해당 전문 분야의 회계법인, 경영컨설턴트, IT 전문가 감사인 작업을 이용 |
| CAAT(컴퓨터이용 감사기법)이용 | – GAS, 맞춤형 질의 및 스크립트, 유틸리티 소프트웨어, 추적 매핑 도구 |
| IS 아웃소싱 | – 사용자에 계약조건 및 법규 준수 여부 확인 책임 |
| 위험평가를 이용 | – 위험평가를 이용한 감사계획 |

(6) ISACA IT 감사 및 보증을 위한 도구 및 기법

－IS 위험진단, 저자서명, 침입탐지, 바이러스 및 악의적인 코드, 자가통제, 위험파악, 방화벽, 부정
  및 불법행위, 보안평가, 암호화 통제, 변경통제, 전자자금이체

(7) 정보기술 보증 프레임워크(ITAF: Information Technology Assurance Framework)

－감사/보증 설계, 실행, 보고 지침

－보증에 대한 용어와 개념정의

－감사/보증 전문가의 역할과 책임, 지식, 기술, 주의의무, 실행 보고 요구사항 기준 수립

# 4. 위험분석

(1) 위험의 정의
- ISO 13335-1의 정의: 주어진 위협이 자산 또는 자산의 집단의 취약성을 이용해서 조직에 해를 끼칠 잠재성
- ISACA Risk IT 프레임워크: IT위험은 비즈니스 위험으로 조직에서 IT를 사용, 소유, 운영, 도입하는 것과 관련된 비즈니스 위험

(2) 위험분석의 개념
- 감사계획 수립과정의 일부, 위험과 취약성을 식별하여 위험을 감소시키는 데 필요한 통제를 결정
- IT 위험관리를 조직 전반의 위험관리에 통합
- 조직의 위험 정도, 위험성향, 위험 허용한계에 대해 정보에 입각한 의사 결정하여 위험에 대응하는 방법이해

(3) 위험분석 절차
① 비즈니스 목적을 파악
② 비즈니스 목적을 지원하는 정보자산 식별
③ 위험진단 수행: 위협 요소—취약성—발생가능성—영향도에 대한 위험 진단
④ 위험 완화조치 수행: 위험 요소별 통제 매핑하여 위험 완화조
⑤ 위험 처리 수행: 완화되지 않는 위험요소 처리
　※ 위험에 대한 주기적 위험 재평가 및 프로세스 반복 수행

# 5. 내부통제

## 5.1 내부통제 이해

(1) 내부통제의 개념

- 위험을 경감하기 위해 이행되고 있는 정책, 절차, 실무 관행, 조직구조
- 비즈니스 목표를 달성하기 위하여 의도하지 않는 위험사상을 준거성 또는 경영층이 수립한 방책에 근거하여 예방, 적발 또는 수정할 수 있도록 하는 데 대해 합리적인 보증을 제공하기 위한 것

(2) 내부통제의 분류

① 발생 시점별 통제 유형

| 구분 | 기능 | 통제방안 |
| --- | --- | --- |
| 예방통제<br>(사전) | – 문제발생 전 탐지<br>– 운영 및 입력 모니터링<br>– 잠재적 문제 발생 전 예측, 조정<br>– 오류, 누락, 악의적 행위 예방 | – 자격을 갖춘 직원 고용<br>– 직무 분리 및 시설물 접근통제<br>– 트랜잭션 승인 절차 수립<br>– 자동편집검사 수형<br>– 접근통제 S/W사용 |
| 적발통제<br>(실행) | – 발생한 오류 및 누락 여부 확인<br>– 악의적 행위 탐지 및 보고 | – 해시합계<br>– 실행 작업의 점검항목<br>– 에코(ECO)통제(통신)<br>– 계산 결과 중복 점검<br>– 지급기일 경과 매출채권 보고서 감사 |
| 교정통제<br>(사후) | – 위협 영향 최소화<br>– 적발된 문제 교정 조치<br>– 원인 파악 및 오류교정<br>– 처리시스템 수정 | – 비상계획 수립<br>– 백업 절차<br>– 재실행 절차 |

※ 보안통제: 약한 통제 + 강한 통제
※ 중복통제: 강한 통제 + 강한 통제

② 일반적 통제 및 정보시스템 통제 유형

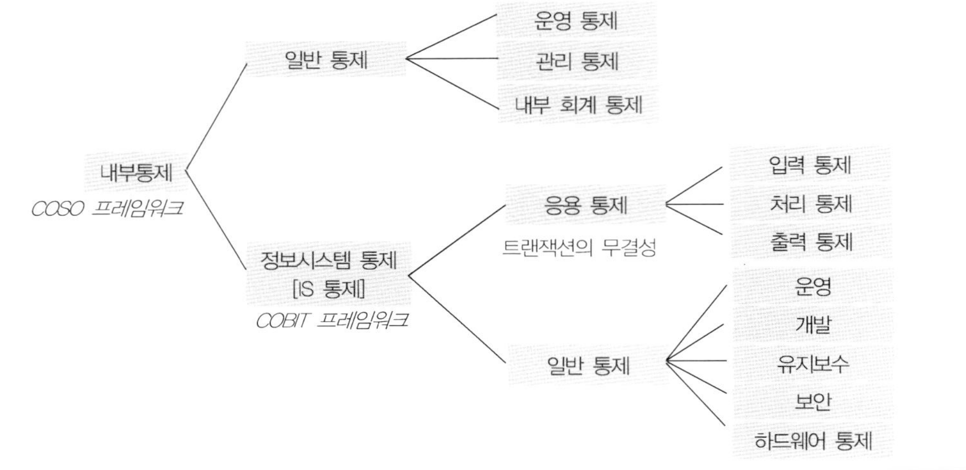


※ 일반통제
- 운영: 백업 및 복구, 배치 작업, SLA/SLM, 성능/용량관리, 구성관리, 문제관리
- 개발: 방법론 표준 준수, LC별 산출물 관리
- 유지보수(변경관리): 변경 정책, 승인 절차, 개발/운영, 테스트 산출물
- 보안: 물리적 보안, OS, DB, Application, N/W
- 하드웨어 통제: 벤더가 내장한 패리티 체크, 범위보호, 이중 판독 등

(3) 정보시스템 측면의 내부통제 목적

| 구분 | 내용 |
| --- | --- |
| 관리적 측면 | - 경영정책의 준수를 포함하여 정보기술 자산 보호 및 운영의 효율적 수행<br>- 법적, 제도적 요구사항을 준수하고 부정과 오류의 발생 방지와 발견 |
| 재무적 측면 | - 정보자산 보호와 자산에 대한 원활한 백업 및 복구의 효율성 및 신뢰성을 확보하여 비용 절감<br>- IT서비스에 대한 정확성과 완전성을 보장하고, 무결성 및 가용성 확보 |

(4) 일반적인 내부통제 절차

| 구분 | 내용 |
| --- | --- |
| 내부 회계 통제 | - 회계운영 |
| 운영통제 | - 일상 운영, 기능, 활동 |
| 관리 통제 | - 운영 통제 지원, 운영 효율성, 조직 정책 준수 |
| 논리적 보안 정책 및 절차 | - 적절한 트랜잭션 및 활동 승인 |
| 트랜잭션 감사 증적 | - 결과 기록에 관련한 정책 |
| 접근 인가/통제 절차 및 장치 | - 자산, 시설보호 |
| 물리적 보안 정책 | - 데이터 센터, IT자원 대상 |

⑸ 정보시스템의 통제

- 데이터, 프로그램에 대한 접근
- 시스템 개발 방법론 및 변경 통제
- 데이터 처리 운영
- 물리적 접근통제
- 비즈니스 지속/재해 복구 계획 수립
- 내/외부 공격에 대한 보호와 탐지 메커니즘 등

## 5.2 통제프레임워크

⑴ COSO(Committee of Sponsoring Organization) 프레임워크

① 개념

- 기업운영의 효율성, 효과성 및 재무정보의 신뢰성 확보, 관련 법규, 정책 준수 등의 목적으로 조직
  의 이사회, 경영진, 기타 구성원에 의해서 지속적으로 수행되는 너부통제를 구축하기 위한 체제

② 등장배경

- SOX(샤베인옥슬리법), 바젤II 등 규제 준수 목적의 통제 프레임워크 필요성 증대
- 내부통제의 가장 권위 단체이고 COBIT과 함께 ERM의 표준으로 자리매김

③ COSO 프레임워크의 구성

| 구성 | 주요 내용 |
|---|---|
| 통제환경<br>(Control Environment) | - 조직의 효율적 운영 및 목적 달성을 위하여 구성원 간 또는 세부조직 상호간의 견제와 균형에 충실하도록 유기적, 합리적 시스템 운영이 목표 |
| 위험평가<br>(Risk Assessment) | - 문서화된 위험의 식별 및 평가, 회사의 목적과 영업 성과에 영향을 주는 내적, 외적 위험식별과 평가·분석활동 |
| 통제활동<br>(Control Activity) | - 위험을 다루는 정책과 절차, 조직 구성원의 업무 수행 지침, 업무분장, 문서화, 승인, 결재체계, 감독체계, 자산 보호 체계 |
| 정보 및 의사소통(Information and Communication) | - 회계정보 시스템의 통제를 위한 별도 체계 수립, 의사소통 수립 |
| 모니터링(Monitoring) | - 개별적 통제 모니터링 및 내부통제에 대한 평가 |

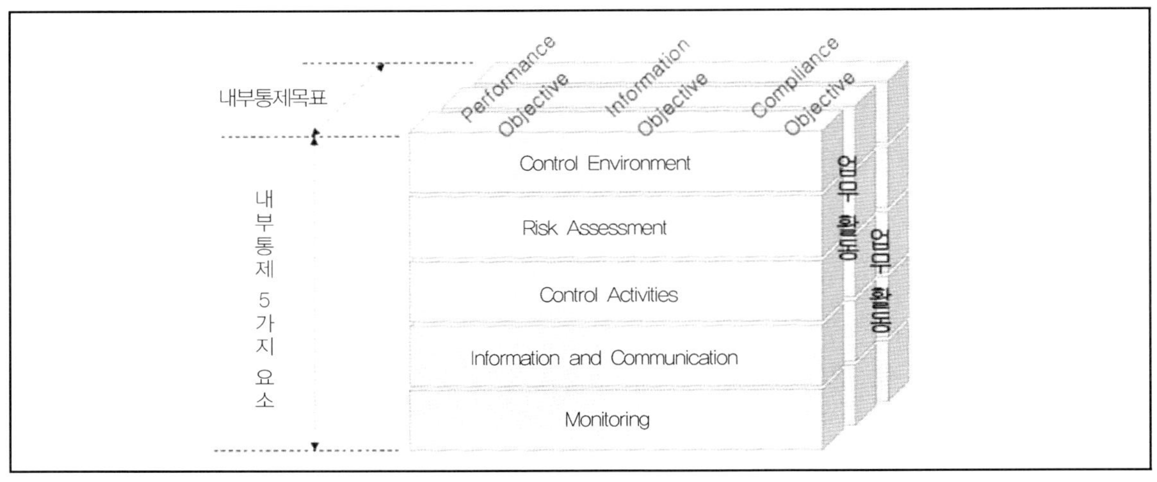


(2) COBIT(Control Objectives for Information and related Technology)

－IT거버넌스를 위한 프레임워크

－COBIT 업무 영역: 1) 기획/조직화, 2) 도입/구축, 3) 운영/지원, 4) 모니터링/평가

－4개의 업무영역과 34개의 프로세스를 커스터마이징하여 IT거버넌스와 관리체계 및 통제를 구현
할 수 있음

－Val IT: 비즈니스와 재무관점에서 COBIT을 보완, 가치거버넌스, 포트폴리오 관리, 투자관리 프로
세스 제시

－ISACA에서 ITGI이 주간 변경


(3) COSO와 COBIT 프레임워크의 연계

| Company Level | Activity Level | COBIT Area | COSO Component | | | | |
| --- | --- | --- | --- | --- | --- | --- | --- |
| | | | Control Environment | Risk Assessment | Control Activities | Information Communication | Monitoring |
| Plan and organization [IT environment] | | | | | | | |
| | | IT strategic planning | | | | | |
| | | Information architecture | | | | | |
| | | Determine technological direction | | | | | |
| | | IT organization and relationship | | | | | |
| | | Manage the IT investment | | | | | |

| | | | | | | |
|---|---|---|---|---|---|---|
| | | Communication of management aims and direction | | | | |
| | | Management of human resources | | | | |
| | | Compliance with external requirements | | | | |
| | | Assessment of risks | | | | |
| | | Manage projects | | | | |
| | | Management of quality | | | | |
| **Acquire and implement [program development and program change]** | | | | | | |
| | | Identity automated solutions | | | | |
| | | Acquire or develop application software | | | | |
| | | Acquire technology infrastructure | | | | |

※ 연계를 통해 SOX를 준수하는 재무 보고, 내부통제, IT통제를 구현할 수 있음

## (4) COBIT 프레임워크의 구성 및 성숙도 모델

### ① COBIT 프레임워크의 구성

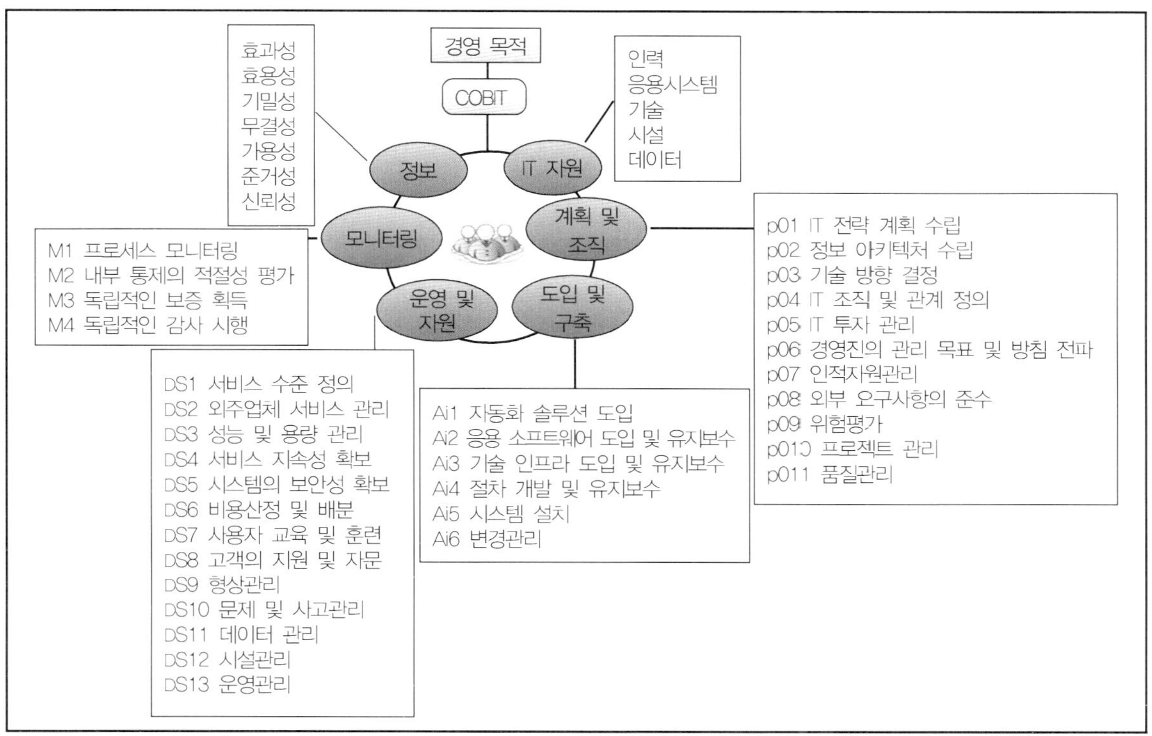

## ② COBIT 4.0 성숙도 모델

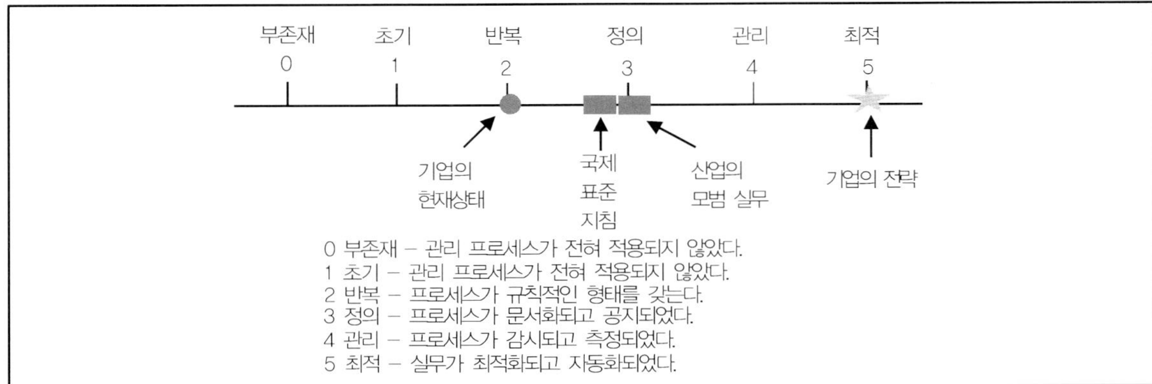


- CSF(Critical Success Factors): 핵심성공요인. 조직의 성패. 성과 및 목표달성에 가장 큰 영향을 미치는 요인. 즉 IT프로세스가 최적의 성공을 거두기 위하여 필요한 사항이나 조건과 수행되어야 할 가장 중요한 활동
- KGI(Key Global Indicators): 핵심목표지표. IT 프로세스 수행의 결과로 궁극적인 목표의 달성 정도를 나타내는 지표
- KPI(Key Performance Indicators): 핵심수행지표. IT 목표가 잘 수행되고 있는가에 대한 성과 지표

## (5) COBIT 프레임워크의 발전: COBIT5

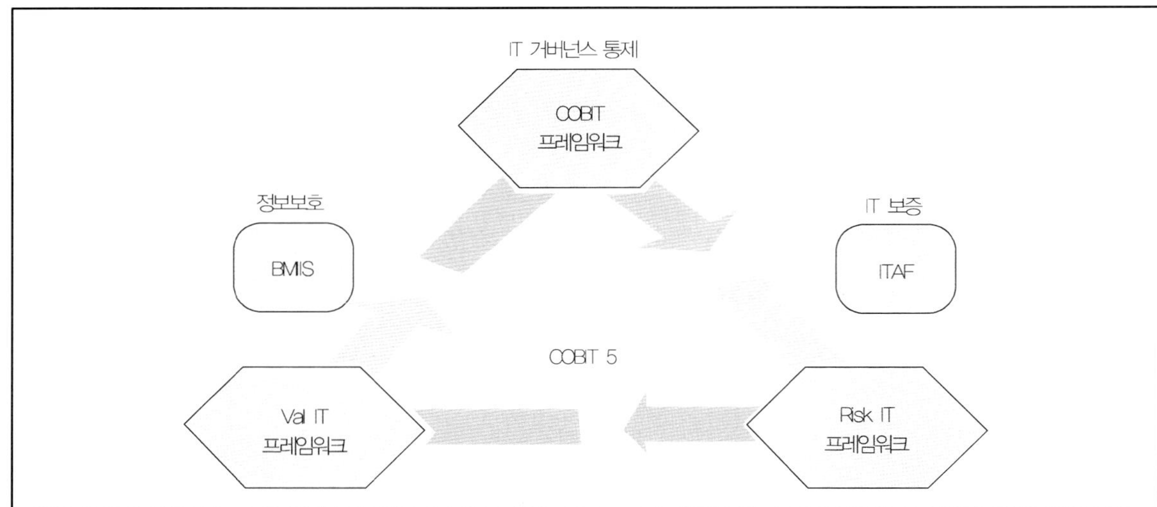


- COBIT5는 COBIT4.1, VAL IT2.0, RISK IT, BMIS, ITAF를 총망라하고 있음
- VAL IT: IT 투자로부터 비즈니스 가치를 실현하는 것을 측정, 감시, 최적화 할 수 있는 구조를 제공하기 위한 목적의 프레임워크로서 COBIT과 밀접하게 연계된 프레임워크
- RISK IT: IT 위험관리 범위를 확장하여 IT 위험평가 및 관리를 전사 위험관리 체계와 통합하기 위한 프레임워크

# 6. 정보시스템 감사 수행

## 6.1 정보시스템 감사 수행

### (1) 감사 목적

- 비즈니스 위험을 최소화하기 위한 내부통제에 대한 실증
- 법규상의 요구사항 준수, 정보 자원의 기밀성, 무결성, 신뢰성, 가용성 등의 확인을 포함

  ※ IS 감사인은 일반 감사목적을 구체적 IS 통제 목적으로의 전환을 이해해야 함

- 컴퓨터를 활용한 감사 툴 및 기법(CAATs: Computer-Aided Audit Tools & Techniques) 이용

- 실증 테스트, 준거성 테스트

| 구분 | 설명 |
|---|---|
| 준거 테스트 | - 조직이 통제 절차를 준수하는지 평가<br>예) 사용자 접근권한, 프로그램 변경 통제 절차, 문서화 절차, 프로그램 문서화 예외사항 처리, 로그 검토 등 |
| 실증 테스트 | - 개별 트랜잭션, 데이터 및 기타 정보의 무결성 평가<br>예) 이자 계산, 샘플 거래 등 |

### (2) 감사 종류

| 종류 | 내용 |
|---|---|
| 회계감사 | - 재무제표의 적정성 평가, 실증테스트로 정보 무결성과 신뢰성 확인 |
| 운영감사 | - 프로세스나 내부통제 구조평가, 준거 테스트로 응용통제, 논리적 보안 시스템 IS 감사 |
| 종합감사 | - 회계감사와 운영감사 결합, 준거성 및 실증테스트, 정보 무결성, 신뢰성, 자산보호, 효율성 등 평가 |
| 관리감사 | - 효율성(조직의 운영 생산성) 관련 이슈 평가 |
| IS 감사 | - 정보시스템 및 자원 보호, 데이터와 시스템의 효율성(조직의 운영 생산성) 관련 이슈 평가<br>무결성, 신뢰성, 효과성, 효율성 평가, 내부통제 평가 |
| 특별감사 | - SAS70에 따른 감사 등 |
| 포렌식 감사 | - 부정 적발에 대한 사후 관리 수행에 특화된 감사, 법적 요구 충족 위해 관리연속성(Chain of Custody) 설정 |

### (3) 감사 프로그램

- 감사 결론과 의견을 도출, 충분한 증거를 수집할 수 있도록 감사 범위 감사 목적 및 감사 절차를 정의

(4) 감사 방법 및 절차

- 구성: 범위 기술서, 감사 목적 기술서, 작업 프로그램 기술서 등
- 공식화되고 모든 감사인에 공지되어야 함
- 감사보고서는 감사 목적과 최종보고서 간에 인터페이스, 상호 추적성과 책임성이 요구됨

| 단계 | 설명 |
| --- | --- |
| 감사 대상 | - 감사 영역 식별 |
| 감사 목적 | - 목적 식별<br>예) 소스코드 변경 관리가 통제 환경에서 이루어졌는지 결정 |
| 감사 범위 | - 검토 시스템 · 기능 · 조직 단위 식별 |
| 사전 감사계획 수립 | - 기술적 기량과 자원, 위치 및 시설 파악<br>- 테스트나 검토를 위한 정보원 파악(기능, 흐름도(Flow Chart) 기준, 이전 감사 조서 등) |
| 감사절차 및 자료수집 | - 통제 검증 및 테스트를 위한 감사접근방법 선정<br>- 감사도구 및 방법론개발<br>- 면담대상자 및 부서의 정책, 기준, 지침 파악 및 관련 자료 수집 |
| 테스트나 검토 결과 평가 | - 감사 결과에 대하여 경영진과 의사소통을 통한 결과를 평가 |
| 감사 보고서 준비 | - 사후관리 검토 절차 파악<br>- 운영 효율성, 효과성 등 평가 절차 파악<br>- 통제 테스트 절차 확인<br>- 문서, 정책, 절차 등 건전성 평가 검토 |

(5) 부정행위 적발

- 내부통제 실패: 취약점을 통해 우회, 관리자가 내부통제 약점 악용, 내부 관계자 간의 공모 등
- 적발과 공시 책임: 경영진, 감사인, 감사위원회

(6) 위험기반 감사

| 단계 | 활동 |
| --- | --- |
| 감사인의 정보 수지 및 계획 | - 비즈니스 및 산업에 대한 지식<br>- 관련 법이나 규제사항의 현황<br>- 전년도 감사의 결과, 최근 재무 정보<br>- 고유위험 진단 |
| 감사인의 내부통제 이해 | - 통제 환경, 통제 절차, 적발 위험 진단<br>- 통제 위험 진단, 총 위험의 계산 |
| 준거 테스트 수행 | - 정책 및 절차 테스트<br>- 직무 분리(Segregation Of Duty) 테스트 |
| 실증 테스트 수행 | - 분석적 절차, 기타 실증 감사 절차<br>- 계정 잔액에 대한 상세 테스트 |
| 감사의 종결 | - 권고 사항의 도출<br>- 감사보고서 작성 |

## 6.2 감사위험

**(1) 감사위험(Audit Risk)의 개념**

- 감사인이 감사과정에 적발되지 않은 중대한 오류를 내포할 수 있는 위험

- 즉, 문제가 있음에도 불구하고 적정 감사 보고서를 발행하여 유발되는 위험

**감사위험(감사위험 모델) = 고유위험 x 통제위험 x 적발위험**

**(2) 감사위험의 분류**

| 유형 | 설명 |
|---|---|
| 고유위험 | - 관련된 보완통제가 없다고 가정할 경우, 심각한 오류가 존재할 위험이 있음<br>  예) 복잡한 계산, 현금이 석탄보다 도난의 위험 큼 |
| 통제위험 | - 오류가 내부통제 시스템에 의해 시기 적절하게 예방되거나 탐지되지 않을 위험<br>  예) 정보분량이 과도한 경우 |
| 적발위험 | - 부적절한 테스트 절차로 인해 사실상 중요한 오류가 존재하는 위험 |
| 전반적인 감사위험 | - 개별 감사위험들의 결합 |

※ 샘플링 위험: 표본을 추출한 모집단의 성격에 대하여 부정확한 가정을 할 위험. 감사위험과 혼동하면 안 됨

**(3) 감사위험의 중요성**

- 조직 관점에서 특정 항목의 상대적 중대성 및 심각성을 의미하며 중요성을 결정하기 위해 감사인의 전문가적 판단력이 요구됨

   예) 관련 비즈니스 프로세스의 중요성, 고객 수, 일정 기간 트랜잭션, 운영비용, 오류로 인한 비용, SLA 요건 및 패널티, 규제 미준수로 인한 벌칙 등

**(4) 위험 분석 및 평가**

① 위험 평가: 위험을 식별하고 계량화(PI MAXRIX 작성) 한 후 우선순위

② 보안 위험 완화 방법: 비용대비 효과를 고려해 우선순위가 높은 위험에 대응

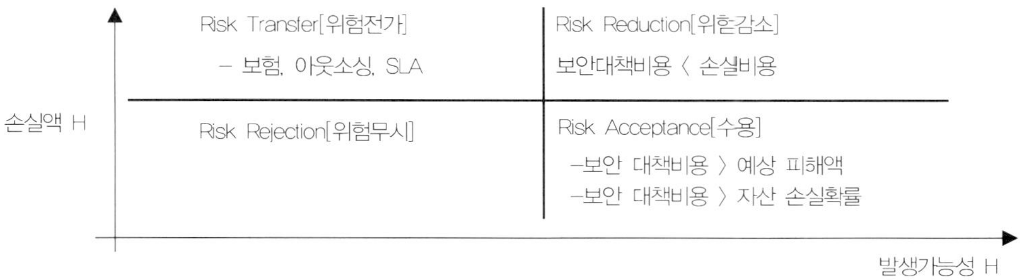

| 유형 | 설명 |
| --- | --- |
| 위험 완화 | – 적절한 통제 적용 |
| 위험 수용 | – 의도적, 객관적으로 수용 |
| 위험 회피 | – 위험 유발 행위 회피 |
| 위험 전가 | – 보험사나 공급사에 전가 |

(5) 위험 처리 시 고려사항

－국내외 법률과 규제의 제약, 조직 목표, 비용 효과성 등


(6) 위험 평가 기법

| 기법 | 설명 |
| --- | --- |
| Scoring System | – 복잡성, 통제수준, 재무손실 등 변수 고려<br>(위험 = 위험발생 확률(Probability) X 위험 발생 시 손실액(Impact)) |
| 주관적 판단 | – 경영진 지사, 과거기록, 기업환경 등으로 감사인이 독자 결정 |
| 자가 통제 평가 | – 직원이 자신의 업무분야 위험을 독자적으로 결정 |


## 6.3 감사 수행 기법

(1) 증거 수집

－충분성, 신뢰성, 목적적합성, 유용성 확보

－감사 증거 신뢰성 평가 결정 요소

| 구분 | 설명 |
| --- | --- |
| 증거 제공자의 독립성 | – 외부에서 입수한 증거가 내부 증거/정보에 비해 신뢰성이 높음 |
| 증거 제공자의 자격요건 | – 유관분야 전문가가 제공한 증거가 신뢰성이 높음 |
| 증거의 객관성, 증거의 적시성 | – 객관적 증거가 주관적 판단보다 신뢰성이 높음 |


－증거 수집 기법

- 직무 분리가 반영된 IS 조직구조 검토, IS 정책과 절차 검토, IS 기준 검토, IS 문서화 검토, 재수행, 워크스루, CASE/프로토타이핑 등
- 면담 및 관찰: 실제의 기능, 실제 프로세스/절차, 보안의식, 보고관계 등으로 통제의 유효성 파악


(2) 샘플링

① 개념: 시간이나 비용을 고려해 표본조사를 수행하여 모집단의 특성을 추정하는 기법

② 샘플링 주요 용어

－신뢰계수: 표본의 특성이 모집단을 참으로 대표할 확률(90, 95, 99%)

－위험수준 = 1 － 신뢰계수(0.05, 0.025)

－정도 = 표본과 실제 모집단 사이의 편차의 허용범위

－기대오류율: 존재할지도 모르는 오류의 추정치

③ 통계적 샘플링

| 구분 | 속성(Attribute) 샘플링 | 변량(Variable) 샘플링 |
|---|---|---|
| 개념 | － 준거성 테스트 상황에 적용 | － 실증 테스트 상황, 금액/무게 등의 속성 |
| 기법 | － 속성 샘플링: 존재 또는 부재, 발생률 Stop—or—Go 샘플링: 가장 빠른 시점에 감사 테스트를 멈출 수 있게 하여 과도한 샘플링 방지(모집단에 거의 오류가 없을 것이라 믿는 경우)<br>－ 색출 샘플링: 기대발생 확률이 극단적으로 낮을 경우(사기, 규정우회, 기타 부정행위 색출) | － 층화 샘플링: 모집단을 그룹으로 나누어 표본 추출<br>－ 비층화 샘플링: 표본 평균이 계산되고 추정 합계가 산정되는 경우에 사용 되는 통계적인 모델<br>－ 추정: 표본 관찰로부터 얻어진 차이에 근거하여 감사된 값과 장부 값과의 전체차이를 추정 |

④ 비통계적 샘플링: 감사인의 판단력을 이용한 샘플링

(3) 컴퓨터 이용 감사기법(CAATs: Computer-Aided Audit Tool & Techniques)

－정보시스템에서 정보를 수집할 수 있도록 하는 도구로 범용 감사 소프트웨어 (GAS), 유틸리티 소프트웨어, 테스트 데이터, 애플리케이션 소프트웨어 추적 및 매핑, 감사 전문가 시스템 등이 포함됨

－지속적 온라인 감사 접근방법을 통해 효율성을 향상시킴

－장점: 감사위험 수준의 감소, 감사대상으로부터 독립성 증대, 광범위하고 일관성 있는 감사, 정보의 신속한 가용성, 확대된 샘플링, 시간절약

－CAAT 고려사항: 비용대비 효과 검토, 다른 감사인들이 사용하기 쉬울 것, 관련 요구사항, 처리 효율성, 신뢰성, 타임스탬프 기록 등

| 구분 | 설명 |
|---|---|
| GAS(범용 감사 소프트웨어) | － 저장장치의 데이터에 접근 및 처리를 할 수 있도록 지원 |
| 테스트 데이터 생성기 | － 응용프로그램의 논리를 검증할 테스트 데이터 생성 |
| ITF(통합 테스트 설비) | － 응용시스템에 모의 실체의 데이터를 설정하여 처리의 정확성을 검증 |
| 전문가 시스템 | － 전문가들의 의사 결정과정을 전산화시켜서 사용 |
| 스냅샷 | － 트랜잭션이 컴퓨터 시스템을 흘러감에 따라 트랜잭션의 사진을 찍는 기법 |
| SCARF<br>(시스템 통제감사 검토파일) | － 시스템의 트랜잭션들에 대한 지속적인 모니터링을 할 수 있게 응용시스템 내에 감사 소프트웨어 모듈을 내장, 특수 컴퓨터 파일로 정보수집 됨(응용 오류, 정책/절차 위반, 성능측정 데이터 등 수집) |

| 특수 감사 소프트웨어 | – 감사인이 세부적인 감사단계들<br>　예) 샘플링, 합계검증 및 대조 등을 수행 시 사용 |
|---|---|
| 유틸리티 소프트웨어 | – 소프트웨어 패키지 내에 상주하며, 파라미터 내의 상태를 보여줌 |
| Audit Hooks | – 오류발생시 경고수행, 감사인이 조치를 취할 수 있게 하는 S/W |
| CIS<br>(지속적 및 단속적 시뮬레이션) | – 트랜잭션의 기준 부합 시 처리 응용결과와 비교하여 일치해야 데이터 파일에 기록함(SCARF<br>의 변형) |

## 6.4 감사결과

(1) 감사결과 평가

- 통제 매트릭스 활용: 오류의 종류와 통제를 매핑하여 평가

- 통제평가 결과: 강한 통제, 약한 통제, 보완통제, 중복통제를 파악하여 전체적으로 평가함

- 발견사항의 중요성 판단: 감사보고서에 포함할 대상의 결정 핵심요인으로 경영진/관리자에게 중요한 것을 판단함


(2) 감사 결과의 전달

- 감사 종료회의에서 발견사항, 권고사항을 경영진과 논의

- 경영진에 통보 전 피감사 조직 관리자들과 토의: 동의, 교정 조치 방향 수립

- 감사보고서(IS 감사의 최종 산출물)의 일반적 구조

| 구분 | 내용감사의 목적 |
|---|---|
| 감사의 범위 | – 수행한 감사작업의 성격과 시점, 범위 설명<br>– 감사영역, 실행 감사범위, 해당 정보시스템, 실행범위 및 응용 식별 내용 |
| 발견사항/결론/권고사항 | – 모든 의미 있는 발견사항을 포함(사실, 원인, 리스크 설명)<br>– 감사 영역에 대한 감사인의 평가<br>– 문제점을 시정하기 위한 권고사항 포함<br>– 유보사항이나 한정사항을 포함 |
| 증거 | – 문제점에 대한 증거, 충분한 증거 제시<br>– 보고서에 작성하거나 별도 문서에 제시하고 이를 작성 |
| 결론 | – 감사인의 최종 감사 의견 |
| 감사인의 서명, 서명일 | – 감사인의 서명과 날짜 |

- IS 감사가 달성하고자 하는 목적에 대해 언급

- 감사인은 감사보고서 배포 시 권고사항과 실행일자에 대한 토의

- 사후관리 계획 수립: 지속적 프로세스로 인식, 시정조치 확인 및 경영진 통보

- 감사 문서화: 감사 계획, 워크스루, 감사 프로그램, 단계별 감사 증거, 전문가 서비스 이용 발견사항과 결론 및 권고 사항 등 포함

## 6.5 자가 통제 평가(CSA: Control Self-Assessment)

- 정의: 이해관계자, 고객 및 기타 당사자들에게 조직의 내부통제 시스템이 신뢰할 수 있다는 확신을 제공하는 관리 기법
- 유형: 단순 설문 조사, 관리자 면담, 고객 워크숍, 작업 시트, 평가 시트 및 CSA 프로젝트 접근방법 등
- 장점: 위험 조기 발견, 효과적 내부통제, 팀워크 향상, 내부통제 의식 함양, 경영진과 관리자 간 의사 소통 향상, 동기 부여, 통제 비용 절감 등
- 단점: 감사 기능의 대체로 오인, 업무 부하 유발, 동기 부여 부족의 문제
- 전통적 접근방법과 일반적인 CSA 비교

| 기준 | 전통적인 접근 방법 | 일반적인 CSA |
|---|---|---|
| 역할부여 | – 임부 부여/직원 감독 | – 권한 부여/담당자가 책임 |
| 초점 | – 정책, 규정, 중심적 | – 지속적 개선/학습 곡선 |
| 참여도 | – 담당자 참여 제한적 | – 담당자의 참여 확대 및 훈련 |
| 이해관계자 형성 | – 이해관계자 지향성 낮음 | – 이해관계자 지향적 |
| 참여자 | – 감사인 및 기타 전문가 | – 모든 부서, 모든 수준의 인력이 통제 분석 |
| 역할 | – 감사인이 보고자 역할 | – 모든 참여자가 보고자 역할 |

## 6.6 정보시스템 감사 프로세스의 이슈

- 통합 감사: 운영 감사, 재무 감사, IS 감사의 통합
- 지속적 감사: 감사 모듈법(SCARF Method), 스냅샷(Snapshots), ITF(Integrated Test Facility, 통합 검사 기능), 감사 후크(Audit Hooks), CIS를 활용한 지속적 모니터링을 통한 감사 수행

다음 중 정보시스템 감사를 수행하는 데 필요한 전반적인 권한을 명시하고 있는 것은 무엇인가?

**문제 1〉**
① 감사 목표와 목적이 명시된 감사 범위
② 감사업무를 수행해 달라는 경영진의 요청
③ 승인된 감사일정
④ 승인된 감사헌장

카테고리      CISA 〉 정보시스템 감사 프로세스

**문제풀이**

– 경영진이 승인한 감사헌장

정답     ④

위험 기반 감사를 시행 중이다. 다음 중 감사 초기 IS 감사인이 수행해야 하는 위험 진단은 무엇인가?

**문제 2〉**
① 적발위험 진단
② 통제위험 진단
③ 고유위험 진단
④ 사기위험 진단

카테고리      CISA 〉 정보시스템 감사 프로세스

**문제풀이**

– 성공적 감사 수행을 위해 비즈니스 특성에 의존하는 고유위험을 파악해야 한다.

정답     ③

위험 기반 감사 프로그램을 개발할 때, 다음 중 IS 감사인이 가장 중점을 두어야 하는
것은?

문제 3〉　　　① 비즈니스 프로세스
　　　　　　　② 중요한 IT 응용 프로그램
　　　　　　　③ 운영 통제
　　　　　　　④ 비즈니스 전략



**문제풀이**

－ 위험기반 감사접근방법의 핵심은 비즈니스 프로세스 이해이다.

정답　　　①

보완통제가 마련되어 있지 않다. 다음 중 이와 관련된 위험은 어떤 것인가?

문제 4〉　　　① 적발위험
　　　　　　　② 샘플링위험
　　　　　　　③ 고유위험
　　　　　　　④ 적발위험



**문제풀이**

－ 고유위험: 오류가 있고, 감사과정에서 발견된 다른 오류와 조합되어 심각해질 수 있는 위험으로 관련된 보완통제가 없다.

정답　　　③

응용 프로그램의 통제 점검을 수행하는 IS 감사인이 중대한 영향을 미치는 시스템 소프트웨어의 결함을 발견했다. 이때 IS 감사인의 역할은?

문제 5〉

① 감사 범위가 아니므로 발견한 통제 취약점은 무시한다.
② 시스템 소프트웨어를 상세 점검하고 취약점을 보고한다.
③ 해당 시스템 소프트웨어 통제를 점검하고 상세 시스템 소프트웨어 점검 추진을 권고한다.
④ 감사가 응용 프로그램 통제 점검에만 국한됨을 보고서에 포함한다.

카테고리         CISA 〉 정보시스템 감사 프로세스

**문제풀이**

– 감사 범위가 아니라고 통제의 취약점을 무시할 수 없다.
– 즉 통제 취약점은 공개되어야 한다.
– 감사 범위에 포함시키고 추가적 감사 자원을 투입할 수 있도록 검토를 권고해야 한다.

정답      ③

---

다음 중 중도에 감사계획 프로세스를 검토해야 하는 가장 중요한 이유는 무엇인가?

문제 6〉

① 가용한 감사자원에 대한 투입계획 수립
② 적용 가능한 IS 감사 기준 식별
③ 발생 가능한 위험요소에 대한 재검토
④ 감사헌장의 문서화에 필요한 자료 제공

카테고리         CISA 〉 정보시스템 감사 프로세스

**문제풀이**

– 조직의 위험환경. 기술. 비즈니스 프로세스의 변화 등에 감사계획이 영향을 받게 된다.

정답      ①

다음 중 자가통제평가(CSA)를 비즈니스 단위에서 실시할 때 가장 효과적인 방법은?

**문제 7〉**
① 비공식적 동료 간 검토
② 진행자가 있는 워크숍
③ 프로세스 흐름 명세서
④ 데이터 흐름 다이어그램

카테고리　　　　　　　　　　　CISA 〉 정보시스템 감사 프로세스

**문제풀이**

－ 진행자가 있는 워크숍이 비즈니스 단위에 가장 적합하다.

정답　　②

감사 계획을 수립하고자 한다. 다음 중 첫 번째 단계는?

**문제 8〉**
① 감사 영역과 감사 목적에 대한 최종 결정
② 비즈니스 목적에 대한 파악
③ 감사 산출물의 정의
④ 감사 접근 혹은 감사 전략의 개발

카테고리　　　　　　　　　　　CISA 〉 정보시스템 감사 프로세스

**문제풀이**

－ 비즈니스 미션, 목적, 목표에 대한 이해를 가장 먼저 수행해야 한다.

정답　　②

IS 감사 범위 계획 시 IS 감사인이 사용해야 할 접근방식은 무엇을 기반으로 해야 하는가?

**문제 9〉**
① 전문가적 회의론
② 위험
③ 중요성
④ 충분한 감사증거

카테고리　　　　　　　　　　　CISA 〉 정보시스템 감사 프로세스

－ 위험에 기반한 감사 계획

정답    ②

A사는 중요한 데이터와 소프트웨어 파일을 매일 백업 받고 백업 테이프를 다른 곳에 소산 보관하고 있다. 그리고 백업 테이프는 비상시 파일 복구의 용도로 사용된다. 이것은 어떤 통제인가?

**문제 10〉**

① 관리통제
② 예방통제
③ 적발통제
④ 교정통제

카테고리                CISA 〉 정보시스템 감사 프로세스



－ 교정통제는 문제의 영향을 교정하거나 최소화한다.

정답    ④

전통적 감사와 비교할 때 통제자가평가(CSA: Control Self-Assessment) 프로그램의 목적은?

**문제 11〉**

① 고 위험 영역에 집중
② 감사 책임의 재배치
③ 통제 설문서의 작성
④ 협동 워크숍(Collaborative Facilitative Workshops)

카테고리                CISA 〉 정보시스템 감사 프로세스

-CSA는 통제 책임에 대한 현업 관리자의 교육과 고위험 영역에 대한 모든 참여자의 모니터링 및 집중을 포함한다.
-통제자가평가 프로그램 성공의 열쇠는 평가 대상 프로세스에 책임을 맡은 담당자와 관리자들의 지원과 참여가 중요하다.

정답　　①

문제 12〉　설치나 구현된 통제를 검사하는 실증 테스트와 준거성 테스트의 차이점은?

① 준거성 테스트가 상세한 사항을 테스트 하는 반면, 실증 테스트는 절차를 테스트 한다.
② 준거성 테스트가 통제를 테스트 하는 반면, 실증 테스트는 상세한 사항을 테스트 한다.
③ 준거성 테스트가 계획을 테스트 하는 반면, 실증 테스트는 절차를 테스트 한다.
④ 준거성 테스트가 법규에 관련된 요구사항을 테스트 하는 반면, 실증 테스트는 타당성을 테스트 한다.

카테고리　　　　　CISA 〉 정보시스템 감사 프로세스



– 준거성 테스트가 통제가 설계된 대로 존재하고 있는지를 파악하는 반면, 실증 테스트는 거래나 절차에 대한 상세한 테스트이다.

정답　　③

문제 13〉　다음 중 최상위 경영진의 승인을 얻은 감사헌장(Audit Charter)에 대한 설명으로 가장 적절한 것은?

① 기술과 감사 직업의 특성 변화에 부응할 수 있도록 역동적이고 변경되어야 한다.
② 내부통제의 유지관리 및 검토를 위해 권한을 위임하는 감사의 목적을 명확히 규명해야 한다.
③ 계획된 감사목적을 달성하기 위해 고안된 감사절차를 규정해야 한다.
④ 감사헌장은 감사기능의 전반적인 권한, 범위, 책임을 기술해야 한다.

카테고리　　　　　CISA 〉 정보시스템 감사 프로세스

- 감사헌장은 IS감사에 대한 경영진의 목적과 권한의 위임을 명확하게 규정한다.
- 시간이 경과하여도 너무 많이 변경되어서는 안 되고, 최상위 경영진의 승인을 얻어야 한다.
- 감사헌장은 세부적인 수준은 제시하지 않으므로 구체적인 감사목적이나 절차는 포함되지 않는다.

정답　　④

다음 중 감사인에게 가장 신뢰성 있는 증거는?

문제 14〉　① 계정잔액의 검증을 위해 제3자로부터 받은 확인서(Confirmation Letter)
　　　　② 응용시스템이 설계된 대로 작동한다는 현업 관리자의 보증
　　　　③ 웹(인터넷)에서 찾아낸 최근 경향 자료
　　　　④ 현업 관리자가 제공한 보고서로부터 IS 감사인이 개발한 비율 분석

카테고리　　　　　　　　　　　　　CISA 〉 정보시스템 감사 프로세스



- 독립적인 제3자가 보낸 증거가 거의 언제나 가장 신뢰성 있는 것으로 간주된다.

정답　　①

다음의 기법이나 도구들 중에서 재무 관리 정보시스템에 보유된 금융거래에 관한 샘플링을 수행할 때 IS 감사인을 보조할 수 있는 것은 무엇인가?

문제 15〉　① 스프레드 시트
　　　　② 병행 시뮬레이션
　　　　③ 범용감사 소프트웨어
　　　　④ 회귀테스트

카테고리　　　　　　　　　　　　　CISA 〉 정보시스템 감사 프로세스



- 범용감사 소프트웨어는 통계분석 설비를 보유하고 있다.

정답　　③

통합테스트설비(ITF: Integrated Test Facility)를 가장 잘 설명한 것은 무엇인가?

문제 16〉

① 하드웨어나 소프트웨어를 이용하여 시스템의 기능을 검토하고 테스트하는 것
② IS 감사인이 올바른 처리를 확인할 수 있도록 컴퓨터 응용을 테스트할 수 있게 해 주는 기법
③ 특정한 거래를 처리하기 위하여 컴퓨터 프로그램이 작업을 수행한 경로를 프린트해 볼 수 있는 특수 프로그래밍 옵션을 사용하는 방법
④ IS 감사인이 테스트를 위해 사용하는 거래 및 마스터 레코드를 첨부(Tagging)하고 확장(Extending)하는 절차

카테고리            CISA 〉 정보시스템 감사 프로세스



– 감사인이 지속적으로 응용을 테스트 할 수 있도록 해주는 특수한 컴퓨터 지원 감사 프로세스
– 처리 결과를 독립적으로 계산된 데이터와 비교
– 실제 시스템의 처리의 정확성을 확인하기 위해 응용 시스템에 가상의 실체(Dummy Entties)를 설치하여 모의 및 실제 데이터를 처리
– 3번과 4번은 스냅샷

정답     ②


입출금 프로세스 내의 예방, 적발, 교정, 통제의 효과를 종합평가할 때, IS 감사인이 고려해야 할 중요한 사항은?

문제 17〉

① 데이터가 시스템을 통해 진행되는 동안 통제가 집헹되는 시점
② 예방과 적발통제만이 중요함
③ 교정통제는 보완적인 통제로만 간주됨
④ IS 감사인은 누락된 통제를 파악할 수 있음

카테고리            CISA 〉 정보시스템 감사 프로세스



– 데이터가 시스템을 통해서 처리되는 동안 언제 통제가 집행되는지에 초점을 맞추어야 한다.

정답     ①

감사의 현장에서 작업 이후 IS 감사인이 피감사인과 논의하는 사유는 무엇인가?

문제 18〉

① 향후 감사 과제에 대한 권고사항 확인
② 감사 범위의 완전성을 보고
③ 감사보고서 내용의 임의적 배제
④ 발견한 증거에 대한 상호 이해

카테고리                              CISA 〉 정보시스템 감사 프로세스



– 경영진 보고 전 피감사인과 발견 증거에 대해 이해하고 있어야 한다.

정답          ④

# IT 거버넌스 및 관리

# 1. IT 거버넌스 및 관리의 개요

(1) IT 거버넌스 및 관리 개념
- 기업 거버넌스의 중요한 부분으로서, 조직의 IT가 조직의 전략과 목표를 유지하고 확대할 수 있도록 하는 리더십과 조직구조, 프로세스
- IT 거버넌스 관련지식은 IS 감사자의 작업에 필수적이며, 경영감시와 검토를 위한 견고한 통제실무와 메커니즘 개발의 초석

(2) 목적(Objective)
- 이 영역의 목적은 CISA 지원자들에게 IT의 기업 거버넌스 요구사항 달성에 합당한, 조직의 구조, 정책, 책임추적성 메커니즘과 모니터링 실무에 대한 이해와 보증을 제공할 수 있도록 보장하는 것

(3) 과업

| 단계 | 평가 내용 |
|---|---|
| T 2.1 | – IT의 의사결정, 지시, 성과에 대한 이사회 통제의 적합성을 보장하는 IT Governance 구조의 효과성 |
| T 2.2 | – IT 조직구조와 인적자원관리 |
| T 2.3 | – IT 전략 개발, 승인, 구현 및 유지보수를 위한 IT 전략과 프로세스 |
| T 2.4 | – IT 전략 지원 위한 IT정책, 표준, 절차와 프로세스 |
| T 2.5 | – 비용효과적인 품질관리 시스템의 적절성 |
| T 2.6 | – 통제 모니터링 및 IT경영 |
| T 2.7 | – IT 자원 투자, 사용, 배분 실무 |
| T 2.8 | – IT 계약전략, 정책, 계약관리 실무 |
| T 2.9 | – 위험 관리 실무 |
| T 2.10 | – 모니터링 및 감사 |
| T 2.11 | – 비즈니스 연속성 계획 |

※ Assurance는 Audit보다 넓은 의미의 용어이지만, 감사로 번역하는 것이 문맥상 자연스럽다.

(4) 지식 설명문(Knowledge Statements)

−IT Governance 및 관리 영역은 다음과 같은 16개의 지식 설명문이 존재한다.

| KS | 지식 내용 |
|---|---|
| KS 2.1 | − IT 거버넌스, 관리, 보안, 통제 프레임워크, 관련 표준, 가이드라인, 실무 |
| KS 2.2 | − IT 전략, 정책, 표준, 절차의 목적 및 필수요소 |
| KS 2.3 | − IT 조직구조, 역할, 책임 |
| KS 2.4 | − IT 전략, 정책, 표준, 절차의 기획, 구현 및 유지보수 |
| KS 2.5 | − 조직의 기술 방향과 IT 아키텍처가 장기적인 전략 방향의 설정에 끼치는 영향 |
| KS 2.6 | − 조직에 영향을 미치는 법규, 규정 및 산업 표준 |
| KS 2.7 | − 품질관리체계 |
| KS 2.8 | − 성숙도 모델의 이용 |
| KS 2.9 | − 프로세스 최적화 기법 |
| KS 2.10 | − 우선순위 기준을 포함한 IT자원의 투자 및 할당(포트폴리오 관리, 가치관리, 프로젝트 관리) |
| KS 2.11 | − IT 공급업체 선정, 계약관리, 관계 관리, 성과 모니터링 프로세스 |
| KS 2.12 | − 전사 위험 관리 |
| KS 2.13 | − IT성과에 대한 모니터링 및 보고실무(BSC, KPI) |
| KS 2.14 | − 비즈니스 연속성 계획 위한 IT인적자원 관리 실무 |
| KS 2.15 | − 비즈니스 연속성 계획과 관련된 비즈니스 영향 분석(BIA) |
| KS 2.16 | − 비즈니스 연속성 계획(BCP)의 개발 및 유지보수 절차 및 테스트 방법 |

# 2. 기업 거버넌스와 IT 거버넌스

(1) 기업 거버넌스(Corporate Governance)의 개념

－조직의 방향을 정의하고 통제하기 위한 시스템

－기업 활동과 자원 활용을 기업의 전사적 목적 및 전략과 정렬시키는 과정

－이때, 전략적 정렬(Strategic Alignment)을 위한 기업통제, 지휘 및 보고 활동 및 그 체계를 기업 지배

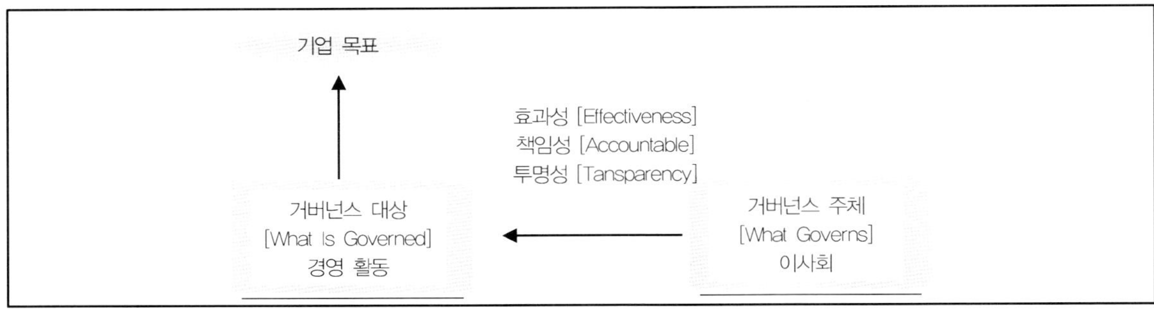


－효과성(Effectiveness): 거버넌스 대상 활동이 목표에 부합하는가
－투명성(Transparency): 이 활동이 원칙과 기준에 따라 투명하게 이루어지는가
－책임성(Accountability): 확인하고 그 활동의 결과에 대한 책임
－거버넌스 체계(Governance Structure): 거버넌스를 확보하기 위한 제반 제도, 법규, 조직과 절차

(2) IT 거버넌스(Governance)의 개념

| 관점 구분 | 개념 및 내용 |
| --- | --- |
| ITGI | － 이사회와 경영진의 책임으로 기업 거버넌스의 통합적 부분이며, IT가 조직의 전략과 목표를 지탱하고 확장시킬 수 있도록 하는 리더십, 조직 구조, 그리고 프로세스 등으로 구성 |
| Gartner | － 바람직한 IT 사용을 위한 행위를 촉진하고 장려하기 위한 의사결정 권한과 책임을 정립하는 것 |

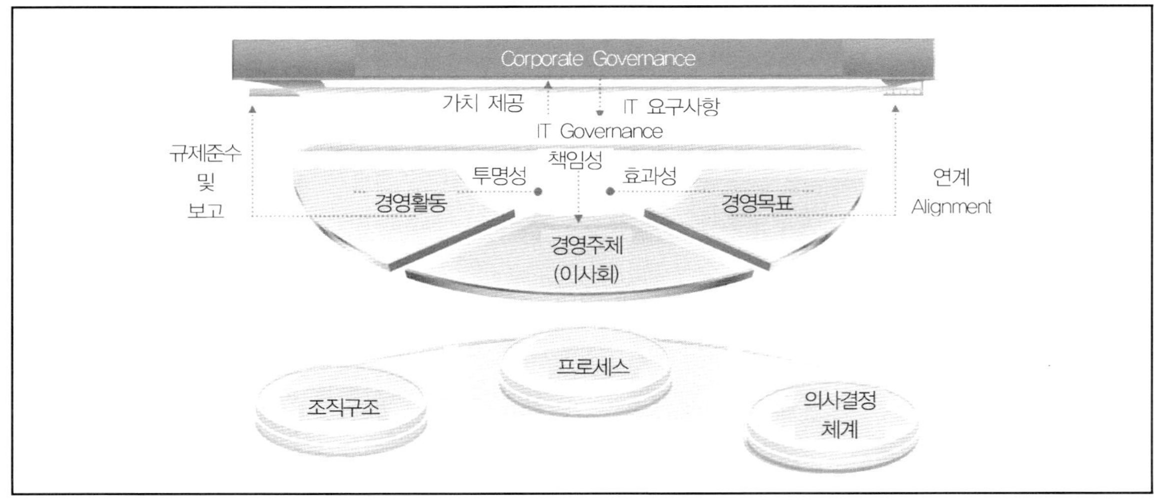

⑶ IT Governance의 등장 배경

① 경영목표와 IT의 연계 필요성: 주먹구구식의 IT 관리 및 경영과 IT와의 Gap

② 효율적 IT 투자의 필요성: IT 투자 가시성 및 투명성 확보, IT 프로젝트에 대한 ROI 분석 및 중복 투자 방지 기존 자원 재활용하고, IT 투자에 대한 위험 관리

③ 체계적인 외부규제 대응: IT Compliance, 바젤 Ⅱ, Sarbanes-Oxley Act

④ IT 자산의 효과적 관리와 통제

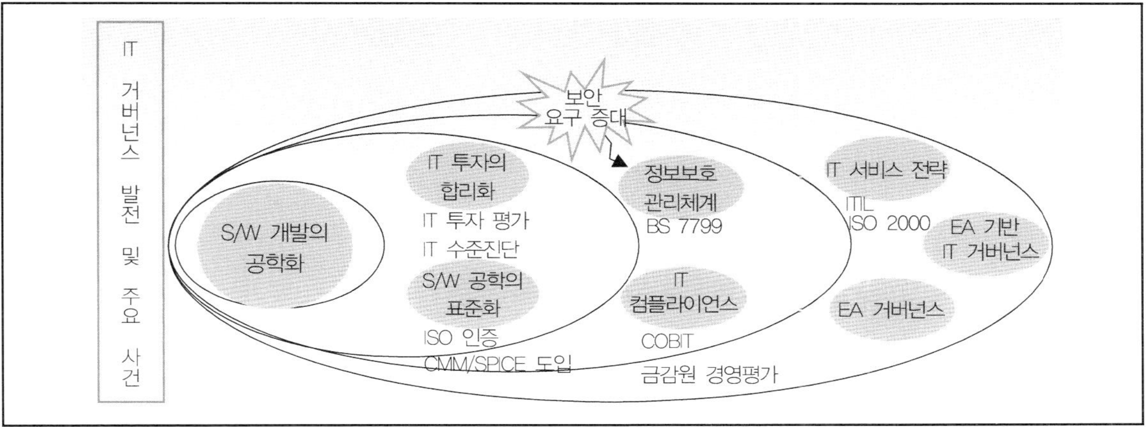


⑷ IT 거버넌스의 목적과 핵심영역

① 목적

－IT의 비즈니스의 전략을 정렬하여 비즈니스 가치 창출

－IT 위험의 완화(Mitigation)을 위한 명확한 책임 설정

② 핵심 영역

| 핵심 영역 | 내용 |
| --- | --- |
| 가치 전달(Value Delivery) | － IT를 전략과 연결하여 경영적 가치를 극대화하여 진정으로 조직에 기여할 수 있는 가치 제공 |
| 전략적 연계(Strategic Alignment) | － IT 프로젝트와 비즈니스의 우선과제를 직접연계<br>－ 핵심요소: 비즈니스 전략, 고객 요구사항, 비즈니스 동일 재무모델, BSC 이용한 상황분석 |
| 위험관리(RISK Management) | － 위험을 식별하여 위험을 감소시키거나 전가, 수용 |
| 자원 관리(Resource Management) | － 자원은 데이터, 응용, 인프라, 시설 및 설비, 인력, 프로젝트 포함 |
| 성과 측정(Performance Measurement) | － IT성과와 경영성과를 연계하여 측정하고 모니터링 |

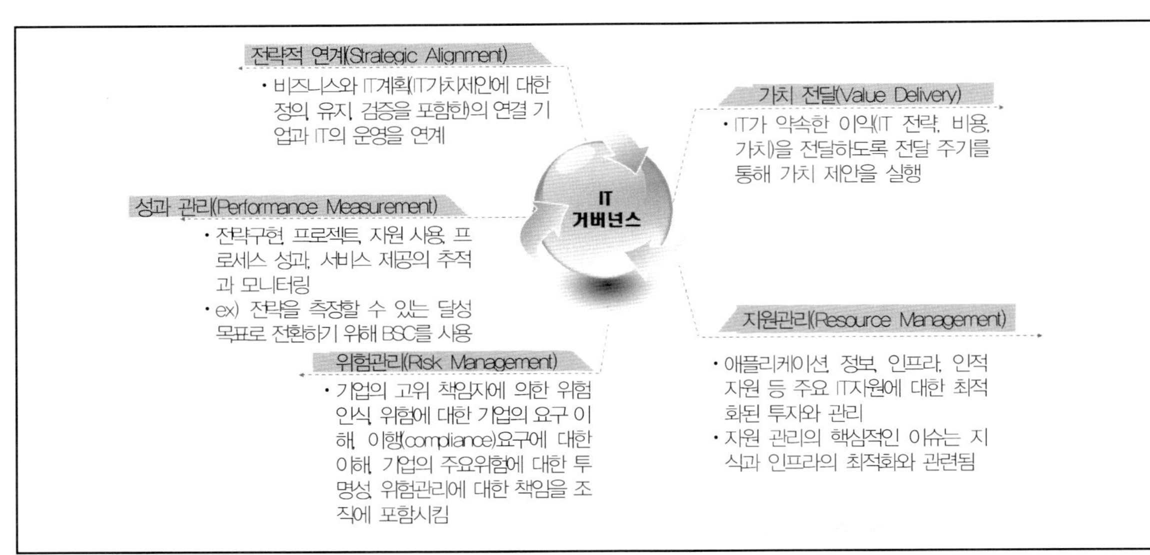


## (5) IT 거버넌스 프레임워크

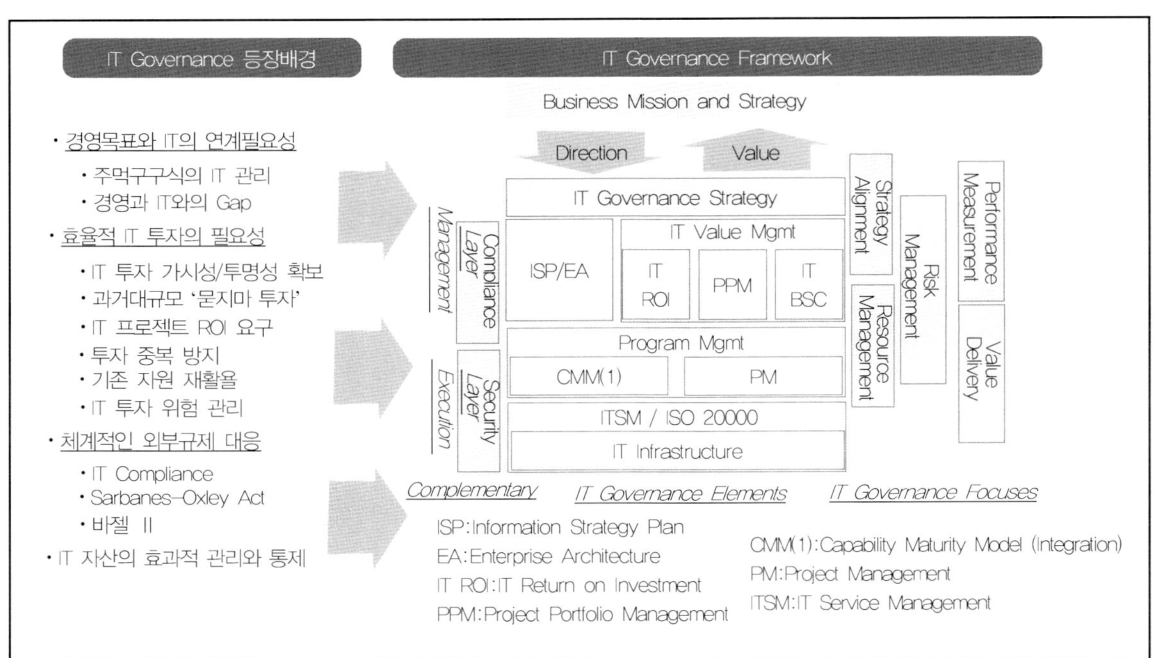

# 3. 모니터링과 보증 실무

## 3.1 IT 거버넌스에서의 감사

(1) IT 거버넌스에서의 감사의 필요성
- 기업에서의 IT 적용 방식은 기업이 사명, 비전, 전략적 목표를 달성하는 데 영향
- 이러한 이유로 기업의 IT 거버넌스 구현의 적절성을 평가 및 개선할 필요성

(2) 감사인의 역할
- IT 거버넌스의 성공적인 실행에 매우 중추적인 역할 수행
- 실행 중인 IT 거버넌스 계획(Initiative)의 질과 효과증진에 도움을 주기 위하여 최고 경영자에게 선도적인 사례(Best Practice)를 추천
- 준수 상태(Compliance Status)를 감시함으로써, 실행 중인 IT 거버넌스의 준수 상태 보장
- IT 거버넌스와 관련된 측정기준의 지속적인 감시·분석·평가는 정성적 평가를 보장하기 위하여 독립적이고 균형된 입장이 요구

(3) IT 거버넌스 감사
- 기업 거버넌스와 기업 IS 전략에 관한 정보를 입수하고 이해
- 조직의 전략 수립과 비전 제시 방법론 및 그 결과 그리고 이러한 프로세스의 주기성 등을 평가
- IT 거버넌스 감사 팀에는 적절한 경력과 적격성을 갖춘 팀원이 갖추어져야 함
- IS 감사인의 조직 내 지위와 숙련도는 계획된 감사 대상의 특성을 고려하여 적절하게 결정
- 적절한 감사 자원이 불충분할 경우는 감사를 관리하고 수행할 제3의 독립된 기관과의 계약 문제를 적절한 관리 수준에서 평가

(4) 위원회 책임과 역할

| 항목 | IT 전략위원회 | IT 운영위원회 |
|---|---|---|
| 책임과<br>의무 | – 비즈니스 관점에서 IT 개발의 적절성<br>– 비즈니스 목표와 IT의 연계<br>– 전략적 IT 목표의 달성<br>– 전략적 목표 달성 위한 IT 기술 및 인프라<br>– IT 외주의 역할 및 IT 비용의 최적화<br>– IT 투자 위험 및 수익, 경제성<br>– 주요 IT 프로젝트들의 진행 경과<br>– IT의 비즈니스 기여도 및 가치 제공<br>– IT 자체 운영적 및 법적·제도적 위험에 대응<br>– IT 전략에 관련된 경영진에 대한 지도<br>– 회의 IT 의사결정에 대한 촉매역할 | – IT비용지출 수준과 비용할당 방법 결정<br>– 기업의 IT 아키텍처를 조정하고 승인, 프로젝트 계획, 예산 승인, 우선순위 결정<br>– 적절한 자원 확보 및 할당<br>– 프로젝트의 지속적인 비즈니스 요구사항 충족(사업 타당성에 대한 재평가 포함)<br>– 주어진 예산 하에서 기대가치 도출 모니터링<br>– IT 부서 조직들 간의 자원 및 우선순위 갈등 해결<br>– 전략 계획에 대한 수정 및 의견 개진 요청<br>– 프로젝트 팀에 전략 목표를 전달<br>– 경영진의 IT 거버넌스 책무 및 실무에 대한 주요 공헌 역할을 수행 |
| 권한 | – IT 전략에 대해서 이사회와 경영진에 자문 제공<br>– 전략 의견 제시 및 승인 준비, 이사회 권한 위임<br>– 현재와 미래의 전략적 IT 현안에 초점 | – IT 전략의 수행 시 최고경영진을 지원<br>– 일일 단위 IT서비스 제공과 IT 프로젝트 감독<br>– 구현에 초점 |
| 구성 | – 이사회 구성원 및 이사회 구성원이 아닌 전문가 | – 후원인 자격의 최고경영진<br>– 비즈니스 최고경영진(CIO) |

## 3.2 IT BSC(Balanced Score Card: 균형성과제도)

### 3.2.1 BSC(Balanced Score Card)

(1) BSC의 개념

－기업의 가치를 과거의 재무적인 과점에서 벗어나 과거, 현재, 미래를 평가하기 위한 전략적 공유 틀

－1992년 하버드 대학의 Kaplan & Norton 박사에 의해 창안

－전세계적으로 널리 사용되는 가치중심의 경영성과 틀

(2) BSC 추진 배경

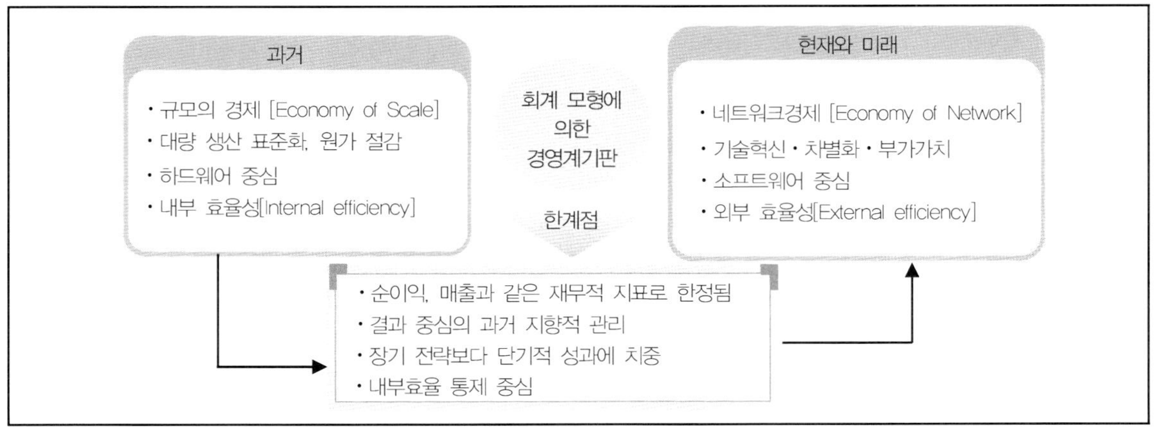

(3) BSC 구성

① BSC 체계도

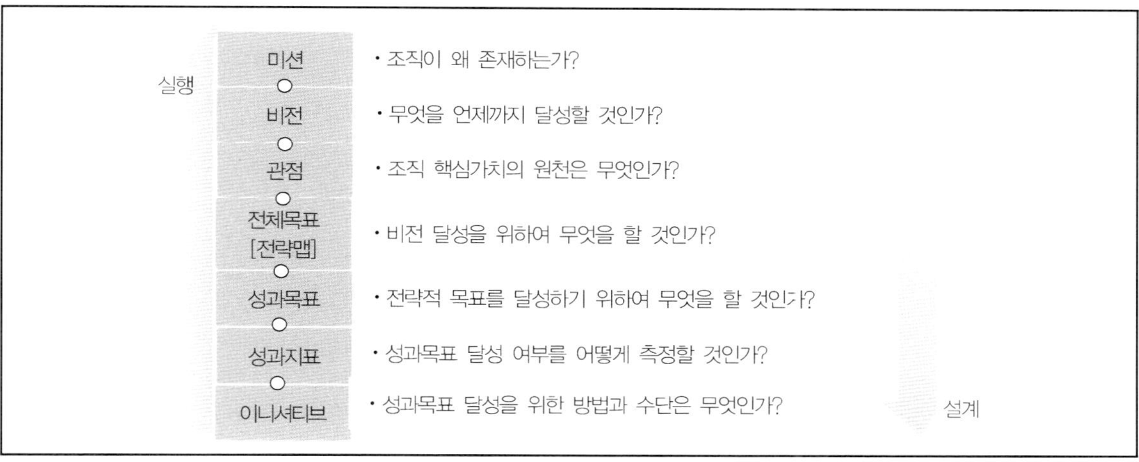


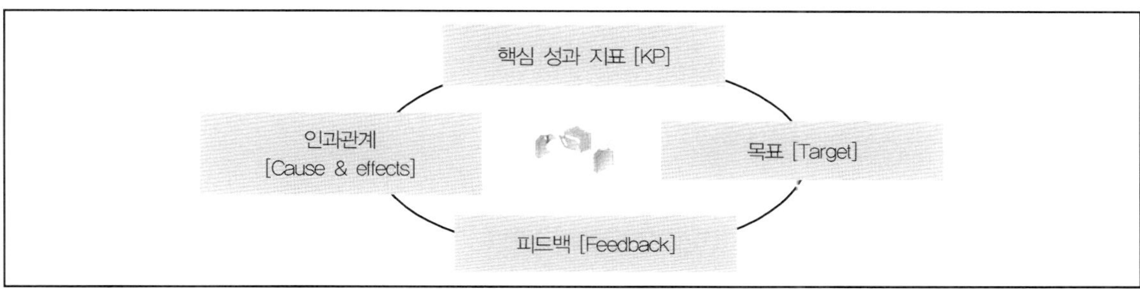


② BSC 구성 요소

| 구성 요소 | 내용 |
| --- | --- |
| 비전(Vision) | − 기업이 추구하는 장기적 목표와 미래<br>예) 2016년 국내 전자 분야 매출 1위 기업, 매출액 100억 달성 |
| 전략(Strategy) | − 핵심고객 가치, 경쟁우위, 시장 선점 등 기업에서 추구하는 목표에 도달하기 위한 최적의 방법 |
| 관점(Perspective) | − 재무, 고객, 내부프로세스, 학습과 성장 |
| 전략목표(Strategy Goals) | − 기업의 비전을 달성하기 위한 세부적인 사항 |
| 전략맵(Strategy Map) | − 조직의 전략 및 전략을 실행하는 데 필요한 프로세스와 시스템에 대한 시각적 표현 |
| 핵심 성공 요인<br>(CSF: Critical Success Factors) | − 기업이 속해 있는 산업에서 성공하기 위한 갖추어야 할 요인 |
| 핵심 성과 지표(KPI:<br>Key Performance Indicators) | − 전략 달성을 촉진하는 성과 지표 |
| 인과관계(Cause & Effects) | − 조직의 전략과 핵심 역량 간의 관계 규명 |

| 성과목표(Objectives) | – 조직의 목표 달성하기 위한 평가 잣대 |
|---|---|
| 추진방안(Initiative) | – 구성원을 추진시킬 방법 및 수단 |
| 피드백(Feedback) | – 전략 수립, 실행, 성과 평가, 보상 체계 |

### ③ BSC 4가지 관점의 내용

| 구분 | 관점 | 내용 | KPI |
|---|---|---|---|
| 과거 | 재무<br>(Finance) | – 재무적으로 어떤 성과를 낼 것인가 | – 시장점유(Market Leadership)<br>– 높은 매출성장률, 수익성 |
| 현재 | 고객<br>(Customer) | – 고객의 요구를 충족시킬 것인가<br>– 재무적 성과는 회사의 서비스와 제품에 만족하는 충성된 고객으로부터 창출 | – 우월한 리드타임<br>– 실시간 전달 및 빠른 응답(On Time Delivery and Quick Response)<br>– 제품 가격 및 원가 우위 |
| | 프로세스<br>(Process) | – 어떻게 하면 업무 프로세스의 생산성을 제고할 것인가<br>– 고객 만족은 고객 가치를 창출하는 프로세스의 경쟁우위로부터 창출 | – 제품 출시 소요시간<br>– 제조 Cycle Time<br>– 낮은 불량률<br>– 높은 수율 |
| 미래 | 학습과 성장<br>(Learning & Growth) | – 프로세스의 성과는 장기적으로 이를 수행하는 직원과 조직의 역량에 의해 좌우 | – 신제품 및 서비스로부터 높은 판매 점유율<br>– 낮은 이직률 |

### ④ BSC의 전략 지도(Strategy Map)

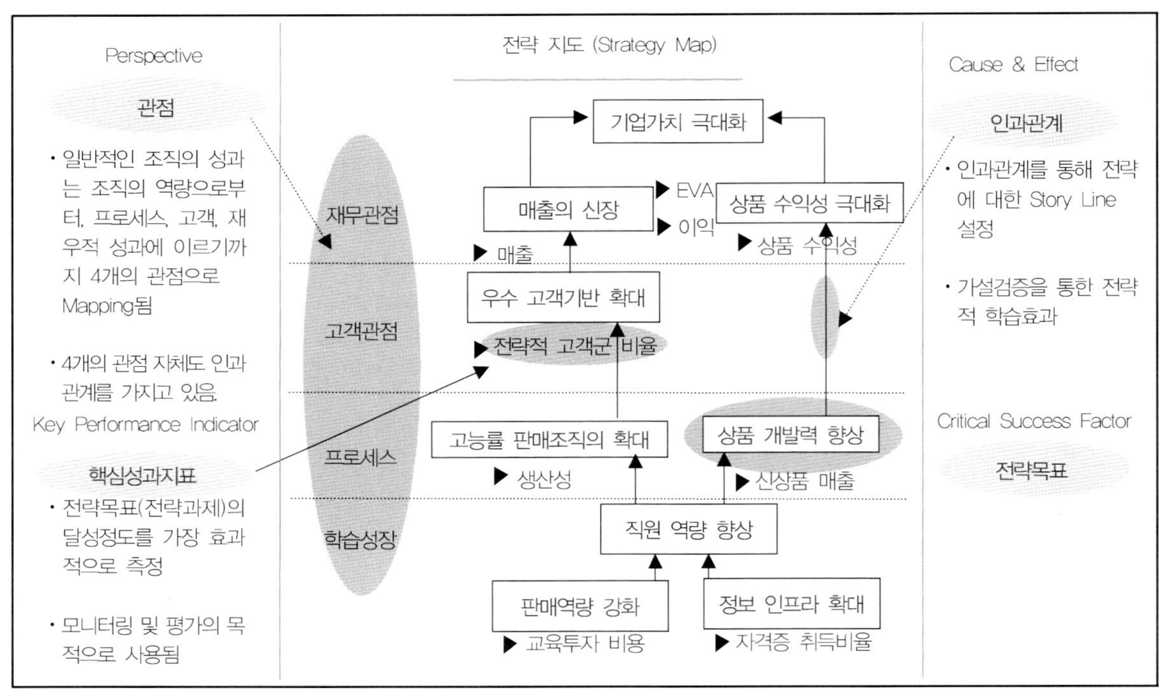

⑷ BSC 개발 프로세스

−BSC를 개발하기 위해서는 범 기능적(Cross-Functional) 팀이 조직되어야 함

| 투입<br>[Input] | 도구 및 기법<br>[Tool & technique] | 산출물<br>[Output] |
|---|---|---|
| 지표 개발 조직 확정 | −현행지표의 리스트화<br>−회사의 사명, 목적, 전략, 목표의 이해<br>−가치 사슬 및 핵심 성공 요소의 결정 | −전략 프레임워크<br>　[Frameworks for strategic]<br>−아키텍처 및 측정 시스템<br>　[Architecture & measurement system] | −프로젝트 계획[Project plan]<br>−재무적인 차이[Financial gap]<br>−균형 성과 아키텍처<br>　[Scorecard architecture] |
| 지표 초안 및 인과관계 모델 작성 | −예비 후보 지표의 평가<br>−BSC 지표 디자인 | −전략 체계 사례 연구<br>　[Strategy architecture case studies]<br>−성과 진로 [인과관계모델]<br>　[Performance rectors]<br>　[Cause & effect models]<br>−규범적 측정 세계<br>　[Normative measurement frameworks] | −성과평가 초안 [Draft Scorecard]<br>−성과진로 [Performance vectors]<br>−예비측정 [Preliminary measures] |
| 평가지표 개발 및 목표 설정 | −성과측정을 통합하기 위한 시스템과 절차를 수립<br>−목표 설정 | −측정 과정 사례 연구<br>　[Measurement process case studies]<br>−목표 설정 접근<br>　[Target setting approaches] | −계획 데이터베이스<br>　[initiaive database]<br>−전략 피드백 시스템<br>　[Strategic Feedback system]<br>−균형성과 평가 [Balanced scorecard] |
| 실행 계획 수립 및 시스템 구축 | −경영관리 프로세스 수립<br>−BSC 시스템 구축 | −실행 접근 [Implementation approaches]<br>−관리과정[Management process]<br>−의사소통 및 정렬<br>　[Communication & alignment]<br>−전략 주도 계획<br>　[Strategic initiative planning]<br>−전략 피드백 시스템 설계 및 공급<br>　[Strategic Feedback system design and support] | −성과평가 출시 계획<br>　[Scorecard rollout plan] |

## 3.2.2 IT BSC

⑴ IT BSC의 개념

−IT의 가치 및 성과를 합리적이고 객관적으로 측정하기 위해 균형 성과표(BSC)의 4가지 관점을 IT 성과 평가에 적용할 수 있도록 변환한 IT투자 성과 평가 기법

## (2) IT BSC의 4가지 관점의 미션 및 목표

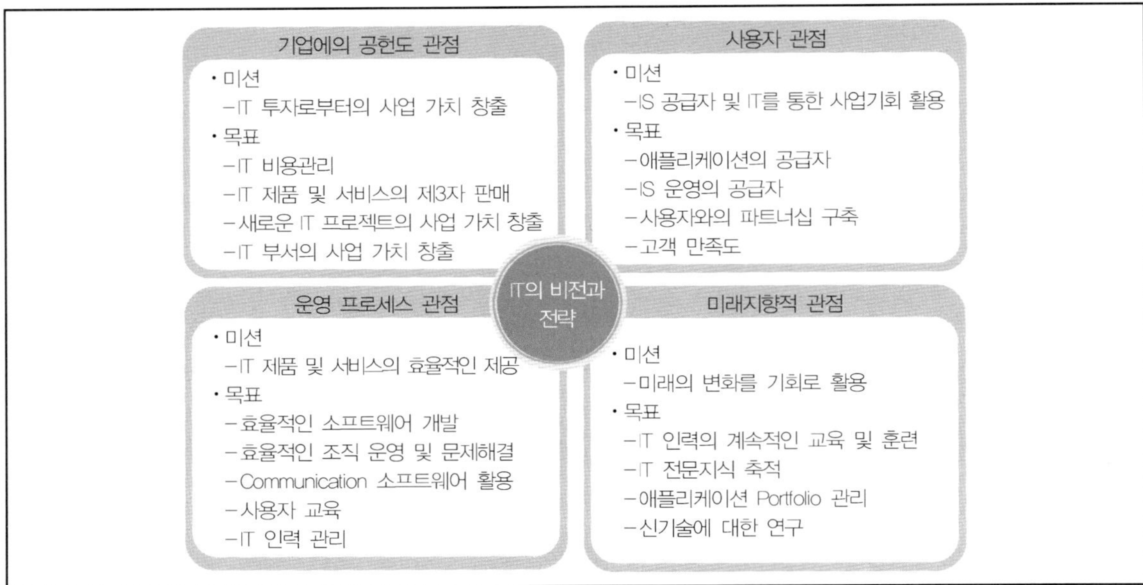


## (3) IT BSC의 주요 평가지표 및 세부 내역

| IT BSC 관점 | 주요 평가지표 | 세부 내역 |
| --- | --- | --- |
| **기업의 공헌도** | - IT 비용관리 | - 매출액 대비 IT 예산 비율<br>- 예산 대비 실제 사용 비율<br>- IT 인력당 IT 비용 |
|  | - 신규사업가치 | - ROI, NPV, IRR 등의 재무적 평가치<br>- 위험을 고려한 평가치 |
|  | - IT 기능 사업가치 | - IT 프로젝트에 투입된 개발 역량 비율<br>- 신규 시스템 개발, 인프라 구축<br>- 대체 투자 비율 |
| **사용자** | - IT 서비스 공급자 | - IT 부서에 의해 관리되는 SW 비율<br>- 내부 개발 SW 비율 |
|  | - 사용자의 파트너십 | - IT 운영위원회의 소집 빈도<br>- 새로운 전략적 SW 개발의 사용자 참여도 |
|  | - 사용자 만족도 | - S/W와 시스템의 활용 가능성 지표<br>- S/W의 기능성 지표 |
| **운영프로세스** | - 효율적인 S/W 개발 | - 연간 기능점수당 오류 횟수<br>- 개발 단계별 수정 비율 |
|  | - 효율적인 IT운영 | - 요구사항 대응시간<br>- IT인력의 만족도 지표 |
|  | - 문제해결능력 | - 문제해결 평균 시간<br>- Help Desk의 평균 대응 시간 |

| 운영프로세스 | – IT 비용관리 | – IT 인력의 만족도 지표<br>– 프로젝트에 부과된 인당 시간 및 비율 |
| | – 사용자 교육 | – 시스템별 교육 이수 사용자 비율<br>– 교육의 질에 대한 평가 지표 |
| 미래 지향적 관점 | – IT 인력 전문지식 | – 인력별 IT 실무연수<br>– 총 IT 예산 중 교육비 비율 |
| | – S/W 포트폴리오 관리 | – 애플리케이션별 연수<br>– 5년 이하인 애플리케이션 수 |
| | – 신기술 관련 연구 | – IT 연구와 관련된 예산비율 |

## 3.3 정보보호 거버넌스(Information Security Governance)

(1) 정보보호 거버넌스의 개념

– 기업 거버넌스의 일환으로서 의사결정 권한과 책임의 할당, 비즈니스와 전략적 연계, 관련 법과 규정의 준수를 위한 프로세스 및 실행 체계

– 비즈니스에 존재하는 정보자산 위험을 관리함으로써, 기업 거버넌스와의 연계와 정보보호 문화 형성을 도모하고, 이를 위해 기업의 모든 이해관계자를 고려하여 최고 경영층 및 이사회의 정보 보호 프로그램에 대한 지시 및 통제 활동과 이를 위한 조직, 역할과 책임, 절차를 포함(ISO/IEC JTC1 SC27, 2008)

(2) 정보보호 거버넌스의 목표

| 목표 | 주요 원칙 |
| --- | --- |
| 책임성 | – 리더의 준수 할 책임 및 역할과 권한(Leaders's Accountable)<br>– 적절한 자원의 할당(Adequate Resources Committed)<br>– 보안 문화 형성(Security Culture) |
| 비즈니스 연계성 | – 전략적 연계(Strategically Aligned)<br>– 위험관리 기반(Risk Management Based)<br>– 업무활동 기반(Business Process Based) |
| 준거성 | – 정책 근거(Addressed & Enforced in Policy)<br>– 관련 법규 및 규정(External Requirement Conformed)<br>– 검토와 평가(Reviewed & Audited) |

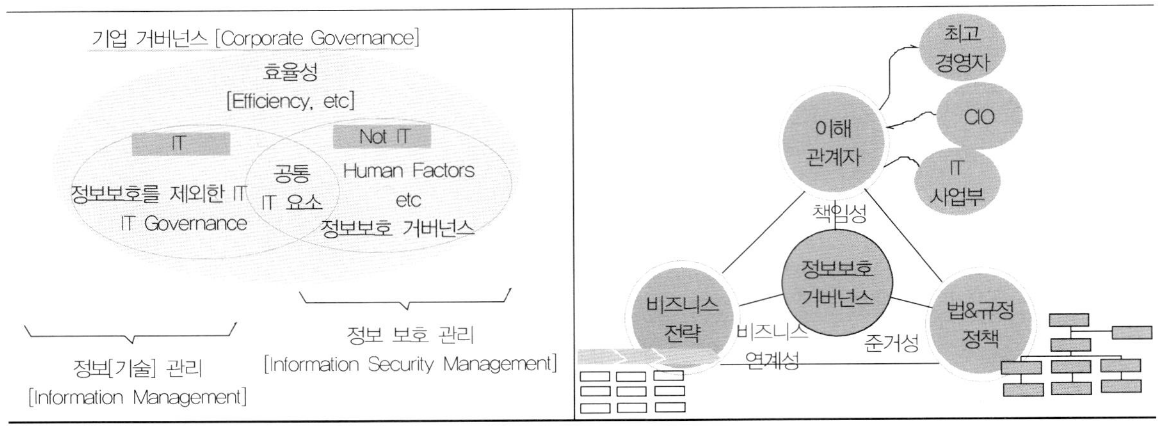


(3) 정보보호 거버넌스의 주요 영역

① 전략적 연계

- 정보보호 활동과 비즈니스 목표의 연계

- 정보보호 전략 라이프사이클 관리

- 비즈니스 용어로 재정의

- CSF와 KPI의 정의


② 자원관리

- 정보보호 자원의 효율적, 효과적 운영

- 표준화된 프로세스 정립 및 최적화를 통한 비용절감


③ 위험관리

- 정보자산의 가치 식별과 위험평가

- 가치에 기반한 대응전략 수립

- 위험관리와 표준 기반의 IT 운영관리와의 연계


④ 성과관리

- KPI 측정 및 모니터링

- 성과 트렌드 분석 및 조정 활동 수행

- 위험관리 활동 및 IT 표준 운영체계와 연계

⑤ 가치 전달

－비즈니스 목표 지원

－표준화된 최적화로 운영 및 개발 비용 절감

－비즈니스 이니셔티브


⑷ 정보보호 거버넌스와 정보보호관리체계(ISMS) 비교 및 연계방안

① 정보보호 거버넌스와 정보보호관리체계(ISMS) 비교

| 항목 | 정보보호 거버넌스 | 정보보호 관리체계 |
|---|---|---|
| 목표 | － 경영진 대상으로 정보보호 활동에 있어 비즈니스 가치를 구현하도록 통제하는 데 목적 | － 정보보호조직 대상으로 효율적인 정보보호를 하기 위한 관리 목적 |
| 보안 전략 | － 비즈니스와의 전략적 연계 중시<br>－ 비즈니스와의 전략적 연계를 위한 보안 전략 맵 수립이 중요<br>－ 보안 전략으로부터 시작(경영진 참여)<br>－ 비용관리 개념 중요 | － 비즈니스와의 전략적 연계의 중요성을 인지하나, 기본적으로 위험평가로부터 출발<br>－ 보안정책으로부터 시작(경영진 승인)<br>－ 비용 관리 개념 쿠재 |
| 보안 조직 | － 중앙집중형, 지방분권형, 연방형 등 다양한 조직형태에 대해 논의 | － 중앙집중적 통제 조직 운영 기준으로 효율적 조직 형태어 대한 논의 미약 |
| 가치 창출 | － 비즈니스 보호뿐만 아니라 직접적인 비즈니스 기여 중시 | － 비즈니스 보호를 위한 통제 중심 |
| 성과측정 | － 프로세스의 성과는 장기적으로 이를 수행하는 직원과 조직의 역량에 의해 좌우 | － 정보보호 활동에 대한 성과 측정에 대해 직접적으로 다루지 않음 |

－ 정보보호관리체계(ISMS: Information Security Management Systems)


② 정보보호 거버넌스와 정보보호관리체계(ISMS) 연계방안

－동일한 보안정책 하에서 정보보호 거버넌스는 정보보호 관리과정의 활동을 5가지의 주요 활동 분야 측면에서 평가, 지시, 모니터링을 실시함

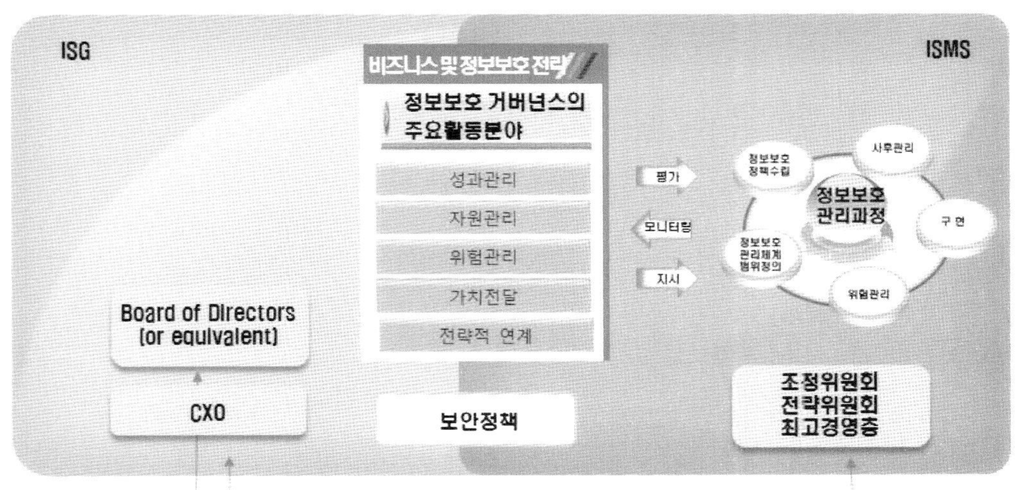

(5) 정보보호 거버넌스와 IT 거버넌스 비교

| 구분 | 정보보호 거버넌스 | IT 거버넌스 |
|---|---|---|
| 개념 | - 기업 거버넌스의 일환으로서 의사결정 권한과 책임의 할당, 비즈니스와 전략적 연계, 관련 법과 규정의 준수를 위한 프로세스 및 실행체계 | - 조직의 이사진 및 최고 경영층이 IT가 효율적이고, 효과적이고 책임성 있게 활용될 수 있도록 IT의 활용을 평가, 지휘, 모니터링 하는 체계 |
| 도입배경 | - 정보보호 관점에서 조직의 비전, 미션, 전략과의 연계<br>- 정보보호 내·외부 위험에 대한 효율적 통제 | - IT 투자액 및 위험통제<br>- IT의 전략적 활용 강화<br>- 복잡한 IT 환경 관리<br>- IT 투자에 대한 성과관리 강화 |
| 이해관계자 | - 이사회(CEO, CIO, CFO)<br>- CERT, 현업부서 | - 이사회(CEO, CIO, CFO), IT위원회<br>- IT 관련 집행 팀 및 현업부서 |
| 관리영역 | - 거버넌스 관점에서 조직 내부 정보보호 관리체계 수립<br>- 내·외부 정보보호 요구사항에 대한 대응<br>- 위험관리 기반의 활동<br>- 비즈니스 계획과 정보보호 전략의 연계 | - 경영자와 IT 조직 간의 이해 관계 조정, 제도적 장치 마련<br>- IT 활동과 조직적 전략 목표 연계<br>- IT를 통한 가치전달<br>- IT 위험관리, 성과측정<br>- IT 조직 의사결정체계 확립 |
| 성과측정 | - 정보보호 관리 과정 상의 활동에서 도출된 성과지표를 정보보호 거버넌스의 핵심성공요인과 비교해 핵심성과지표를 도출하고 이를 기준으로 최고 경영진의 보안 활동을 평가 | - IT 목표로부터 이를 달성하기 위한 IT 프로세스가 도출되고, IT 프로세스를 운영하기 위한 KPI를 통해 통제사항의 준수 여부를 평가 |

## 3.4 EA(Enterprise Architecture: 전사적 아키텍처)

(1) EA의 개념

- 기업/조직의 비즈니스와 정보시스템 구성 요소를 전사 수준에서 식별하고, 구성 요소의 구조(Structure)와 관계(Relationship), 상호작용(Interaction)으로 Enterprise를 표현한 전략 모델
- 조직의 업무(Business), 데이터(Data), 응용(Application), 기술(Technology)구조의 구성 요소와 상호 연계되고, EA Governance로 관리되는 전사 프레임워크
- 기업의 목표와 요구사항을 효율적으로 지원하기 위해 IT인프라의 각 부분들이 어떻게 구성되고 작동되어야 하는가를 체계적으로 기술한 것

① 전사(Enterprise)

- 공동의 목표를 추구하기 위해 고객과 상품 또는 서비스가 존재하고 이를 지원하기 위한 조직, 자원, 기술을 보유하며, 필요한 업무 프로세스를 수행하는 조직의 집합체
- 일반적으로 기업 또는 기관을 지칭

② 아키텍처(Architecture)

－일종의 건축 설계도와 유사하며, 목적에 따라 복잡한 대상을 단순하게 표현, 구성 요소의 변화에 대한 요구를 수용할 수 있게 한 모델

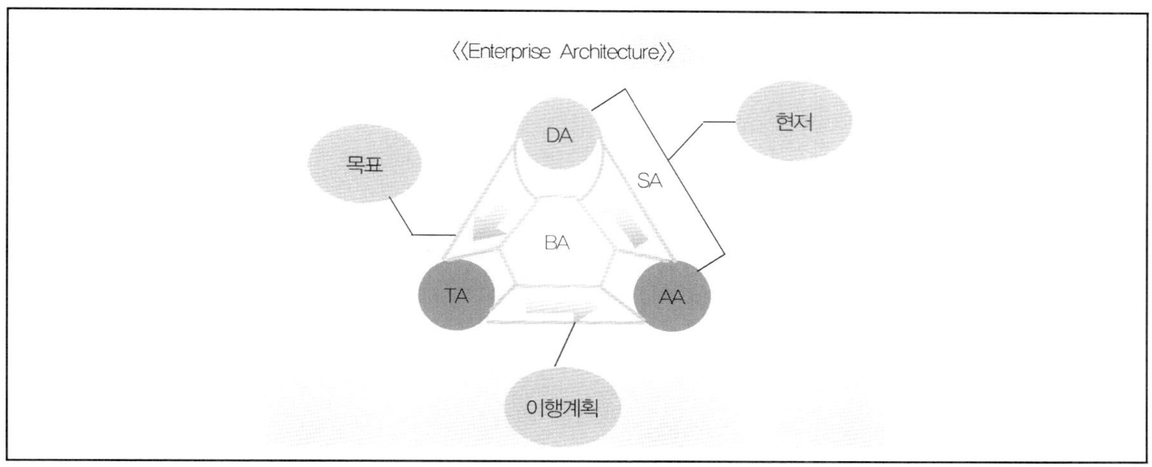


(2) EA의 추진 배경

① 정보기술 딜레마: 투자대비 효과 불명확, 환경변화 충격

② 정보시스템 간 상호 운용성 요구 증대: 데이터 통합, 프로세스 통합, 가시화

③ IT 자원의 효율적 관리 필요성 대두: 기존 정보시스템과 신규시스템 공존

－IT시스템의 지원 및 역할 증대

④ 정보시스템의 새로운 지향점 필요: 전체 시스템과 전사적 프로세스 변화 동인

<table>
<tr><td>

*현재 업무의 연속성은 보장되는가?*

업무 인수인계 시 *업무 공백*은 발생하지 않는가?

업무 전환 시(부서이동) *변화적응 시간*은 적정한가?

업무에 대한 *정보화 범위*를 알고 있는가?

*조직이 가지고 있는 정보*가 무엇인지 알고 있는가?

</td><td>

• 직무 매뉴얼 내용의 불충분
• 업무의 선·후행 관계 / 타 팀과의 업무 연관 관계를 알기 어려움
• 담당자의 업무지식 공유 노력이 부족함
• 조직이 가지고 있는 정보를 정확히 인식하지 못하고 있음
• 업무 변화에 대한 대응은 담당자만이 할 수 있음

• 업무에 대한 시간적 표현
• 타 업무 간 연계의 표현
• 알기 쉬운 공통 용어 사용

</td><td>

업무 변화 요구에 즉시 *프로세스를 비꿀수 있는가?*

정보 기술은 *업무 변화*에 즉각 대응할 수 있는가?

*자신의 업무 지식과 정보화 수준은 일치* 하는가?

*공통적인 용어*를 사용하여 *의사소통*을 하는가?

존재하는 정보들은 *유용한 정보로 분석*할 수 있는가?

</td></tr>
</table>

(3) EA 프레임워크

- EA 활동에서 얻어지는 산출물을 분류, 조직화, 유지 관리하기 위한 전체적인 틀을 정의한 것
- 프레임워크의 구성을 통하여 기관의 EA를 구성하는 구성 요소를 도출하고 구성 요소 간 관계를
  정의할 수 있는 기반을 구축함
- EA 관련 조직 구성원들 간의 의사소통 도구로 활용될 수 있고, EA 추진방향을 가시적으로 표현
  하는 역할

① EA의 프레임워크 구성 예

| EA 프레임워크 | 구성 요소 | 활동 |
|---|---|---|
| | EA 비전 및 원칙 | - 기업 및 기관의 EA 추구하는 방향 및 목표 설정 |
| | EA 참조 모델 | - 아키텍처 지원 및 방향성 관리<br>- EA 준수 평가 지침 개발 |
| | EA 매트릭스<br>(현행, 목표<br>아키텍처) | - 아키텍처 수립<br>- 현행 아키텍처 분석<br>- 목표 아키텍처 정립<br>- EA 관련 정보 정의 및 공유 |
| | EA 관리체계 | - 아키텍처 평가 및 개선<br>- EA 운영 조직 관리<br>- EA 관련 요구사항 관리 |
| | EA 지침서 | - EA 산출물 및 표준 관리 방향 정의<br>- 표준 및 방향성 준수 여부 평가 |

② EA의 매트릭스

- EA의 정보를 체계적으로 분류한 틀로 EA 정보의 수준과 활용 계층 결정하는 수단
- 가로 열은 뷰(View)와 세로 열은 관점(Perspective) 차원으로 EA 정보 구분하였고, 교차하는 셀에는
  산출물을 정의
- 각 셀 간에는 연관성 및 추적성을 확보

| 관점 \ 뷰 | 비즈니스<br>아키텍처 | 애플리케이션<br>아키텍처 | 데이터<br>아키텍처 | 기술<br>아키텍처 |
|---|---|---|---|---|
| 계획자<br>(개괄적) | - 전사 사업 모델<br>- 조직 모델<br>- 비즈니스 전략 | - 전사 애플리케이션 영역 모델<br>- 애플리케이션 원칙 | - 전사 데이터 영역 모델<br>- 데이터의 원칙 | - 전사 기술 영역 모델<br>- 기출참조 모델 |
| 책임자/분석자<br>(개념적) | - 업무 기능 모델 | - 애플리케이션 모델<br>- 애플리케이션 표준 | - 개념 데이터 모델<br>- 데이터 표준 | - 표준 프로파일 |

| 설계자<br>(논리적) | – 프로세스 모델 | – 컴포넌트 모델 | – 논리 데이터 모델 | – 기술 아키텍처 모델 |
| --- | --- | --- | --- | --- |
| 개발자<br>(물리적) | – 업무 매뉴얼 | – 프로그램 목록 | – 물리 데이터 모델<br>– 데이터베이스 객체 | – 기술지원 목록<br>– 제품 목록 |

## ③ EA의 프레임워크 모델

### a. Zachman Framework

| 구분 | 내용 |
| --- | --- |
| 개념 | –1960년대 말 기업활동을 공학적 관점에서 파악하는 아키텍처 개념을 최초 소개<br>– 기업활동을 5W1H의 관점에서 모델링 관점 제공 |
| 장점 | – 5W1H에 따라 기업 활동을 상세하게 모델링 할 수 있는 관점 제공<br>– Planner, Owner, Designer, Builder, Sub-Contractor 관점에서 기업활동 관심 영역을 구체화 |
| 단점 | – 정보화 측면에서 활용도 떨어지는 부문까지 정의<br>– 모델링 표현에 지나치게 집중, 설계 아키텍처 집중, 실제 아키텍처 활동 계획 및 기반 정의 부족 |
| 구성도 | 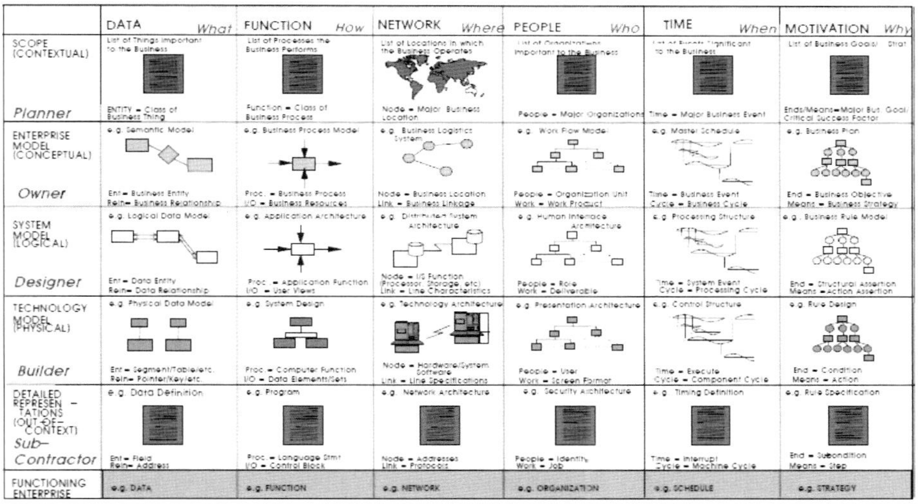 (Zachman Framework 구성도) |

### b. FEAF(미연방정부 프레임워크)

| 구분 | 내용 |
| --- | --- |
| 개념 | – 2002년에 발표한 미연방정부 프레임워크 가이드 라인 제공<br>– 참조 모델 기반의 EAF |
| 장점 | – 모델링 관점뿐만 아니라 구체적 이행계획을 프레임워크에 포함<br>– BRM, TRM, SCRM, DRM, PRM 등 다양한 참조모델 활용 |
| 단점 | – 아키텍처 모델의 이해 및 진화에 대해 잘 정의되어 있으나, 조직 및 관련 규정 등 제반 요소의 진화적 관점 부족 |

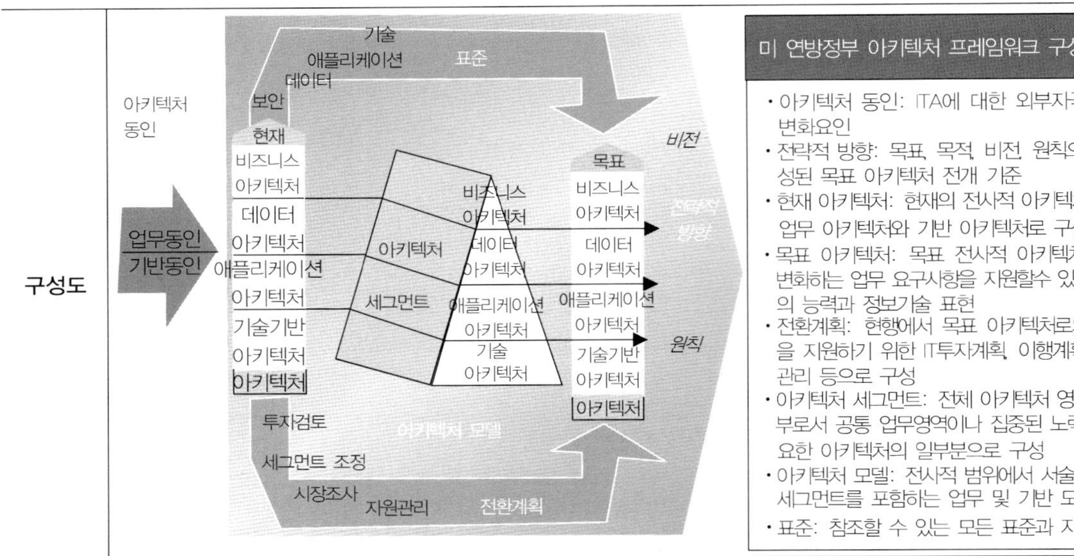

## (4) EA 참조모델(Reference Model)

### ① EA 참조모델의 역할

- 아키텍처 구성을 위한 공통 어휘 및 표준 부품을 제공
- EA 작성을 용이하게 하며, 서로 다른 EA 간의 통일성을 부여하여 서로 다른 ITA 간 상호 비교/분석
- 아키텍처의 일관성, 재사용성, 상호운용성 등을 확보하기 위하여 아키텍처의 구성에 필요한 정보화 구성 요소의 표준화된 분류체계와 형식을 정의

### ② EA의 참조모델의 분류

| 유형 | 내용 |
|---|---|
| 성과참조모델(PRM) | – 정보화 성과의 제고 및 품질향상을 위한 성과요소를 분류하고 정의한 체계<br>– 입력물, 산출물 및 결과물 특화된 성과지표 |
| 업무참조모형(BPM) | – 업무 및 업무와 관련된 정보를 전체적으로 분류하고 정의한 체계<br>– 정부기관, 고객, 협력자 업무 분류 및 정의 |
| 서비스 컴포넌트 참조 모형(SRM) | – 응용서비스의 재활용과 효율적 관리를 위해 업무 및 조직에 독립적인 응용 컴포넌트를 기반으로 응용서비스를 분류하고 정의한 체계 |
| 데이터 참조 모형(DRM) | – 데이터 표준화 및 재사용과 데이터 관리를 지원하기 위해 데이터를 분류하고 표준 데이터 구조를 정의한 체계 |
| 기술 참조 모형(TRM) | – 업무를 지원하는 응용 기능을 구현하는 데 필요한 정보기술 및 표준을 분류하고 정의한 체계 |

– 위로 올라갈수록: 상호운용성 및 기술지향적 관점
– 아래로 올라갈수록: 성과 및 업무 지향적 관점

－EA의 참조모델의 구성

참조모형
성과 참조 모형
업무 참조 모형
서비스 컴포넌트 참조 모형
데이터 참조 모형
기술 참조 모형
업무
응용
데이터
기술
계획자
소유자
설계자
개발자

# 4. 정보화 전략

## 4.1 기업의 경영 전략 및 IT 전략 추진 목적

### (1) 기업 경영 전략과 IT

- 기업은 비전을 세우고 그 실행을 위한 경영전략 수립, 경영전략에 의해 사업전략/기획 구상
- 정립된 업무를 실행/지원하는 IT서비스, 그 성과를 측정하는 주기를 대상으로 연관

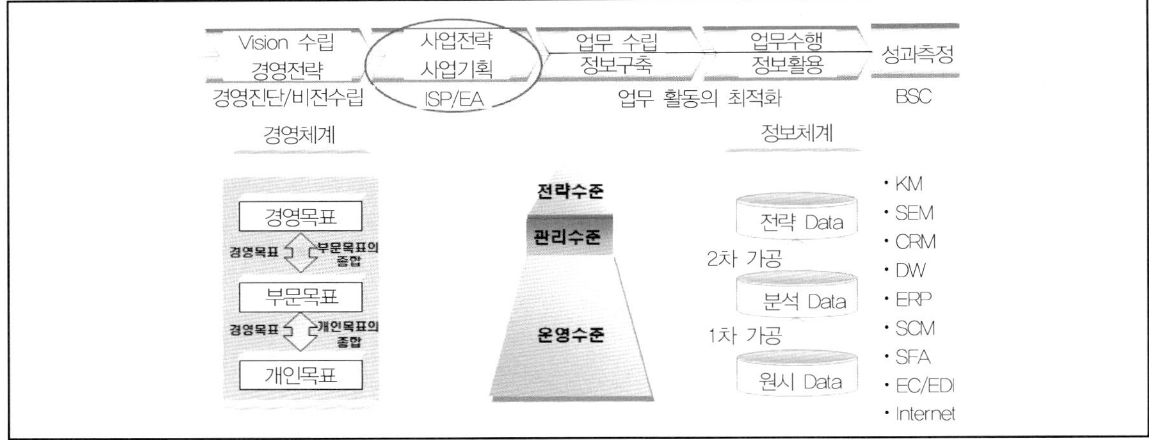


### (2) IT 전략의 추진목적

- 기업의 경영혁신과제를 기반으로 정보자원을 통합, 변화관리를 통하여 전략적 의사결정 체계를 지원하여 기업을 간편하면서도(Simply), 적절한 시기에(Timely) 우선적으로 변화시켜 기업가치 극대화

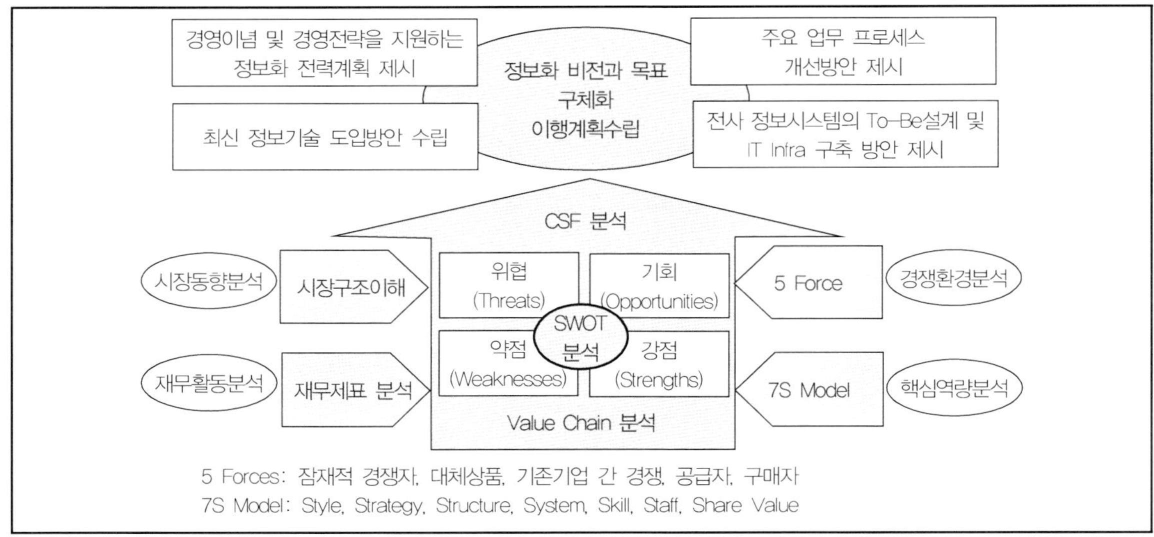

## 4.2 정보 전략 계획(Information Strategy Planning)

⑴ ISP 개념

− 미래 비즈니스를 달성하기 위해서 최적의 정보화를 추진해 나가기 위한 중장기 전략을 계획

− ISP 보고서는 경영환경 분석, 정보기술 환경분석, 현행 업무분석, 개선업무 분석, 개선과제 도출
　☞ 이행계획 수립을 통하여 중장기 IT Master Plan을 최종 도출

| 업무 체계 정립 | − 조직의 업무분석을 통해서 정보의 지식화 및 활용관점에서 현행 문제점 및 개선 사항을 도출하고 효과적인 목표 업무체계 수립 |
| --- | --- |
| 정보화 체계 수립 | − 정보화 현황 및 정보시스템 분석을 통해서 정보화 과제를 도출하고 지식 경영을 지원하기 위해 체계적이고 구체적인 정보화 체계를 수립 |

⑵ ISP 추진 단계

− ISP 프로젝트 착수 이후, 크게 4Phase(환경 분석, 현황분석, 신기업 모형 정립, 실행계획수립) 거침

− 조직 내 구축된 EA기반의 ISP를 추진하며, BPR/PI가 병행되어 진행되는 것이 일반적

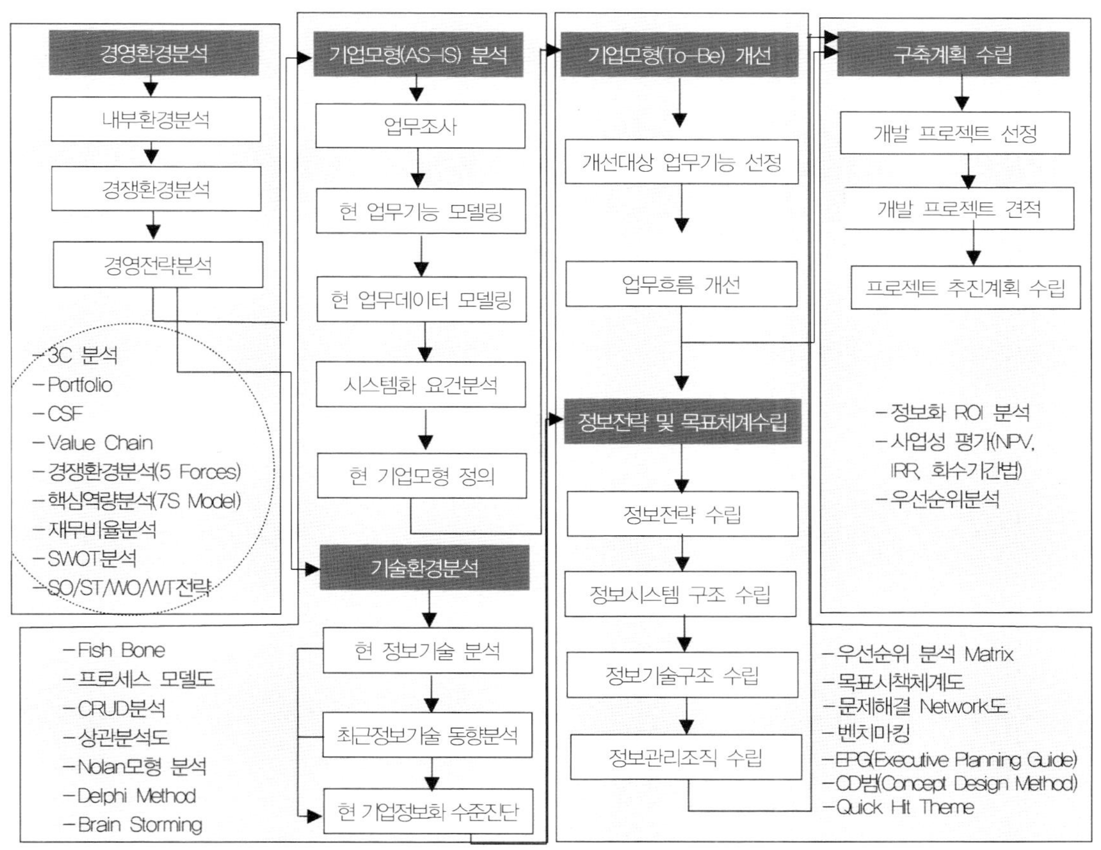

# 5. 프로세스 개선 모델

(1) IDEAL모델

① 개념

- 기업이 효과적인 소프트웨어 프로세스 개선 프로그램을 계획하고 실행하는 데 기반을 제공하며, SEI에서 제공하는 서비스에 활용되는 기본전략
- 소프트웨어 프로세스 개선에 대해 SEI(Software Engineering Institute) 기술, 과정, 워크숍 및 서비스를 개선하기 위한 포괄적인 방법론으로 활용

② IDEAL모델의 5단계

| 구분 | 내용 |
| --- | --- |
| Initiating(시작) | - 프로세스 개선 프로그램의 도입 |
| Diagnosing(진단) | - 실제 S/W 프로젝트의 현재 수준을 진단 |
| Establishing(적용준비) | - 개선 프로그램의 계획수립 |
| Acting(실행) | - 제시된 변화 의견의 실행 |
| Learning(교육훈련) | - 정보시스템 변화에 대한 결과 확인 및 내재화, 반복 교육훈련 실시 |

(2) TSP

- PSP로 훈련된 소프트웨어 엔지니어들이 팀을 이루어 개인과 팀의 역량을 지속적으로 향상시키고, 독립적 지휘능력을 가진 팀이 통계적 제어를 행할 수 있도록 지원하는 프로세스
- 4일간의 착수과정을 통하여 팀과 팀의 관리자들이 목표를 수립하고, 팀의 역할을 정의하며, 위험을 평가하고 종합적인 프로젝트 계획을 수립하는 것
- 단계: 요구사항 → 기본설계 → 구현 → 시험
- TSP 개발 전략: 증분 및 반복개발, 다중 개발 혹은 다중 주기(Cycles), 선행작업(Work-ahead), 단계별 중첩이 가능

a. 단계별 표현방법 모델 구성 요소

| 구성 요소 | 특징 | 비고 |
|---|---|---|
| 성숙도 레벨<br>(Maturity Level) | − 성숙된 조직(Matured Organization)이 되기 위한 로드맵<br>− 각 레벨은 지속적인 프로세스 개선을 위해 기반을 제공 | 1~5단계 제공 |
| 프로세스 영역<br>(Process Area) | − 해당 목표들을 성취하기 위해 수행되는 활동들의 집합<br>− 조직의 프로세스 능력도를 구축하기 위한 주요 구성 오소 | 성숙도 Level에<br>연계되어 정의 |
| 일반 목표 및 활동<br>(General Goal/ Practice) | − 목표: 일반 활동들의 효과적인 구현으로 얻는 결과<br>− 활동: 프로세스 영역을 실행하기 위해 필요한 일반 행위 | Common<br>Features 기반 |
| 세부 목표 및 활동<br>(Specific Goal/ Practice) | − 목표: 세부활동들의 효과적인 구현으로 얻는 결과<br>− 활동: 프로세스 영역을 실행하기 위해 필요한 세부행위 | 실무적 직업<br>목표, 활동 포함 |

− 공동 수행 항목(Common Feature): 운영위원회(Commitment to Perform), 수행능력(Ability to Perform), 직접적인 실행확인(Directing Implementation Verification)

b. 구조

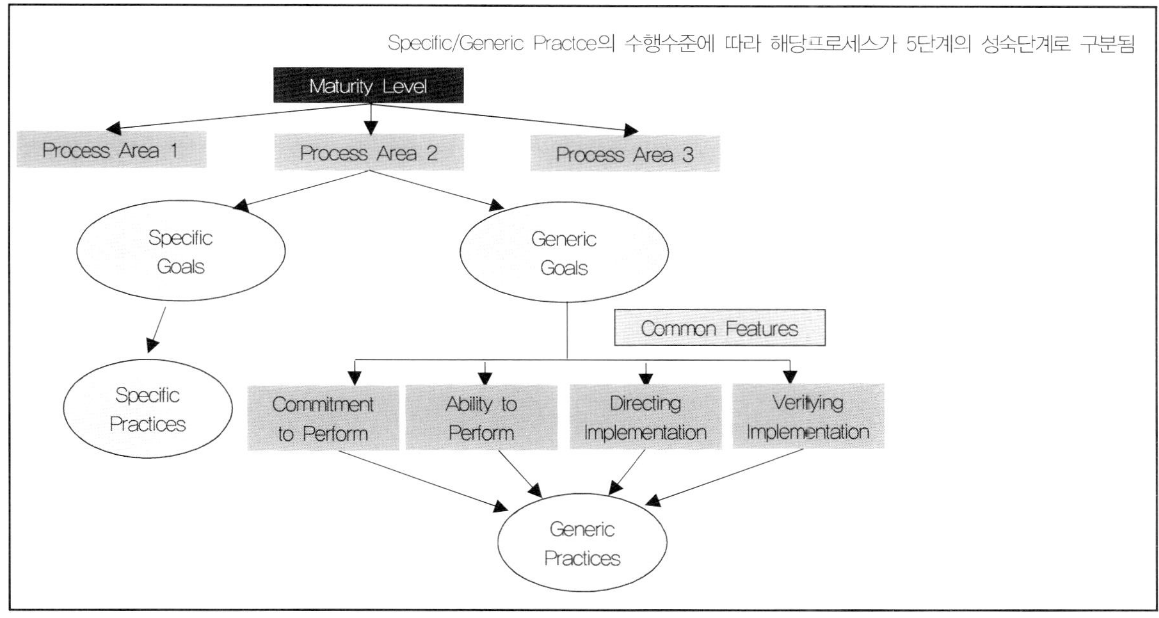


(3) CMMI(Capability Maturity Model Integration)

① 개념

− 능력 성숙도 모델 통합은 소프트웨어를 위한 성숙도 모델(SW-CMM)로부터 시작

− 1991년 미국 카네기 멜론대학 부설 소프트웨어 공학 연구소(SEI: Software Engineering Institute)가 소프트웨어 개발 및 유지보수 프로세스를 지속적으로 개선한 통합 모델

− 기업에 효과적인 프로세스 요소가 무엇인지를 제시하는 프로세스 개선 방법

② CMMI의 모델 유형

| 구분 | 단계적 방법 | 연속적 방법 |
|---|---|---|
| 개념 | – 프로세스 개선이 검증된 일련의 단계로 접근되며, 각각의 단계는 다음 단계의 기반 | – 조직의 비즈니스 목적에 가장 필요한 순서대로 프로세스 개선 가능 |
| PA<br>단계 | – Maturity Level을 이용하여 조직 간의 수준 비교 가능<br>– S/W–CMM에서 CMMI로 전환 용이 | – 프로세스 영역별로 조직의 성숙도 평가 가능<br>– EIA/IS–731에서 CMMI로 전환용이 |
| 특징 | – 심사 결과를 한마디로 요약 가능하며 타 조직 간의 비교 기능 | – 프로세스 차원(Process Dimension)<br>– 능력관점(Capability Dimension) |
| 표현 | ML 5: 최적화<br>ML 4: 관리<br>ML 3: 정의<br>ML 2: 반복<br>ML 1: 초기 | 프로세스 능력 / 프로세스 영역 1, 프로세스 영역 2, 프로세스 영역 3 |

③ 성숙단계(Maturity Level)의 단계별 주요 내용

| 단계 | 설명 |
|---|---|
| 초기 | – 예측할 수 없는 프로세스<br>– 프로세스에 대한 통제가 이루어지지 않음<br>– 업무는 항상 사후 반응적으로 생성된 프로세스에 의해 처리됨 |
| 반복 | – 프로젝트에 따라 프로세스가 생성됨<br>– 업무는 종종 사후 반응적으로 생성된 프로세스에 의해 처리됨 |
| 정의 | – 조직이 공유하는 프로세스 생성<br>– 사전에 생성된 프로세스에 따라 업무 처리 |
| 관리 | – 프로세스는 정량적으로 측정되고, 통제 관리함 |
| 최적화 | – 지속적인 프로세스 개선에 중점 |

④ 연속적 단계(Continuous Level)의 프로세스 영역의 의미

a. 프로세스 영역의 의미: 능력 단계로 그룹화, 프로세스 영역 모두에 적용되는 Practice 포함

b. 프로세스 능력의 의미

– 6개의 단계로 구성되며, 특정 프로세스 영역의 프로세스 개선과 관련 있는 Specific과 Generic Practices로 구성

– 조직이 프로세스 영역을 제대로 수행/통제하고, 개선시킬 수 있는 능력을 함양시키는 데에 중점

– 프로세스 개선 활동 과정을 추적, 평가

– 조직의 프로세스 개선 진척도를 손쉽게 나타냄

# 6. Val IT

(1) Val IT의 개념
- 기업가치 실현을 위한 종합적이고 실질적인 IT투자관리 접근방법과 IT투자를 분석하는 데 비즈
  니스 연계, 비용, 이익, 위험을 고려한 가치 관리 구조화 프레임워크
- 비즈니스와 IT 의사결정권자를 위한 가치 관리 구조

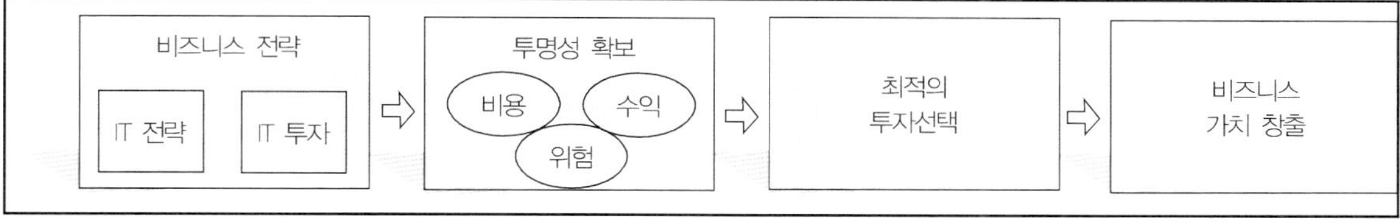


(2) Val IT의 구성 영역
- 가치 거버넌스, 포트폴리오 관리, 투자 관리의 3가지 영역으로 구성되며, 이들 간의 상호 연계

| 구분 | 세부 활동 |
| --- | --- |
| **가치 거버넌스**<br>(Value Government) | - 공지된 위임된 리더십 수립<br>- 프로세스 정의 및 구현<br>- 포트폴리오 특징 정의<br>- 기업 재무 계획과 가치 관리 연계 및 통합<br>- 효과적인 거버넌스 감사체계 수립<br>- 지속적인 가치관리 Practice 향상 |
| **포트폴리오 관리**<br>(Project Management) | - 전략적 방향 수립과 투자 목표 혼합<br>- 자금을 위한 프로그램 평가 및 선택<br>- 가용성과 자금 출처 결정 |
| **포트폴리오 관리**<br>(Project Management) | - 투자 포트폴리오 성과의 감사와 보고<br>- 인력 자원 가용성 관리<br>- 투자 포트폴리오 성과 최적화 |
| **투자관리**<br>(Invest Management) | - 초기 프로그램 비즈니스 케이스 개발 및 평가<br>- 후보 프로그램과 구현조건 이해<br>- 상세한 후보 프로그램 비즈니스 케이스 개발<br>- 비즈니스 케이스 갱신<br>- 프로그램 계획 수립<br>- 프로그램 착수 및 관리<br>- 프로그램 감시 및 보고<br>- 전체 라이프 사이클 비용과 이익 개발<br>- 운영 IT 포트폴리오 갱신<br>- 프로그램 폐기 |

⑶ Val IT의 프로세스

① 거버넌스 프레임워크 수립: 제한된 자원 활용 및 요구사항을 파악 후 종합적인 가치 거버넌스
  프레임워크 수립

② 제한된 자금과 조건 설정: IT투자에 대한 전략적 특성 및 투자 포트폴리오의 특성을 파악

③ 비즈니스 케이스 도출 및 실행 포트폴리오 관리 연계: 관련 프로그램들에 대한 정의 및 후보
  투자 프로그램 비즈니스 케이스 도출 및 실행 포트폴리오 관리 체계 확립

④ 프로그램을 평가 및 우선순위 결정: 전략적 목표와 연계 비즈니스 가치와 위험 기반으로 자원과
  자금 제공의 제한 조건 내에서 프로그램 평가 및 우선순위 결정

⑤ 프로그램 실행 착수, 관리 및 성과 보고

⑥ 비즈니스 실현 여부 확인 및 보고와 지속적인 모니터링

# 7. IT 정책

(1) 정책 및 관련 용어 개념

① 정책(Policies)

a. 정책의 개념

- 정책은 상위 수준의 문서로서 한 조직의 기업 철학, 고위 경영진고- 업무 프로세스 책임자(Owner)의 전략적 사고를 대변
- 경영진은 정책을 정기적으로 검토해야 하며, 상황 변화로 인해 정책 변경이 필요할 때 이를 즉시 반영

b. 정책의 종류는 수준에 따라 정책에 대한 최고경영자의 선언, 조직수준의 정보보호 정책, 부서 수준의 정보 보호 정책

c. 최고경영자의 선언이 강제성이 높고, 조직 전반에 걸쳐 영향을 미침


② 관련 용어

a. 표준(Standard): 일관성
- 조직 내에서 의무적인 사항으로서 특정한 기술, 절차의 공통된 사용을 규정
- 정책을 어떻게 Accomplish 할지, 기술을 어떻게 Deploy 할지를 기술
- 정책에 정의된 목표와 전체 방향을 성취하기 위한 방식을 정의한 전술 문서
- 어떻게(How) 관점에서의 기술 방법

b. 지침(Guidelines): 융통성(Flexible)
- 조직 내에서 의무적인 사항이 아닌 제안적인(Suggest) 사항
- 시스템을 보호하는 데 있어서 사용자, 시스템 직원 및 제3자를 효율조으로 보조

c. 절차(Procedure): 세부(Detailed) 단계적 수행 절차(Step by Step)
- 특정 업무를 수행하기 위한 사용자나 시스템 운영자가 적용되고 있는 코안정책, 표준, 가이드라인을 수행하는 데 필요한 자세한 단계를 기술

  ※ 법적 강제성의 정도: 정책 > 절차 > 표준 > 지침


(2) 정보보안 정책(Information Security Policy)

① 정의

a. 반드시 충족해야 할 특정 요구사항, 규칙에 대한 것으로 반드시 이행해야 하는 의무사항이며 경

영진의 보안 정책에 대한 신념과 목표가 반영된 최상위 문서

b. 정보보호의 정의, 정보보호의 전반적인 목표와 범위, 정보 공유를 가능하게 하는 메커니즘

c. IS 감사인은 다양한 정보시스템 감사 업무를 수행하는 데 있어 보안정책을 참조 프레임워크로 이용하여 보안정책의 적절성을 검토영역


② 보안정책 서술 기법

a. Broad(포괄적), General(일반적), Overview(개괄적)

b. 적용대상을 명시, 특수한 기술이나 방법론의 서술은 배제


③ 보안 정책 수립 시 고려사항(우선순위)

a. 목표 달성도(Goal Achievable/Attainable)

b. 융통성(Flexible)

c. 이해력(Understand)

d. 비즈니스 객관성(Business Objective)


④ 보안 정책 문서에 들어가야 할 내용

a. 개요, 목적, 범위, 정책, 시행에 따른 처벌

b. 경영진의 공약 기술, 정보보안관리에 대한 조직의 접근방법 설정 내용도 포함

c. 정보보호 정책서에 반영 내용

－상위 수준 정보보호 정책

－데이터 분류 정책

－허용된 사용 정책

－최종 사용자 컴퓨팅 정책

－접근통제 정책


⑤ 보안정책의 역할

a. 사용자, 관리자 그리고 기술진에게 일관성 있는 보안기준을 전달

b. 개인의 책임(Responsibility)과 책임추적성(Accountability)의 제공

c. 기술주도의 조직을 위한 보안인프라 구축의 첫걸음

d. 비즈니스 전략과 목표에 연계하여 정보보안 목표와 원칙을 지원하려는 경영진의 취지

e. 위험 평가 및 위험관리 구조를 포함하는 통제목적과 통제설정을 위한 프레임워크

f. 기업의 비밀보호, 지적 재산의 보호

g. 기업 컴퓨팅 자원의 낭비 방지

⑥ 보안 정책의 종류

| 구분 | 설명 |
| --- | --- |
| AUP<br>(허가된 사용에 대한 정책) | − Acceptable Use Policy(허가된 사용에 대한 정책)<br>　1<sup>st</sup> Listed Security Policy: 첫 번째 고용 시 AUP를 읽고 서명을 하게 함(조직원에게 밀접한 영향)<br>− 목적: 회사 컴퓨팅 자원의 개인적 사용 금지<br>− Unacceptable Use Policy(금지된 사용에 대한 정책): 불법 SW, 저작권/특허권/기업비밀 위반행위<br>− 다음의 활동에 대해 엄격히 금지함: 불법 S/W 설치, 저작권 콘텐츠 무단 배포, 기술 유출, 악의적인 바이러스 배포, 성희롱 등 |
| User Account<br>(계정정책) | − 시스템 계정에 대한 사용자, 운영 직원, 관리자에 대한 책임을 정의<br>− 침입이 탐지되면 누가, 무엇을 했는지 제공을 해야 함 |
| 인증정책 | − 원격 위치 인증의 지침과 인증 장치의 사용을 설정(예: OTP 정책)하여 패스워드 관리 |
| 원격접속정책 | − Host가 회사 네트워크에 접속하는 표준을 정의<br>− 민감한 데이터, 회사 기밀, 지적 재산 손실을 최소화 ㅎ도록 설계(2 Factor 인증/RBAC) |
| Extranet 연결 | − VPN, 파트너 회사 사람들의 접근에 대한 방법과 요구사항을 다룸 |

(3) 보안 정책의 3가지 주제별 분류(NIST 분류 기준)

| 분류 | 설명 |
| --- | --- |
| Organizational/<br>Program Security Policy | − Senior Level Management Statement로 역할<br>− 전략적 문서: 개괄적이며 별로 수정을 요하지 않음<br>− 조직의 전략적 방향 제시, 자원의 할당, 목적과 범위를 규정<br>− 구성 요소: Objective, Resource(Scope, Direction) |
| ISSP(Issue-Specific<br>Security Policies) | − 상황에 맞는 적절성과 조직의 관심사항 초점, 관련 요소의 변화에 따라 잦은 개정(업데이트)이 요구됨<br>− 관련 토픽: 이메일 Privacy, 인터넷접근, 악성코드, 회사 소유물 개인적 사용<br>　예) 이메일 유출금지, 외부로부터 온 메일은 백신으로부터 감염여부 체크 |
| System-Specific Policy<br>(SysSP) | − 접근통제 목록을 작성하거나 사용자들에게 허용되는 항위 등에 대한 교육을 실시할 때 필요한 일반적인 정보나 방침을 제공<br>− 개별 시스템(컴퓨터, 네트워크)에 대한 보안 목적을 정의<br>− 비즈니스 목표, 범위, 목적, 접근통제를 위한 일반적인 규칙, 예) Firewall Configuration Policy, 라우터 ACL은 어떤 통제와 같이 사용하는가?　☞ 접근통제 |

(4) 보안 관리 계획

a. 포함 요소: 보안 역할의 정의, 보안 정책의 개발, 위험분석 수행, 직원의 보안 교육요구를 포함

b. 보안 관리 계획 팀의 아래의 세 가지 유형의 계획을 개발해야 한다.

| 항목 | 접근 | 설명 |
| --- | --- | --- |
| Operational | 단기 | - 매달/분기별로 갱신 |
| Tactical | 중기 | - 6~18개월 유용. 특별한 보안 목적을 달성하기 위해 고안. 프로젝트, 고용계획 |
| Strategic | 장기 | - 3~5년 유효, 조직의 목표, 임무 정의, 장기 목표와 비전 논의 |

c. 정보보호 정책의 검토 시 고려사항

- 정보보안 정책은 계획된 주기 또는 중요한 변화가 발생할 경우에 지속적인 적합성, 타당성, 효과성을 검토
- 정보 보안정책의 개발, 검토 그리고 평가하는 관리책임을 승인 받은 담당자가 있어야 함
- 정보보호 정책 검토 시 조직의 정보보안 정책 향상을 위한 기회평가와 조직의 환경, 비즈니스 여건, 법률상 조건 또는 기술환경 변화에 부응하는 정보보안 관리 접근법을 포함하여야 한다.
- 정보보안 정책 유지관리는 이러한 검토결과를 고려하여야 하며, 검토를 위한 일정과 기간을 포함하는 경영진 검토절차가 정의

# 8. 위험관리

## 8.1 위험관리 개요

### (1) 목표

- 위험을 수용 가능한 수준으로의 감소(Acceptable Level), 그 수준은 조직, 조직의 자산 가치, 예산의 정도에 의존
- IT 예산 내에서 관련 지출을 정당화하기 위한 최고 경영자 설득하기 위한 데이터를 제공

### (2) 성공적인 위험 관리 전략

- 위험관리의 목적 및 조직은 핵심성과지표(KPI)를 정의할 수 있고, 효과성을 판단하기 위해 성과를 평가
- 최고 경영진이 이사회와 함께 위험 관리 프로그램의 성격을 결정하고, 참여 IT Team의 전폭적인 지원
- 위험 관리 계획에 대한 책임 할당: 조직의 위험관리 프로그램을 개발하고 수행할 책임을 맡을 개인 또는 팀을 지정
- 위험 관리 위원회가 위험을 식별하고 손실에 대한 적절한 통제와 조정 전략을 개발 및 지원

### (3) 위험관리 프로세스

| 단계 | 내용 |
|---|---|
| 위험관리 계획 수립 | – 비즈니스 위험 관리 활동을 수행하는 방법을 정의하는 프로세스 |
| 위험 식별 | – 경영 및 IT서비스에 영향을 미칠 수 있는 위험을 식별하고, 위험 별 특성을 문서화하는 활동 |
| 위험 분석 | – 식별된 위험에 대한 위험 발생 확률 및 영향도, 효과 등을 분석하는 활동<br>– 정량적, 정성적 위험 분석 기법 |
| 위험 대응 계획 수립 | – 프로젝트 목표에 대한 기회는 증대시키고 위협은 줄일 수 있는 대안 및 조치를 개발 |
| 위험 감시 및 통제 | – 프로젝트 전반에서 위험 대응 계획을 구현하고, 식별된 위험을 추적하고, 잔존 위험을 감시하고 새로운 위험을 식별하고 위험 프로세스 효과를 평가 |

※ 위험 관리 프로세스 3단계 분류: 위험 평가 → 위험 완화 및 분석 → 위험 감시 및 통제

## 8.2 위험식별의 주요 활동 및 기법

### (1) 문서검토

- 관리계획서, 각종 위험과 관련된 가정, 유사 프로젝트 기록 구조적 검토 등을 통하여 위험식별을 위한 첫 번째 활동

─WBS와 RBS(Risk Breakdown Structure)는 체계적 식별을 위한 유용한 도구

※ 본 장에서는 RBS(Risk Breakdown Structure)에 대한 내용만을 다루고, WBS는 Ⅲ. 정보시스템의 획득, 개발 및 구현의 2. 프로젝트 관리에서 확인해 보도록 한다.

(2) 정보 수집 기법

| 수집기법 | 설명 |
| --- | --- |
| **브레인스토밍<br>(Brain Storming)** | ─ 아이디어 창출방법의 하나로 한 가지 문제를 집단적으로 토의해 제각기 자유롭게 의견을 개진하여, 독창적인 아이디어를 창출하는 기법<br>─ 브레인스토밍 목적은 프로젝트 리스크의 전체 목록을 작성하는 것 |
| **SWOT분석** | ─ 외부 환경에 대한 분석 시 활용하는 경영기법<br>─ 강점, 약점, 기회, 위협 등 4가지로 분류하여 파악 |
| **명목집단기법(Nominal<br>Group Technique)** | ─ 패널 아이디어 제출/토의/우선순위결정<br>─ 진행 방법<br>① 조직 내 외부 전문가를 뽑아 패널을 구성<br>② 패널이 모여 보드에 아이디어 리스트를 적고, 토론<br>③ 아이디어 우선순위를 정하고 종합하여 등급을 정함<br>④ 위 과정 반복 |
| **인터뷰** | ─ 사업 담당자나 실무자를 통하여 근본원인 식별하기 위하여 대면회의 |
| **체크리스트** | ─ 조직에 축적된 위험식별 리스트를 활용하여 식별 |

─ 위험 식별 기법으로 델파이(Dephi) 기법을 활용 가능

(3) 위험 분류체계(RBS: Risk Breakdown Structure)

─위험분류 체계(RBS)에는 일반적으로 야기될 수 있는 위험의 범주가 계층적으로 표현

─이를 통하여 리스크 식별 과정에서 참여자들에게 위험이 발생할 수 있는 출처 상기 역할

─RBS: Risk Breakdown Structure의 예제

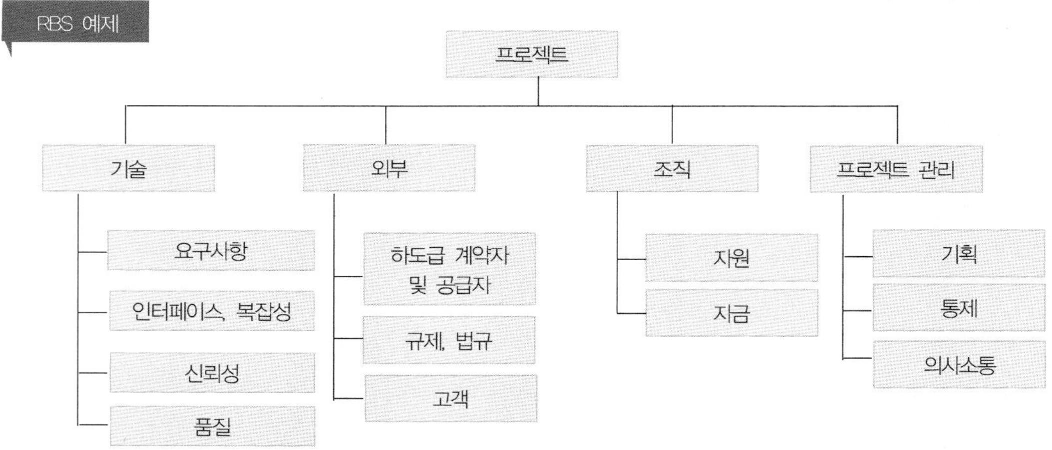

# 8.3 위험 분석

⑴ 위험 분석 개요

① 위험 분석의 의미

- 자산에 어떤 위험요소가 존재하는지를 분석하고 연관 있는 위협을 찾아내어 취약점 분석을 통해 위험 발생 가능성을 종합 분석하여 위험을 계산해 내는 것
- 위험관리의 핵심으로 위험 완화, 전가, 수용 등에 대해 결정을 내리기 위해 필요한 내역을 경영진에 제공(Security Safeguards를 정당화) ☞ ALE(연간 예상 손실) 지공

| 연간 예상 손실<br>(ALE: Annualized Loss Expectancy) | 단일 예상 손실<br>(SLE: Single Loss Expectancy) | 연간 발생 빈도<br>(ARO: Annualized Rate of Occurrence) |
|---|---|---|
| − 정량적인 위험 분석의 대표적인 방법으로 특정 자산에 대한 특정 실현된 위협의 모든 경우에 대한 가능한 연간 비용<br>− 계산식: ALE = SLE × ARO | − 특정 위협이 발생하여 예상되는 1회 손실액<br>− 계산식: SLE = 자산가치×EF(1회 손실액) | − 매년 특정한 위협이 발생할 가능성에 대한 빈도수<br>− 특정 위협·위험이 1년에 발생할 예산빈도<br>− ARO: 횟수/연도 발생 수 |

※ ARO는 계산이 복잡하다.
- 이유: 추측. 통계분석. 역사적 기록. 추측 통계분석에 의한 것이기 때문에

② 목표

- 식별 측정된 위험이 허용 가능한 수준인지 아닌지를 판단할 수 있는 근거 제공
- 잠재적인 위협의 영향을 정량화

③ 위험 분석의 결과

- 중요 자산의 가치화, 위협요소와 취약점 분석, 발생 가능성 분석, 대응 방안이나 대책(Countermeasure) 추천

④ 자동화 도구를 활용한 위험분석

- 목적: 시간의 감소, 수동 노력 감소
- 단점: 데이터를 수집하기 위해 많은 시간이 소요
- 제품 선정 시 고려사항: 입력데이터 정확성, 수작업 병행, 분야별 전문적인 도구(취약성 분석 도구)

(2) 위험 분석 기법

① 정성적 위험 분석(Perform Qualitative Risk Analysis)

a. 개념

- 위험 가능성의 시나리오에 자산의 중요성, 위협, 취약성의 심각성을 등급 또는 순위에 의해 상대적으로 비교

b. 특징

- 주관적 분석 방법으로 위험에 대한 영향도를 파악하기에 용이
- 주요 위협의 시나리오는 1 Page 정도로 간략한 보고
- 분석 결과가 등급이나 순위로 표기되어, 다소 경영진의 설득 데이터로는 어려움이 있음

c. 주요 기법

- 확률 영향 매트릭스: 위험 등급에 따라 추가 정량적 분석 및 대응 우선순위 위험 등급을 매길 수 있음

| 위험사건 | 발생가능성 | 영향 정도 | 위험노출도 | 우선순위 |
|---|---|---|---|---|
| 위험사건#'1 | 매우 높음 | 낮음 | H | 1 |
| 위험사건#'2 | 보통 | 보통 | M | 2 |
| 위험사건#'3 | 낮음 | 높음 | M | 2 |
| 위험사건#'4 | 낮음 | 낮음 | M | 2 |

☞ 정해진 우선순위에 따라 대응전략 수립 시 활용

- 위험 노출도 등급 분류: 위험 원인, 영향을 받는 프로젝트 영역, 프로세스별로 불확실성의 영향 정도에 따라 분류

| 가능성/영향 정도 | 매우 낮음 | 낮음 | 보통 | 높음 | 매우 높음 |
|---|---|---|---|---|---|
| 매우 낮음 | L | M | M | H | H |
| 낮음 | L | L | M | H | H |
| 보통 | L | L | M | M | M |
| 높음 | VL | M | M | M | M |
| 매우 높음 | VL | VL | L | M | M |

※ 위험 노출도 = f(발생가능성, 영향도)
· H: High, M: Middle, L: Low, VL: Very Low
　- 델파이 기법(Delphi Technique): 전문가 기법으로 짧은 시간 내에 수행이 가능하여 비용 절감 효과가 있음(단순 합의에 도달하기 위해 익명의 피드백과 응답과정)
　- 친화도: 브레인 스토밍으로 도출된 아이디어를 유사한 내용으로 그룹화하여 관리하는 방법
　- 기타: 브레인 스토밍(Brain Storming), 스토리보드(Story Boarding), 체크리스트(Check List), 일대일 회의(One-to-One Meeting), 설문지(Survey)

② 정량적 위험 분석(Perform Quantitative Risk Analysis)

a. 개념

－식별된 위험이 전체 프로젝트 목표에 미치는 영향을 수치로 분석

－정보 시스템 및 관련 자산에 대한 위험 발생 확률과 잠재적 손실 크기를 곱해서 이를 화폐 가치로 환산하여 위험의 정도를 측정하는 방법

b. 특징

－객관적이고 주로 유형 자산 분석 시 사용

－하드 달러(Hard Dollars): IT서비스에 대한 재화나 서비스의 대가를 화폐로 지급하는 금액(사용료) 산정 시 용이

－직관적인 접근(Straightforward Approach)과 공식적인 자료로 활용 가능한 비용 편익 분석 기법

c. 주요기법

| 기법 | 내용 |
| --- | --- |
| 민감도 분석<br>(Sensitivity Analysis) | － 여러 변수 중 다른 변수 값은 고정하고 한 변수의 값을 한 단위씩 변경하여 결과 값의 변경을 분석하는 방식<br>－ 어떤 위험이 프로젝트에 가장 큰 영향력을 미치는가를 분석 시 활용<br>－ 토네이도 다이어그램(Tornado Diagram): 민감도 분석을 표현하는 다이어그램으로 변동폭이 큰 항목부터 위에 표현함으로써 토네이도와 유사 |
| 의사결정나무<br>(Decision Tree) | － 불확실한 프로젝트 상황에서 의사결정 내용에 따라 프로젝트 성과가 어떤 영향을 받는가를 분석하는 방법 |
| 기대가치 분석<br>(Expected Monetary Value) | － 예상되는 기대값 분석은 발생할 수도 있고 발생하지 않을 수 있는 시나리오가 미래에 포함될 때 평균 결과를 계산하는 통제적 개념(즉, 불확실성을 전제로 분석)<br>－ 이 유형의 분석은 일반적을 의사결정나무 분석에서 사용 |
| 몬테카를로(Monte Carlo)<br>시뮬레이션 | － 일정, 원가의 불확실성을 분석할 때 활용<br>－ 난수표를 여러 번 생성하여 프로젝트 결과(총 원가 혹은 완료일)를 확률 분포로 계산 |

－ 기타: 과거자료 분석법, 수학공식 접근법, 확률 분포법, 점수법, ALE

d. 장점과 단점

| 구분 | 내용 |
| --- | --- |
| 장점 | － 의미 있는 통계적 분석 지원, 정보의 가치에 대한 이해성, 객관적 Data 제공(경영진 설득 용이) |
| 단점 | － 계산이 복잡, 자동화 툴이 없으면 힘듦 |

(3) 위험분석 기법의 비교

| 항목 | 정성적 위험 분석 | 정량적 위험 분석 |
|---|---|---|
| 개념 | − 식별된 위험들의 영향도와 발생가능성을 기반으로 우선순위 결정 | − 개별 위험의 확률을 계량화하고 프로젝트 원가와 일정 등에 미치는 영향력을 정량적으로 분석 |
| 평가방법 | − 발생가능성, 영향도, 우선순위에 의한 위험 평가 및 분류 | − 측정지표에 의한 계량화되고 수치화된 위험평가 |
| 액티비티 | − 위험 우선순위 부여, PI 매트릭스 작성 | − 민감도 분석, 인터뷰, 의사결정나무 분석 |
| 산출물 | − PI 매트릭스, 위험 우선순위 | − 계량화된 위험 순위, 달성 가능한 일정/원가 목표 달성 가능성 |

## 8.4 위험완화

(1) 개념

− 위험 분석 후 Cost-benefit Analysis를 통해 가장 효율적인 대책이나 대응 방안을 수립하는 것

(2) 위험완화 방법

| 대응 방안 | 설명 | 사례 |
|---|---|---|
| 회피<br>(Avoid) | − 위험이 프로젝트에 미치는 영향력이 너무 높아 아예 발생하지 않도록 조치를 취하는 것으로 계획의 변경을 통하여 이루어짐 | − 안정화된 기술을 사용 |
| 수용<br>(Accept) | − 식별된 위험에 대하여 아무런 조치를 취하지 않는 것으로, 예방 조치를 취하지 않는 것이지 문제로 전이 되어도 조치를 하지 않는 것은 아님 | − 신기술 사용으로 진행 |
| 완화<br>(Mitigate) | − 위험수준을 줄이기 위한 예방활동을 취하는 것으로 위험을 제거하기 위한 활동은 아님 | − 기술지원 팀의 구성 및 파일럿 수행 |
| 전가<br>(Transfer) | − 위험에 대한 조치 책임을 다른 부서나 사람에게 넘기는 것으로 아웃소싱이 대표적인 예임 | − 외주 전문 업체의 역할로 아웃소싱 |

(3) 위험 관리 시 고려사항

− 정량적인 위험 분석의 접근법이 정성적인 접근법보다 바람직함

− 위험 관리는 회사 전체 IT 기능에 적용

− 위험관리는 최고 경영진이 책임

− 정량적인 위험 분석은 언제나 위험 확률을 산정해야 하는 어려움이 있고 주관 적이고 정성적인 접근법에 의존

− 사용한 방법론이나 Package가 고도화된 것이라고 해서 비즈니스 상식이나 전문가의 성실성을 존중

− 정성적 위험 분석은 정량적 위험 분석에 비해 좀 더 주관적인 것은 잘못된 것임

# 8.5 IT 위험 관리 프레임워크

- CoBIT에 기반한 위험관리 프로세스 모델로서 위험 거버넌스, 위험 평가, 위험 대응의 3개의 도메인으로 구성되어 있으며 각 도메인은 3개의 하부프로세스로 세분화

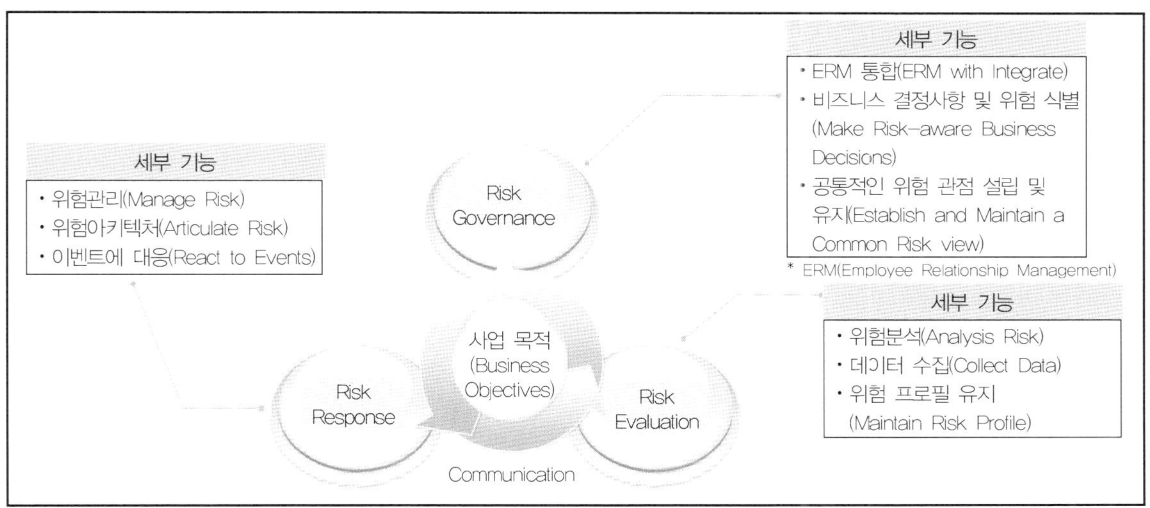

# 9. IT 아웃소싱(ITO: Information Technology Sourcing)

(1) ITO 정의
- 기업의 IT 관련 운영 자원이나 일부 업무를 외부 전문기관에 위탁 운영하고, 핵심 업무에 집중하고자 하는 기업전략
- 이해관계자(CEO, CIO, 위탁업체 등)의 관점에 따라 개념 정립의 차이가 존재

(2) ITO 대상
- 주로 IT 전략기획, IT 자산관리, Application 개발/운영, 인프라(HW/NW) 운영 등 대상

(3) ITO의 유형
① ITO 대상별 유형

| 구분 | 개념 | 장점 | 단점 |
|---|---|---|---|
| Total Outsourcing | – 단위업무 기능 전체를 단일 Vender에게 위탁한 형태 | – 창구단일화 및 통합성, 효율성증대 | – 전문성 결여 및 외주 업체에 종속 |
| Selective Outsourcing | – 단위업무 기능을 나누어서 여러 Vender에게 위탁 | – 양질의 서비스 선택<br>– 낮은 비용 | – 책임소재 모호 및 갈등 발생 시 중재가 어려움 |
| Co Outsourcing | – 단위업무에 대한 통제 부서와 실행사를 분리 운영 | – 통제력증대, Total 아웃소싱 문제점 해결 | – 실질적인 통제 부서의 업무참여가 성공의 관건 |
| 자회사 설립 | – 단위업무를 전담하는 전문법인을 설립 | – 성실한 고객응대 가능 | – 관계성 비용증가 우려 |

② IS 제공방식

| 구분 | 설명 |
|---|---|
| 자체조달방식 | – 조직 내부 인력에 의해 전적으로 수행 |
| 외주방식 | – 외주업체 인력에 의해 전적으로 수행 |
| 절충방식 | – 조직 내부 인력과 외주업체 인력이 공동으로 수행 |

③ 정보시스템 제공 위치

| 구 분 | 설명 |
|---|---|
| 현지방식(Onsite) | – 인력이 정보시스템 부서 내에서 근무 |
| 격지방식(Offsite) | – 연안방식이라고도 하며, 인력이 지리적으로 떨어진 장소에서 근무 |
| 역외방식(Offshore) | – 인력이 다른 지역에서 근무 |

⑷ ITO 절차

① 대상선정: 정보시스템 전략 및 아웃소싱 수행계획 수립, 아웃소싱 대상업무의 선정

② 서비스 제공자 선정: RFP에 의한 우선 서비스 제공자 선정, 서비스 제공자 확정

③ 협상 및 계약: 서비스 수준, 비용, 업무분담에 대한 협상, 협상 결과를 바탕으로 계약

④ 전환 및 이행: 정보 자원의 이전 및 서비스의 전환, 자산, 인력 등의 이전

⑤ 계약관리: 서비스 수준에 따른 성과관리, 계약기간 만료 후 계약 갱신

⑥ 계약전환: 제3의 서비스 제공자와 계약 또는 내부 전환

# 10. 비즈니스 연속성 계획: BCP/DRP

## 10.1 BCP(Business Continuity Planning: 사업 연속성 계획)

### (1) BCP 개념
- 비상시에도 기업의 존립을 유지하기 위한 프로세스를 정의한 복구 절차
- 업무의 중단 상황과 이후의 비즈니스 운영의 연속성을 위한 계획
- 가장 핵심적인 비즈니스 기능들의 우선순위화된 재개에 초점

### (2) BCP의 특징
- 업무의 심각한 중단상황과 이후의 업무 기능과 업무 프로세스를 지원하는 IT 시스템의 유지를 다룸
- 재해 복구 계획, 업무 재개 계획, 주거자 비상 계획 등을 포함할 수도 있음
- BCP내의 책임추적성과 우선순위는 운영연속성계획(COOP) 내의 책임추적성과 우선 순위와 가능한 충돌을 제거하기 위하여 조정되어야 함

### (3) BCP의 포함 영역
- 문제에 대해 넓은 접근 방법을 채택, 적재적소에 적절한 인력배치, 정상 상황으로 복귀할 때까지 다른 모드에서의 업무 수행

### (4) BCP 수행 절차
① 5단계 절차

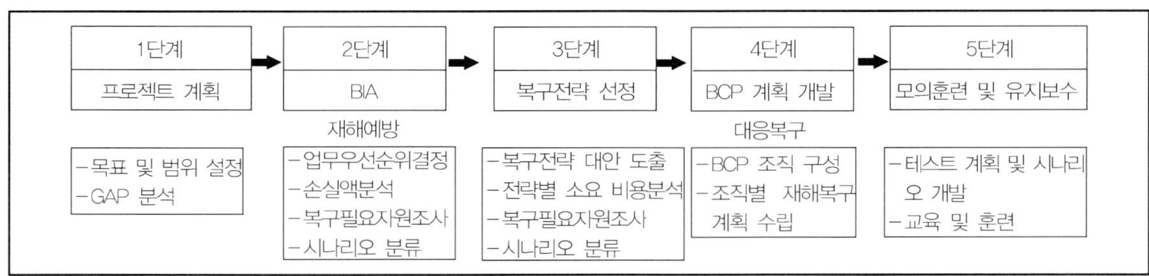

② NIST 권장 BCP 절차: 모든 단계마다 경영진의 승인을 얻어야 함

| 단계 | 주요 설명 |
| --- | --- |
| 1. 연속성계획 정책선언서 개발 | – BCP 개발, 임무수행역할에 관한 권한 할당을 위한 가이드라인을 제공할 정책을 기술<br>– 법규 요구사항 통합, 영역/목표/역할 정의, 관리진의 정책승인 |
| 2. BIA(Business Impact Analysis) 수행 | – 핵심 기능/시스템 식별, 핵심 기능 관련 요구자산 식별<br>– 중단 영향과 허용 가능한 정지시간 확인 ☞ 복구우선순위개발<br>– 자원의 MTO 계산, 위협식별, 위험 계량화, 백업솔루션 확인 |
| 3. 예방통제 식별 | – 위협이 식별되면 경제적 방법으로 조직 내 위험 Level을 감소하기 위한 통제와 대응책을 식별하고 구현<br>– 통제구현, 위험 완화 |
| 4. 복구전략 개발 | – 시스템과 중대한 기능들이 Online으로 즉시 옮겨질 것을 보장하는 방법들을 공식화 함<br>– 업무프로세스, 시설, 지원과 기술, 사용자 및 사용자 환경, 데이터 |
| 5. 연속성 계획 개발 | – 장애상황에서의 업무 기능 수행방법에 관한 절차와 가이드라인을 기술<br>– 절차, 복구 솔루션, 임무와 역할, 비상대응 |
| 6. 모의 테스트 및 훈련 | – BCP 내의 부족한 것을 발견하기 위하여 계획을 테스트하고 기대된 임무상의 개별요소를 적절히 준비시키기 위한 훈련 수행<br>– 테스트 계획, 계획 개선, 직원 훈련 |
| 7. 계획의 유지 관리 | – BCP는 살아있는 문서이며 정규적으로 업데이트 된다는 것을 보장<br>– 변화 통제 프로세스에 통합, 책임할당, 계획 업데이트 |

## 10.2 DRP(Disaster Recovery Planning: 재해 복구 계획)

⑴ 개념: 비상 환경에서 기업의 존립을 유지하기 위해 필수적인 IT 자원에 대한 복구 절차

⑵ 특징

– 비상 사태에 따른 대체 사이트에서의 목표 시스템, 응용 프로그램, 컴퓨터 설비의 운영 재개와 같은 IT 중심 계획

– DRP 영역은 IT Contingency Plan과 중복될 수도 있으나 DRP는 좁은 범위로서 배치전환을 요구하지 않은 소규모 업무 중단 사태는 다루지 않는다(즉, DRP 핵심 IT를 다루며 배치 전환이 필요함).

– 조직의 필요에 따라 여러 개의 DRP(예: 화재 DRP, 수해 DRP)가 BCP에 추가되기도 한다.

⑶ BCP/DRP의 비교

| 구분 | BCP | DRP |
| --- | --- | --- |
| 차이점 | – 사업활동이나 프로세스가 중단 되는 것에 대한 대응<br>(핵심업무 + 핵심 IT, 비즈니스 중단 관점) | – 핵심 IT 시스템과 데이터가 중단되는 것에 대한 대응<br>(핵심 IT, 복구관점) |
| 공통점 | – 일부 예방적(예: 위험 회피)인 성격이 있으나 교정통제로 분류<br>– 위험을 수용, 가용성 확보 목적, 잔여 위험을 대상으로 함<br>– 대외비로 관리 | |

## 10.3 비상계획 유형별 분류

| 관점 | 계획 | 목적 | 영역 |
|---|---|---|---|
| 업무 | BCP(Business Continuity Plan) | − 심각한 중단 사대로부터의 복구되는 동안 필수업무 운영 유지를 위한 절차 제공 | − 업무프로세스를 다룸<br>− IT는 업무 지원에 한함 |
| 업무 | BRP(Business Recovery (or Resumption) Plan) | − 재해 발생 후 즉각적인 업무 운영의 복구에 관한 절차 제공 | − 업무프로세스를 다룸<br>− IT는 업무 지원에 한함 |
| 업무 | COOP(Continuity Of Operation Plan) | − 조직의 필수적/전략적 기능을 대체사이트에서 30일 이상 유지하기 위한 절차 와 능력을 제공 | − 가장 치명적으로 여겨지는 조직임무의 부분을 다룸<br>− 본부레벨에서 작성 |
| IT | DRP(Disaster Recovery Plan) | − 대체사이트에서의 복구능력을 촉진하기 위한 상세한 절차 제공 | − IT 초점<br>− 장기간에 걸친 중대한 중단사태에 한함 |
| IT | IT Contingency Plan/Continuity of Support Plan | − 중요한 응용 또는 일반적인 지원 시스템의 복구를 위한 절차와 능력 제공 | − IT 시스템 중단 사태를 다룸<br>− 업무프로세스는 비초점 |
| 보안 | CIRP(Cyber Incident Response Plan) | − 악성 사이버 사건의 탐지/대응/확산 방지에 대한 절차 제공 | − 시스템/네트워크에 관한 정보보안대응 초점 |
| 업무 | COOP(Continuity of Operation Plan) | − 조직의 필수적/전략적 기능을 대체사이트에서 30일 이상 유지하기 위한 절차와 능력을 제공 | − 가장 치명적으로 여겨지는 조직임무의 부분을 다룸<br>− 본부레벨에서 작성 |
| 인명 자산 | OEP(Occupant Emergency Plan) | − 물리적 위협에 대응하는 동안 인명의 최소화와 자산 충격 보호를 위한 통합 절차 | − 인명, 자산<br>− 업무/IT 기능에 기초하지 않음 |
| 신뢰 | Crisis Communication Plan | − 현 상황을 개선, 주주, 공적 기관에 알리는 절차를 제공 | − 신뢰유지, 투명한 보도 절차 IT는 비초점 |

※ 업무관점: BCP, BRP, COOP / IT 관점: DRP, IP CP
※ 보호단계: CP, OEP / 유지단계: COOP / 복구단계: DRP, BRP, COSP, CIRP

## 10.4 BIA(Business Impact Analysis: 사업 영향 분석)

(1) BIA의 개념과 주요 Task

① BIA의 개념: 업무 중단이 사업에 미치는 영향에 대한 정성적/정량적 분석 /평가

② BIA 주요 Task

−핵심 업무 프로세스와 Workflow 식별(설문조사, 사용자 참여를 통해)

−자원 요구사항 식별: 핵심 프로세스에 필요한 자원 식별

−업무 중단으로 인한 영향의 정성적, 정량적 평가: 위험분석

−최대허용 유휴시간(MTD: Maximum Tolerable Downtime) 산정

−우선 순위 결정(고위 경영진 결정하며 복구전략 개발 시 참조된다)

③ 고려사항

−위원회는 식별된 위협을 아래 사항과 매핑해야 함

☞ MTD, 운영중단과 생산력, 재정적인 고려사항, 법적 책임과 성명

- 고위 경영진과 사용자의 참여가 중요


⑵ BIA 단계(모든 업무 파악 -> 핵심기능 식별(사용자 주체), MTD 산정 -> 우선순위 결정(고위 경
  영진)

| 단계 | 주요 활동 |
|---|---|
| 1 | - 데이터 수집을 위한 인터뷰 대상자 선정 |
| 2 | - 데이터 수집방법 결정(조사, 설명, 워크숍 등, 정성적/정량적 접근 방법) |
| 3 | - 회사의 핵심 업무 기능 식별 |
| 4 | - 핵심 업무 기능이 의존하는 IT 자원의 식별 |
| 5 | - IT 자원이 없을 경우의 핵심업무 기능 생존기간 산정 |
| 6 | - 핵심 업무 기능에 관련된 취약점과 위협 식별 |
| 7 | - 개별적 업무 기능에 대한 위험 산성 |
| 8 | - 발견사항을 문서화하고 경영자에게 제출 |

※ 4단계: 평가자료 취합→ 취약성분석 → 정보분석 → 결과 문서화/권고안


⑶ MTD(Maximum Tolerable Downtime: 최대허용 유휴시간)

- 개념: 업무가 회복할 수 없는 손실을 입지 않도록 업무 기능이 중단될 수 있는 최대 시간

- 고려사항: 모든 업무 기능과 자산은 위의 영역 중 하나에 분류되어야 함, 백업 솔루션 선택과
  SLA 체결 시 사용

## :: 핵심 문제 풀이

IT 거버넌스는 조직이 IT 전략을 무엇과 연계하도록 보장하는가?

문제 1〉

① 회사의 목표
② IT 목표
③ 감사 목표
④ 통제 목표

카테고리　　　　　　　　　　　　　　CISA 〉 IT 거버넌스 및 관리

**문제풀이**

– 비즈니스 목표와 연계해야 한다.

정답　　　①

효과적인 IT거버넌스는 조직의 구조와 프로세스들이 무엇을 보장할 것을 요구하는가?

문제 2〉

① 조직의 전략들과 목표들이 IT전략을 확장한다.
② 비즈니스 전략이 IT 전략으로부터 나온다.
③ IT 거버넌스는 모든 지배들과 분리되고 별개로 취급된다.
④ IT 전략은 조직의 전략들과 목표들을 유지 및 확장한다.

카테고리　　　　　　　　　　　　　　CISA 〉 IT 거버넌스 및 관리

**문제풀이**

– IT 거버넌스는 조직의 정보기술이 조직의 전략과 목표를 유지하고 확대하는 것을 보장하는 리더십, 조직구조 그리고 프로세스로 구성되어 있다.

정답　　　④

IT 거버넌스의 목적은?

문제 3〉

① IT 자원의 효과적 활용
② 사업과 IT의 부합
③ 효과적인 IT 전략의 수행
④ IT 자원의 보호

카테고리                              CISA 〉 IT 거버넌스 및 관리



– IT를 통해 조직에 제공할 수 있는 가치를 극대화 하는 것
– 전략적 연계, 자원관리, 성과관리, 위험관리, 가치전달의 영역으로 구분된다.

정답          ②

IT 지배 관련 역할과 책임에서 이사회에서 수행할 것은?

문제 4〉

① IT 투자에 대한 지침 및 기대 수익 설정
② IT 전략과 사업 목표를 연계 및 통합
③ 사업 요건 정의를 주도하고 소유하며 IT BSC를 결제
④ IT 정책/표준/통제 프레임워크/IT BSC 구현

카테고리                              CISA 〉 IT 거버넌스 및 관리



– 이사회: 전략연계에 대한 보증, 상위 수준의 IT 성과 정의/ 감시
– CEO: IT 전략과 사업 목표를 연계 및 통합
– CIO: IT 표준 및 정책 구현, IT 통제 프레임워크 구현, IT BSC 구현

정답          ①

조직 내 전문적인 보안을 위하여 방법으로 외주 아웃소싱을 통하여 하고자 한다. 다음 중 아래 보기에서 아웃소싱 업무 아닌 영역은 무엇인가?

문제 5〉 ① 보안 정책의 정의
② 보안 절차 및 가이드라인 정의
③ 기업 보안 정책 실행
④ 기업 보안 정책에 대한 책임

카테고리　　　　　　　　　　　　　　　CISA 〉 IT 거버넌스 및 관리



– 보안책임은 외부 아웃소싱의 영역이 아니다.

정답　　④


IT보안 기준선이 정의된 조직에서 IS감사를 실시하였을 때 가장 먼저 무엇을 확인하여 하는가?

문제 6〉 ① 시스템 구현
② 기준 준수
③ 문서화 여부
④ 보안 통제의 충분성

카테고리　　　　　　　　　　　　　　　CISA 〉 IT 거버넌스 및 관리



– IT 감사인으로서 가장 먼저 보안 통제의 충분여부를 확인하여 보안의 최소 수준에 대한 정의를 평가하여야 한다.

정답　　④

IT와 사업의 연계 달성을 관리하는 것을 지원하기 위하여 IT 감사자가 그 사용을 추천하는 것은?

문제 7〉　① 자가 통제 평가(Control Self-Assessment)
　　　　　② 사업 영향 분석(Business Impact Analysis)
　　　　　③ IT 균형 성과표(IT Balanced Scorecard)
　　　　　④ 업무 프로세스 혁신(Business Process Reengineering)

카테고리　　　　　　　　　　　　　CISA 〉 IT 거버넌스 및 관리

**문제풀이**

－ IT-BSC를 이용한 IT 거버넌스 성과평가

정답　　　③

비즈니스 영향도를 분석하는 목적은 무엇인가?

문제 8〉　① 비상사태 이후 비즈니스 재운영을 위하여
　　　　　② 조직운영의 연속성에 영향을 줄 수 있는 사건을 식별
　　　　　③ 조직의 책임을 정의하고 물리적, 논리적 보안
　　　　　④ 효율적인 DRP 프레임워크 제공

카테고리　　　　　　　　　　　　　CISA 〉 IT 거버넌스 및 관리

**문제풀이**

－ BIA 비즈니스 연속성 계획을 수립하기 위한 핵심적인 단계이다.

정답　　　②

IS 감사 범위 계획 시 IS감사인이 사용해야 할 접근방식은 무엇을 기반으로 해야 하는가?

문제 9〉

① 전문가적 회의론
② 위험
③ 중요성
④ 충분한 감사증거

카테고리                      CISA 〉 IT 거버넌스 및 관리

**문제풀이**

– 위험에 기반한 감사 계획

정답      ②

A사는 중요한 데이터와 소프트웨어 파일을 매일 백업 받고 백업 테이프를 다른 곳에 소산 보관하고 있다. 그리고 백업 테이프는 비상시 파일 복구의 용도로 사용된다. 이것은 어떤 통제인가?

문제 10〉

① 관리통제
② 예방통제
③ 적발통제
④ 교정통제

카테고리                      CISA 〉 IT 거버넌스 및 관리

**문제풀이**

– 교정통제는 문제의 영향을 교정하거나 최소화한다.

정답      ④

복구 전략을 결정하기 위하여 가장 우선적으로 고려해야 하는 것은 무엇인가?

문제 11〉
① 시스템에 대한 복구비용
② 복구 사이트의 가용성 정도 측정
③ 업무 프로세스의 중요도 파악
④ 사전 대응 프로세스 수립 여부 검토

카테고리                            CISA 〉 IT 거버넌스 및 관리

**문제풀이**

– 복구 전략을 결정하기 위해서 가장 우선적으로 고려해야 하는 사항은 업무 프로세스별 중요도를 파악하는 것이다. 다양한 업무 프로세스와 이를 지원하는 응용프로그램의 중요성은 위험에 대한 영향도를 분석하는 과정에서 결정된다.

정답      ③


조직 내 소프트웨어에 대한 품질 관리 프로세스 절차를 확인하고자 할 때 첫 번째로 무엇을 검토해야 하는가?

문제 12〉
① 조직 내 표준 준수 여부
② 조직에 의해 채택된 모든 표준들을 요청
③ 현재 구현된 통제들을 식별 및 보고
④ 품질평가를 위한 지표 검토

카테고리                            CISA 〉 IT 거버넌스 및 관리

**문제풀이**

– 소프트웨어 품질 관리 프로세스를 검토하기 위한 첫 번째 절차는 조직이 채택한 표준 형식에서 평가 기준을 파악하는 것이다.

정답      ②

다음 중 사회공학적 공격의 위험을 줄일 수 있는 방법에 해당되는 것으로 가장 적절한 것은?

문제 13〉　　① 규정 준수
　　　　　　② 윤리의식 제고
　　　　　　③ 보안인식 강화 프로그램
　　　　　　④ 성과 보상

카테고리　　　　　　　　　　　　CISA 〉 IT 거버넌스 및 관리



– 사회공학적 공격은 사람의 심리를 이용하여 사용자를 속이는 공격유형이다. 이를 최소화하기 위한 방어수단으로 보안인식 강화 프로그램이 있다.

　　　　　　　　　　　　　　　　　　　　　　　　　　　　　정답　　③


IT 거버넌스의 성공적인 체계확립을 위한 가장 최우선으로 고려해야 할 것은?

문제 14〉　　① 조직의 전략을 이해
　　　　　　② IT-BSC 구축
　　　　　　③ 위험 평가
　　　　　　④ 보안정책 수립

카테고리　　　　　　　　　　　　CISA 〉 IT 거버넌스 및 관리



– IT 거버넌스의 체계를 수립하기 위해서 가장 먼저 해야 하는 것은 조직의 전략과 목표를 파악하는 활동이다.

　　　　　　　　　　　　　　　　　　　　　　　　　　　　　정답　　①

IT 전략의 준거성을 검증할 책임은 누구의 역할인가?

문제 15〉

① 이사회
② 전략위원회
③ 최고경영자
④ CIO

카테고리 　　　　　　　　　　　　　　CISA 〉 IT 거버넌스 및 관리



– IT 전략위원회는 IT 전략의 준거성을 검증할 책임이 있다.

정답　　　②

다음 중 DBA의 업무영역이 아닌 것은 무엇인가?

문제 16〉

① 데이터베이스 최신 버전의 툴 구현
② 데이터베이스 모니터링
③ 백업 및 복구 절차 수립
④ 데이터베이스 활동 로그 삭제

카테고리 　　　　　　　　　　　　　　CISA 〉 IT 거버넌스 및 관리



– DBA에는 데이터베이스 활동 로그를 기록하는 업무를 수행하며 데이터베이스 활동 로그를 삭제하는 활동은 DBA의 수행 업무
영역이 아니다.

정답　　　④

조직의 IT 투자 계획 및 관리의 효과성을 파악하기 위해서 무엇을 검토해야 하는가?

**문제 17〉**

① DRM(Data Reference Model)
② 재무제표
③ IT-BSC
④ 조직도

카테고리        CISA 〉 IT 거버넌스 및 관리



– 조직의 IT투자 계획 및 관리의 효과성을 파악하기 위해서 성과관리 지표인 IT-BSC를 검토한다. IT-BSC는 재무적 관점의 평가
와 더불어, 내부 프로세스, 고객만족, 혁신역량을 평가하기 위한 균형성과 관리 지표이다.

정답      ③

---

IS 운영위원회는?

**문제 18〉**

① 공식적인 위탁권한(Formal Terms of Reference)을 갖고 회의에 대한 회의록을 보전하여야 한다.
② 미팅 때마다 새로운 경향이나 제품에 대한 간략한 브리핑을 벤더로부터 받아야 한다.
③ IS 보안 정책과 절차들이 적절하게 실행됨을 보장하여야 한다.
④ 상이한 부서와 간부 레벨로부터 혼합멤버로 구성되어야 한다.

카테고리        CISA 〉 IT 거버넌스 및 관리



– IT 서비스 및 프로젝트에 대한 일상적인 운영 감독, 실제 이행에 중점

정답      ③

IT 운영위원회의 기능에 속하는 것은?

문제 19〉
① 정보 처리 환경내의 직무분리 환경 보장
② IS 계획과 예산을 포함한 주요 프로젝트의 승인과 므니터링
③ IS 부서와 최종 사용자 간의 연락
④ 벤더 모니터링 – 통제된 변경관리와 테스팅

카테고리               CISA 〉 IT 거버넌스 및 관리



– IT 지출 수준 및 비용 할당 결정, IT 아키텍처 조정 및 승인, 프로젝트 계획 및 운영 통제, 적절한 자원의 확보 및 할당 등

정답       ②


정보보안 거버넌스 측면에서 위험 대비 기준선 보안 요건을 수립하는 것과 관련성이 높은 활동은 무엇인가?

문제 20〉
① 위험 관리(Risk Management)
② 가치 제공(Value Delivery)
③ 전략적 연계(Strategic Alignment)
④ 자원 관리(Resource Management)

카테고리               CISA 〉 IT 거버넌스 및 관리



– 위험을 최소화하기 위하여 위험에 대한 기준을 수립하고 보안 요건에 체계를 수립하기 의한 활등은 위험관리 영역에서 수행하는 활동이다.

정답       ①

교차훈련을 실시할 때 발생 가능한 위험은 무엇인가?

문제 21〉  ① 한 사람에 대한 의존도 증가
② 운영지속성 측면과는 무관하다.
③ 시스템에 대한 모든 정보를 한 명이 알게 된다.
④ 직무승계 계획에 영향을 미치지 않는다.

카테고리                                    CISA 〉 IT 거버넌스 및 관리




– 교차훈련 실시할 경우 발생될 위험은 한 명의 직원이 시스템의 모든 부분에 대해서 알게 되므로 발생되는 위험이 있다.

정답      ③


정보보안 거버넌스 실패로 인한 최종적인 법규상의 책임은?

문제 22〉  ① 이사회와 최고 경영진
② 보안 서비스 제공 벤더
③ CIO(Chief Information Officer)
④ CISO(Chief Information Security Officer)

카테고리                                    CISA 〉 IT 거버넌스 및 관리




– 정보보안 거버넌스의 궁극적인 책임은 이사회와 최고 경영진에게 있다.

정답      ①

IT 거버넌스를 수립하기 위해서 가장 최우선적으로 고려해야 하는 사항은 무엇인가?

문제 23〉

① 프로세스 성숙도
② 보안 관련 감사 보고서
③ 비즈니스 위험 평가 보고서
④ 비즈니스 성과 지표

카테고리                              CISA 〉 IT 거버넌스 및 관리

**문제풀이**

– IT 거버넌스 수립 시 기업 운영상의 이미 알려진 위험에 대한 평가 및 문제점을 진단하여야 한다.

정답          ③

보안과 관련하여 체제를 정비하고자 할 때, 가장 먼저 수행해야 하는 활동은 무엇인가?

문제 24〉

① 보안 정책의 목표수립
② 보안 정책과 관련한 역할과 책임 정의
③ 접근통제 방법을 구체화
④ 보안 정책 설계

카테고리                              CISA 〉 IT 거버넌스 및 관리

**문제풀이**

– 보안정책을 수립하기 위하여 보안 정책 수립을 위한 목표를 수립하고 보안정책과 관련한 관련 범위를 설정하여야 한다.

정답          ①

보안프로그램 수행 시 보안 거버넌스 프레임워크와 연계하여 실시할 경우 가장 큰 이점은 무엇인가?

문제 25〉　　　① IS 감사 권고사항과 IT 활동 연계
　　　　　　　② 잔여 위험에 대한 모니터링 가능
　　　　　　　③ 정보보안 최고 책임자의 지시사항 준수
　　　　　　　④ IT 보안 비용의 절감

카테고리　　　　　　　　　　　　CISA 〉 IT 거버넌스 및 관리



– 보안 거버넌스 프레임워크와 연계하여 보안프로그램을 실시할 경우 관리자의 위험에 대한 평가 및 위험을 최소화하고 잔여 위험에 대한 모니터링을 가능케 한다.

정답　　　②

내부직원의 부정행위로 인한 손실이 발생할 경우 발생 손실을 보전해주는 보험의 유형은 무엇인가?

문제 26〉　　　① 비즈니스 중단
　　　　　　　② 신원보증
　　　　　　　③ 실수 및 누락
　　　　　　　④ 기타 비용

카테고리　　　　　　　　　　　　CISA 〉 IT 거버넌스 및 관리



– 내부직원의 부정행위에 대한 손실이 발생한 경우 발생 손실을 보전해주는 보험으로 신원보증 보험이 있다.
– 비즈니스 중단 보험: 조직의 운영 중단에 따른 비즈니스 손실 보전
– 실수 및 누락 보험: 전문가가 고객에게 재무적 손실 발생 시 법적 책임으로부터 보호하는 보험
– 기타비용 보험: 조직 내 재해/중단 사태 이후 운영의 지속 시 발생하는 추가적인 비용을 보상

정답　　　②

문제 27〉

자가통제평가를 수행하는 가장 큰 이점은 무엇인가?

① 평가결과를 활용하여 내부 감사인을 통한 감사가 가능
② 거버넌스 측면에서 경영진에게 내부통제에 대한 인식 강화
③ 내부의 관련 담당자들이 자가통제평가를 참여하여 부정 적발 최소화
④ 외부감사인에 자문요청 시 감사비용 절감

카테고리        CISA 〉 IT 거버넌스 및 관리

**문제풀이**

– 자가통제평가 수행의 목적은 경영진들에게 전사차원의 내부통제 중용성에 대한 인식을 제고하고 경영진의 책임을 강화하기 위한 것이다.

정답      ②

---

문제 28〉

재해복구계획 수립 이후 조직 내 비상사태 관련 운영비용은 어떻게 되는가?

① 감소
② 변하지 않음
③ 증가
④ 업무 속성에 따라 증가 또는 감소

카테고리        CISA 〉 IT 거버넌스 및 관리

**문제풀이**

– DRP 수립 비용과 DRP 수립 비용 외 알려지지 않은 위험에 대한 비용이 있으므로 대부분의 운영비용은 증가한다.

정답      ③

BCP와 DRP의 수행하는 목적으로 가장 적합한 것은?

문제 29〉
① 생명보호
② 운영의 연속
③ 조직손실 최소
④ 핵심 정보시스템의 보호

카테고리                                        CISA 〉 IT 거버넌스 및 관리



– BCP와 DRP 수립의 가장 궁극적인 목적은 인간의 생명을 보호하기 위한 것이다.

정답        ①


BCP(Business Continuity Planning)을 수립하고자 할 때, 비즈니스 이해의 도구는 다음 중 무엇인가?

문제 30〉
① 차이분석
② 영향평가
③ 자가 감사
④ 자원복구 분석

카테고리                                        CISA 〉 IT 거버넌스 및 관리



– BCP(Business Continuity Planning) 수립 시 비즈니스 이해를 돕기 위한 위험평가와 비즈니스 영향평가가 있다.

정답        ②

# STEP 3

정보시스템의 획득, 개발 및 구현

# 1. IS의 획득과 개발 및 구현 시험 개요

(1) 정의: 응용 시스템과 기반구조 구성 요소를 생성하거나 변경할 때 조직에서 사용되는 주요 프로세스 및 방법론

(2) 목적
- IS의 획득, 개발, 테스트, 구현을 위한 관리 실무가 조직의 전략과 목표를 만족시키는지 확인해야 한다.
- 본 영역은 CISA시험의 19%를 차지한다. (약 38문항)

(3) 과업 및 지식 설명문: 6개의 과업

| TS | 과업 설명 |
| --- | --- |
| TS 3.1 | – 제안된 비즈니스 케이스가 조직 경영 목표를 만족함을 검토 |
| TS 3.2 | – 프로젝트 관리 및 통제로 조직위험을 관리하고 비즈니스케이스가 비용 효율적으로 달성됨을 확인 |
| TS 3.3 | – 프로젝트가 계획을 준수, 문서화, 공정보고 확인 |
| TS 3.4 | – IS 통제가 조직의 정책, 표준, 절차, 외부요구사항 등을 따르는지 확인 |
| TS 3.5 | – 구현 및 실행 시스템으로 이관되기 위한 IS의 준비성 확인 |
| TS 3.6 | – 조직의 요구사항이 만족하는지 시스템의 구현 후 검토 |

(4) 지식 설명문(14개)

| | |
| --- | --- |
| – 타당성 조사, 비즈니스 케이스, TCO, ROI | – 프로젝트 성공 기준 |
| – 프로젝트 거버넌스 메커니즘(운영위원회, PMO) | – 트랜잭션, 데이터의 완전성, 정확성, 유효성 보장 통제 |
| – 프로젝트 관리 통제 프레임워크 | – 개발방법론 및 도구(Agile, 프로토타입, RAD 등) |
| – 프로젝트 위험관리 | – 테스트 방법론 |
| – 분산/웹 응용, 웹서비스, N–Tier, 응용 등 | – 형상 및 배포 |
| – 획득실무(공급자 평가, 관리, 임치 등) | – 이행 및 기반구조 설치, 데이터 변환 |
| – 요구사항 관리실무(검증, 추적성, 보안요구사항, GAP 분석 등) | – 구현 후 검토 |

(5) IS의 획득, 개발 및 구현의 프로세스

- 정보시스템의 획득, 개발, 테스트, 구현을 위한 IT 관리 업무가 조직의 전략과 목표를 충족하도록 감사(보증)
- IS감사인은 프로젝트 전체를 이해해야 한다.

# 2. 프로젝트 관리

## 2.1 프로젝트 관리 개요

### (1) 프로젝트 개념

| 구분 | 설명 | 목적 및 수단 |
|---|---|---|
| 프로젝트 포트폴리오<br>(Project Portfolio) | – 조직의 실행할 모든 프로젝트 | – 조직의 전략적 목표 달성, 효과적 관리 촉진 |
| 프로그램<br>(Program) | – 공통의 목적, 전략, 예산, 일정을 통해 연관된 프로젝트들의 집단 | – 이익과 통제, 조정된 방식의 관리 |
| 프로젝트<br>(Project) | – 유일한 제품, 서비스, 결과를 창출하기 위해 수행하는 일시적인 노력 | – 목표와 산출물에 대한 점진적 구체화 |

### (2) 프로젝트 관리 조직

| 영역 | 계획 | 운영 | 종료 |
|---|---|---|---|
| 품질관리 | – 품질관리 목표 및 정책 수립<br>– 품질관리 프로세스 정의<br>– 품질관리 대상별 측정지표 및 체크리스트 정의<br>– 품질관리 계획 수립 및 전파<br>– 품질관리 계획에 대한 피드백수집 및 수정 보완 | – 상시 품질보증 활동(가이드 제시, 품질관리, 현황 확인, 시장권고)<br>– 품질 통제 활동<br>– 경향 및 문제발생 원인 분석<br>– 품질활동 결과보고서 작성 및 브고 | – 사업종료 보고<br>– 완료보고서 작성<br>– 사업수행으로 습득 된 기술 및 지식 정리 |
| 위험 및 이슈관리 | – 초기 위험요인 분석 및 평가<br>– 이슈 및 위험관리 프로세스 정립 | – 위험 및 이슈 모니터링 관리 프로세스 적용<br>– 이슈, 위험 조치 보고서 작성 및 관련 조직에 보고 | |
| 범위관리 | – 범위 검토 및 확정<br>– 요구사항 및 범위, 변경관리 방안 수립 | – 범위 변경 접수 및 심으<br>– 범위 통합 및 조정 | |
| 일정관리 | – 통합 WBS 작성<br>– 일정 및 진척관리 방안 수립 | – 사업 일정 변경 및 통저<br>– 진척 사항 보고<br>– 일정 자연 시 대응방안 | |
| 자원관리 | – 인력 투입계획 수립<br>– 인력 통제 모델 정의<br>– 근태관리 수행계획 수립<br>• 근무규정 작성 및 인력관리 절차 수립(투입, 종료, 변경 프로세스 정의) | – 인력현황 관리 실행<br>– 근태 관리 실행 | |

–품질관리, 위험관리 시점: 초기단계에 시작, 프로젝트 모든 단계 수행

### (3) PMO의 부가 기능

| 영역 | 계획 | 운영 | 종료 |
|---|---|---|---|
| 성과관리 | – 사업 성과관리 계획 수립<br>– 사업 성과관리프로세스 수립 | – 사업 성과측정 및 보고<br>– 단계별 성과관리 프레임워크 개선 | – 사업종료 보고<br>– 완료보고서 작성<br>– 사업수행으로 습득된 기술 및 지식 정리 |
| 변화관리 | – 변화관리 계획 수립<br>– 프로그램 착수 이벤트 실시<br>– 지식 이전 계획 수립 | – 변화 관리 프로그램 실행<br>– 이해관계자 이벤트 실시<br>– 실행준비 이벤트 실시 | |

### (4) PPM의 Life Cycle별 주요 활동

| 단계 | 목적 | 주요 항목 | 추진주체 | 참조모델 |
|---|---|---|---|---|
| 타당성 분석 | – 전략과 부합하는 프로젝트 선정 및 성과예측 | – 경영전략 및 IT전략과 부합성 검토정보화 프로젝트 요구관리<br>– 비용, 이익, 위험 및 전략적 가치 분석<br>– 프로젝트 선정 | PMO | 투자성과평가<br>(사전) |
| 프로젝트 착수 | – 효율적이고, 현실성 있는 계획 수립 | – 수행범위 및 FP 기반 규모 산정<br>– 공수 및 일정계획에 따른 소요자원 및 규모 산정<br>– 자원의 가용성 파악 및 투입자원 확정 | PMO,<br>개발조직 | CMMI, PMBOK<br>Function Point |
| 프로젝트 수행 | – 성공적인 프로젝트 수행 | – 범위, 일정, 비용, 품질, 이슈 및 위험 관리 | 개발조직 | CMMI, PMBOK |
| 프로젝트 성과평가 | – 성과평가를 통한 시스템 및 프로세스 개선 | – 종료 프로젝트 수행성과 평가<br>– 사전 성과 평가 GAP 분석<br>– 문제점 및 원인 도출<br>– 시스템 및 평가 프로세스 개선방안 수립 | PMO,<br>개발조직 | CMMI,<br>투자평가<br>(사후) |

### (5) PPM의 프로젝트 가치 평가기법

| 구분 | 설명 | 판단기준 |
|---|---|---|
| PP<br>(회수기간법) | – 프로젝트를 위해 소요된 모든 비용과 프로젝트를 통해 유입된 현금의 누적가치가 같아질 때까지의 기간 | – PP 〉 목표회수기간<br>투자회수기간이 짧을수록 경제성이 높은 프로젝트임(목표회수기간 선정의 주관성) |
| ARR<br>(회계적 이익률) | – 연평균 세후 순이익을 연평균 투자액으로 나눈 것 | – ARR 〉 목표이익률<br>ARR 값이 클수록 유리 |
| NPV<br>(순 현재가치법) | – 프로젝트로 인한 현금의 유입의 현재가치에서 현금 유출의 현재 가치를 차감한 액수. | – NPV 〉 0<br>(+) 값이면 투자가치가 있고, 값이 클수록 좋음<br>(가장 많이 사용됨) |
| IRR<br>(내부수익률법) | – 프로젝트로 인한 현금의 유입의 현재가치와 현금 유출의 현재가치를 같아지게 하는 이자율 | – IRR 〉 요구수익률<br>IRR이 높을수록 투자가치가 높음(계산이 복잡, 비현실적) |

– PP(Payback Period), ARR(Average Accounting Return)
– NPV(Net Present Value), IRR(Internal Rate of Return)
– 할인모형(NPV, IRR), 비할인모형(PP, ARR)

(6) 프로젝트의 주요 이해관계자의 역할과 책임

| 구성 | 설명 |
| --- | --- |
| 최고 경영진 | – 프로젝트 중대 사항에 대한 의사결정<br>– 프로젝트 완수 위한 자원 승인 |
| 프로젝트 후원자<br>(스폰서) | – 프로젝트의 비용 제공<br>– 데이터와 응용시스템의 소유권 보유<br>– 응용이 지원하게 될 기초 업무 기능을 담당하는 고위 관리자 |
| 프로젝트 관리자 | – 프로젝트의 계획과 통제, 의사소통, 협의/조정, 위험 관리 등 프로젝트 목표 달성을 위한 관리자 |
| 프로젝트 관리팀 | – 프로젝트 관리 활동 및 사용자들의 요구사항에 대한 달성 및 효과적 의사소통 및 표준을 준수 |
| 보안 관리자 | – 회사의 보안 정책 및 절차에 적합한 시스템 통제 및 프로세스 보안 수준 제공<br>– 조직의 보안 정책에 적합한 시스템 아키텍처인지 검토 및 조언 |
| 품질 보증 담당자 | – 단계 말에 결과 및 산출물 검토, 요구 사항 적합성 확인 |
| 사용자측 관리자 | – 프로젝트와 최종 시스템의 소유자<br>– 요구사항 정의, 시스템 테스트, 사용자 교육에 참여 |
| 사용자 프로젝트 팀 | – Task 완수, 개발자들과 효과적 의사 소통, 부족한 부분 PM이 조언 |

(7) 프로젝트 조직 형태

– 조직구성 원칙: 프로젝트의 상황, 프로젝트가 속한 기업의 조직구조, 방침에 따라 결정

– 조직형태 유형은 프로젝트 조직과 기능 조직, 매트릭스 조직으로 나눌 수 있다.

① 프로젝트 조직과 기능 조직

| 구분 | 프로젝트 조직(Project Organization) | 기능 조직(Functional Organization) |
| --- | --- | --- |
| 구성도 |  |  |
| 장점 | – 프로젝트 관리 면에서의 효율성<br>– 프로젝트의 집착<br>– 높은 커뮤니케이션 효율 | – 가장 보편적인 조직, 안정적<br>– 간편한 보고 계통(결재의 편의)<br>– 전문가 집단의 관리 용이 |
| 단점 | – 프로젝트 종료 후의 인적자원 문제<br>– 기능의 전문성 결여<br>– 비효율적인 자원과 중복 설비 | – 기능 또는 분야 업무에 치중<br>– 업무우선순위 결정의 타당성 부족<br>– 자원 부족 시 혼란<br>– PM경험의 축적 미흡 |

② 매트릭스 조직(혼합형)

a. 장점 및 단점

| 장점 | 단점 |
| --- | --- |
| − 명확한 프로젝트의 목표(PM 제시)<br>− 효과적인 자원 관리<br>− 기능 조직의 지원<br>− 자원의 활용 극대화 가능<br>− 원활한 협조 체계<br>− 정보의 원활한 흐름<br>− 프로젝트 종료 후 인적자원 재배치 | − 관리인원 중복으로 인한 경제성<br>− One Man−Two(Multi) Bosses<br>− 복잡성: 통제, 긴급조치의 어려움<br>− 자원 배분 시 문제점 잠재<br>− 철저한 운영 절차 필요<br>− 일의 우선 순위 對 한정된 자원 |

b. 매트릭스 조직의 분류

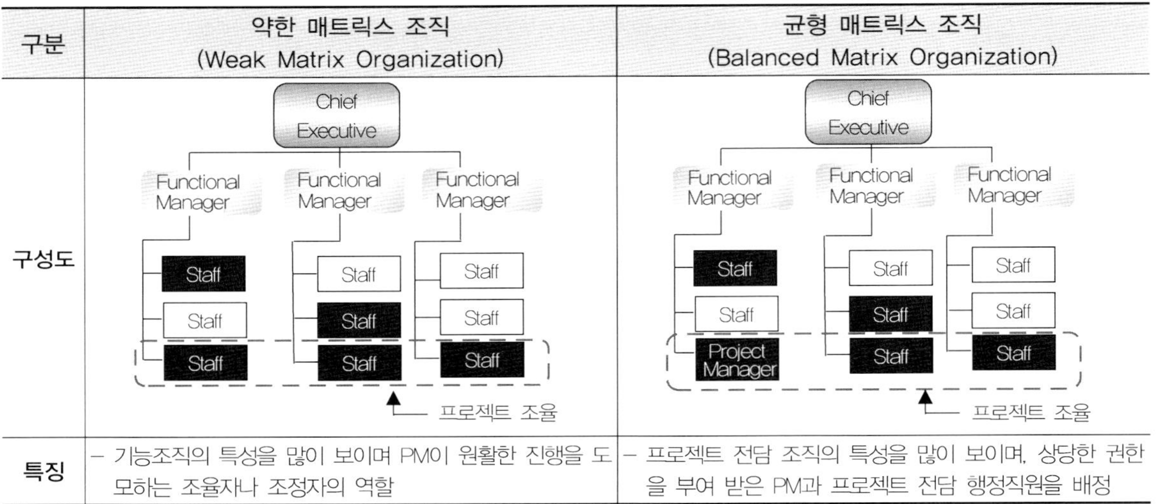


| 구분 | 약한 매트릭스 조직<br>(Weak Matrix Organization) | 균형 매트릭스 조직<br>(Balanced Matrix Organization) |
| --- | --- | --- |
| 구성도 | (약한 매트릭스 조직 구성도) | (균형 매트릭스 조직 구성도) |
| 특징 | − 기능조직의 특성을 많이 보이며 PM이 원활한 진행을 도모하는 조율자나 조정자의 역할 | − 프로젝트 전담 조직의 특성을 많이 보이며, 상당한 권한을 부여 받은 PM과 프로젝트 전담 행정직원을 배정 |

③ 프로젝트 팀의 유형

| 구분 | 민주적인 팀 | 수석 엔지니어 팀(책임 프로그래머 팀) |
| --- | --- | --- |
| 특징 | − 민주적 팀은 바인베르크(Weinberg)에 의해 "비 이기적인 팀(Egoless Team)"으로 최초로 제안<br>− 민주적 팀에서는 목표가 그룹의 여론에 따라 설정되고 판단<br>− 그룹 지도층은 수행될 업무와 팀원의 자질에 따라 인원을 교체하며, 생산 제품은 공개적으로 토의되며, 모든 팀원들에 의해 자유롭게 조사됨<br>− 팀원 중 한 명이 팀 리더로 선정되며 팀 리더의 역할은 코디네이터 이상임 민주적 팀에서 팀 리더는 자신의 시간의 일부를 다음에 할애<br>− 민주적 팀 구조는 혼합 그룹 또는 주로 선임 개발자들로 구성된 그룹에는 적절하지 않음<br>− 어렵고 장기간 동안 조사하고 개발해야 하는 프로젝트에 적합 | − 민주적 팀과 대조하여 볼 때, 수석 엔지니어 팀은 고도로 구조화되어 있음<br>− 수석 엔지니어 팀은 개발팀의 리더십이 명확하고 팀 리더는 코디네이터와 기술적 지도자의 역할을 모두 담당<br>− 복잡한 프로젝트의 경우에는 팀 리더가 자신의 시간의 50퍼센트 이상을 기술 작업과 관리 작업에 할애할 수도 있음 |

| | | |
|---|---|---|
| **장점** | – 각 팀원들이 판단에 공헌하는 기회와 팀원들이 서로서로 배우고 익히며, 공개된 작업 환경에서 자신의 작업에 만족감을 가짐 | – 결정이 집중화되어 있고, 의사 전달 경로가 짧아짐 (수석 엔지니어 팀의 효과는 수석 엔지니어의 기술적이고 관리적인 능력에 매우 민감) |
| **단점** | – 결론에 이르는 데 불필요하게 많은 의사 교환을 해야 하며, 모든 요원이 함께 일해야 한다는 조건과 개인적인 책임 및 권한이 약화될 수 있음 | – 팀원과 팀 리더 간에 마찰 가능성<br>– 수석 엔지니어 팀 구조는 하위 팀 구성원 사이에 사기가 저하되는 결과를 가져올 수 있음 |

### (8) 프로젝트 관리 프로세스

| 구분 | 주요 내용 | 주요활동 |
|---|---|---|
| **착수** | – 프로젝트 혹은 프로젝트 단계를 정의하고 승인함 | – Project Charter 개발, 이해관계자 식별 |
| **계획** | – 목표정의, 정제하고 프로젝트 목표 및 범위달성을 위해서 행동과제를 계획 | – 프로젝트 관리 계획서 개발, 요구 분석(UML, ERD)<br>– 범위관리 계획(OBS, WBS)<br>– 일정관리계획<br>　• PERT/CPM, Bar chart, Mile Stone<br>　• 순서화: PDM/ADM, 추정: PERT, CPM<br>　• 단축: Crashing, 자원평준화, 병행작업<br>– 위험관리 계획 : 위험 식별, 정성/정량 분석, 대응계획 등<br>– 원가관리 계획: 규모산정, LOC, KLOC, FPA, 델파이, 회귀분석 |
| **실행** | – 프로젝트 계획에 정의된 작업을 실행 | – 계획된 활동 수행 산출물 및 인도물 완성 |
| **통제** | – 프로젝트 진행사항을 측정하고 계획과 실적차이를 관리, 시정조치 | – 범위통제, 일정통제, 원가통제, 품질통제 |

## 2.2 프로젝트 범위 관리

### (1) 개요

– 고객의 요구사항을 충족하기 위해 프로젝트에 필요한 모든 작업이 포함되었는지, 필수 작업만이 포함되었는지 확인하기 위해 요구되는 프로세스를 포함

– 프로젝트 혹은 프로젝트 단계의 시작을 공식화 하는 문서를 개발 요구사항과 기대사항을 문서화 하는 프로세스

– 주로 프로젝트에 속한 것과 그렇지 않은 것을 정의 및 통제

| 계획 | 모니터링 및 통제 |
|---|---|
| • 요구사항 수집 [Collect Requirements]<br>• 범위정의 [Define Scope]<br>• WBS 작성 [Create WBS] | • 범위검증 [Verify Scope]<br>• 범위통제 [Control Scope] |

(2) 절차

① 요구사항 수집(Collect Requirements)

- 이해관계자의 프로젝트 및 제품 요구사항을 조기에 명확하게 정의

| 입력물(Input) | 도구/기법((Tool & Techniques) | 산출물(Output) |
|---|---|---|
| - 프로젝트헌장<br>- 이해관계자 등록부 | - 인터뷰<br>- 포커스 그룹 심층 워크숍<br>- 집단 창의성 기법<br>- 그룹 의사결정 기법 | - 요구사항 문서<br>- 요구사항 관리계획서<br>- 요구사항 추적표 |

② 범위 정의(Define Scope)

- 향후 프로젝트 결정의 기반이 되는 상세한 프로젝트 범위기술서 개발

| 입력물(Input) | 도구/기법((Tool & Techniques) | 산출물(Output) |
|---|---|---|
| - 프로젝트 범위 관리 계획서<br>- 프로젝트 헌장<br>- 예비범위기술서<br>- RFP, 계약서, SOW | - 제품분석<br>- 전문가판단<br>- 이해당사자분석<br>- 대안모색 | - 범위기술서(Project Scope Statement)<br>- 변경요청<br>- 변경된 프로젝트 범위관리계획서 |

③ 작업분류체계(WBS) 작성(Create WBS)

- 주요 프로젝트 인도물과 프로젝트 작업을 보다 작고, 관리 가능한 구성 요소로 세분화

| 입력물(Input) | 도구/기법((Tool & Techniques) | 산출물(Output) |
|---|---|---|
| - 프로젝트범위관리 계획서<br>- 범위기술서<br>- 승인된 변경요청<br>- OPA | - WBS 템플릿 분할 | - WBS<br>- WBS Dictionary<br>- Scope Baseline<br>- 변경요청<br>- 변경된 범위기술서<br>- 변경된 프로젝트 범위관리계획서 |

④ 범위검증(Verify Scope)

- 완료된 프로젝트 인도물의 인수를 공식화

| 입력물(Input) | 도구/기법((Tool & Techniques) | 산출물(Output) |
|---|---|---|
| - 프로젝트 범위 관리 계획서<br>- 범위기술서<br>- WBS<br>- WBS Dictionary<br>- 산출물(Deliverables) | - 검토(Inspection) | - 승인된 산출물<br>- 변경요청<br>- 권고된 시정조치<br>(Recommended Corrective Actions) |

⑤ 범위통제(Control Scope)

- 프로젝트 범위에 대한 변경 통제

- 프로젝트 범위를 변경하는 요소에 영향을 미치고, 해당 변경의 영향력을 통제하고 모든 변경 요
  청 및 권고 시정 조치가 프로젝트 통합 변경통제 프로세스를 통해 처리

| 입력물(Input) | 도구/기법((Tool & Techniques) | 산출물(Output) |
|---|---|---|
| − 프로젝트 범위관리 계획서<br>− WBS<br>− WBS Dictionary<br>− 산출물(Deliverables)<br>− 작업성과정보<br>− 성과보고서<br>− 승인된 변경요청 | − 변경통제시스템<br>− 형상관리시스템<br>− 편차분석(Variance analysis)<br>− 재계획수립(Replaning) | − 변경된 프로젝트 범위기술서, WBS, WBS Dictionary<br>− 사업관리계획서<br>− 변경된 Scope Baseline<br>− 변경요청<br>− 권고된 시정조치<br>− 변경된 OPA |

(3) 주요 내용

① 요구사항 수집 도구 및 기법

| 영역 | 정의 | 고려사항 |
|---|---|---|
| 포커스 그룹<br>(Focus Group) | − 잘 훈련된 조정자가 전문가 집단을 이끌어 요구사항을 도출하는 기법<br>− 조정자는 6~10명이 적당하며 리딩하는 역할이 아닌 촉진자의 역할<br>− 정량적 분석이 아닌 정성적 분석에 적합 | − 조정자의 역량에 의존 가능성 |
| 심층워크숍<br>(Facilitated Workshop) | − 여러 부서의 다양한 이해관계자가 모여 요구사항을 정의하는 기법(JAD)<br>− 프로토타이핑과 함께 적용 시 효과가 높음 | − 의사결정자가 포함되어야 함 |
| 집단창의력 기법<br>(Group Creativity Techniques) | − 모호한 요구사항을 도출하거나 대안을 식별하기 위해 사용<br>− 브레인스토밍, 명목집단 기법, 델파이 기법, 마인드맵, 진화도 등 | |
| 프로토타입<br>(Prototypes) | − 요구사항에 대한 피드백을 조기에 얻기 위한 기법으로 가시적인 시제품을 통해 요구사항 도출<br>− 반복을 통한 점진적 상세화 지원 | − 비현실적인 일정 기대 가능성<br>− 프로토타이핑에 시간 소모 |

② WBS(Work Breakdown Structure: 작업분할체계)

a. 개요

- 작업분할체계(WBS)는 프로젝트의 전체 범위를 구성하고 정의하는 프로젝트 요소작업들의 산출
  물 위주의 가계도(Product-oriented Family Tree)임

- OBS요소들을 완성하는 데 필요한 모든 Task들의 구조

- 아래로 단계가 내려갈수록 프로젝트 요소들을 점차적으로 상세히 정의되며 프로젝트 요소들은

산출물이나 서비스가 됨

−프로젝트의 핵심 의사소통 도구, 비용과 자원, 일정 계획 수립의 기준선 역할

　※ OBS(Object Breakdown Structure: 객체분할구조): 구성 요소와 요소 간 관계를 계층적으로 표현,
　　중요한 산출물의 누락을 방지


b. 목적

−관리 측면: 업무단위 세분화, 업무계획의 가시성 확보, 프로젝트 작업표준화

−지원 측면: 인력, 일정배분의 근거, 비용산정근거(FP기능 개수 도출 등)


c. 작성절차

d. WBS의 구성 요소

| 영역 | 착수 | 계획 |
|---|---|---|
| Code of Account | − 해당 요소의 수준과 위치를 식별할 수 있는 일련 번호 | − 유일한 ID |
| WBS Dictionary | − 해당 WBS의 상세한 내역 및 규격 설명 | − 부속서, 상세문서 |
| Work Package | − 측정 가능하고 식별 가능한 정도의 결과물 | − 최종 산출물 형태 |

− 최하위 단위를 Work Package라 함


e. 관리 원칙 및 특징

−프로젝트를 계층적으로 분류하고 요약 작업의 하위 작업에는 관련된 모든 범위를 포함

−연구개발 프로젝트는 일반적으로 최상위 개요 수준을 프로젝트의 생애 주기와 유사하도록 분류

−제조, 건설 프로젝트는 일반적으로 프로젝트 산출물을 기준으로 분류

−요약 작업별 중요 시점을 분명히 하고 분류 작업 시 프로젝트 구성원 전체가 참여

−각 단계는 관리 가능한 최소 단위로 분류

−WBS는 일정관리 도구가 아님

−WBS의 최하위단위 Work Package or Cost Account

−통상 단위 Work Package는 80시간(2주) 내외의 기간을 가지도록 분해

－WBS의 분해는 각 Work Package별로 일정과 원가를 산정가능 할 때까지 실시

－분해 단위가 작을수록 관리의 정확성이 높아지지만, 관리 공수가 많이 소요됨


f. WBS의 활용 예

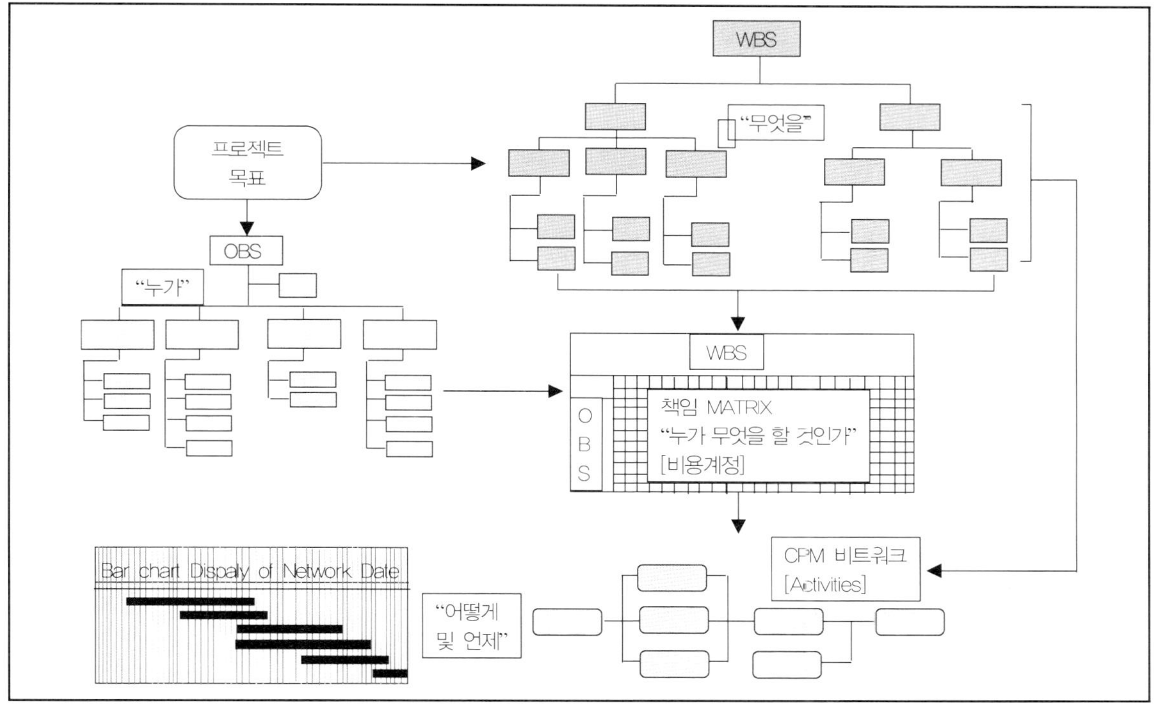


③ SOW(Statements Of Works)

a. 정의: 제안자와 고객 간의 계약의 토대이며, 프로젝트에서 수행해야 할 구체적인 작업목록이 포함된 작업내역 문서

b. SOW 작성 시점

－SOW는 제안요청서 내용 및 제안의 내용 등을 포함하여 계약 시 작성

－계약 협상 시 구체적인 프로젝트 수행범위를 설정하여 완성

c. SOW의 기능

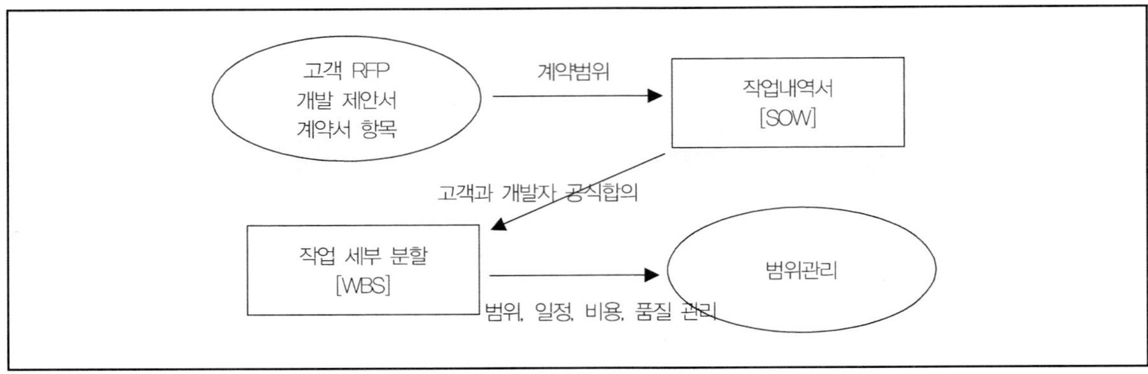


d. SOW의 주요 구성

| 항목 | 설명 |
| --- | --- |
| 참고자료 | – 고객 RFP, 개발자제안서, 기존시스템에 관한 설명 |
| 소프트웨어 납품항목 | – 기능 및 주요 컴포넌트 목록, 개발 항목 |
| 장비와 H/W 납품항목 | – 기능 및 주요 하드웨어 컴포넌트 목록 |
| 수행 조직 및 역할/책임 | – 프로젝트 발주사/수주사의 모든 조직 구성 및 역할 명시 |
| 추진 일정 | – 분석, 설계, 문서작업, 테스팅, 설치 등 |

e. SOW 작성시 고려사항

– 공식적인 SOW에서는 실행 가능한 작업만 포함해야 함(Gold Plating 금지)

– 제안요청서, 제안서 등과의 일관성 있는 정의가 필요하며, 고객과의 킥오프 미팅 등을 통하여 상호 의견 상충을 최소화해야 함

## 2.3 프로젝트 일정 관리

(1) 개요

– 작업분류체계를 기준으로 활동을 정의하고, 활동기간을 산정하며, 스케줄을 작성하고, 납기준수를 위해 일정을 통제하는 행위

－궁극적인 목적은 프로젝트의 납기 준수임

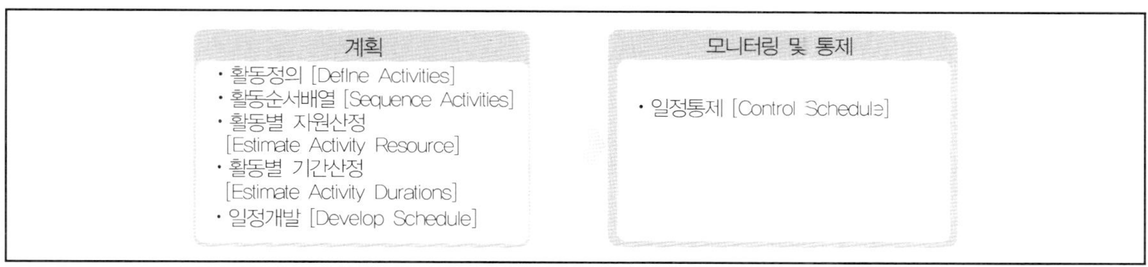


## (2) 절차

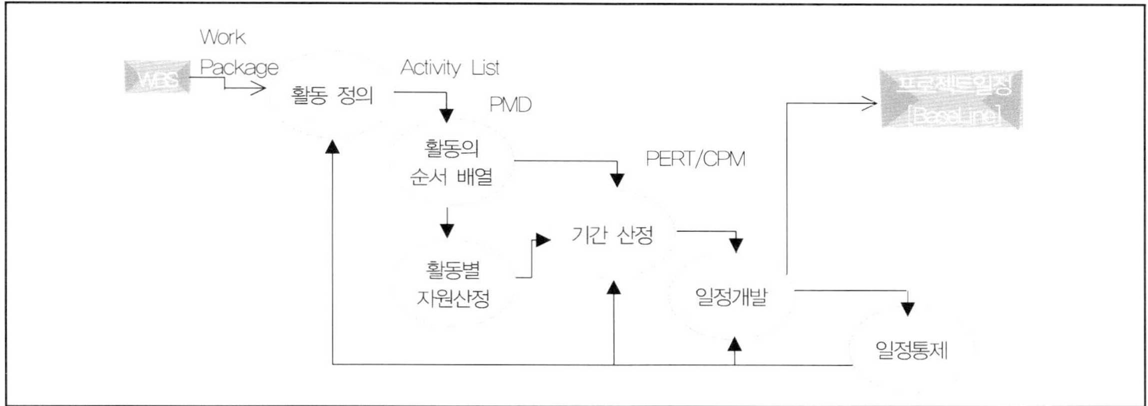


① 활동 정의(Define Activities)

－작업분류체계(WBS)의 최하위 수준의 인도물(Work Package)을 산출물을 완성하기 위해 필요한 Activity(일정활동)로 분할, 정의하는 것

－Activity란 프로젝트 중 실제 수행되는 세분화된 작업단위를 말함

| 입력물(Input) | 도구/기법(Tool & Techniques) | 산출물(Output) |
|---|---|---|
| － 사업관리계획<br>－ 범위기술서<br>－ WBS<br>－ WBS Dictionary<br>－ EEF, OPA | － 분할(Decomposition)<br>－ 템플릿<br>－ 연동기획(Rolling Wave Planning)<br>－ 계획구성 요소<br>－ 전문가판단 | － 활동목록(Activity List)<br>－ 활동속성(Activity Attributes)<br>－ 마일스톤 목록(Milestone List)<br>－ 변경요청 |

※ 분할(Decomposition)
－작업 분류체계를 구성하는 각 작업패키지는 작업패키지 인도물을 생산하는 데 필요한 여러Activity로 분할됨(1:1로 상응하여 사용할 수도 있음)
－WBS 작성시 Activity까지 세분화될 수도 있으나, WBS는 일정관리 도구가 아님
－MECE(Mutually Exclusive, Collectively Exhaustive): 중복이나 누락 없이 분할
－일정추정, 계획, 통제의 기준은Work Package를 분할한 "액티비티"임

※ 연동기획(Rolling Wave Planning)
－프로젝트를 수행하면서 정보가 구체화되어 계획이 점진적으로 상세화되는 방식

② 활동순서 배열(Sequence Activities)

- 활동 상호 간의 연관성을 식별하여 선후관계를 정의하고 기술(개발방법론 커스터마이징(Customizing) 작업)

- 활동간의 의존성 식별 및 문서화

| 입력물(Input) | 도구/기법(Tool & Techniques) | 산출물(Output) |
|---|---|---|
| - 활동목록(Activity List)<br>- 활동속성(Activity Attributes)<br>- 마일스톤 목록(Milestone List)<br>- 승인된 변경요청 | - PDM (선후행 도형법)<br>- ADM (화살 도형법)<br>- Schedule Network Templates<br>- Lead, Lag 적용<br>- 의존관계 결정 | - 프로젝트 일정 네트워크도<br>- 변경된 활동목록(Activity List)<br>- 변경된 활동속성(Activity Attributes)<br>- 변경요청 |

a. 의존관계(Dependency)의 유형

| 유형 | 설명 |
|---|---|
| Mandatory<br>(의무적 의존성) | - Hard Logic<br>- 미리 정해진, 물리적 제약에 의한 선후관계 |
| Discretionary<br>(임의적 의존성) | - Soft Logic, Preferred Logic<br>- 프로젝트 팀에서 임의로 정할 수 있는 작업관계 Best Practice에 의한 절차<br>- Fast tracking의 1차 후보가 됨 |
| External<br>(외부적 의존성) | - 프로젝트 업무 범위 외의 액티비티와의 관계에서 발생<br>예) 정부의 사업승인, 소프트웨어의 테스트단계는 H/W가 먼저 갖춰져야 함 |

b. PDM와 ADM 기법 비교

| 구분 | PDM(Precedence Diagramming Method) | ADM(Arrow Diagramming Method) |
|---|---|---|
| 개념 | - 선행 다이어그램 기법<br>- AON(Activity on Node)이라고도 부름 | - 화살표 다이어그램 기법<br>- AOA(Activity-On-Arrow)라고도 부름 |
| 특징 | - 프로젝트 일정 네트워크(Project Schedule Network Diagram)<br>- 연관 관계만 표시, 기간 정보 표시 없음<br>- 액티비티를 노드 위에 표현, 화살표로 활동 간 의존성 표현 | - 활동 표현을 화살표를 사용하고, 활동 간 의존관계 표현은 노드로 연결하는 방식<br>- FS(Finish-to-Start) 의존관계만 사용<br>- 실제 활동이 아닌 네트워크 분석을 위한 더미 활동의 사용 가능(점선 사용) |

| 구분 | 구성도 |
| --- | --- |
| PDA(Precedence Diagramming Method) | 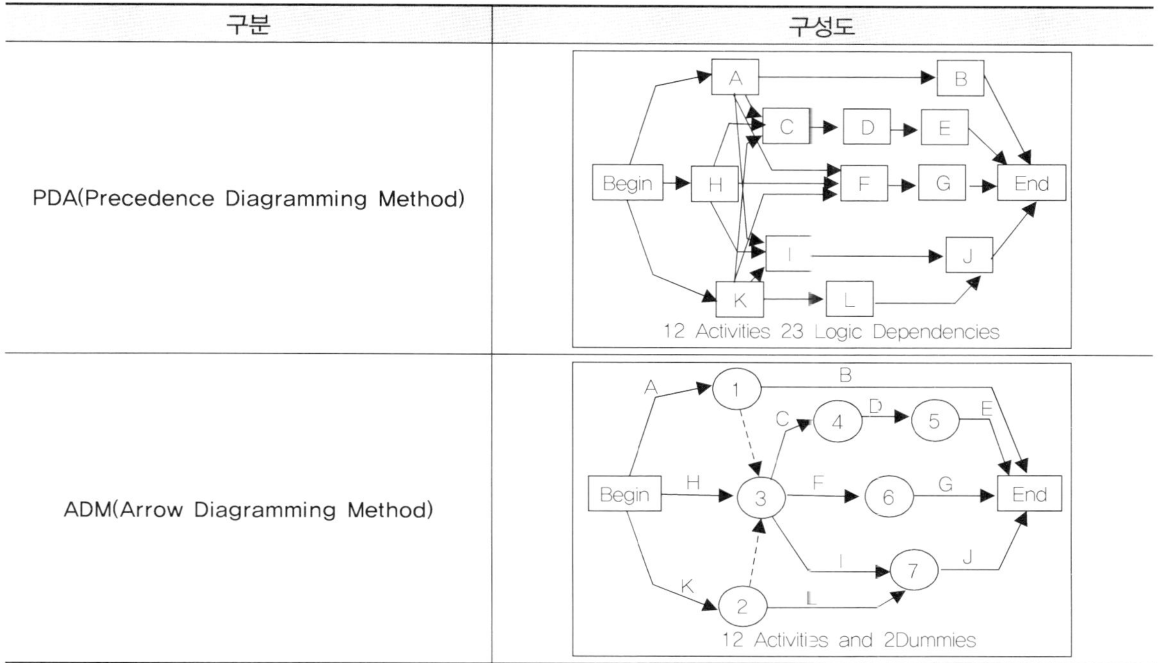 |
| ADM(Arrow Diagramming Method) | |



c. 활동들 간의 관계(의존/선행 관계)

－도출된 활동들 간의 수행 의존도를 정의하는 유형으로 대부분의 경우 FS(Finish-Start)를 사용함

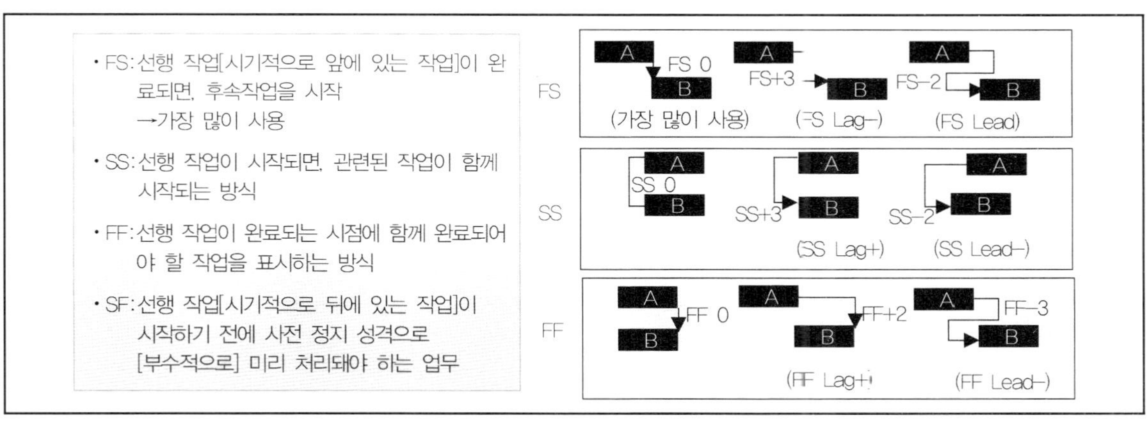



d. Lead와 Lag 적용

－논리적 관계를 정확히 정의하기 위해 선도 또는 지연을 요구할 수 있는 의존 관계 판별

－선도와 지연의 사용, 관련된 가정은 모두 문서화

－선도(Lead): 선행 액티비티 종료 이전에 후행 액티비티를 착수

- 지연(Lag): 선행 액티비티 종료되고 일정기간이 지나서 후행 액티비티를 착수

  예) 콘크리트 양생기간 10일 이후에 다음 작업 시작가능


③ 활동별 자원산정(Estimate Activity Resource)

- 활동 수행에 필요한 자원(사람 또는 장비 등)을 예측

- 비용 예측 프로세스와 긴밀하게 조화됨

| 입력물(Input) | 도구/기법(Tool & Techniques) | 산출물(Output) |
|---|---|---|
| - 활동목록(Activity List)<br>- 활동속성(Activity Attributes)<br>- 자원가용성(Resource Availability)<br>- 사업관리계획<br>- EEF, OPA | - 전문가판단<br>- 대안분석<br>- 상용데이터<br>- 사업관리S/W<br>- Bottom-up 추정 | - 활동자원요구사항(Activity Resource Requirements)<br>- RBS(Resource Breakdown Structure)<br>- 변경된 Activity Attributes<br>- 변경된 자원달력<br>- 변경요청 |

※ 대안분석
- 조직 내 자원의 능력/기량, 다른 기계/도구, Make-or-Buy Decision 포함
- 프로젝트 1차 제약조건이 예산인지 일정인지를 고려

※ Bottom-up 추정(상향식 산정)
- 하위작업에 대한 자원수요를 산정한 다음, 산정 결과를 각 일정 활동의 자원총량에 합산


④ 활동별 기간산정(Estimate Activity Durations)

- 각 액티비티 간의 관계와 가용 자원 등의 제한 사항을 고려하여 예상 활동별 작업 기간을 계산

- 자원산정 프로세스와 보통 함께 수행됨

- 특정한 일정활동에 포함된 작업내용의 본질을 가장 잘 파악하고 있는 프로젝트 팀원이나 전문가
  가 산정하거나 과거 수행기록을 참고

| 입력물(Input) | 도구/기법(Tool & Techniques) | 산출물(Output) |
|---|---|---|
| - 활동목록(Activity List)<br>- 활동속성(Activity Attributes)<br>- 자원달력표(Resource Calendar)<br>- 사업관리계획(Project Management Plan)<br>- 범위기술서<br>- EEF, OPA | - 전문가판단<br>- 유사추정(Analogous Estimation)<br>- 함수추정(Parametric Estimating)<br>- 3점 추정(Three-point Estimating)<br>- 예비분석(Reserve Analysis) | - 활동기간산정(Activity Duration Estimates)<br>- 변경된 활동속성(Activity Attributes) |


⑤ 유사추정(Analogous Estimation)

- Top Down Estimating, 전문가 판단(Expert Judgment)이라고도 함

- 과거에 시행했던 유사한 활동의 실제 소요기간을 활동기간 산정의 기초 자료로 활용

- 과거의 활동이 실질적인 면에서 유사하고 프로젝트팀원이 전문성을 갖추고 있는 경우에 신뢰도
  가 가장 높음

−프로젝트 초기단계에 주로 사용, 선례정보 및 Expert Judgments 활용

⑥ 함수추정(Parametric Estimating, 모수 산정)
−수행할 작업 수에 생산성 단위율을 곱하여 정량적으로 산출

⑦ 예비분석(Reserve Analysis)
−프로젝트 팀에서 우발사태 예비(Contingency Reserve), 일정예비(Time Reserve) 또는 완충(Buffer)이라
　고 하는 추가 시간을 확보
　※ 역 분석(Reverse Analysis)
−전체 프로젝트 일정에 일정 위험의 인지에 따라 응급 리버스(Contingency Reverse), 시간 리버스
　(Time Reverse) 또는 버퍼와 같은 추가 시간을 포함
−응급 리버스는 예측된 활동 기간에 대한 %, 작업 기간 고정 값 또는 정량적 위험 분석에 의해
　개발된 기간

⑧ 3점 추정(Three-Point Estimating)
−미 해군 미사일 프로젝트를 위해서 개발되었고, 신규, 경험이 적고, 위험이 높은 분야의 일정 추
　정에 사용
−확률적인 모형을 사용, 3점 추정 방식(o: 낙관치, m: 최빈치, p: 비관치) (p + 4 m + o) / 6

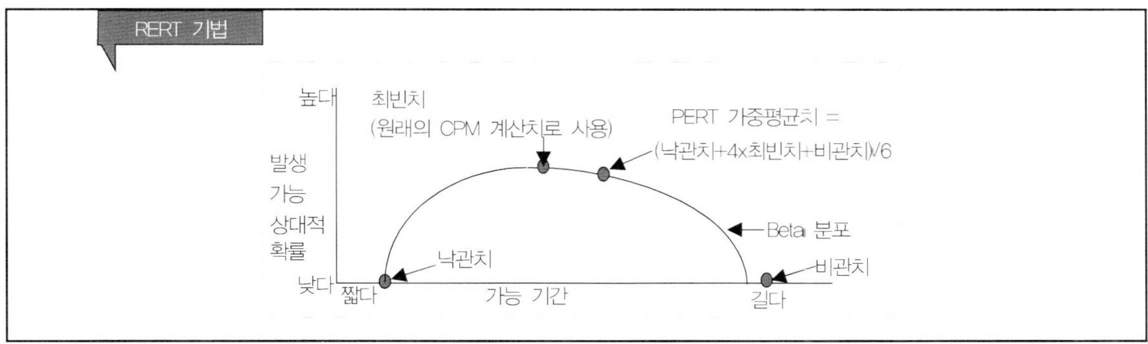


※ 주공정법(CPM: Critical Path Method)
− 화학회사인 미국의 Dupont 社 개발
− 적용: 유사한 경험이 많은 분야, 불확실성이 적은 경우(공장 건설 등)
− 1점 추정, 최빈치 사용

⑨ 일정개발(Develop Schedule)

−각 개별 활동의 시작일과 종료일을 결정하고, 전체 프로젝트 개발 기간을 결정함

| 입력물(Input) | 도구/기법(Tool & Techniques) | 산출물(Output) |
|---|---|---|
| − 활동목록, 활동속성<br>− 일정 네트워크 다이어그램<br>− 활동자원 요구사항<br>− 자원 역할표<br>− 활동 기간 산정치<br>− 프로젝트 범위 기술서<br>− 기업환경요인<br>− 조직 프로세스 자산 | − 일정 네트워크 분석<br>− 주공정법(Critical Path Method)<br>− 주공정 연쇄법(Critical Chain Method)<br>− 자원 평준화(Resource Leveling)<br>− 가정 시나리오 분석<br>− 일정 단축 기법 | − 프로젝트 일정(Project Schedule)<br>− Schedule Baseline<br>− 변경요청<br>− 변경된 Resource Requirement<br>− Activity Attributes<br>− 사업관리계획<br>− Project Calendar<br>− Schedule Model Data |

a. 주공정법(Critical Path Method)

−일정 네트워크 상에서 전진계산(Forward Scheduling) 및 후진계산(Backward Scheduling)을 계산

  • PERT / CPM 기법

−개념: 일정 추정 기법인 PERT와 CPM을 혼용하여 그래픽적으로 일정을 산출하는 기법

−특징

  • 프로젝트 작업 활동을 그래프로 표현 가능

  • 프로젝트 완료에 필요한 시간을 평가할 수 있음

  • 프로젝트 완료에 가장 중요하게 영향을 미치는 작업 파악이 가능

  • 프로젝트를 지연시키지 않고 연기될 수 있는 작업 활동을 파악할 수 있음

−Critical Path (CP): 여유시간이 0, 즉 가장 빨리 다음 활동에 착수할 수 있는 시간이 곧 다음 활동의 착수를 최대한 연기할 수 있는 시간과 같은 활동들을 연결한 경로

−CP상의 활동이 지연되면 전체 개발기간이 지연됨

−일정 계산 방법

  • 전진계산(Forward Scheduling): 가장 빠른 날짜에서 시작하고(ES: Early Start) 가장 빠른 날짜에 종료(EF: Early Finish)

  • 후진계산(Backward Scheduling): 종료일로부터 거꾸로 계산, LS(Late Start), LF(Late Finish), 프로젝트 납기준수를 위해 특별히 관심을 가져야 할 액티비티는 무엇인지 알기 위해서는 Backward Scheduling 필요

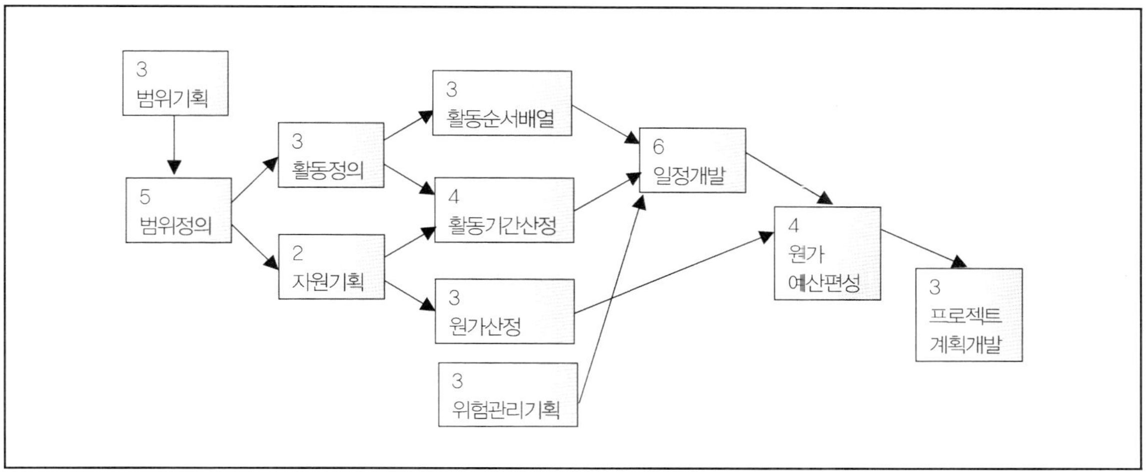



• 두 값의 차이를 통한 여유시간(Float)을 계산, 즉, Total Float = LS − ES = LF − EF, Critical Path 경로 확인, Total Float이 0인 활동들을 연결

− 사례

• 전진계산(Forward Scheduling)

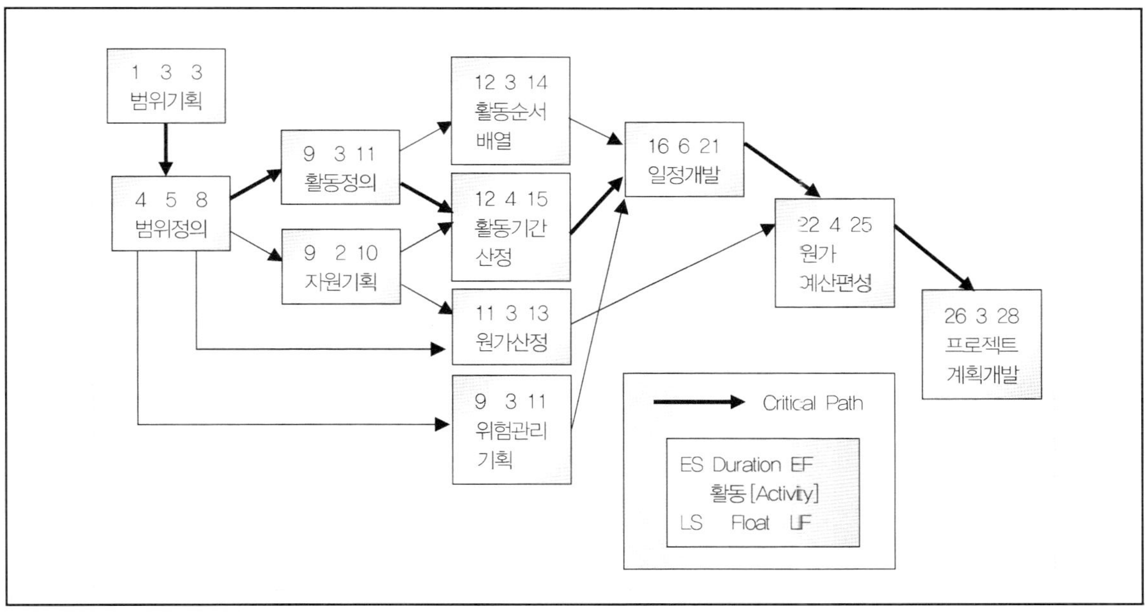

- 후진계산

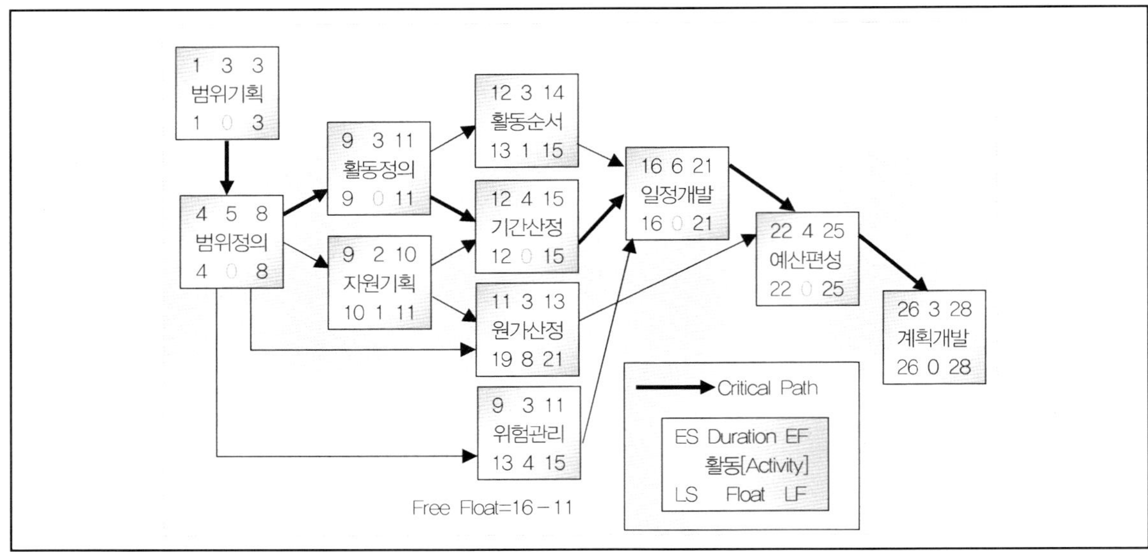


－여유시간 Float(＝ Slack) 계산: 프로젝트 납기에 영향을 주지 않고 액티비티가 가지는 여유시간

- 종류

| 유형 | 세부 내용 |
| --- | --- |
| Total Float(= Float) | － 해당 작업 자체의 지연이 프로젝트 종료일 지연에 영향을 주지 않는 시간<br>－ 사용시 후행작업에 통보해야 함, LS－ES 혹은 LF－EF로 계산 |
| Free Float | － 후행 액티비티의 빠른 시작일을 지연시키지 않고 선행 액티비티가 가질 수 있는 여유시간으로 EF－ES (후행작업)로 계산<br>－ 사용시 후행작업에 통보하지 않아도 됨 |
| Project Float | － 프로젝트 전체가 프로젝트 종료일을 지연시키지 않고 지연될 수 있는 여유<br>－ Free Float이 Total Float보다 유연성이 큼 |

- 선행(Lead)과 지연(Lag)

| 구분 | 내용 | 구성도 |
| --- | --- | --- |
| 선행(Lead) | － 작업 종료 이전에 후행작업이 시작되어 두 작업이 Overlapping 된 시간<br>－ Positive Waiting Time | Lead<br>FS－3d |
| 지연(Lag) | － 작업종료 후 후행작업 시작을 위해서 기다려야 하는 시간<br>－ Negative Waiting Time | Lag<br>FS+6d |

b. 주공정연쇄법(Critical Chain Method)

- 개념: 제한된 자원을 고려하여 프로젝트 일정을 수정하는 일정 네트워크 분석기법
- 특징

· Critical Path는 자원 가용성을 최종 확정하지 않은 상태에서 연관관계와 수행기간만으로 결정함

· 자원의 제약을 고려하면 전체 일정이 변경될 수 있음

· 자원이 제약된 주 공정의 경로를 주 공정 연쇄라고 함


- 여유시간 낭비 이유

| 유형 | 설명 |
| --- | --- |
| 학생 증후군 | - 시간적으로 여유가 있어서 미리 작업할 수 있음에도 마감일이 닥쳐야 작업을 시작하는 현상 |
| 멀티 태스킹 | - 한 사람이 한 프로젝트의 여러 단계를 담당하거나, 동시에 진행되고 있는 여러 프로젝트에 참여하는 경우 |
| 파킨슨 법칙 | - 작업 일정은 지연만이 전파되고 조기 종료는 전파되지 않음. 즉, 사전 작업이 조기에 종료되어도 정해진 일정에 착수되거나 지연 시 지연일정에 착수함 |


- 여유시간 낭비를 줄이는 대안: 프로젝트에 버퍼 삽입

| 유형 | 설명 |
| --- | --- |
| Project Buffer | - Critical Chain의 끝에 버퍼를 두고 관리 |
| Feeder Buffer | - Non-Critical Chain의 끝에 버퍼를 두고 관리(Critical Chain의 지연 방지) |
| Resource Buffer | - Activity가 Critical Resource(희소 자원)을 필요로 할 때 버퍼를 설정하여 관리 |


c. 자원 평준화(Resource Leveling)

- 과부하 된 자원을 대상으로 투입자원 한계 내에서 분산 분포하도록 하는 작업 즉, Resource Leveling은 특정 기간에 과부하 된 자원제약사항을 해결하는 것
- 일정의 추정은 어떤 자원을 전제로 하느냐에 따라 달라짐
- 투입인력의 스킬 수준과 활용 가능한 기간, 인원수 등의 자원제약적 상황을 조정
- 특정기간에 과부하 된 자원을 줄이기 위해 해당기간에 수행하는 액티비티를 다른 기간으로 조정

· 대상: 액티비티는 Non-Critical Activity

· 어떤 액티비티를 얼마만큼 기간을 옮기느냐 하는 시행착오에 의한 방법(Heuristic)

－단점: 기간의 연장을 초래

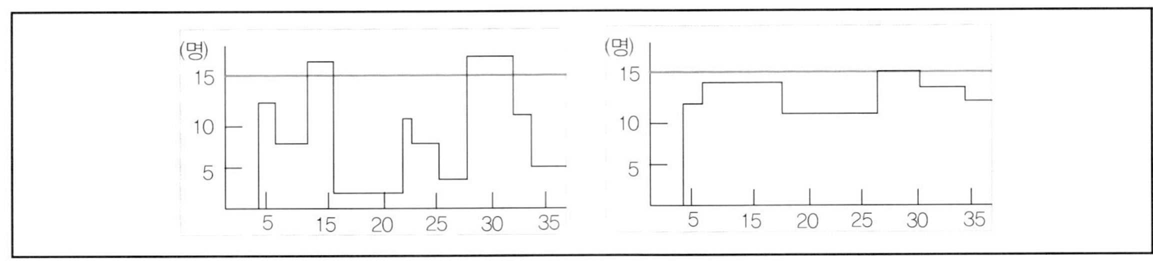

d. 일정 단축 기법(Crashing / Fast Tracking)

－프로젝트 일정계획 수립 시 요구되는 일정보다 Over된 일정을 줄이고자 할 경우

－고객 측의 프로젝트 일정 단축 요구 및 프로젝트 예산의 삭감이 요구되는 상황에 적용

| 구분 | Crashing | Fast Tracking |
|---|---|---|
| 방법 | － 자원을 추가 투입하여 일정을 단축하는 방법 | － 순차적으로 수행하는 Activity를 병행하여 수행하는 방법 |
| 대상 | － Critical Path 상의 액티비티 중, 최소 비용으로 최대의 단축을 얻을 수 있는 액티비티 | － 연관 관계 중 Mandatory Dependency를 병행가능 하다고 판단되는 Activity |
| 상황 | － 예산이 여유 있거나, 여유 자원이 있을 경우<br>－ 재작업 및 위험요소증가를 원하지 않을 때 | － 예산을 더 투입할 수 없을 때 |
| 고려사항 | － 직접비 증가, 원가-일정 Trade-Off 관계<br>－ 최소한의 비용으로 최대의 기간 단축, 주공정 단축 시도 | － 선후행 관계 존재 작업들을 일부 병렬 수행<br>－ 전체 작성기간을 단축, 동시 작업 수행으로 위험 및 재작업 증가<br>－ 동시 작업 수행으로 위험 증가, 재작업 가능성 |

e. 프로젝트 일정: 마일스톤, 간트 도표, 프로젝트 네트워크 다이어그램을 사용

| 마일스톤(Milestone) | 간트 도표(Gantt Chart) | 프로젝트 네트워크 다이어그램 |
|---|---|---|
| － 주요 프로젝트 개시 혹은 종료일정과 외부 인터페이스를 보여 줌 | － 활동의 시작일과 종료일, 예산 기간을 보여주는 차트<br>－ 비교적 이해가 쉬움 | － 프로젝트 네트워크 논리, 주공정 경로, 일정활동을 동시에 보여줌 |

⑩ 일정통제(Schedule Control)

－일정변경 요인을 확인하고 변경 발생을 모니터링 하며 실제 발생된 변경을 관리

－일정 차이(Schedule Variance)를 결정하여 필요한 시정조치나 일정 계획을 변경하는 프로세스

| 입력물(Input) | 도구/기법(Tool & Techniques) | 산출물(Output) |
|---|---|---|
| – 일정관리계획<br>– Schedule Baseline<br>– 성과보고서<br>– 승인된 변경요청 | – 과정 및 진척보고<br>– 일정변경통제시스템<br>– 성과측정<br>– 사업 및 프로젝트 S/W<br>– 편차분석<br>– 일정비교 Bar 차트 | – 성과측정변경요청<br>– 권고된 시정조치<br>– 변경된 CPA/Activity List<br>– Activity Attributes<br>– 프로젝트 관리 계획<br>– 변경된 일정관리 계획 |

a. 과정보고(Progress Reporting)

–과정보고 및 현재 일정 상태는 실제 시작일과 종료일, 미 완료된 일정 작업의 남은 기간과 같은 정보 포함

–만약 획득가치와 같은 과정 측정이 사용된다면, 진행 중인 일정활동에 대한 완료 % 포함

–프로젝트 과정에 대한 정기적인 보고를 원활히 하기 위해서 다양한 프르젝트 조직의 상시 사용을 위해 만들어진 템플릿 사용

b. 성과측정(Performance Measurement)

–성과 측정기법은 일정편차(SV: Schedule Variance) 및 일정성과지표(SPI: Schedule Performance Index) 생성

–SPI는 발생한 프로젝트 일정 편차의 크고 작음을 평가

–일정 통제의 중요한 부분은 일정 편차가 시정조치 활동을 필요로 하는 것인가에 대한 결정

–작업 진척률 평가방법

| 50/50 Rule | 0/100 Rule | Progress Complete Rule | Percent Complete Rule |
|---|---|---|---|
| – 활동 시작 시 성과를 50% 인정 활동 완료 시 나머지 50% 성과 인정 | – 활동 종료 전까지는 성과를 0% 인정 활동 완료 시 100% 인정 (Product Complete Rule) | – 측정 시점까지의 완료율로 진척률을 평가 | – 활동결과 또는 산출물 등을 근거로 계량화 된 진척률을 산출 |

## 2.4 프로젝트 위험 관리

(1) 개요

–정보시스템에 대한 프로젝트 수행 시 위험을 식별하고, 위험에 더한 다응 방안 및 실천 전략을 수립, 통제하는 프로세스 및 활동

(2) 목표

–긍정적인 사건의 영향 및 가능성을 증가시키고, 프로젝트에 대한 부정적인 사건의 영향 및 가능성을 감소

–프로젝트 위험의 조기 발견 및 대응

- 프로젝트 위험의 최소화/회피
- 프로젝트 불확실성을 감소

(3) 절차

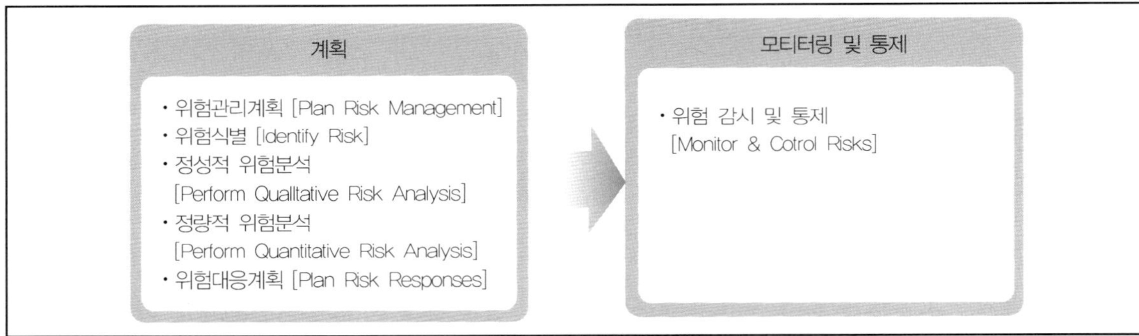


① 위험관리계획(Plan Risk Management)

- 프로젝트에 대한 위험관리 활동의 접근, 계획 및 실행 방법을 결정

| 입력물(Input) | 도구/기법(Tool & Techniques) | 산출물(Output) |
|---|---|---|
| − EEF(조직의 위험 선호도)<br>− OPA(위험관리 표준 참고)<br>− 프로젝트 관리계획서 | − 계획수립 미팅 및 분석 | − 위험관리계획서 |

② 위험식별(Identify Risk)

- 프로젝트에 영향을 미칠 수 있는 위험을 정의하고, 분류 및 그 특징을 문서화하는 프로세스
- 위험 식별은 사업 관리 및 프로젝트 수행 시 모든 단계 식별

| 입력물(Input) | 도구/기법(Tool & Techniques) | 산출물(Output) |
|---|---|---|
| − 위험관리계획<br>− 범위기술서<br>− 사업관리계획서<br>− EEF<br>− OPA | − 문서검토<br>− 정보수집 기법<br>− 체크리스트 분석<br>− 가정 분석<br>− 다이어그래밍 기법 | − 위험관리대장 |

③ 정성적 위험분석(Perform Qualitative Risk Analysis)

- 위험의 발생 확률 및 영향력을 평가하여, 위험의 우선순위 결정

| 입력물(Input) | 도구/기법(Tool & Techniques) | 산출물(Output) |
|---|---|---|
| – 위험관리계획<br>– 위험관리 대장<br>– 범위기술서<br>– OPA(유사프로젝트참고) | – 위험의 확률 및 영향력 평가<br>– 확률–영향매트릭스<br>– 위험데이터 품질평가<br>– 위험범주<br>– 위험 긴급성 평가 | – 변경된 위험관리대장 |

④ 정량적 위험분석(Perform Quantitative Risk Analysis)

　－식별된 위험의 전체 프로젝트 목표에 대한 영향을 수치로 분석

| 입력물(Input) | 도구/기법(Tool & Techniques) | 산출물(Output) |
|---|---|---|
| – 위험관리계획<br>– 위험관리 대장<br>– 범위기술서<br>– 사업관리계획서<br>– OPA(유사프로젝트참고) | – 자료수집 및 발표기법(인터뷰, 확률분포, 전문가판단)<br>– 정량적 리스크 분석 및 모델링기법(민감도분석, 기대가치분석)<br>– 의사결정나무 분석<br>– 몬테카를로 기법 | – 변경된 위험관리대장 |

⑤ 위험대응계획 수립(Plan Risk Responses)

　－프로젝트목표에 대한 기회를 증진시키고 위협을 감소시키기 위한 대안을 개발

| 입력물(Input) | 도구/기법(Tool & Techniques) | 산출물(Output) |
|---|---|---|
| – 위험관리계획<br>– 위험관리대장 | – 위험 대응 전략(부정적 위험)<br>– 기회에 대한 전략(긍정적 위험)<br>– 우발사태 대응 전략<br>– 전문가 판단 | – 변경된 위험관리대장<br>– 변경된 사업관리계획서<br>– 위험 관련계약(보험 등) |

⑥ 위험 모니터링/통제(Monitor & Control Risks)

　－프로젝트 전반에서 위험 대응 계획을 구현하고, 식별된 위험을 추적하고, 잔존 위험을 감시하고 새로운 위험을 식별하고 위험 프로세스 효과를 평가

| 입력물(Input) | 도구/기법(Tool & Techniques) | 산출물(Output) |
|---|---|---|
| – 위험관리계획<br>– 위험관리대장<br>– 승인된 변경요청<br>– 작업수행실적<br>– 성과보고서 | – 위험재평가<br>– 위험감사(Risk Audits)<br>– 차이 및 추이 분석<br>– 기술적 성과분석<br>– 예비비분석(Reserve Analysis)<br>– 현황회의 | – 변경된 위험관리대장<br>– 변경요청<br>– 권고된 시정조치<br>– 권고된 재발 방지대책<br>– 변경된 OPA<br>– 변경된 프로젝트 관리계획 |

☞ 위험관리 식별, 위험 분석, 대응기법 등은 STEP 2. IT 거버넌스 및 관리의 8. 위험관리 내용을 반드시 확인하길 바란다.

## 2.5 원가관리

(1) 규모산정

- 소프트웨어 규모(양적 크기, 질적 수준) 파악을 통한 소요공수와 투입자원 및 소요기간을 파악하여 실행 가능한 가능한 계획을 수립하기 위해 비용을 산정
- 단위작업공수(비용)를 통한 총 공수(총비용) 산정(WBS에 근거하여 비용산정)

① 규모산정의 유형

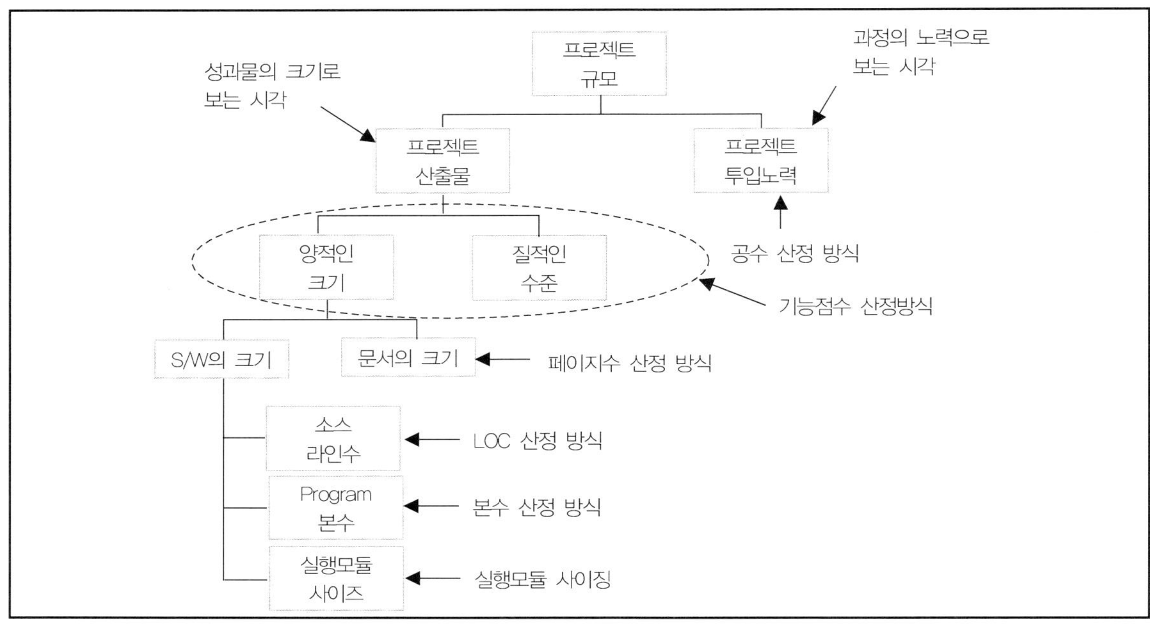


| 유형 | 설명 | 사례 |
|---|---|---|
| 하향식<br>산정방법 | – 경험적 단언(시스템 이해한 후), 개발자 합의(인력, 시스템 크기, 예산) 등을 통하여 전체 규모를 추정 | – 전문가 판단, Delphi 방식 |
| 상향식<br>산정방법 | – 업무분류구조 정의, 각 수행 구성 요소에 대한 독립적 산정 후 집계하는 방식 | – LOC 기법, 프로젝트 본수, 개발 단계별 인원수 기법 등 |
| 수학적<br>산정방법 | – 자동화된 방식을 이용하여 소프트웨어 비용산정 | COCOMO, 기능점수(FP) 등 |

② Delphi(델파이) 기법

a. 개념

- 의견 불일치를 찾아 타협과 중재를 통해 해결점을 찾아가는 과정에서 개발될 S/W 규모를 산정하

는 기법

- 타협을 통해 중재안을 찾아내는 방식으로 보편성이 없는 새로운 업무에 대해 일치된 결론을 도출해 내는 토론방식 중 하나
- 전문가의 경험적 지식을 체계적으로 사용하기 위해 적용
- 전문가 미확보 시 위험이 커질 수 있으며, 중재자 역할 중요

b. 델파이 기법이 필요한 경우

- 경험이 없고, 위험도가 큰 프로젝트
- 산정 데이터에 대한 신뢰성 검증

c. 델파이 기법의 특성

| 특성 | 세부 내용 |
|---|---|
| 익명성 | – 명망이 높은 특정 개인의 영향력에서 벗어나 공정한 의견 개진, 반대의견 가능, 사회적 친분 및 관계에 좌우되지 않음 |
| 피드백 | – 총괄수행자가 응답자에게 결과를 피드백해 주어 자신의 응답을 수정할 기회 제공 |
| 반복수행 | – 설문의 반복 수행을 통해 최종 합의안을 도출 |
| 통계제공 | – 통계적으로 의견을 처리하여 제시함으로써 그룹 내의 의견 차이 정도를 보여주고 강한 소수 의견에 대한 내용파악 기회 제공 |

d. 절차

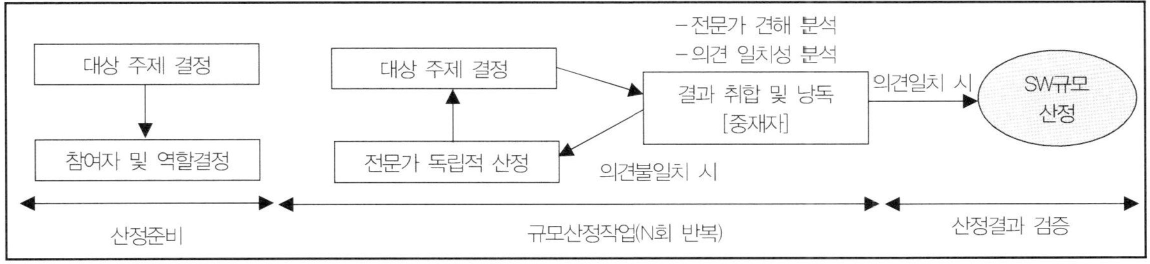


e. 유형

| 종류 | 세부 내용 |
|---|---|
| 미지의 값 예측 기법 | – 전통적인 델파이 기법으로 특정사안이 야기될 시점이나 그것이 성취될 수 있는 가능성을 조사하는 수량적 델파이 기법<br>– 어떤 사안에 대한 수량적 예측을 구체화 |
| 정책결정 델파이 기법 | – 정책 대안을 개발하고 그 대한이 가져오는 결과 예측<br>– 전문가나 정책결정자가 생각하지 못한 것들을 정책 관련자에게 대립되는 의견을 표출하게 한 후 의견 수립 |
| 의사결정 델파이 기법 | – 어떤 현실을 보기 위한 것이 아니라 현실을 창조할 목적으로 의사결정의 도구로 활용되는 기법 |

③ LOC 기법

a. 개념: 소스라인의 수에 근거한 양적 규모산정 방식이며, 크기 중심 소프트웨어 규모 측정

b. 종류

| 종류 | 세부 내용 |
|---|---|
| Doty 모델 | − 인터뷰와 문헌을 바탕으로 개발한 모델로 프로그램 규모가 알려졌다는 전제 하에 총 공수를 구하는 방법(규모[i]가 10,000행 이상 −> 기본형, 이하 −> 다변형량)<br>− 총 공수(MM): 상수 * 프로그램 규모[i](규모[i] = 소스코드 라인 수) |
| Putnam 모델 | − 가설을 전제로 한 모델(대규모 연구개발 프로젝트에 적용된 모델을 기초) |
| COCOMO 모델<br>(Constructive Cost Model) | − Boehm에 의해 비즈니스, 산업계, 정부, 소프트웨어하우스 등에서 엄선한 63종류의 프로젝트 데이터에 기초하여 작성된 경험적인 소프트웨어 비용 견적모델<br>− COCOMO 모델은 가장 이해하기 쉬운 실험적 모델<br>− 소프트웨어를 객체로 보았으나, 소프트웨어의 생명주기를 간과하였으며 이를 보완하여 COCOMO II가 나왔음 |

c. 장단점

| 장점 | − 이해하기 쉽고, 규모 산정이 용이 |
|---|---|
| 단점 | − 코딩이 외의 작업에 적용 불가<br>− S/W 재사용 시 모호성 초래<br>− 적용 불가능 언어 존재(생산성 패러독스) |

④ COCOMO(COnstructive COst MOdel)

a. 개념

−시스템의 구성 모듈과 서브시스템의 비용합계를 계산하여 시스템의 비용을 산정하는 방식

−현재까지 공표된 소프트웨어의 측정 중에서 가장 이해하기 쉬운 실험적 모델

b. 유형

| 구분 | 세부 내용 |
|---|---|
| Basic<br>COCOMO | − S/W 개발 노력과 비용을 LOC 형태로 추정한 후 비용을 산정하는 고정단일 값 모형<br>− Product 특성에 기반을 둔 기초적인 산정방식, LOC 기반 |
| Intermediate<br>COCOMO | − 기본유형 확장, 프로젝트형태/개발환경/개발인력요소에 따라 15개의 특성치 적용 방식<br>− 제품속성(3개): S/W신뢰도, DB 크기, 복잡도<br>− H/W 속성(4개): 응답시간, 실행시간 성능제약, 메모리제약, 서버환경의 휘발성<br>− 인적속성(5개): 분석가능력, 응용경험, 언어구사경험, 엔지니어능력, 서버환경경험<br>− 프로젝트속성(3개): 일정, 개발도구 사용, 방법론 응용<br>− Product와 Process 속성을 사용하여 산정, LOC+가중치 기반 |

| Detailed<br>COCOMO | – 대형 시스템의 경우 서브시스템이 서로 상이한 특성을 갖고 있어 각 모듈별, 서브 시스템별로 비용을<br>별도 산정하여 합산하는 방식을 적용<br>– 3계층 비용 산정이 가능(모듈 레벨, 서브시스템 레벨, 시스템 레벨)<br>– 개발단계별(생명주기)로 비용 산정방식을 달리할 수가 있음 |
| --- | --- |

### c. COCOMO 모델의 프로젝트 유형

| 구분 | 세부 내용 |
| --- | --- |
| 유기적 모드 프로젝트<br>(Organic Mode) | – 비교적 엄격하지 않은 요구사항을 기반으로, 상대적으르 단순한 S/W프로젝트에 적용 가능<br>– Scientific, Business 등의 소프트웨어로서 50KDSI 이하 크기 |
| 반결합 모드 프로젝트<br>(Semidetached Mode) | – 크기와 복잡성 면에서 중간 정도의 소프트웨어 프로젝트<br>– 컴파일러, 워드프로세서와 같은 개발지원 도구 개발용 프로젝트로 300KDS 이하의 크기 |
| 내장 모드 프로젝트<br>(Embedded Mode) | – 엄격한 제약 조건 내에서 개발되어야 하는 소프트웨어 프로젝트<br>– OS, DBMS, 통신모니터와 같이 300KDSI 이상의 대형 프로젝트로서 Transaction Processing System 등에 적용 가능 |

### d. COCOMO 모델의 문제점

- OOP, CB, 4GL 등의 최근 소프트웨어 개발방식에는 적용하기가 곤란함
- 소프트웨어 제품을 하나의 개체로 보고 승수들을 전체에 적용
- 실제 대부분의 대형 시스템은 서로 상이한 서브 시스템으로 구성

  (일부분은 Organic Mode이고, 다른 부분은 Embedded Mode인 경우가 존재함)

☞ 전통적인 COCOMO모델의 문제점 극복을 위해서 COCOMO-II 모델이 등장

### ⑤ COCOMO 개선모델(COCOMO-II)

### a. COCOMO-II 개발 배경(1995년 발표, 2000년 개선)

- 개발환경의 변화에 따라 재사용의 강화나, 컴포넌트를 이용한 조립개발과 같은 최근의 개발환경을 반영하여 개발됨
- 프로젝트규모, 각종환경변수, 재사용모델 등을 기반으로 S/W비용을 예측하는 모델
- 구조적 방법론 적용(COCOMO) → 객체지향/컴포넌트기반 개발방법론 지원(COCOMO-II)
- Object Point, Function Point, LOC 등의 값을 기반으로 COCOMO와 같은 방식으로, 경험상에서 도출된 상수들을 사용하여 개발노력을 도출
- 소프트웨어 개발 프로젝트가 진행된 정도에 따라 세 가지 다른 모델을 제시

b. COCOMO-II 적용 모델

| 구분 | 내용 |
|---|---|
| Application Composition 모델 | – 작은 팀이 몇 주 정도의 기간 동안 개발하는 경우에 사용<br>– 주로 GUI 빌더나 컴포넌트들을 이용, 조립 개발하는 경우에 사용 |
| The Early Design 모델 | – 비교적 개발 초기 단계에서 주로 사용되며, 실제 개발할 SW크기, 운영환경의 특성, 프로젝트참여자, 세부 프로세스 수행 사항 등에 대한 정보가 부족할 때 사용 |
| The Post Architecture 모델 | – 가장 세부적인 COCOMO-II 모델로 소프트웨어 생명주기가 확립된 후에 사용하며, 소프트웨어를 개발하고 유지 보수하는 동안 사용 |

⑥ 기능점수(Function Point)

a. 개념

– S/W의 양과 질을 동시에 고려하여 사용자 관점에서 S/W규모를 측정하는 방식으로, 사용자가 납득할 수 있는 기능 규모를 제시함으로써, SW규모에 대한 상호 이해 및 인정의 기반이 될 수 규모산정 방식

– 최근 공공기관 및 민간 S/W계약 시 FP 적용 사례가 증가하고 있으며, 품질관리 등의 다양한 형태로 활용됨

b. 기능점수 측정 절차

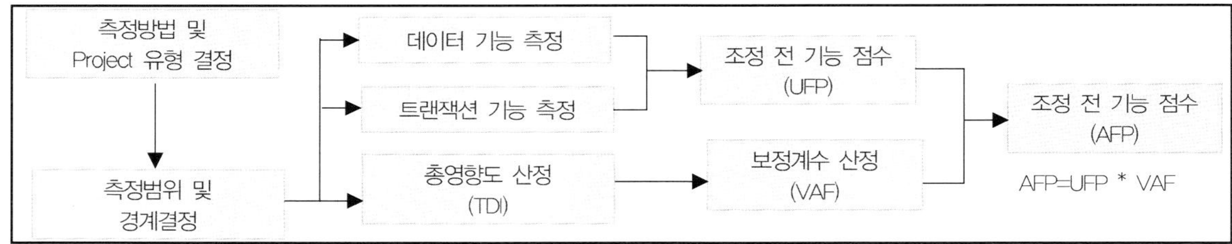


| 구분 | 설명 | 계산요소 |
|---|---|---|
| 측정방법 및 유형결정 | – 개발/개선/애플리케이션 유형선택 | 정규법, 간이법 |
| 측정범위 및 경계설정 | – 범위 명확화, 애플리케이션 경계 정의 | 데이터 기능과 트랜잭션 기능 기준 결정 |
| 데이터 기능 측정 | – ILF/EIF, 복잡도 산정 | DET, RET |
| 트랜잭션 기능 측정 | – EO/EI/EQ 산정, 복잡도 산정 | DET, FTR |
| 조정 전 기능점수 | – 데이터+트랜잭션 기능(복잡도 반영) | 통계적 수치에 의한 복잡도 계산 |
| 영향도(TDI) 산정 | – 시스템의 특성에 따른 비기능적 평가 | 14개 항목에 대해 0~5점 척도로 |
| 조정계수(VAF) 산정 | – 총 영향도 기반으로 VAF 계산 | VAF = 0.65 + 0.01 * TDI |
| 조정 FP 측정 | – 조정 전 기능점수에 조정계수 적용 | AFP = UFP * VAF |

c. 기능점수 산정 방식 유형

| 구분 | 정규법 | 간이법 |
|---|---|---|
| 목적 | – 상세한 항목을 이용한 정교한 기능 점수 측정 | – 개략적인 견적 산정 |
| 측정항목 | – 데이터기능(DET/RET)<br>– 트랜잭션 기능(DET, FTR) | – 데이터 기능, 트랜잭션 기능 |
| 복잡도적용 | – 기능별 복잡도 적용 | – 평균 복잡도 적용 |
| 적용시기 | – S/W 개발 유지보수 규모 산정 시<br>– 분석/설계 단계 이후 | – 프로젝트 제안 시, 예산수립 단계<br>– 산정자료 불충분 및 산출물 기능점수 검증 |

# 3. 정보시스템 생명주기(SDLC)

## 3.1 SDLC(Software Development Life Cycle) 개요

(1) SDLC의 정의
- S/W의 개발 타당성 조사부터, 개발, 유지보수 단계까지 전 과정을 하나의 주기로 보고, 단계별 공정을 체계화 시켜놓은 것

(2) SDLC 기능 및 역할
- 프로젝트 비용의 산정 및 프로젝트 개발 계획 수립
- 일정계획, 예산, 개발요원, 자원들을 산정, 분배하는 도구로 활용
- 개발지연 및 예산초과에 대해서 실적과 비교해서 인식이 가능
- 용어, 산출물 구성 등의 표준화 지원
- 개발진행상황 파악 지원 및 프로젝트 관리의 지원
- 문서화에 충실한 프로젝트 진행

(3) SDLC 3단계

| 정의(What) | 개발(How) | 유지보수(Change) |
|---|---|---|
| 문제정의 및 타당성 분석 | 설계문제: 소프트웨어 구성, 데이터 구조 | 소프트웨어 변경 관점 |
| 필요한 기능과 성능 | 소프트웨어 코딩, 검사 | 완전 |
| 시스템 분석 및 소프트웨어 개발 | 변환 문제(언어) | 적응 |
| 요구사항 분석 | 감사수행 여부 | 수정 |

※ 응용분야, 프로젝트 규모와 복잡도와 무관하게 SDLC 구분

(4) S/W 생명주기 모형과의 관계도

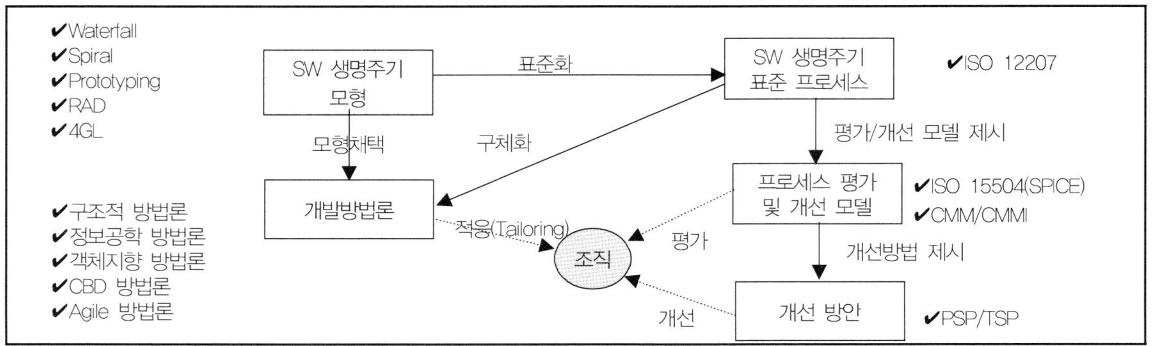

(5) SDLC의 대표적 모형

| 구분 | 내용 | 장점 | 단점 |
|---|---|---|---|
| **폭포수 모형**<br>(Waterfall) | − 검토/승인을 거쳐 순차적·하향식으로 개발이 진행되는 생명 주기 모델 | − 이해하기 쉬움<br>− 다음 단계 진행 전에 결과 검증, 관리 용이 | − 요구도출 어려움 설계/코딩/테스트 지연 가능<br>− 문제발견 지연 |
| **프로토타입 모형**<br>(Prototyping) | − 핵심적인 기능을 먼저 만들어 평가한 후 구현하는 점진적 개발 방법 | − 요구사항 도출 용이<br>− 시스템 이해 쉬움<br>− 의사소통 향상 | − 사용자 오해(완제품)<br>− 폐기되는 프로토타입 존재 |
| **나선형 모형**<br>(Spiral) | − 폭포수와 프로토타입 모델 장점에 위험 분석을 추가한 모델<br>(B. Boehm) | − 점증적으로 개발<br>☞ 실패 위험 감소<br>− 테스트 용이, 피드백 | − 관리 복잡 |
| **반복 점증적 모형**<br>(Iterative & Incremental) | − 시스템을 여러 번 나누어 릴리스하는 방법<br>− Iterative: 전체 기능을 대상으로 릴리스를 진행하면서 기능 개발<br>− Incremental: 전체 기능을 분해한 뒤, 릴리스마다 기능을 추가 개발 | − 위험조기발견 및 최소화 전략 구현 가능<br>− 변경관리 용이 | − 관리 어려움<br>− 경험부족 |

(6) SDLC 모형 선정기준

| 구분 | 요소 | 선정사항 |
|---|---|---|
| 비즈니스 | 업무적 | − 개발 업무 특성, 규모, 성격, 범위 |
| | 준거성 | − 예산(비용), 납기(시간), 품질, 통제수단, 산출물 |
| 정보기술 | 자원배치 | − 자체, 외주 인력 투입 |
| | 기술력 | − 투입인력 기술력(Skill), 사용 방법과 도구 |

(7) SDLC 적용 시 고려사항

−개발하고자 하는 소프트웨어의 특성 및 프로젝트의 특성 우선 고려

−계약시점에서의 고객 요구사항 및 제반 환경적 요소 고려

## 3.2 개발방법론

(1) 개발방법론의 정의

−소프트웨어 공학 원리를 소프트웨어 개발 생명주기에 적용한 개념

−정보시스템을 개발하기 위한 작업활동, 절차, 산출물, 기법 등의 체계

−Methodology: Method + Knowledge(Know How + Heuristics)

(2) 개발방법론 필요성

- 개발경험 축적 및 재활용을 통한 개발생산성 향상(작업의 표준화/모듈화)
- 효과적인 프로젝트 관리(수행공정의 가시화 포함)
- 정형화된 절차와 표준용어의 제공으로 의사소통 수단 제공

(3) 개발방법론 진화과정

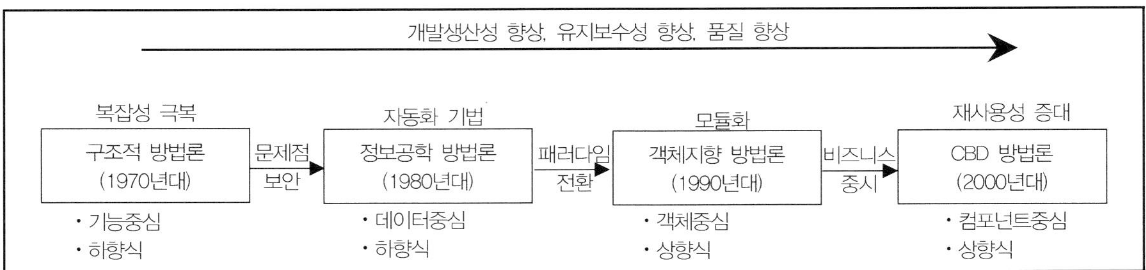


① 구조적 방법론

a. 개념

- 정형화된 분석 절차에 따라 사용자 요구사항을 파악, 문서화하는 체계적 분석이론
- 프로그램 로직 중심(프로세스 중심)
- 도형중심의 분석용 도구 이용: 자료흐름도(Data Flow), 자료사전(Data Dictionary), 소단위명세서 (Mini-Spec)

b. 특징

- 정형화된 분석 절차에 따라 사용자 요구사항을 파악, 문서화하는 체계적 분석이론
- 프로그램 로직 중심(프로세스 중심)

② 정보공학 방법론

a. 개념

- 기업 정보시스템에 공학적 기법을 적용하여 시스템의 계획, 분석, 설계, 구축과정을 수행하는 데 이터 중심의 방법론

b. 특징

- 기업 정보시스템, ISP(Information Strategy Planning: 정보전략계획)와 데이터 중심
- CASE도구 등 공학적 접근, 사용자 참여
- 데이터와 프로세스의 상관분석

③ 개발 단계별 구조적 방법론과 정보공학 방법론의 비교

| 단계 | 구조적 | 정보공학 | 차이점 |
|---|---|---|---|
| ISP | – 없음 | – 정보체계<br>– 데이터모델<br>– 업무기능모델 | – 정보공학에서는 통합 시스템 지향<br>– 전략적 활동 모색 |
| 업무분석 | – 기능분할<br>– 데이터 흐름 분석<br>– 프로세스 명세화 | – 데이터모델<br>– 기능분할<br>– 의존성 분석<br>– 프로세스 명세화 | – 구조적 방법론 프로세스 중심<br>– 정보공학 방법<br>– 데이터 중심 |
| 시스템설계 | – 프로세스 모델<br>– 사용자 모델<br>– 인터페이스 설계<br>– DB설계자료 흐름도의 데이터 변환<br>– 모듈 설계 | – 이벤트 설계<br>– 패키징 대화 설계<br>– 인터페이스 설계<br>– 기술 설계<br>– 데이터구조 전환 설계<br>– DB설계<br>– DB생성 | – 정보공학에서는 구조도 변환 불필요 |
| 구축 | – Code 작성 | – Code 생성 | – 정보공학에서는 개발도구 활용 |
| 유지보수 | – Code 생성 후 다이어그램 수정 | – 다이어그램수정 후 코드 생성 | – 정보공학에서는 자동화 도구 활용 |

④ 객체지향 방법론

a. 객체지향 개념

−SW를 Data와 Process로 분리하지 않고 실 세계에 존재하는 사물이나 개념을 인간이 이해하는 방식 그대로 시스템을 구현하는 기술

−객체의 특성: 상태(State) + 기능(Behavior) + 식별자(Identity)

b. 구성 요소

| 요소 | 설명 |
|---|---|
| 객체 | – 현실 세계에서 개념적으로 이해되고 표현될 수 있는 모든 대상 |
| 클래스 | – 객체를 구체적으로 정의하는 템플릿, 속성 + 메소드 |
| 메소드 | – 메시지에 의해 실행되어야 할 연산, 데이터 변경 수단 |
| 메시지 | – 객체들 간의 상호작용 수단 |

c. 객체지향의 특징

−캡슐화

• 정의: 서로 관련성이 많은 데이터들과 이와 연관된 함수들을 무어서 처리하는 개념

- 목적: 내부 데이터의 보호(외부에서의 직접적 접근 및 조작 미허용), 모듈 독립성 향상

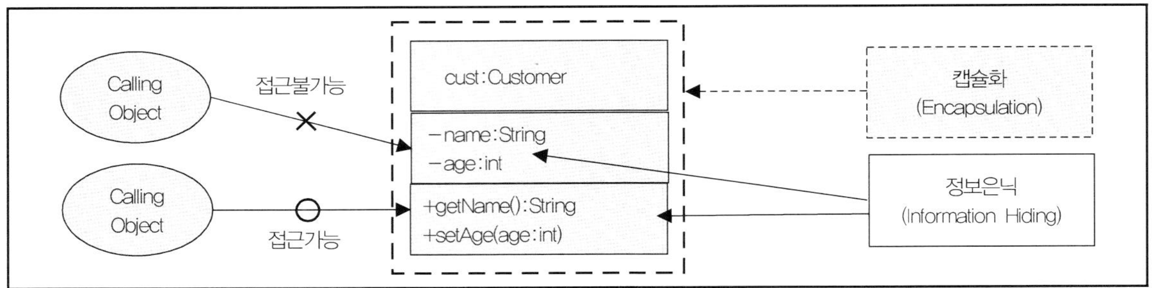


- 정보은닉: 외부 객체에 내부 로직 및 구조, 데이터를 숨기는 것(메소드만 허용)
- 캡슐화는 정보은닉을 확장하여 내부 데이터 및 메소드를 묶어 처리하는 개념, 캡슐화는 정보은닉을 가능하게 함

ㅡ상속성(Inheritance)

- 정의: 클래스 계층구조에서 하위 클래스가 상위 클래스에서 정의한 속성과 메소드를 재정의 없이 그대로 사용 가능하도록 하는 특성
- 클래스의 공통점과 상이점을 체계적으로 분류 및 관리함으로써 클래스 중복 정의 배제
- Overriding: 하위 클래스에서 상속받은 속성과 메소드를 수정 및 확장하는 개념
- 하위 계층으로 갈수록 구체화, 상위 계층으로 갈수록 일반화

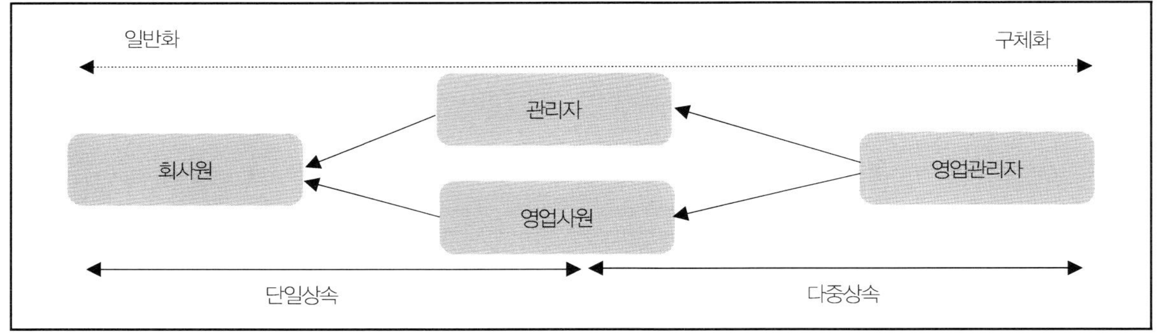


ㅡ다형성(Polymorphism)

- 정의: 서로 다른 객체가 동일한 메시지에 대해 고유한 방법으로 응답할 수 있는 특징
- 메시지의 해석을 수신 객체에 맡김 ☞ 호출하는 쪽의 공통화 개념

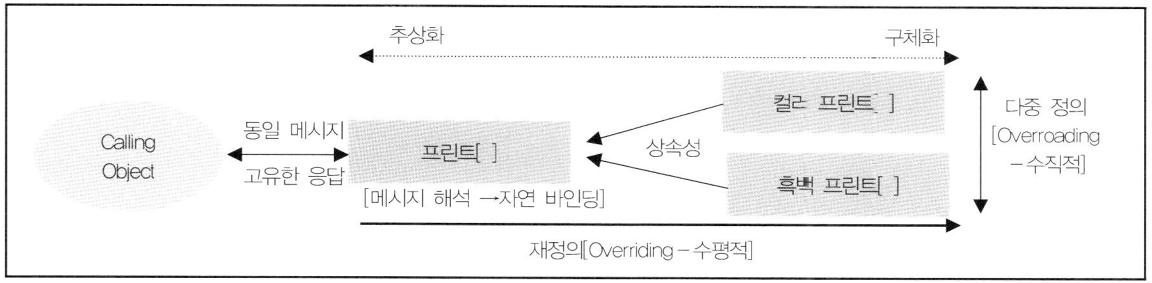


- 호출하는 쪽에서 프린트(메시지)를 보내면 수신 측에서 메시지를 해석해서 동적으로 하위 클래스를 선택(바인딩)하게 되어 고유한 방법으로 응답하게 됨
- 추상화(Abstraction)
- 정의: 불필요한 부분을 생략하고 대상 객체의 속성 중 가장 중요한 부분에만 중점을 두어 개략화 시킨 개념
- 복잡한 것을 단순화 및 간결화하여 표현할 수 있는 설계 원리(낮은 결합도, 높은 응집도를 고려한 설계가 중요)

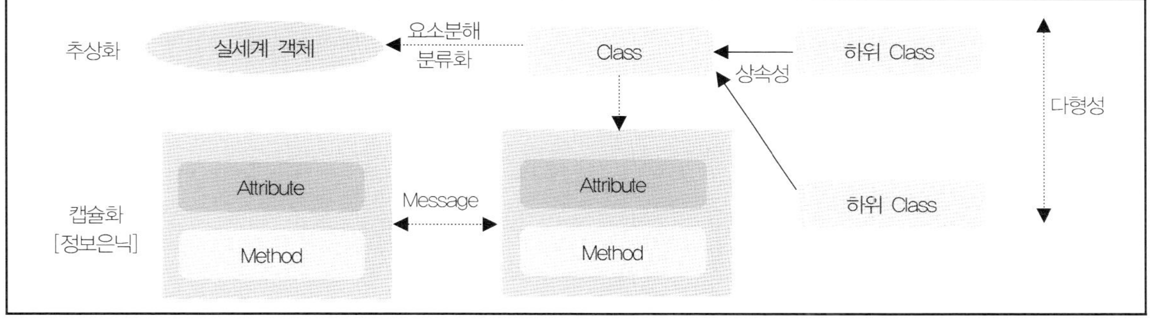


d. 객체지향 방법론의 개념
- 분석과 설계 및 개발에 있어서 객체지향 기법을 활용하여 시스팀을 구축하고자 하는 방법론
e. 특징
- 업무영역을 상호작용하는 객체들의 집단으로 이해하고 시스템 구축
- 자료와 기능을 캡슐화, 객체간 상호작용은 메시지를 통해서 이루어짐
- 안정된 모델, 중요한 측면만 모델링하므로 분석의 초점이 명확

⑤ CBD(Component Based Development) 개발방법론
a. 개념: 재사용이 가능한 컴포넌트의 개발 또는 상용 컴포넌트들을 조합하여 애플리케이션 개발생

산성과 품질을 높이고, 유지보수 비용을 최소화할 수 있는 개발 방법론

b. 특징

- 아키텍처 중심의 개발: 검증된 아키텍처에서의 컴포넌트 식별과 조립을 통한 생산성 향상
- 사용자 관점에서 출발(Use Case Driven): 사용자 관점 요구사항(Requirement) 분석으로 컴포넌트 식별 가능, 사용자 중심의 개발로 사용자 만족도 증가
- 새로운 모델링 기법(UML) 사용: 1997. 11. OMG에서 UML을 객체 지향, 모델링 언어 표준으로 채택, UML을 지원하는 모든 CASE Tool 사용가능
- 반복개발(Iteration) 방법: 개발단계의 반복을 통해 개발 위험을 사전에 식별, 제거 가능 체계적이고 지속적인 위험관리 가능
- 재사용(Reuse) 중시

c. CBD 방법론 개발 절차 및 요소 기술

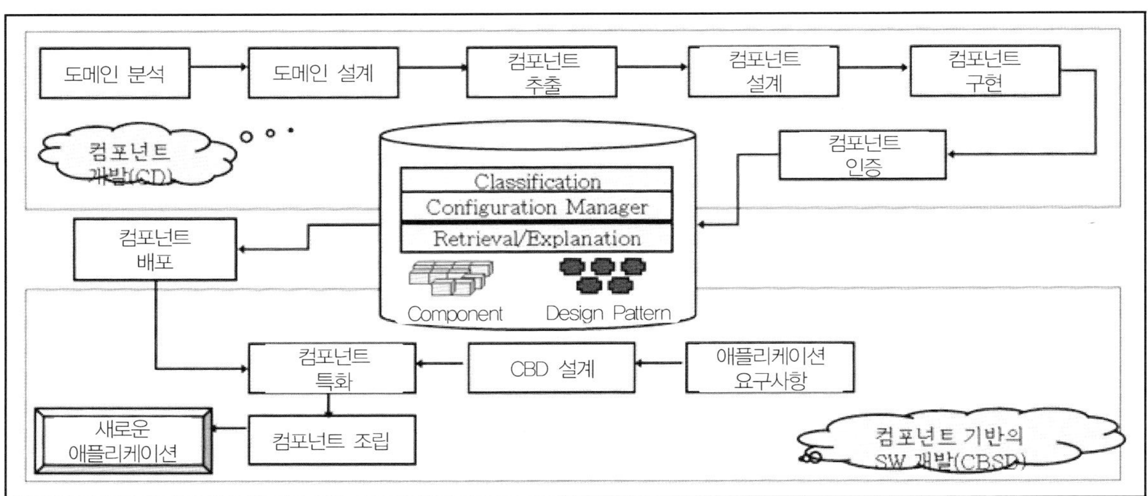


| 구분 | 내용 | 특징 |
| --- | --- | --- |
| CD(Component Development) 컴포넌트 생산 기술 | – S/W 개발에 필요한 부품 만듦<br>– 비즈니스 영역과 기술 아키텍처 이해 필요<br>– 재사용 목적상 해당 도메인에 대한 분석이 핵심사항<br>– 비즈니스 컴포넌트와 소프트웨어 컴포넌트 병행 개발 | – 재사용 설계/개발<br>– 디자인패턴, 프레임워크<br>– 재공학<br>– 컴포넌트 정형명세<br>– 영역(Domain) 공학<br>– 컴포넌트 인증 |
| CBSD(Component Based S/W Development) 컴포넌트 재사용 기술 | – 기존에 만들어진 컴포넌트들을 조립하여 S/W을 개발<br>– 반복적 개발 프로세스 적용, 혁신적인 생산성 향상 | – 재사용 정보 저장소<br>– 재사용에 의한 설계/개발<br>– 도메인 공학<br>– 재사용 매트릭스 |

(4) S/W 개발방법론 유형별 특징

| 구분 | 구조적 기법 | 정보공학 기법 | 객체지향 기법 | CBD 기법 |
|---|---|---|---|---|
| 시기 | 1970년대 | 1980년대 | 1990년대 | 2000년대 |
| 특징 | – 분할과 정복 원칙 (Divide & Conquer)<br>– 통제 가능한 모듈로 구조화→ 재사용 및 유지보수성 제고 | – 기업 업무지원 시스템 지원 방법론<br>– 프로그램 로직은 데이터 구조에 종속(CRUD)<br>– 전사적 통합데이터모델 | – 데이터 + 로직 통합 (객체, 고도의 모듈화)<br>– 상속에 의한 재사용 (Write Box Reuse)<br>– 분석-설계 간 Gap 없음 | – 객체방법론 진화모델<br>– Interface 중시 및 구현(구현 제약 없음)<br>– Black Box Reuse 지향 |
| 중점 | 기능 중심 | 자료구조 중심 | 객체 중심 | 컴포넌트 중심 |
| 장점 | – Batch 방식 개발 유용 | – 자료 중심으로 비교적 안정적 | – 자연스럽고 유연함<br>– 재사용성 향상 | – 생산성 품질 비용 위험개선<br>– S/W 위기 극복 가능 |
| 단점 | – 기능은 불안정한 요소<br>– 데이터정보 은닉불가<br>– 유지보수, 재사용성 낮음 | – 애플리케이션은 여전히 기능적 설계<br>– 기능의 유지보수 및 재사용성 낮음 | – 전문가 부족<br>– 기본적 S/W 기술 필요 | – 컴포넌트의 유통, 평가, 인증환경 개선 필요<br>– 테스트 환경의 부족 |

| 구분 | 설명 |
|---|---|
| RUP (Rational Unified Process) | – UML 모델링 언어를 기초로 정의된 Unified Process를 Rational 사에서 최적화하고 개발 도구와 통합하여 개발한 객체지향 방법론<br>– 통합프로세스, Use–Case 중심, 아키텍처 중심, 반복/점증적인, UML 기반 |
| MDA (Model Driven Architecture) | – 메타 모델을 기반으로 구현환경에 독립적인 모델을 구축하고, 이를 자동으로 구현환경에 적합한 구현 종속모델로 변환할 수 있게 하는 SW 개발 아키텍처<br>– 장점: 구현 자동화, 재사용성(분석/설계구현), 이식성, 상호호환성 |
| SPL (SW Product Line) | – 재사용할 기본단위인 Core Assets를 만들어 미리 개발하고 실제 Product 개발 시 Core Assets을 이용하여 여러 제품을 만들어 내는 기능<br>– 컴포넌트를 조립을 통해 요구사항에 맞는 시스템을 생산하는 방식(사용자 맞춤형) |
| Agile Process | – 절차보다는 사람이 중심이 되어 변화에 유연하고 신속하게 적응하면서 효율적으로 시스템을 개발할 수 있는 방법론 |
| XP (eXtreme Programming) | – 짧은 개발주기, 핵심적인 기능 우선 구현, 요구사항의 적극적 반영, 긍정적 대처<br>– "고객에게 최고의 가치를 가장 빨리" 전달하도록 하는 경량 방법론<br>– 4가지 핵심 가치(용기, 의사소통, 피드백, 단순성)와 12가지 실천항목 |
| Pair Programming | – 두 명이 짝을 이루어 프로젝트 개발해 나가는 방식<br>– XP 프로그래밍의 대표적 방식 |
| TDD (Test Driven Development) | – 테스트 작성으로 요구사항 검증 및 설계의 고도화, 코딩 전 테스트 먼저 작성<br>– 짧은 주기 반복(테스트–설계–피드백) |

(5) Agile Process(ASD: Agile Software Development)

a. Agile Process 정의

– 절차보다는 사람이 중심이 되어 변화에 유연하고 신속하게 적응하면서 효율적으로 시스템을 개발할 수 있는 방법론

b. Agile Process의 핵심 가치(Manifesto)와 주요 특징

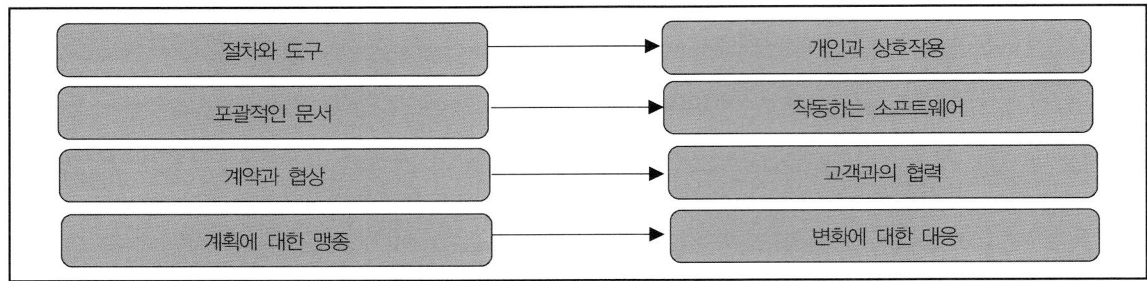


- Predictive 하기보다는 Adaptive(가변적인 요구에 대응)
- 프로세스 중심이라기보다 사람 중심(책임감 있는 개발자와 전향적인 고객)

c. Agile Process 종류

| 종류 | 특징 | 비고 |
|---|---|---|
| XP | - 테스팅 강조, 4가지 핵심가치와 12개 실천항목<br>- 1~3주 Iteration | 가장 주목 받음, 개발 관점 |
| SCRUM | - 프로젝트를 Sprint(30일 단위 Iteration)로 분리,<br>- 팀은 매일 스크럼(15분 정도) 미팅으로 계획수립<br>- 팀 구성원이 어떻게 활동해야 하는가에 초점<br>- 통합 및 인수 테스트가 상세하지 않음<br>* Scream의 주요 구성 요소<br>① Product Backlog: 기능 구현 목록<br>② Sprint: 2~4주의 반복 개발주기<br>③ Sprint Planning: 기능 구현 작업 계획 수립<br>④ Sprint Backlog: Sprint 목적 달성 위한 작업 목록<br>⑤ Sprint Review: Test, Code Review<br>⑥ Daily Scrum: 일 15분 미팅<br>⑦ Retrospective: 방법론 자체 리뷰, 문제 도출 및 개선 | Iteration 계획과 Tracking에 중점 |
| DSDM | - Dynamic Systems Development Method<br>- 기능모델, 설계와 구현, 수행 3단계 사이클(2~6주)로 구성 | 영국만 사용 |
| FDD | - Feature Driven Development<br>- 짧은 Iteration(2주), 5단계 프로세스(전체모델 개발, 특성리스트 생성, 계획, 설계, 구축) | 설계, 구축 프로세스 반복 |
| Crystal | - 프로젝트 상황에 따라 알맞은 방법론을 적용할 수 있도록 다양한 방법론 제시<br>- Tailoring하는 원칙 제공 | 프로젝트 중요도와 크기에 따른 메소드 선택 방법 제시 |

## 3.3 S/W 개발 절차(SDLC의 라이프 사이클)

| 구성 요소 | 세부 내용 |
| --- | --- |
| 타당성 검토(계획) | – 요구사항을 만족시키기 위한 대안을 분석하는 작업 수행<br>– 시스템 구현에 따른 생산성향상, 비용절감 등 전략적 0 익결정 |
| 요구사항 분석 | – 타당성 검토 시 선택된 시스템 개발에 대한 요구사항을 식별하고, 상세화하는 과정 |
| 분석/설계 | – 고객의 요구사항에 기초하여 프로그램을 위한 사양 작성<br>– 새로운 요구사항을 관리하기 위한 공식적 변경관리 수행 |
| 개발 | – 프로그래밍 및 실행코드 생성 |
| 시험 | – 개발 시스템에 대한 검토와 확인(Verification & Validation) |
| 설치/이행 | – 운영환경을 구축하고 사용자 인수 테스트를 수행<br>– 향후 수행할 타 프로젝트를 위해 Lessons Learned를 정리 |
| 유지보수 | – 인수활동 후에 일어나는 모든 활동(완전화, 예방, 적응, 수정) |
| 폐기 | – 새로운 정보시스템 개발, 비즈니스 변화로 인한 시스템 폐기 |

※ CISA에선 "시험" 이후 생명주기를 "구현"/"구현 후 검토" 단계로 구분한다.


(1) 요구사항 분석

① 요구사항

a. 개념

– 문제의 해결 또는 목적 달성을 위하여 사용자에 의해 요구되거나, 표준이나 명세 등을 만족하기
위하여 시스템이 가져야 하는 서비스 또는 제약사항(명시적, 묵시적)

– 무엇(What)이 구현되어야 하는가에 대한 명세로, 시스템의 동작 방법과 시스템 특징이나 속성들
에 대한 설명이며, 시스템 개발 프로세스 상의 제한 사항

b. 요구사항의 중요성

– 요구사항은 시스템 설계의 베이스라인

– 요구사항은 구현의 정확성을 판단하는 기준

– 요구사항은 시험 시 테스트 케이스(Test Case)를 (자동으로) 생성하는 기반


② 요구공학의 개념

– 제품 개발을 위한 요구사항 설정 단계에서부터 제품 개발과 테스트, 생산에 이르기까지 개발공
정의 매 단계 초기에 정한 개발 요구사항들은 물론 이후의 상세 요구사항들이 제품설계와 구현
단계에서 제대로 지켜지고 있는지를 검증해 나가는 기법

– 시스템 요구사항 문서를 생성하고 검증하고 관리하기 위하여 수행되는 구조화된 활동의 집합으로
시스템적 해결이 필요한 문제에 대하여 관련 요구의 추출과 분석 긫 문제를 해결할 수 있는 시스

템의 외부 행위를 기술하는 것을 포함하여 요구사항 명세를 최종 산출물로 생성(요구정의 활동)

③ 요구공학의 프레임워크

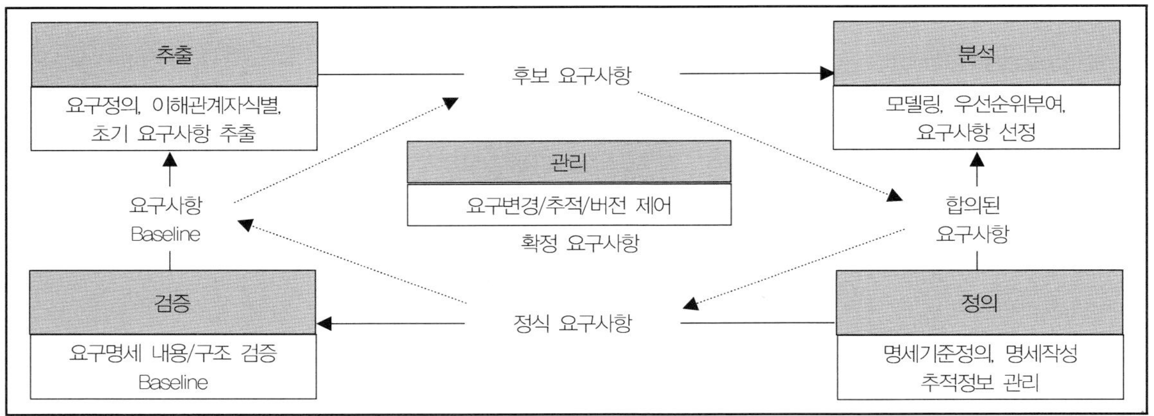


| 구분 | 내용 |
| --- | --- |
| **요구사항 추출** | － 문제를 이해하고, 요구사항 추출 |
| **요구사항 분석** | － 추출된 요구사항을 분석하여 요구사항을 구조화하고 각종 대안들을 결정함 |
| **요구사항 정의** | － 시스템이 무엇을 해야 할지를 기술, 분석된 요구사항을 명세화 |
| **요구사항 검증** | － 문제를 기술하고, 서로 다른 부분들과 일치 여부를 확인함 |
| **요구사항 관리** | － 요구사항에 대한 최종결정 및 베이스라인 관리, 변경통제 및 확인 기능 |

[참고] CMM 성숙도 레벨 2에서의 요구사항 관리 수준
－ S/W 요구사항은 문서화 되어야 한다.
－ 요구사항 명세는 프로젝트 다른 요소들간의 관계를 정의한다.
－ 기능적 요구사항, 비기능적 요구사항 및 인증기준을 정의하고 문서화 한다.
－ 요구사항 관리를 위하여 적절한 자원과 비용이 요구된다.
－ 요구사항은 개발과 관리를 위한 기준선 설정과 제어가 필요하다.
－ 요구사항에 대한 변경은 검토되고 프로젝트 계획에 포함되어야 한다.
－ 각각의 요구사항에 대한 상태를 포함하여 측정이 수행되어야 한다.

## (2) 분석 및 설계

① 분석

－정의: 요구사항 도출을 통한 SW설계를 위한 기초 분석 모델

－목표: 고객 요구사항 도출 및 가시화, 소프트웨어 설계를 위한 기초 생성, 소프트웨어 구축 시 검증해야 할 사항 정의

－분석 모델의 유형

| 모델링 | 설명 |
|---|---|
| 데이터 모델링 | – 시스템에 의해 처리되는 주요 데이터 객체 도출<br>– 각 데이터 객체의 구성 및 속성 파악, 객체의 현존 위치 및 객체들 간 관계 파악<br>– 객체와 객체를 처리하는 프로세스 간의 관계 도출<br>– 구성: 객체, 속성, 관계, 연관화 객체, 슈퍼타입/서브타입 |
| 프로세스 모델링 | – 데이터의 입출력 흐름과 각 흐름 중에 적용되는 변환 기능에 대한 파악<br>– 표현: 데이터 흐름도(DFD: Data Flow Diagram), 프로세스 명세(PSPEC) |
| 행위 모델링 | – 어떤 이벤트로 인해 발생하는 행위에 따른 시스템의 상태를 표현하고 상태전이가 이루어지는 방법을 표현<br>– 표현: 상태천이도(STD: State Transition Diagram), 제어명세(CSPEC) |

– 소프트웨어 설계모델과 분석모델과의 관계: 분석모델의 각 요소들은 설계모델을 생성하는 데 필요한 정보를 제공

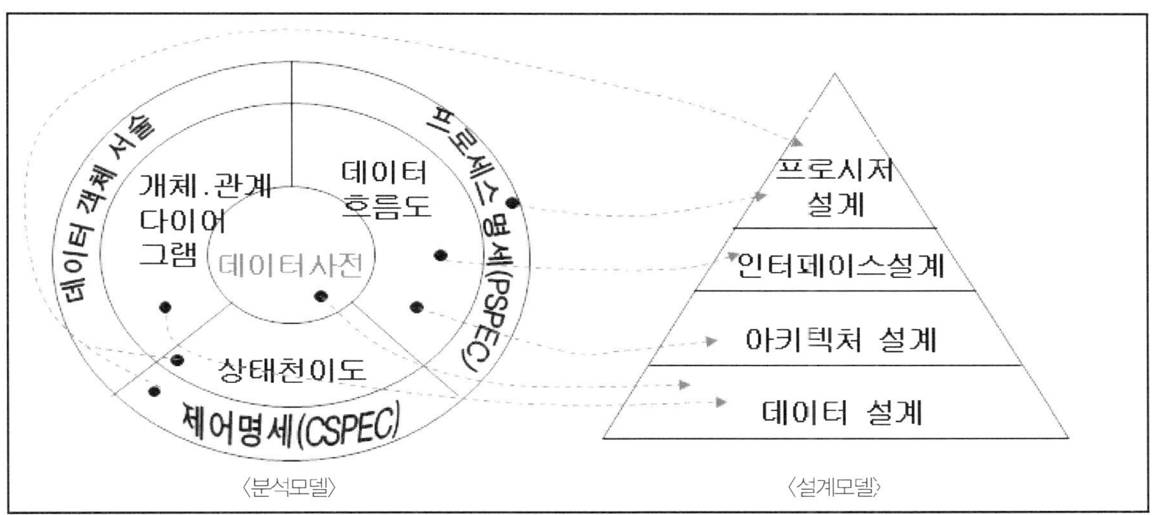


| 구분 | 분석 | 설계 |
|---|---|---|
| 관점 | – 무엇(What)<br>– 사용자 관점<br>– 응용분야의 관점<br>– 구현독립<br>– 개념적(Conceptual) | – 어떻게(How)<br>– 엔지니어 관점<br>– 소프트웨어 관점<br>– 구현종속<br>– 논리적(Logical) |
| 관심사항 | – 시스템의 목표를 확립하는 과정 | – 목표달성을 위해 가장 이상적 방법 선택<br>– 사용자 요구사항을 SW 시스템으로 표현 |

② 설계

– 정의: S/W에 요구되는 기능과 성능 조건들을 만족하는 SW의 내부기능, 구조 및 동적 행위들을
모델링 하여 표현, 분석, 검증하는 과정

－소프트웨어 설계의 시각 및 유형

| 시각 | 설계 유형 | 내용 |
|---|---|---|
| 관리적 시각<br>(단계적 설계 절차) | 기본 설계<br>(Preliminary Design) | － 시스템의 논리적 개념(Conceptual View), 내부 기능들의 정의, 내부 기능들의 정의, 기능의 분해<br>－ 내부 데이터 흐름들과 데이터 저장소의 정의 |
| | 상세 설계<br>(Detailed Design) | － 알고리즘/로직의 명시, 데이터 저장 방법을 구체화시키는 데이터 구조, 기능들과 데이터 구조들 간의 연결<br>－ 시스템 요구사항 간의 결합 |
| 기술적 시각 | 데이터 설계<br>(Data Design) | － 데이터 구조(Data Structure)를 정의한 것 |
| | 구조 설계<br>(Architecture Design) | － 프로그램 요소들 간의 관계를 정립시키는 것 |
| | 절차 설계<br>(Procedure Design) | － 프로그램 요소들을 소프트웨어 기능으로 변환시키는 것 |
| 사용자적 시각 | 내부 설계<br>(Internal Design) | － 시스템 내부의 조직과 세부적인 절차를 개념화 하고 계획하고 명세화 |
| | 외부 설계<br>(External Design) | － 사용자나 타 시스템과의 인터페이스 등 시스템 경계 밖에서 찾아볼 수 있는 시스템의 특성들을 명세화함 |

－설계 원리의 기능: 소프트웨어를 구성 요소로 나누는 데 적용되는 기준

| 기능 | 세부 내용 |
|---|---|
| 추상화<br>(Abstraction) | － 복잡한 구조(문제)를 해결하기 위하여 설계 대상의 상세내용은 배제하고 유사점을 요약해서 표현하는 기법<br>－ 절차적(Procedure), 데이터(Data) 추상화 |
| 정보은닉<br>(Information Hiding) | － 각 모듈이 다른 모듈에 구애받지 않고 설계되는 것<br>－ 모듈 간 인터페이스만 제공, 상호 작용에 의한 독립성 훼손이 발생하지 않도록 함<br>－ 데이터추상화 + 제어추상화 + 기능추상화 |
| 구조화(Structure) | － 문제의 영역들을 각각의 기능 모듈 단위로 세분화하여 모듈간의 관계를 구조적으로 설계하는 과정<br>－ 하나의 설계대상을 여러 개의 하부구조로 나누어서 계층구조로 설계 |
| 단계적 정제<br>(Stepwise Refinement) | － 하향식 설계 방법으로 프로그램의 구조를 점차적으로 구체화 |
| 모듈화<br>(Modularity) | － 모듈(Module): 서브 루틴, 하부시스템, 소프트웨어 내 프로그램 혹은 작업단위 의미<br>－ 모듈화(Modularity) 개념: 시스템을 분해하고 추상화하여 소프트웨어의 성능을 향상시키거나 시스템의 디버깅, 시험, 통합 및 수정을 용이하도록 하는 소프트웨어 설계 기법<br>－ 모듈당 비용과 접속 관계 소요 비용: Module 수가 증가함에 따라 개개의 Software Module을 개발하는 데 드는 비용은 감소하지만 그 Module들 간의 접속<br>－ 관계를 정의하고 기술하는 노력은 증가 |

(3) 개발

－개발 단계 시 수행 활동: 설계된 S/W를 가지고 실제로 프로그래밍 및 실행코드 생성하는 활동

― 시스템 개발 도구 및 생산성 향상 도구

― 코드 생성기

| 구성 | 설명 |
|---|---|
| Upper Case | − 데이터 및 프로세스 관련 정의와 관계, 사업의 응용 요구사항 모델링 및 문서화 |
| Middle Case | − 화면/보고서 양식, 편집 기준 데이터 구성, 프로세스 구성 |
| Lower Case | − 프로그램 코드 생성, DB정의 |

※ 4GL: 이벤트 중심적, 객체중심, 이식성, 통합IDE(워크벤치), 질의 및 보고서 생성 기능 등 제공

## (4) 시험(Test)

### a. 정의

― 노출되지 않은 숨어 있는 결함(Fault)을 찾기 위해 S/W를 작동시키는 일련의 행위와 절차

― 시스템이 정해진 요구를 만족하는지, 예상과 실제결과가 어떤 차이를 보이는지 수동 또는 자동
  방법을 동원하여 검사하고 평가하는 일련의 과정(IEEE, 1993)

― 오류 발견을 목적으로 프로그램을 실행하여 품질을 평가하는 과정

| 광의의 의미 | − 검증(Verification)이나 확인(Validation) 또는 품질보증 활동도 도함 |
|---|---|
| 협의의 의미 | − 코드가 작성된 다음에 오류를 발견하는 과정 |

### b. 종류

― 테스트 단계 유형(V-diagram)

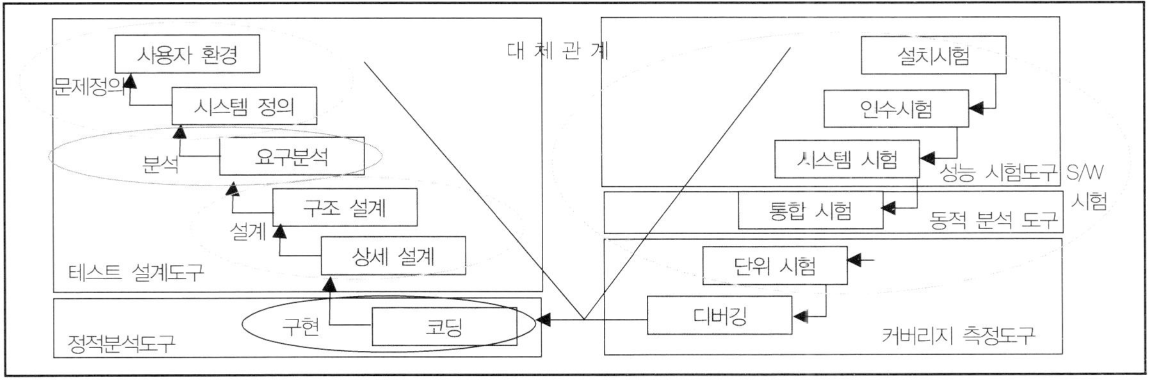

| 구분 | 유형 | 특징 |
|---|---|---|
| 테스트 단계 | 단위 테스트 | – 모듈의 독립성 평가(White Box 테스트) 중심<br>– 모듈 레벨 테스트(실행환경 필요), 드라이버(Driver), 스터브(Stub) |
| | 통합 테스트 | – 모듈 간 인터페이스 테스트(결함 테스트)<br>– 빅뱅테스트, 하향식, 상향식, 복합(상향 + 하향) |
| | 시스템 테스트 | – 전체 시스템의 기능수행 테스트(회복, 안전, 강도, 성능, 구조) |
| | 인수 테스트 | – 사용자 요구사항 만족도 평가(확인, 알파, 베타) |
| | 설치 테스트 | – 사용자 환경을 확인 |
| 테스트 정보획득대상 | 화이트박스 테스트 | – 프로그램 내부 로직을 보면서 테스트(구조 테스트)<br>• 구조: 프로그램의 논리적 복잡도 측정 후 수행 경로들의 집합을 정의<br>• 루프: 프로그램 루프 구조를 대상(초기/경계/증가값 등) |
| | 블랙박스 테스트 | – 프로그램 외부 명세를 보면서 테스트(기능 테스트), 동등 분할, 경계 값 분석, Cause–Effect 그래프, 오류예측기법 등<br>– Data Driven Test |
| 프로그램 실행여부 | 동적 테스트 | – 프로그램 실행을 요구하는 테스트<br>– 화이트박스, 블랙박스 |
| | 정적 테스트 | – 프로그램 실행 없이 구조를 분석하여 논리성 검증<br>– 코드검사: 오류유형 체크리스트 및 역할에 의한 공식적인 검사방법<br>– 워크스루: 역할 및 체크리스트가 없는 비공식적 검사방법 |
| 테스트에 대한 시각 | 검증(Verification) | – 과정을 테스트(Are we building the product right:올바른 제품을 생산하고 있는지 검증) |
| | 확인(Validation) | – 결과를 테스트(Are we building the right product:만들어진 제품이 제대로 동작하는지 확인) |
| 테스트 목적 | 회복 테스트(Recovery) | – 고의적 실패 유도 |
| | 안전 테스트(Security) | – 불법적인 소프트웨어 |
| | 강도 테스트(Stress) | – 과다 정보량 부과 |
| | 성능 테스트(Performance) | – 응답시간, 처리량, 속도 |
| | 구조 테스트(Structure) | – 내부논리 경로, 복잡도 평가 |
| | 회귀 테스트 | – 변경 또는 교정이 새로운 오류를 발생시키지 않음을 확인 |
| | 병행 테스트 | – 변경시스템과 기존시스템에 동일한 데이터로 결과 비교 |

(5) 구현(이관) 및 유지보수

① 구현

a. 개념: 신규 IS의 실제 운영 환경을 구축하고 테스트

b. 작업내용

－구현 계획 수립: Gap 분석, 역할 정의, SLA(가동시간, 지원시간, MTBF, MTTR 등), 훈련계획

－최종사용자 훈련

－데이터 이행

−원형복원 시나리오

−사용자 인수 테스트

−전환(Changeover): 신형 시스템 사용하도록 사용자 이동시키는 방법

| 전환 유형 | 설명 |
| --- | --- |
| 병행적 전환 | − 신규와 구 버전 시스템을 동시에 가동하고 추후 완전 전환 |
| 단계적 전환 | − 모듈별 전환 |
| 단절적 전환 | − 구형 시스템 중단 후 신 시스템 전환 |

c. 감사 항목

−사용자 인수테스트 수행 여부: 실제 구현 이전

−데이터가 잘 이관되었는지 데이터 변환 결과 검증수행

② 구현 후 검토(IS가 적절성, 통제의 적절성 검증)

a. 의의: IS가 요구사항을 충족하는지, 적절한 통제가 구축되었는지 검토

b. 작업내용

−시스템의 적합성 평가: 요구사항과 비즈니스 목적 만족, 접근통지 구현여부

−예상 비용 대비 효과나 투자 수익률 평가(ROI)

−시스템 부적절성, 취약성을 해결하기 위한 권고안 및 계획 수립

−개발 프로세스 평가: 개발방법론 및 관리방법론의 표준, 기법 준수 여부

c. 담당자별 책임과 역할: 형상/변경관리 운영 조직 구성과 동일

| 형태 | 설명 | 특징 |
| --- | --- | --- |
| 수정적 유지보수(Corrective) | − 프로그램 오류로 인한 소프트웨어 오류, 수정 | − 하자유지보수, 처리오류, 수행오류, 구현오류 |
| 적응적 유지보수(Adaptive) | − 프로그램 환경변화에 소프트웨어 적응 | − 이식개념, HW/SW 변화 |
| 완전적 유지보수(Perfective) | − 프로그램 특성 변경 및 추가<br>− 유지보수성 향상 | − 수행력 향상 |
| 예방 유지보수(Preventive) | − 시스템의 유지보수성을 증가시키는 것을 목표로 한 활동 | − 문서갱신, 설명추가, 시스템, 모듈구성 향상 |

− 시간에 따른 분류
• 계획(Scheduled): 주기적인 유지보수(시스템점검)
• 예방(Preventive): 예방차원 유지보수(보안패치, 바이러스)
• 응급(Emergent): 승인 전 유지보수 실행(7*24시스템, 메일서버, 홈쇼핑)
− 대상에 따른 유형
• 데이터/프로그램: 데이터의 Conversion 시, 프로그램 수정 시
• 문서화: 문서의 표준변경
• 시스템 유지보수

d. 절차

| 절차 | 수행 내용 | 수행주체 |
|---|---|---|
| S/W의 이해 | – 프로그램구조파악, 변수/자료구조파악, 응용지식습득 | 유지보수 인력 전체 |
| 유지보수 요청 | – MRF(Modification Request Form)<br>– CR(Change Request) 작성 | 사용자 |
| 변경요구분석 | – 요구사항 내용 분석<br>– 유지보수 유형/심각성/우선순위 결정(수정/신규개발 등) | 분석가 |
| 영향/효과 예측 | – 변경 프로그램 및 문서 파악<br>– 변경으로 인한 효과/영향 분석 | 분석가 |
| 승인 | – 분석 내용에 따라 유지보수 여부 승인<br>– 유지보수 실행에 대한 승인 | 통제위원회 |
| 변경 및 테스트 | – 프로그램 변경<br>– 프로그램 테스트(Regression), 문서수정/형상관리 | 개발자 |

– 기타 활동
- 문서유지 관리: 유지보수 작업에서 발생하는 여러 문서들 관리 및 유지, 현행화 등
- 품질보증활동: 유지보수 시기, 구성 계획 등의 적절성과 유지보수관련 문서와 일치화
- 효율화 작업: 유지보수 비용 절감 및 시스템의 안정적 운영을 위한 제반 활동

## ※ ISO 12207의 유지보수 프로세스

| 활동 | 작업 | 산출물 |
|---|---|---|
| 유지보수 계획 | 유지보수 계획서 작성 | 유지보수 계획서 |
| | 유지보수 절차 개발 | 절차서, 문제해결 절차서 |
| 유지보수 준비 | 유지보수 영향분석 | 수정사항 요청서 |
| | 유지보수 문제검증 | 수정사항 검증결과 |
| | 유지보수 대안개발 | 유지보수 대안 |
| 시스템 유지보수 | 유지보수 조치사항 결정 | 수정사항 |
| | 유지보수 수행 | 시험, 평가기준, 결과보고서 |
| 유지보수 검토 및 승인 | 유지보수 검토 | 유지보수 검토결과서 |
| | 유지보수 승인 | 유지보수 승인결과서 |
| S/W 이전 | S/W 이전계획 수립 | 이전계획서 |
| | 병행운영 및 이전 | 이전결과 보고서 |
| | 이전영향 분석 | 운영 검토 결과 |
| S/W 폐기 | S/W 폐기계획 수립 | 폐기계획서 |
| | S/W 폐기 | 폐기 결과 보고서 |
| | 기존자료 보관 및 제공 | 보관결과 |

e. 정보시스템 무결성 확보 방안

| 구분 | 설명 |
| --- | --- |
| 라이브러리 통제 | – 개발과 운영의 분리. 운영 환경은 라이브러리안이 적용 |
| 이관 통제 | – Pull 방식 사용. 동기적 Copy 후에 Compile |
| 코드 비교 | – 프로덕션 프로그램의 최신성. 완전성 검사<br>– 기법: 소스코드/목적코드에 대한 Timestamp, Size, Hash 검사 |
| 승인 여부 검사 | – 프로그램 목록으로부터 변경 요청까지 역추적(Vauching)<br>– 준거성 테스트 |
| 문서 관리 | – 최신성 유지 |

## 3.4 형상관리와 변경관리

### 3.4.1 형상관리

(1) 형상관리의 정의

- 소프트웨어 Life Cycle 단계의 산출물을 체계적으로 관리하여, 소프트웨어 가시성 및 추적성을 부여하여 품질보증을 향상시키는 관리적 활동
- 소프트웨어를 이루는 부품의 베이스라인을 정하고, 변경을 철저히 통제하는 활동
- 시스템 형상 요소의 기능적 특성이나 물리적 특성을 문서화하고 그들 특성의 변경을 관리하며 변경의 과정이나 실현 상황을 기록·보고하여 지정된 요건이 충족되었다는 사실을 검증하는 것 또는 그 과정

(2) 형상관리 업무 흐름

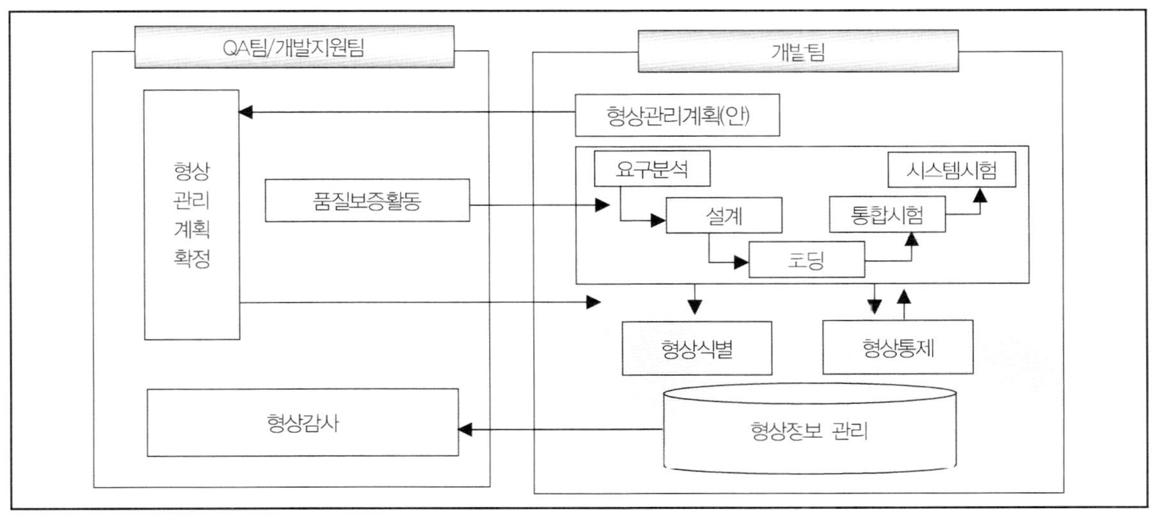

## (3) 형상관리 관련 담당자별 책임과 역할

| 담당자 | 책임과 역할 |
|---|---|
| 프로젝트관리자 | – SCM 표준 승인과 형상통제, 형상 감사 수행에 대한 총괄적 책임 |
| 품질관리자 | – SCM 적용 표준 수립/교육, 형상 통제/감사/기록 및 보고 수행 |
| 형상관리자 | – SCM 적용 표준 수립 지원과 TOOL설치, 환경설정, 운영 수행 |
| 형상감사자 | – 형상감사 수행 |
| 개발자 | – 결함/변경/신규 요구 파악 및 형상항목 식별, 변경 실시 및 보고 |

## (4) 형상관리 구성도

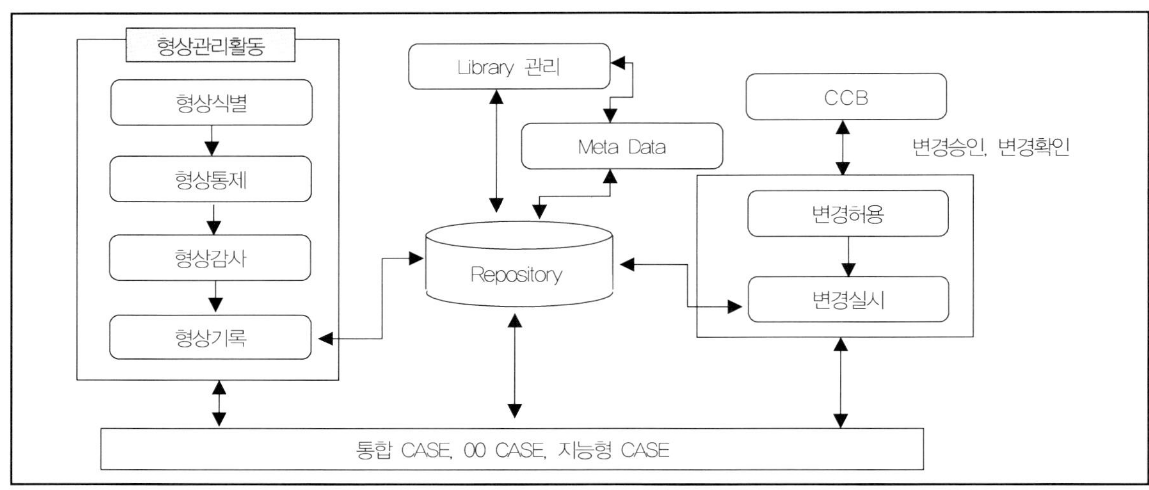


## (5) 형상관리 활동의 주요 내용: 형상통제 다음 절차로 변경관리 절차를 수행

| 단계 | 내용 |
|---|---|
| 형상식별 | – 형상관리 대상들을 구분하고, 관리 목록에 대한 번호 부여<br>– 형상 식별 기능의 목표 → 문서 구조를 명료하고 예측 가능한 모습으로 정의하는 것<br>☞ 정보 기록에 의해 추적 및 관리를 용이하게 함<br>– 형상 식별 내용: 제품/각종 문서/형상 항목 번호 |
| 형상통제 | – 소프트웨어 형상 변경 제안을 검토 승인하여, 현재 SW 베이스라인에 반영될 수 있도록 통제하는 것<br>– 변경 요구 관리, 변경 제어, 형상 관리 조직의 운영 및 개발업체, 외주업체에 대한 형상 통제 및 지원 |
| 형상감사 | – 소프트웨어 Baseline의 무결성 평가 수단<br>– 성공적인 형상감사는 소프트웨어 기준선을 성공적으로 설정함<br>– 기준선 변경 시 요구사항과 일치여부 검토<br>– 검증(Verification), 확인(Validation) |
| 형상기록 | – 소프트웨어 Baseline의 무결성 평가 수단<br>– 성공적인 형상감사는 소프트웨어 기준선을 성공적으로 설정함<br>– 기준선 변경 시 요구사항과 일치여부 검토<br>– 검증(Verification), 확인(Validation) |

(6) 형상관리 수행 시 효과

| 구분 | 내용 |
| --- | --- |
| 프로젝트 측면 | – 프로젝트의 체계적이고 효율적인 관리의 기준을 제공<br>– 프로젝트의 원활한 통제 가능, 가시성과 추적성 보장 |
| 소프트웨어 측면 | – S/W 변경에 따른 부작용 최소화 및 관리를 용이하게 함<br>– S/W의 품질 보증 및 적절한 변경관리 가능<br>– S/W의 유지보수성 향상 및 유연한 외주관리 가능 |

## 3.4.2 변경관리

### (1) 변경관리의 정의

–소프트웨어 개발의 각 단계에서 형상항목을 변경 시 효과적, 체계적으로 통제와 관리를 위한 제
반 활동

### (2) 변경관리 절차

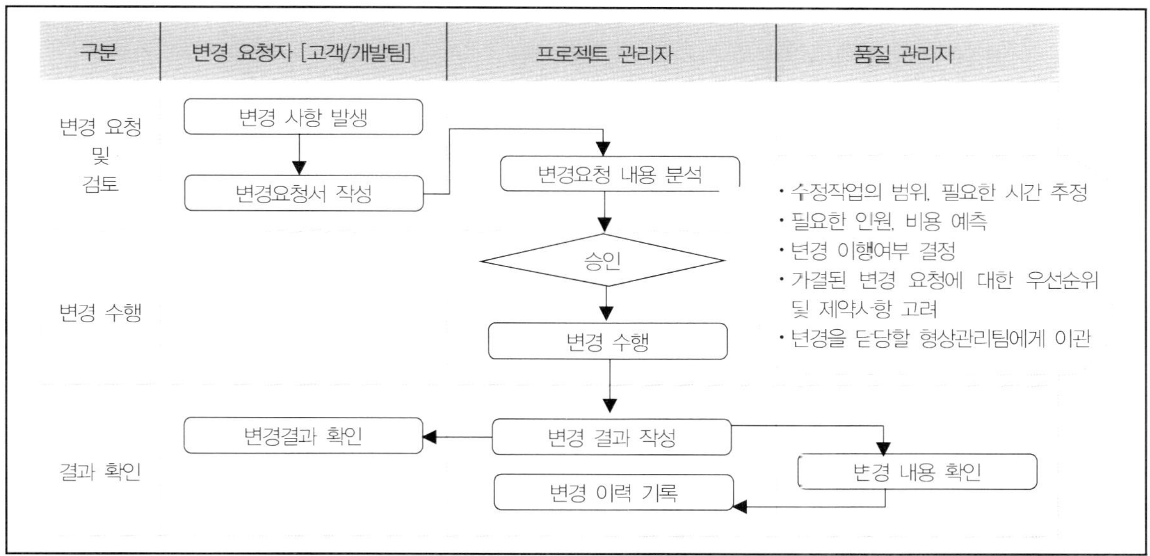


## 3.4.3 리팩토링(Refactoring)

–소프트웨어 시스템의 원래 기능은 그대로 두면서 내부의 구조를 개선하는 활동

–버그의 가능성을 최소화하기 위해서 코드를 깔끔하게 정리하는 방법

–이미 작성된 코드의 설계를 나중에 개선하는 활동

–가독성 향상 및 유지보수성 향상, 소프트웨어 구조 개선 및 성능 향상 가능

# 4. 소프트웨어 품질

## 4.1 품질의 개요

(1) 품질의 정의

- 소프트웨어 기능, 성능 및 품질에 관련된 제반사항에 있어 소프트웨어가 명시된 요구사항 및 내재된 요구사항을 충족할 수 있는 '소프트웨어 특성의 총체'
- 주어진 요구사항(명시적, 묵시적)을 만족시키는 소프트웨어 제품의 특성과 생산성

| 소프트웨어 특성 | – 기능성, 신뢰성, 사용성, 효율성, 유지보수성, 이식성 |
|---|---|
| 소프트웨어 생산성 | – 프로젝트의 성격 및 복잡도<br>– 관리자의 수준, 프로그래머 능력, 의사소통 수준<br>– 보유기술 및 재사용 수준 |

(2) 소프트웨어 품질의 결정 요소(McCall)

- 주요 결정 요소: SW의 결함(failure), 원시코드에 포함된 오류
- SW 운용상의 장애 초래: 분석, 설계 및 구현단계에서 유입된 오류

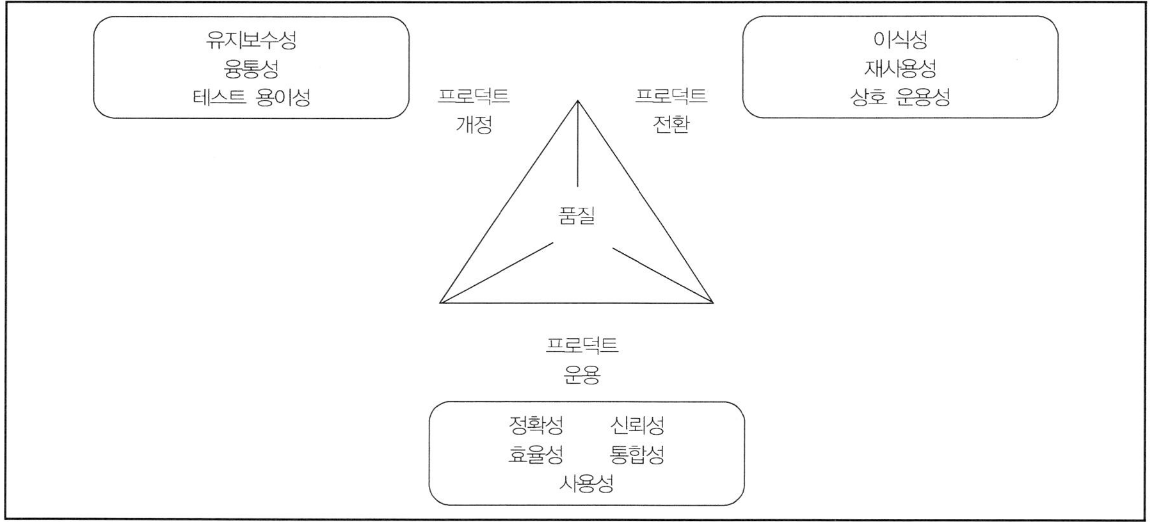


## 4.2 S/W 품질관리

(1) S/W 품질관리의 정의

- 주어진 요구를 만족하는 제품 혹은 서비스의 질을 보존하는 데 필요한 제반 기법과 활동
- SDLC 각 단계별 에러의 탐지 및 수정(공정)

⑵ 소프트웨어 품질관리의 목적

－기술지원에 대한 평가: 적합한 기준선정, SW 품질예측

－자원에 대한 평가: 적합한 자원 및 비용 산정

－프로세스에 대한 평가: SDLC 프로세스의 통제

－제품에 대한 평가: 인수시험, 산출물평가, 타제품과 비교(패키지 도입 등)


⑶ 소프트웨어 품질관리 연관 개념

| 구분 | 개념 |
|---|---|
| **품질계획(Quality Plan)** | － 적용할 품질의 표준을 식별하고 적용할 방법을 결정하는 활동 |
| **품질보증(Quality Assurance)** | － 개발중인 소프트웨어가 적절한 품질표준을 만족하는 확신을 제공하고, 품질 시스템을 구현하는 모든 체계적인 활동 |
| **품질통제(Quality Control)** | － 작업 결과가 적절한 품질표준에 부합되는가를 위해 특정 산출물을 모니터링하고 불만족 결과에 대한 원인제거 방법을 확인 |


⑷ 소프트웨어 생명주기와 품질관리 활동

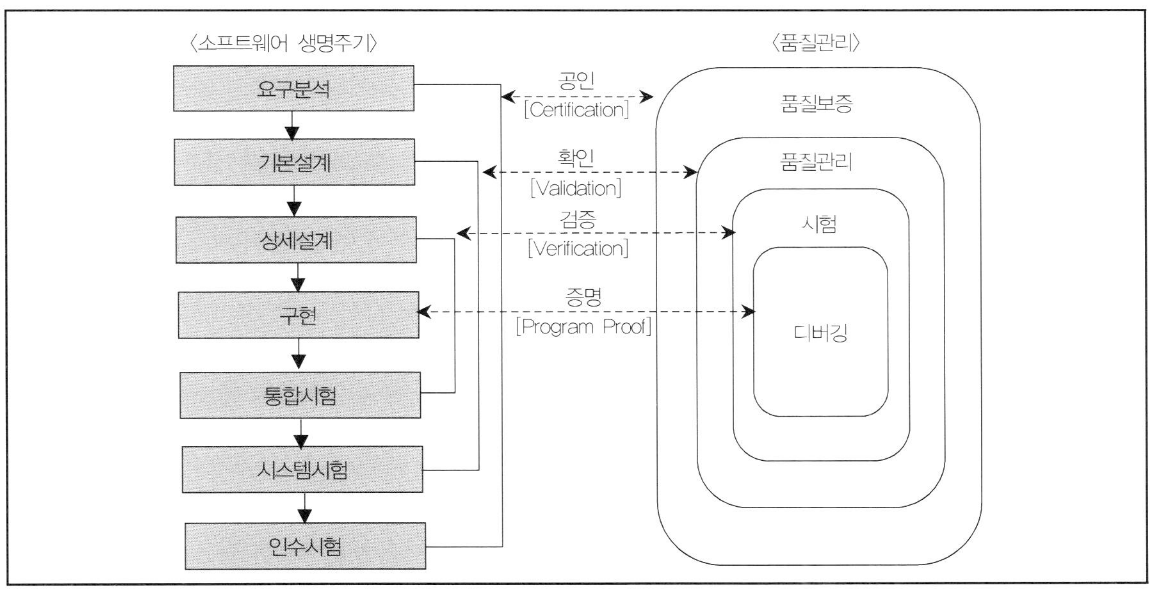

(5) 품질표준 체계

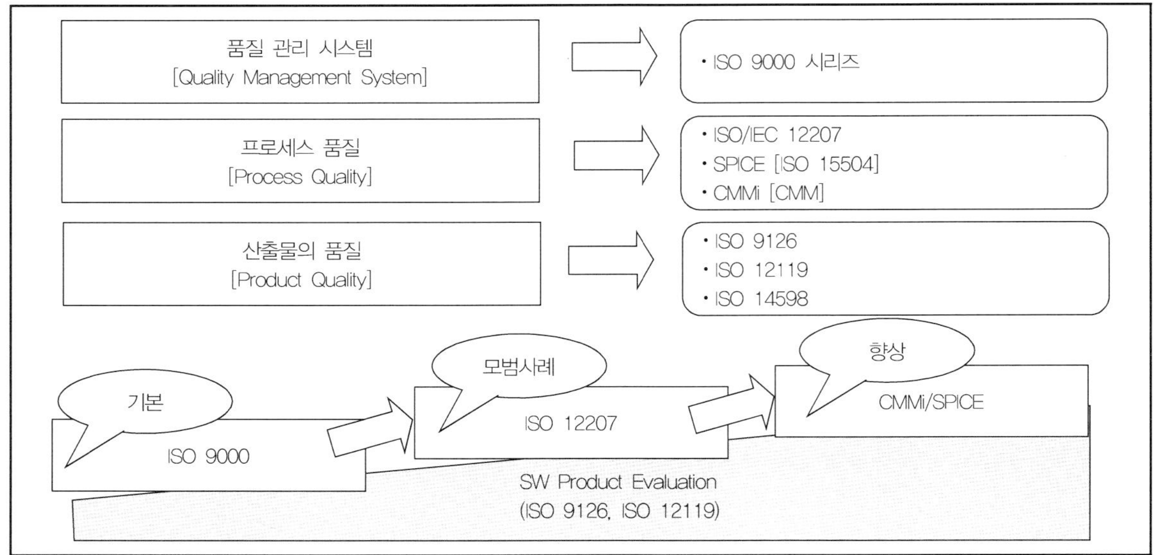


## 4.3 품질관리 표준 모델

### 4.3.1 ISO 9126

(1) 개요

- 품질의 특성 및 척도에 대한 표준화(품질보증을 위한 구체적 정의 필요)
- 1980년대 후반 ISO에서 사용자관점에서의 S/W 품질특성의 표준화 작업 수행

(2) 품질 특성

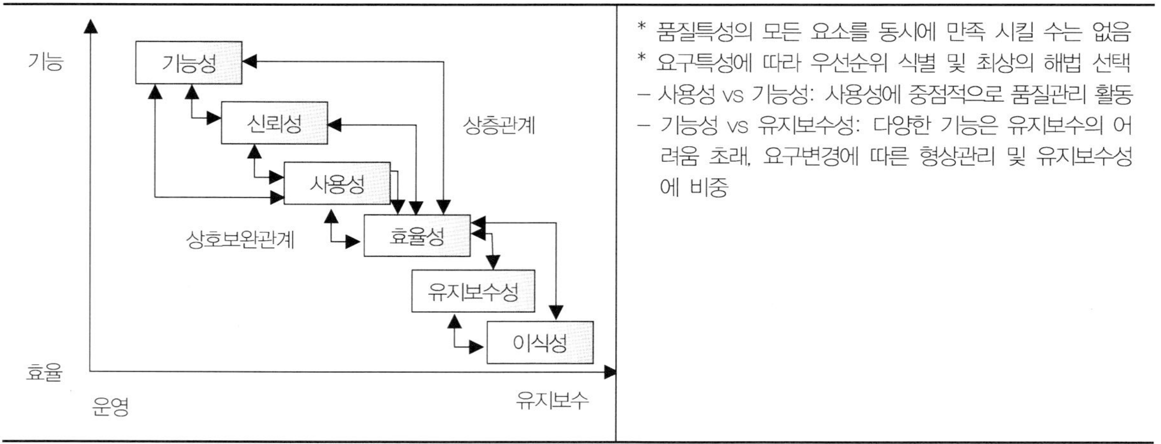

| 주 특성 | 설명 | 부특성 |
| --- | --- | --- |
| 기능성<br>(Functionality) | – 요구되는 기능을 제공할 수 있는 능력<br>– 사용자가 요구하는 기능을 충족시키는 정도 | 적합성, 정확성,<br>유연성, 보안성,<br>상호호환성 |
| 신뢰성<br>(Reliability) | – 지정된 수준의 성능을 유지할 수 있는 능력<br>– 명시 기간/조건에서 정해진 성능(기능)을 유지하는 능력 | 성숙성, 회복성,<br>오류 허용성 |
| 사용성<br>(Usability) | – 사용자가 쉽게 이해하고 사용할 수 있게 하는 능력 | 이해성, 운용성,<br>습득성 |
| 효율성<br>(Efficiency) | – 투입된 자원에 대하여 제공되는 성능의 정도<br>– 요구기능을 수행하기 위해 필요한 자원의 소요 정도 | 실행효율성,<br>자원효율성 |
| 유지보수성<br>(Maintainability) | – 요구사항/환경변화에 따라 소프트웨어를 개선, 수정하고자 하는 경우<br>　소프트웨어가 변경될 수 있는 능력<br>– 변경 및 오류사항의 교정에 노력의 정도 | 해석성, 안전성,<br>변경용이성, 시험성 |
| 이식성<br>(Portability) | – 다른 H/W, S/W 등의 환경으로 옮겨질 수 있는 능력<br>– 다른 환경으로 이전되는 소프트웨어의 능력의 정도 | 적응성, 일치성,<br>이식 작업성, 치환성 |

### 4.3.2 ISO 12119

(1) 개요

－S/W 패키지의 일반적인 품질요구 사항 및 시험(평가)에 대한 국제 표준 규격

－S/W 패키지들에 대한 최소한의 품질 요구사항

－S/W 패키지를 시험하는 방법에 대한 지침제공

－인증기관이 S/W 인증을 위한 근거로 사용되며 세부인증기준은 인증기관이 결정

(2) 평가방법

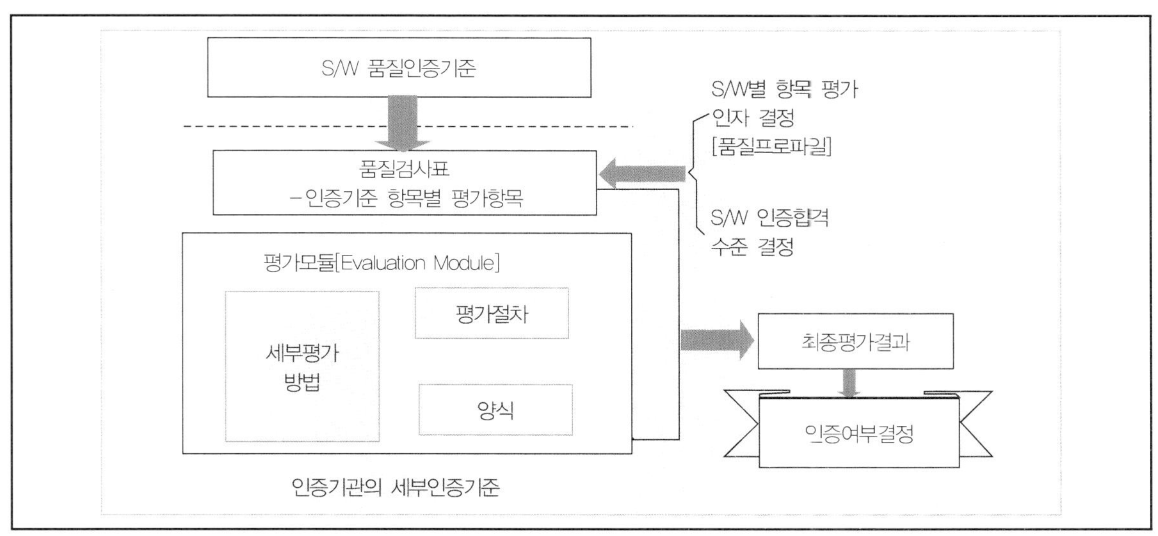

## 4.3.3 ISO 12207

(1) 정의

− 소프트웨어 프로세스에 대한 표준화

− 체계적인 소프트웨어 획득, 공급, 개발, 운영/유지보수를 위해서 소프트웨어 생명주기 공정(SDLC Process) 표준을 제공함으로써 소프트웨어 실무자들이 개발 및 관리에 동일한 언어로 의사소통 할 수 있는 기본 틀을 제공하기 위한 프로세스

(2) ISO/IEC 12207 등장배경

− ISO 9000-3, ISO 9001, ISO 9126에서 품질시스템 요구사항, 품질특성, S/W 품질보증에 대해서 언급되었으나 S/W 프로세스 평가모델은 제시되지 못했음

− 소프트웨어 규모가 거대해지고, 사용자의 요구가 다양해짐

− 생명주기의 체계적 접근방법에 대한 필요성 인식

(3) ISO 12207의 특징

− 다양한 소프트웨어 개발 및 관리에 적용될 수 있는 공정(Process), 활동(Activity) 및 세부업무(Task)의 정의, 하지만 산출물명칭, 형식, 내용 규정하지 않음

− 즉, 특정 생명주기, 개발방법 규정하지 않음(즉, What만 정의)

− 조달자, 공급자 역할을 분명히 정의하여 양자간 계약에 따른 조달에 적합하도록 개발됨

− 상위수준에서 정의되어 전문지식이 부족한 일반적인 실제심사에서 사용하기 어려움

− SPICE는 ISO/IEC 12207의 기본 틀에 맞추어 개발되고 확장됨

⑷ ISO 12207의 관점 및 활동(17개 프로세스, 74개 활동, 224개 작업)

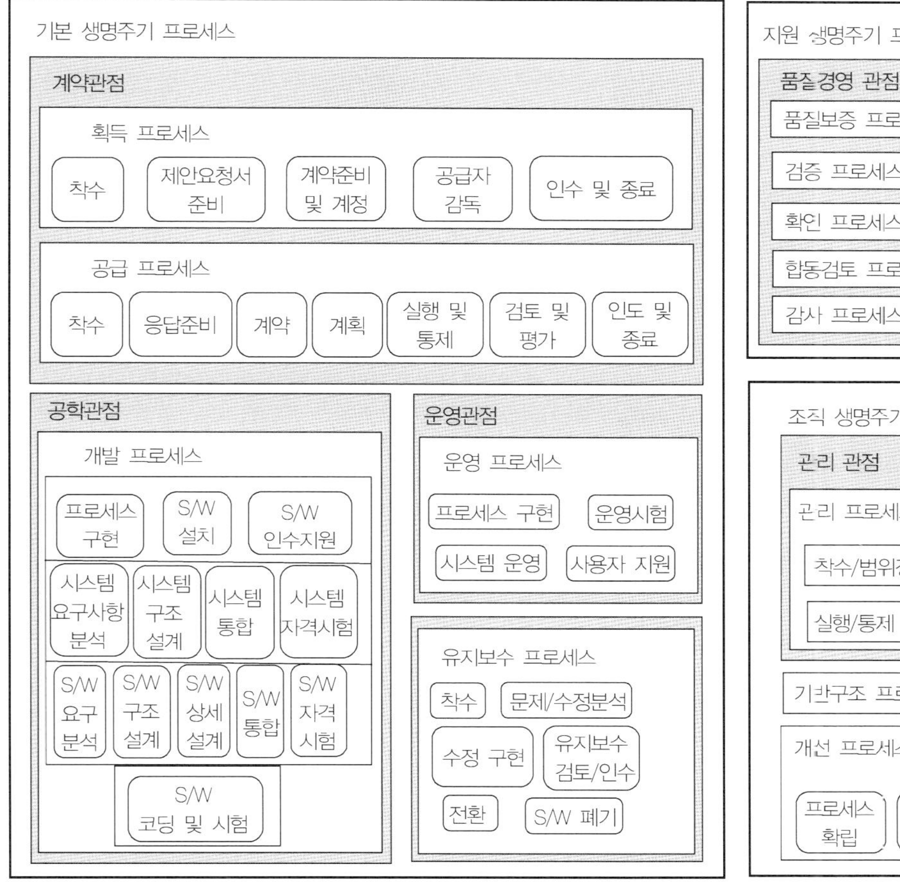
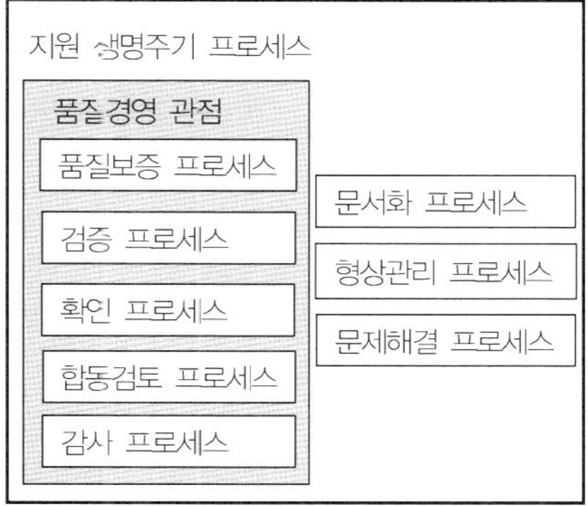


## 4.3.4 ISO 15504(SPIECE: Software Process Improvement and Capability dEtermination)

⑴ 정의

- 여러 프로세스 개선모형을 국제표준으로 통합한 ISO의 소프트웨어 프로세스 모형

- SEI의 CMM, Bell의 TRILLIUM, Esprit의 Boot Strap 등의 통합

- 소프트웨어 프로세스에 대한 개선 및 능력 측정 기준

(2) 2차원의 평가 모델의 기준

① 프로세스 차원의 5개 프로세스 범주

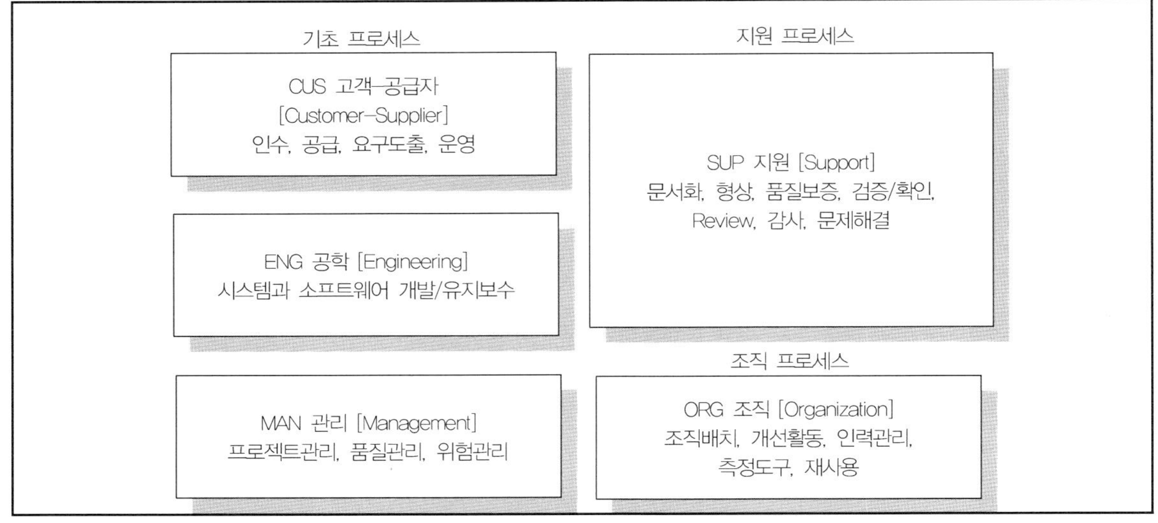


② 2차원의 평가 모델의 기준

a. 프로세스 차원(Process Dimension)

－5개의 프로세스 카테고리와 40개 세부 프로세스로 구성

－ISO 12207의 소프트웨어 생명주기 프로세스를 기반으로 함

－각 프로세스별로 목적을 달성하기 위한 기준이 제시됨

b. 프로세스 수행능력 차원(Process Capability Dimension)

－Organization Unit(OU: 수행조직 단위)이 특정 프로세스를 달성하거나 혹은 달성목표로 가능한 능력 수준

－0~5까지의 6개의 Capability Level로 구성됨 → 이후 CMM 모델들이 통합하여, CMMI로 모델로 연결

※ CMMI 모델에 대한 내용은 STEP 2. IT 거버넌스 및 관리의 5. 프로세스 개선 모델에서 내용을 확인하기 바란다.

# 5. 응용통제

## 5.1 응용통제 개념 및 유형

### (1) 개념

- 데이터의 입력, 처리, 출력 통제, 개별 트랜잭션 처리의 무결성(정확성, 일관성, 완결성) 및 승인 관리

### (2) 입력 및 생성통제: 유효하고 승인된 정보만 입력, 트랜잭션은 한 번만 처리되도록 보장

| 구분 | 설명 |
| --- | --- |
| 입력 승인 | - 승인된 데이터만 입력되도록 함 |
| 배치 통제 | - 입력 트랜잭션을 그룹화하여 통제 합계 제공, 금액/항목/문서/해시합계 제공<br>* 금액합계: 승인된 레코드들의 거래 금액 전체 합계<br>* 항목합계: 각 레코드에 포함된 거래 항목들(Items)의 합계<br>* 문서합계: 처리 할 승인된 레코드의 총 건수<br>* 해시합계: 레코드 식별자의 합계 |
| 배치 대조 | - 배치 기록, 통제 계정, 컴퓨터 일치 작업 |
| 입력 오류 처리 | - 트랜잭션 거부 및 보류 |

- 온라인 / 데이터 베이스 배치 무결성 통제

### (3) 처리절차와 처리통제: 응용 프로그램 처리의 신뢰성 보장

### ① 데이터의 확인 편집과 통제: 예방통제

| 구분 | 설명 |
| --- | --- |
| 순서 검사 | - 유효하지 않은 통제 번호 거부, 추적 |
| 한도 검사 | - 정해진 한도를 초과하면 안 됨 |
| 범위 검사 | - 정해진 범위 안에 있어야 함 |
| 유효성 검사 | - 데이터가 정해진 기준에 일치해야 함 |
| 합리성 검사 | - 정해진 규칙(범위, 발생빈도 등)에 부합해야 함 |
| 테이블 검색 | - 입력데이터는 테이블에 등록된 기준을 따라야 함 |
| 존재성 검사 | - 존재하는 값들에서만 선택해야 함 |
| 키 검증 | - 키 값이 반복입력 해도 일치해야 함, 타임스탬프 로그/테일러 |
| 체크디지트 | - 위치 변경, 전달의 오류를 찾는 데 사용 |
| 완전성 검사 | - 필드는 반드시 값을 가지고 있어야 함 |
| 중복 검사 | - 트랜잭션이 중복처리여부 검사 |
| 논리적 관계 검사 | - 데이터 간 상관관계 검사 |

② 처리 통제: 저장된 데이터의 완전성과 정확성 보증, 교정통제

| 구분 | 세부 내용 |
| --- | --- |
| 수작업 재계산 | – 샘플 트랜잭션의 수작업 계산으로 검증 |
| 편집 | – 입력의 정확성, 완전성, 유효성 테스트 |
| 실행간 합계(Run to Run Total) | – 특정 단계마다 값을 지속적으로 비교 |
| 계산값의 합리성 검증 | – 계산된 합계가 한도나 기준에 부합하는지 검사 |
| 예외 보고서 | – 기준이나 범위를 벗어난 트랜잭션이나 자료 보고 |

③ 데이터 파일 통제: 저장된 자료에 승인된 처리만 가능하도록 보증

–시스템 통제 변수, 영구 데이터, 마스터 데이터/밸런스 데이터, 트랜잭션 파일을 대상

–내부 및 외부 라벨링, 오류 보고서 및 거래로그, 사전/사후 이미지, 일대일 체크 기법

| 구분 | 세부 내용 |
| --- | --- |
| 사전/사후 이미지 보고서 | – 거래 결과 데이터의 전·후 이미지 기록 및 거래 추적에 활용(교정통제) |
| 내부 및 외부 라벨링 | – 이동 저장 매체의 내/외부에 분류 표시 반드시 필요(예방통제) |
| 거래기록 | – 운영자의 거래 파악, 예외 사항 조사 효율화, 장애 복구시간 단축 |
| 일대일 체크 기법 | – 각 문서가 처리된 문서의 상세리스트와 매핑되어야 함 |
| 오류 보고서 | – 거래 당사자가 아닌 담당자가 적절하게 검토하고 승인해야 함 |
| 패리티 체크 | – 중요 데이터 전송 시 오류탐지 목적으로 활용, 체크비트나 오류탐지 방법 |

– 패리티 체크: CRC(추가 비트열로 구현), 전송 무결성(Check Sum)

④ 출력 통제: 사용자에게 일관성 있고 안전하게 전달되는 것을 보장

| 구분 | 세부 내용 |
| --- | --- |
| 안전한 장소에 기록 및 보관 | – 민감하고 중요한 서식 |
| 보고서 배포 | – 승인된 배포 파라미터에 따라 배포되어야 함 |
| 대조와 조정 | – 데이터 처리 응용 프로그램 출력물을 정기적으로 통제 합계와 비교 |
| 출력물 오류 처리 | – 오류 보고서는 오류 수정과 검토를 위하여 적시에 발생 부서에 전달 |
| 출력물 보존 | – 보존 정책에는 관련 법적 규정이 반드시 포함 |
| 보고서 접수 검증 | – 수령자는 반드시 출력물 수령증에 서명하여 증거로 남겨야 함 |

## 5.2 응용통제의 감사

(1) 응용통제 감사 시 수행 활동

① 응용통제 감사 시 인터뷰, 테스트 전략 수립, 응용 시스템 문서 검토

| 구분 | 세부 너용 |
|---|---|
| 시스템 개발 방법론 문서 | – 비용/효과분석과 사용자 요구사항이 포함되어야 함 |
| 기능 설계 명세서 | – 설계 명세서의 검토 시 핵심 통제 지점을 이해하고 반드시 기록해야 함 |
| 프로그램 변경 | – 모든 변경에 대한 승인 받은 증거가 제시, 소스코드와 비교되어야 함 |
| 사용자 매뉴얼 | – 통제의 취약성 검토 가능 |
| 기술적인 참조 문서 | – 구매한 응용 시스템에 대한 기술 매뉴얼로 접근 규칙 및 논리 제공 |
| 거래 흐름도 | – 핵심 처리 통제에 대한 정보 |

② 사용자 수행 절차의 테스트 및 관찰

–직무분리, 입력 승인, 대조, 오류 통제와 수정, 보고서의 배포, 접근 승인 및 능력 검토 테스트

a. 접근 승인 및 능력 검토 테스트

| 구분 | 세부 내용 |
|---|---|
| 접근통제 테이블 | – 접근 규칙을 검토하여 테스트를 수행함<br>– 직무 기술서를 근거로 접근을 통한 기능 분리 제공 |
| 활동보고서 | – 사용자의 사용 내역, 사용 시간 등 상세한 정보 제공 |
| 위반보고서 | – 승인 받지 못한 접근시도의 기록, 터미널/날짜/시간 등 제공 |

b. 데이터 무결성 테스트: 주기적 확인(Cyclical Checking), 실증테스트

| 유형 | 세부 내용 |
|---|---|
| 개체 무결성(Entity Integrity) | – 기본키(Primary Key)는 Null 값을 가질 수 없는 특성 |
| 참조 무결성(Reference Integrity) | – 기본키와 외래키의 관계<br>– 외래키가 있는 테이블의 경우, 외래키의 값은 Null이거나 관련 테이블에 대응하는 기본키가 있어야 하는 특성 |
| 영역 무결성(Domain Integrity) | – 데이터 형태, 범위검사, 기본 값, 유일성에 관한 제한<br>– 주어진 애트리뷰트 값이 그 애트리뷰트가 정의된 도메인에 속한 값이어야 한다는 특성 |
| 비즈니스 무결성(Business Integrity) | – 업무 규칙에 따른 비즈니스적인 제약 조건 |

c. 트랜잭션 처리 무결성

| 유형 | 세부 내용 |
|---|---|
| 원자성(Atomicity) | – 트랜잭션의 처리가 완전히 끝나지 않았을 경우에는 전혀 이루어지지 않은 것과 같아야 함(All or Nothing) |
| 일관성(Consistency) | – 트랜잭션이 실행을 성공적으로 완료하면 데이터베이스는 모순이 없이 일관성이 보존된 상태이어야 함 |
| 고립성(Isolation) | – 어떤 트랜잭션도 다른 트랜잭션의 부문적 실행 결과를 볼 수 없음 |
| 지속성(Durability) | – 트랜잭션이 일단 성공완료 되면 트랜잭션의 결과는 영구적으로 보장해야 함 |

③ 응용 시스템의 테스트

| 구분 | 기법 | 명 |
|---|---|---|
| 프로그램 로직 검증 | Snapshot | – 지정된 트랜잭션의 흐름을 기록 |
| | Mapping | – 사용되지 않는 코드 파악으로 효율성증대, 위협식별 |
| | Tagging and Tracing | – 트랜잭션에 식별자를 태깅, 사건에 따른 이미지 제공 |
| 응용통제 검증 | Test Data | – 실제 프로그램에 모의 트랜잭션 수행, 운영자 도움 필요 |
| | ITF (Integrated Test Facility) | – 실제 데이터와 가상 데이터를 동시 처리<br>– 실 데이터 유지노력 필요 |
| | Parallel Test | – 새로 개발된 시스템의 처리 무결성 검증 사용(Old Program, New Program) |
| | Parallel Simulation | – 감사인이 개발한 프로그램과 실제 프로그램과의 처리 결과 비교(Real Program, Audit Program) |

– 기타: 트랜잭션 선택 프로그램, 내장 감사 데이터 수집, 확장 레코드 기법


④ 지속적 온라인 감사 기법: CAAT/GAS 활용 대량의 거래 처리와 일상환경에서 중요성이 높아짐

| 구분 | 설명 | 복잡성 | 활용방법 |
|---|---|---|---|
| SCARF/EAM | – 감사 S/W를 내장, 응용 시스템을 선택적으로 모니터링 | 매우 높음 | – 정규 처리 업무를 방해해서는 안 될 때 |
| 스냅샷 | – 트랜잭션의 입력부터 출력 단계까지 사진 찍듯이 정보 기록 | 높음 | – 테스트용 데이터를 사용하면 실익이 없을 때 |
| 감사 후크 | – 오류나 부정행위가 통제범위를 벗어나기 전에 감사인이 조치를 취하도록 지원 | 중간 | – 감사 증적이 필요할 때 |
| ITF(통합 테스트 설비) | – 운영 시스템에서 직접 테스트하여 검증할 수 있도록 지원 | 중간 | – 특정 기준에 부합되는 트랜잭션을 조사할 때 |
| CIS(지속적 및 단속적 시뮬레이션) | – 트랜잭션 처리 중 실행 명령을 시뮬레이션하여 적합하면 감사 | 낮음 | – 조사해야 할 필요가 있는 트랜잭션들이나 프로세스들만을 선택하고자 할 때 |


(2) SDLC 단계별 주요 활동과 감사인의 역할

| 단계 | 주요 활동 | 감사인의 역할 |
|---|---|---|
| 타당성 검토 | – ROI평가(NPV)<br>– 초기 비즈니스 케이스 경영진 승인<br>– 개발 OR 구입 결정 | – 비즈니스 케이스의 승인여부 검토<br>– 기대이익의 현실성, 비용 타당성 검토<br>– 선택한 솔루션의 합리성 |
| 요구사항정의 | – 요구사항 일관성 완전성 검증<br>– ERD 작성<br>– 인수테스트 사양서 작성 | – 통제 요구사항의 정의 여부<br>– 인수테스트 사양서 검토<br>– 내장 감사 모듈(EAM) 필요성 검토 |
| 구입 | – 제안서 내용의 계약서 반영 명시<br>– 구성 파라미터 설정 | – RFP 공정성 및 내용 적정성 검토<br>– 에스크로 계약 여부<br>– BCP/DR 변경 고려 |

| 설계 | – 화면설계 및 보고서 기술<br>– 프로그램 사양서<br>– 테스트 계획/변환 계획 | – 통제가 설계되었는지 검토<br>– 시험 기준선 설정여부 검토<br>– 테스트 계획 및 변환 계획의 수립 여부 |
|---|---|---|
| 프로그래밍 | – 코딩 및 디버깅(논리경로 감시기, 메모리덤프, 출력분석기)<br>– 단위 테스트 수행 | – 트랜잭션 처리의 정확성 검증<br>– 감사증적 생성의 적정성<br>– 표준 준수 여부, 오류 교정 |
| 테스트 | – 상향식 테스트(모듈부터, 오류 초기 발견, 드라이버 필요)<br>– 하향식 테스트(메인 프로그램으로부터 인터페이스 오류 초기 발견, 스터프 필요)<br>– 데이터 변환 프로그램 작성 | – 테스트 관전성, 정확성 검토<br>– 오류 처리 검토 |
| 구현 | – 운영 환경 구현, 검증<br>– 데이터 변환, 복귀 시나리오 개발<br>– 사용자 인수 테스트<br>– 소스 코드 복사 및 컴파일(라이브러리안)<br>– 시스템 대체(Change Over) | – 데이터 변환의 신뢰성 검토<br>– 사용자 긴수 테스트 결과 검토 |
| 검토 후 구현 | – 구현 후 6~18개월 후 목적 달성평가<br>– 시스템의 적합성 평가<br>– 비용 효과 달성 검토 | – 시스템의 목적 및 사용자 요구 달성 여부 구현된 통제의 작동여부<br>– 데이터처리의 무결성, 일관성 |

# 6. 비즈니스 응용 시스템

## 6.1 BPR(Business Process Reengineering)

### (1) BPR의 정의
- 경영성과를 극적으로 향상시키기 위해 기업의 핵심 업무 프로세스를 급진적이고 근본적으로 재설계하는 기업 혁신 활동

### (2) BPR의 핵심 요소

| 핵심 요소 | 주요 내용 | 고려사항 |
|---|---|---|
| Cross Functional Workflow | - 프로세스 병목현상 제거, 원활한 작업 수행<br>- 병력적 작업 수행, 고객에게 초점 설정 | - 조직구조 변화발생 유발 |
| 조직/인력 | - 부서 및 작업그룹의 인력감소, 팀별 조직화된 다기능적 인력 양상, 종업원에게 인센티브 제공, 개인의 책임 및 권한 강화, 프로세스 중심 성과측정 | - 테일러의 과학적 방법론을 근거 |
| 정보기술 | - 프로세스 처리속도 향상, 정보의 적시성<br>- 작업 장소의 재조정, 중앙통제에 의한 권한 분권화<br>- 고객 및 공급업자의 의사소통 원활화 | - 정보시스템 간의 상호운영성 확보 |
| 정책/규제/규정 | - 신 기술 및 프로세스 적용을 위한 정책 변경<br>- 다른 객체와의 관계를 조정할 규칙 변경 | - 전사차원의 지원 필요 |
| 물리적(Infrastructure) | - 제품의 이동을 원활히 할 수 있는 물리적 조정<br>- 업무 흐름 변화에 적합한 조직 구조 변경, 기술 및 권한에 적합한 기업 및 업무영역 향상 | - 조직구성원의 거부감 발생 |

### (3) BPR 추진 절차

| BPR 프로세스 | 내용 |
|---|---|
| 전략적 분석 | - 가설 검정을 위한 기반 확립 단계로 문제점 파악<br>- 비즈니스 전략 및 목표 확립 수행 |
| AS-IS 분석 | - 전략적 목표를 달성하기 위한 현 상황 진단 및 분석 수행 |
| To-Be 모델 정의 | - 조직의 전략적 비전과 연결하여 조직의 재조직 및 재구조화를 위한 틀을 수립 |
| 구현 계획 수립 | - 리엔지니어링 프로세스에 대한 구체적인 실행계획 수립 및 실현 |

### (4) BPR의 기대효과 및 고려사항

| 관점 | 주요 내용 | 고려사항 |
|---|---|---|
| 전략 | - 주주 및 고객가치의 극대화, 이익에 기여하는 고객 중심으로 차별화된 정책, 가치 중심의 경영<br>- 최적의 생산 및 수익 극대화를 통한 이익 중심의 성장 | - 이해관계자 지원 차별화 전략 |

| 프로세스 | – 비 부가가치 활동을 제거한 효율적인 업무처리<br>– 환경변화에 능동적으로 대응하는 신속한 의사결정 체제 | |
|---|---|---|
| 정보기술 | – 첨단 패키지 도입을 통한 시스템의 최적화, 통합화 및 표준화 | – 전사통합 |
| 조직 | – 전문적이고 융통성 있는 조직 | – 인센티브 |

⑸ BPR 중점 감사 항목
 −사라지거나 완화된 통제에 대한 영향도 분석과 위험여부 판단 및 경영진 보고, 변화관리 절차의
  적절성 검토

## 6.2 전자상거래

⑴ 전자상거래의 정의
 −인터넷을 통해 온라인으로 상품을 구매하고 판매하는 정보시스팀
 −전자상거래 모델 형태: B2B(기업 간), B2C(기업과 개인), B2G(기업과 정부), G2C(정부와 개인)

⑵ 전자상거래 아키텍처
 −초기: 2/3 Tier에서 N-tier로 전환, .COM/EJB와 MQSeries 등 미들웨어 기반 구축
 −변천: 거래 당사자 간 정보교환, XML기반, XSL/XQUERY/XML 암호화 수행

⑶ 전자상거래의 위험 요인

| 구분 | 설명 |
|---|---|
| 기밀성 | – 고객의 기밀 정보, 민감 정보의 노출, 유출 |
| 무결성 | – 전송 정보에 대한 승인하지 않은 변경 및 삭제 |
| 가용성 | – 고객에 대한 서비스의 중단 |
| 인증과 부인 봉쇄 | – 트랜잭션 실행에 대한 신원 증명 및 트랜잭션 불인정 |

⑷ 중점 감사 항목: 기밀성, 무결성, 가용성, 인증과 부인봉쇄에 대한 정책과 절차 검토

| 구분 | 설명 |
|---|---|
| 기밀성 | – 방화벽, PKI, 암호화, 인증, 패스워드 관리, SSL 등 |
| 무결성 | – BPR, DR, 백업 및 복구, 네트워크 이중화 등 |
| 가용성 | – MD(메시지 다이제스트), PKI 등 |
| 인증과 부인 봉쇄 | – 전자서명 등 |

## 6.3 EDI(전자문서교환)

(1) EDI 개념

 −송장이나 주문서등과 같은 전통적 문서교환을 대체하는 기술체계

| 구분 | 설명 |
| --- | --- |
| 전통적 EDI | − 대기업이 운영하는 사설 EDI, 웹 기반 EDI에 비해 보안위험이 적음<br>− 통신 처리기, EDI 인터페이스, 응용시스템으로 구성 |
| 웹기반 EDI | − 인터넷을 기반으로 하는 공개 기반 구조, 전통적 EDI에 비해 저비용<br>− 이해관계자별 상호작용과 정보교환의 효율성 향상 목적 |

(2) EDI의 위험

 −전자 트랜잭션에 대한 비승인 접근, 응용통제 전후에 발생한 트랜잭션 위/변조, EDI 전송 시 중복 및 유실, EDI 트랜잭션의 기밀성 저해

(3) EDI 환경 통제: 일반 통제를 강화하고 응용통제 기법에 EDI 프로세스에 대한 응용통제 절차를 추가

| 구분 | 설명 |
| --- | --- |
| 전송 표준 | − 메시지 형식과 내용의 오류 방지, 적절성 검증 통제 |
| 기밀성 | − 적절한 알고리즘으로 문서의 암호화 |
| 무결성 | − 문서의 위/변조를 검증할 통제, 메시지 인증 코드 |
| 인증 | − 송 · 수신자를 확인하기 위한 전자서명 |

(4) 문서교환 검증기법: 내부 배치 합계 확인, 실행 간 합계, 전송 레코드 계산 대조 기법 등

(5) 트랜잭션 상호협약(Trading Partner Agreement): 거래당사자 간 책임, 전자문서 관련된 조건 정의

(6) 중점 검사 항목

| 구분 | 설명 |
| --- | --- |
| 적절한 암호화 | − 인증, 무결성, 기밀성, 부인봉쇄 검토 |
| 트랜잭션 검토 | − 트랜잭션 수와 값 검증(트랜잭션 통제합계)<br>− 송신자가 트랜잭션 세트의 헤더 및 꼬리에 삽입한 트랜잭션 셋 카운트 합계 및 배치통제 합계 및 세그먼트 카운트 합계<br>− 개별 트랜잭션에 대한 체크디지트 |
| 감사모니터 | − 트랜잭션 저장 및 감사 |
| 전문가 시스템 | − 트랜잭션 평가 및 보고서 제공 |

## 6.4 전자우편

(1) 개념

−메일서버와 클라이언트를 통해 인터넷으로 정보를 송수신하는 기술체계

(2) 전자우편의 위험: 메일서버 설정상 결함, DOS/DDOS공격에 의한 가용성 공격, 메일 콘텐츠 노
출, 위/변조

(3) 전자서명을 통한 전자우편 보안강화

−서명의 위조 불가, 인증 및 부인 방지, 재사용 불가, 변경 불가

−전자서명 알고리즘: 공개키 알고리즘 RSA, DH, DSA, ECC

−기타: RBL, WHITE LIST, OPT IN/OPT OUT, P3P, S-MIME 등

## 6.5 인공지능 및 의사결정 시스템

(1) 인공지능: 컴퓨터로 인간의 사고체계를 시뮬레이션 하는 기술

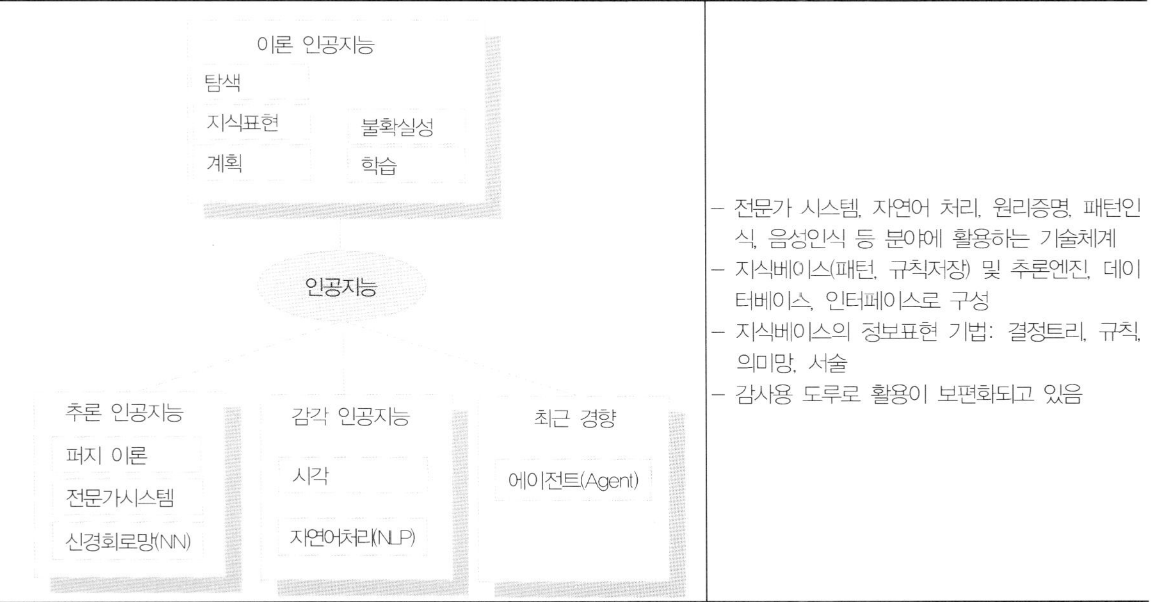


− 전문가 시스템, 자연어 처리, 원리증명, 패턴인
식, 음성인식 등 분야에 활용하는 기술체계
− 지식베이스(패턴, 규칙저장) 및 추론엔진, 데이
터베이스, 인터페이스로 구성
− 지식베이스의 정보표현 기법: 결정트리, 규칙,
의미망, 서술
− 감사용 도루로 활용이 보편화되고 있음

(2) BI(Business Intelligence): 기업의사결정 지원을 위한 인프라 및 분석 체계

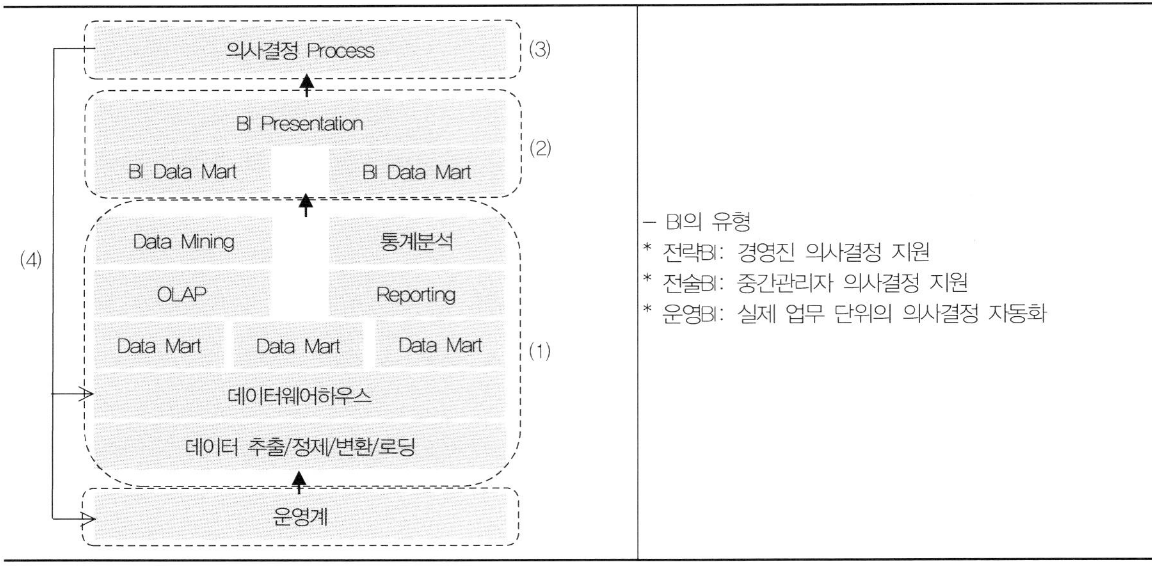


– BI의 유형
* 전략BI: 경영진 의사결정 지원
* 전술BI: 중간관리자 의사결정 지원
* 운영BI: 실제 업무 단위의 의사결정 자동화

| 구분 | 설명 |
| --- | --- |
| 1) BI Infrastructure | – DW를 통해 기업데이터에 대한 가공/분석 지원<br>– DBMS, DW, OLAP(분석), Data Mining, ETT 등 |
| 2) BI Application | – ABC, BSC, SEM 등을 비롯 특정한 목적으로 분석하기 위한 프레젠테이션 Layer |
| 3) BI Strategy | – 경영 위험을 줄이고 매출증대, 비용절감 이윤향상을 위한 과학적 의사결정지원 |
| 4) Feedback | – BI 의사결정 결과가 다시 기존 DW에 저장되거나 기존 운영 시스템에 반영 |

(3) 의사결정지원시스템(DSS): 준 구조적 의사결정 지원을 위한 대화형 시스템

① DSS의 특징

－비구조적, 불명확한 문제의 해결지원

－전통적 데이터 접근에 의사결정 모델과 분석기법을 결합

－의사결정의 변화 수용을 위한 유연성과 적응성 제공

－드릴다운, 조기경보, 의사결정 지향, 동적 그래픽 표현, 시뮬레이션

② DSS 분석 기법

| 구분 | 설명 |
| --- | --- |
| What If 분석 | – 하나 이상의 변수 값을 변화시킬 때 결과값이나 다른 변수에 미치는 영향을 분석 |
| 민감도 분석 | – 하나의 변수 값이 지속적으로 변화할 때 다른 변수에 미치는 영향을 분석 |
| Goal Seek 분석 | – 결과값 혹은 목표변수 값을 사전에 정의하고 정하진 값이 도출될 때까지 다른 변수 값을 지속적으로 변화시켜주는 분석 방법<br>– 가장 많이 적용되는 기법 |
| 최적화 분석 | – 결과값의 사전 정의 없이 여러 가지 제약조건을 단족하는 범위 내에서 최적의 값을 찾을 때까지 계속 분석 |

# :: 핵심 문제 풀이

금융회사에서 Core Banking 시스템 구매예정이다. 이에 대한 테스트를 돕기 위해 기존 운영환경의 민감한 데이터를 공급자에게 제공하였다. 이런 경우 IS 감사인은 일차적(Primary)으로 관심을 가진 데이터의 특성은 무엇인가?

문제 1〉

① 기밀제거(Sanitized)
② 완전성
③ 대표성
④ 현행성(Current)

카테고리            CISA 〉 정보시스템의 획득, 개발 및 구현



– 테스트 데이터는 민감한 데이터가 승인되지 않고 유출되지 않도록 기밀제거를 수행하여 보호해야 한다.

정답      ①

---

화재, 홍수 등 자연재해와 관련된 IT 시스템의 위험을 줄이는 최선의 예방 조치는 어느 것인가?

문제 2〉

① 자연의 위협에 대한 식별
② 시설에 대한 안전한 장소의 선택
③ 핵심시스템을 일반 시스템과 별도로 보관
④ 원격지 백업의 갱신 및 저장

카테고리            CISA 〉 정보시스템의 획득, 개발 및 구현



– 시설에 대한 안전한 위치의 선택은 최선의 예방조치이다. 원격지 백업은 위험을 줄일 수는 있지만 예방조치에 해당하지 않는다.

정답      ②

IS 감사인이 비즈니스 프로세스 재공학(BPR)의 내용을 검토 중이다. 이때 핵심 예방 통제가 제거된 것을 발견하였는데, 이때 IS 감사인이 허야 할 일을 무엇인가?

문제 3〉

① 프로세스 내의 적발통제가 예방통제를 대체하는지 판단하고, 그렇다면 예방통제의 제거 사실을 보고하지 않는다.
② 해당 통제와 프로세스가 재설계되기 전에 존재했던 고든 통제의 설치를 권고한다.
③ 예방통제가 제거되어 미치는 모든 영향을 모니터하기 위한 지속적 감사 접근방법을 개발한다.
④ 발견 사항은 관리자에게 통보하고, 해당 예방통제가 제거됨에 따라 발생 가능한 중대 위험을 수용할 용의가 있는지 판단하게 한다.

카테고리      CISA 〉 정보시스템의 획득, 개발 및 구현



– 관리자는 제거된 예방통제로 인한 발생 가능한 중대 위험을 수용할 것인지 결정할 수 있도록 보고 받아야 한다.
　단. 삭제된 통제가 비즈니스나 재무 위험을 증가시키지 않으면 문제가 없다.

정답     ④

---

BPR(비즈니스 프로세스 재공학)의 구축 단계 가운데 어느 단계에서 벤치마킹팀이 벤치마킹 파트너를 방문하는가?

문제 4〉

① 관찰 단계
② 분석 단계
③ 계획 단계
④ 적응 단계

카테고리      CISA 〉 정보시스템의 획득, 개발 및 구현



– 관찰 단계: 데이터 수집, 벤치마킹 협력업체 방문
– 계획 단계: 벤치마킹 목적의 핵심 프로세스 식별
– 분석 단계: 갭 분석 포함
– 적응 단계: 핵심 원리 추출하여 전략 및 실행계획으로 구체화

정답     ①

다음 중 은행에서 사용하는 전사적 자원 관리(ERP) 소프트웨어의 가장(MOST) 심각한 약점은 무엇인가?

**문제 5〉**
① 제한적 문서만 사용할 수 있다.
② 2년 된 백업 테이프가 교체되지 않았다.
③ 접근통제가 검토되지 않았다.
④ 데이터 베이스 백업을 하루 한 번 수행하고 있다.

카테고리　　　　　　　　　　　CISA 〉 정보시스템의 획득, 개발 및 구현



– 금융 조직에서 접근통제에 대한 검토 부족은 심각한 위험을 발생시킬 수 있다.

정답　　　③

소프트웨어 획득의 요구사항 단계를 감사할 때 IS 감사인이 수행해야 하는 업무는 무엇인가?

**문제 6〉**
① 프로젝트 일정표의 타당성을 평가한다.
② 공급자가 제안한 품질 프로세스를 평가한다.
③ 최고의 소프트웨어 패키지가 획득되는 것을 확인한다.
④ 명세서의 완전성을 검토한다.

카테고리　　　　　　　　　　　CISA 〉 정보시스템의 획득, 개발 및 구현



– 요구사항 단계의 목적은 제안한 시스템의 기능성을 지정하는 것이므로, 요구사항 명세의 완전성에 집중한다.

정답　　　④

A사는 정보시스템을 개발하는 대신 소프트웨어 패키지를 구입하기로 결정했다. 이 경우 전통적 소프트웨어 개발 수명주기의 설계 및 개발 단계는 다음 중 어느 것으로 대체되는가?

문제 7〉

① 선정 및 형상 단계
② 타당성 조사 및 요구사항 단계
③ 구현 및 테스트 단계
④ 대체할 필요가 없다.

카테고리        CISA 〉 정보시스템의 획득, 개발 및 구현

**문제풀이**

– 전통적 수명주기의 설계 및 개발 단계는 선정 및 협상의 단계로 대체된다.
– 단, 이외의 단계들(타당성 조사, 요구사항 정의, 구현, 구현 후 검토 등)은 변경되지 않는다.

정답      ①

전통적 SDLC 방법론을 사용하는 프로젝트에서 사용자 경세서가 만족되지 않았다. 원인을 찾는 감사인은 다음 중 어느 영역을 조사해야 하는가?

문제 8〉

① 품질 보증
② 요구사항
③ 개발
④ 사용자 훈련

카테고리        CISA 〉 정보시스템의 획득, 개발 및 구현

**문제풀이**

– 사용자 명세서의 불만족 상황은 사용자 훈련이나 인수테스트에서 나타난다.
– 사용자 명세서의 존재는 요구공학이 수행되었음을 의미한다.
– 설계서에 따른 개발이 불충분했기 때문이다.

정답      ③

씬 클라이언트 아키텍처를 도입할 때 서버에 대한 위험 중 다음 중 가장 크게 문제가 되는 것은?

문제 9〉　① 무결성
　　　　　② 동시성
　　　　　③ 기밀성
　　　　　④ 가용성





– 서버의 SPOF 위험, 즉 가용성 위험이 가장 큰 문제가 된다.

정답　　④

---

전자문서 교환(EDI)을 통해 수신된 트랜잭션 정보의 완전성을 확인하고자 한다. 이때 구현되어야 할 절차는 무엇인가?

문제 10〉　① 세그먼트의 개수를 트랜잭션 정보의 꼬리 부분에 삽입한다.
　　　　　② 수신 메시지 개수의 기록을 트랜잭션 정보의 송신자 측과 주기적으로 검증한다.
　　　　　③ 책임추적성 및 그 추적을 위한 전자 감사 증적
　　　　　④ 수신된 수신확인 트랜잭션 정보를 EDI 메시지의 송신기록과 대조한다.





– 각 세그먼트의 꼬리 부분 레코드에 기록된 통제합계로 송신한 모든 개별 트랜잭션의 완전성을 보장한다.

정답　　①

A사에서 타당성 분석결과 시스템 개발을 결정하였다. 이때 개발 프로젝트에 대한 전반적인 책임과 비용과 일정에 대한 책임을 가지는 조직은 어디인가?

문제 11〉
① 프로젝트 운영위원회
② 스폰서
③ PM
④ 사용자 부서의 관리자

카테고리　　　　　　　　　　　CISA 〉 정보시스템의 획득, 개발 및 구현

**문제풀이**

– 프로젝트 운영위원회는 모든 비용과 일정에 대해서 궁극적인 책임을 진다.

정답　　　①

개발 프로젝트 진행 중 요구사항 관리에 실패할 경우 다양한 위험이 발생할 수 있다. 그 중에서 가장 큰 위험은?

문제 12〉
① 사용자 참여의 불충분성
② 자원의 투입일정과 시기의 불명확
③ 핵심 경로의 파악이 어렵다.
④ 요구사항이 추가/변경될 수 있어 범위가 확대될 수 있다.

카테고리　　　　　　　　　　　CISA 〉 정보시스템의 획득, 개발 및 구현

**문제풀이**

– 요구사항의 추가/변경은 프로젝트의 범위와 직결되고, 이는 일정/비용/품질 등에 영향을 끼친다.

정답　　　④

다음 중 IS의 설계단계에서 감사인이 참여하는 이유는 무엇인가?

**문제 13〉**

① IS의 통제기능의 설계여부를 확인하여 위해
② 개발 예산을 절감할 수 있기 때문에
③ 사용자의 참여를 확대할 수 있기 때문에
④ IS의 통제 기능을 개발 이후 검토하는 것이 불필요하기 때문에

카테고리        CISA 〉 정보시스템의 획득, 개발 및 구현

**문제풀이**

– 시스템에 적절한 통제 기능을 포함시키는 것은 설계단계에서 이루어져야 한다.
– 통제에 대한 고려는 이를수록 좋다.

정답     ①

---

소프트웨어 테스트 시 상향식 접근법을 활용하는 이유는 무엇인가?

**문제 14〉**

① 인터페이스 결함을 초기에 발견할 수 있기 때문에
② IS의 신뢰성을 초기에 얻을 수 있기 때문에
③ 핵심 모듈의 결함을 초기에 발견할 수 있기 때문에
④ 테스트 자동화로 인한 리소스를 절감할 수 있기 때문에

카테고리        CISA 〉 정보시스템의 획득, 개발 및 구현

**문제풀이**

– 상향식 접근방법은 모듈의 테스트 –〉 전체 시스템 시험함
– 장점은 핵심 모듈의 오류가 초기에 발견

정답     ③

정보시스템 구현(Construction) 단계에서 수행할 테스트 중 가장 기본적인 테스트는
무엇인가?

문제 15〉　　① 디버깅
　　　　　　　② 단위 테스트
　　　　　　　③ 통합 테스트
　　　　　　　④ 인수 테스트

　　　　　　　　　　　　CISA 〉 정보시스템의 획득, 개발 및 구현

**문제풀이**

– 단위 테스트는 각 프로그램이 제대로 작동함을 보장한다는 측면에서 구현 단계의 핵심 활동이다.
– 코드 검토도 포함할 수 있다.

정답　　③

정보시스템 개발 프로젝트에 대한 IS 감사 시 감사인이 가장 관심을 가져야 하는 항목
은 다음 중 무엇인가?

문제 16〉　　① 보안과 통제가 적절하게 구현되었는가
　　　　　　　② 합의한 품질 관리 절차를 준수하였는가
　　　　　　　③ ITA를 잘 활용하였는가
　　　　　　　④ 사업 목적이 달성되었는가

　　　　　　　　　　　　CISA 〉 정보시스템의 획득, 개발 및 구현

**문제풀이**

– 소프트웨어 개발 프로젝트는 목적은 비즈니스 목적을 달성하는 것이다.

정답　　④

다음의 기법 중 프로그램 개발 규모와 공수 추정의 신뢰도를 높일 수 있는 기법은 무엇인가?

**문제 17〉**

① LOC
② 본수
③ 기능점수
④ 전문가 추정

카테고리                                      CISA 〉 정보시스템의 획득, 개발 및 구현



– 기능점수(FP)는 다른 기법에 비해 신뢰도가 높은 추정기법이며, 과거 경험과 접목하면 신뢰도를 더욱 높일 수 있다.

정답          ③

정보시스템 개발 방법 중 프로토타이핑 방법의 가장 안 좋은 단점은?

**문제 18〉**

① 효과적 변경관리가 불가능하다.
② 사용자의 참여빈도가 높아 부담이 된다.
③ 사용자에게 시스템의 외부모습이 공개되어 공정에 대한 오해를 준다.
④ 동일 기능에 대해 요구사항이 일관되지 않다.

카테고리                                      CISA 〉 정보시스템의 획득, 개발 및 구현



– 실제보다 많이 진척되고 있다고 생각할 수 있고 납기가 단축될 것이라는 오해를 줄 수 있다.
– 폐기되는 프로토타입의 경우 비용낭비가 발생한다.

정답          ③

정보시스템의 입력, 출력, 파일의 수와 복잡성에 기반한 정보시스템의 규모를 측정하는 방법은 무엇인가?

**문제 19〉**
① PERT(프로그램 평가 검토 기법)
② McCABE의 회전복잡도
③ CPM(핵심경로분석)
④ 기능점수분석(FPA)

카테고리  CISA 〉 정보시스템의 획득, 개발 및 구현

**문제풀이**

– FP는 사용자 관점에서 데이터와 트랜잭션 기능을 구하고, 복잡도/난이도로 조정한다.

정답  ④

패키지 소프트웨어 구입을 결정하였다. 이때 소스코드 소프트웨어 공탁(SW ESCROW)를 수행하는 이유는?

**문제 20〉**
① 상세한 사업 요구사항들을 만족시키기 위해 소프트웨어의 고객화를 허용하기 위함이다.
② 공급자가 법적 요구사항을 만족시키는 것을 확실히 하기 위함이다.
③ 통제의 타당성을 위해 소스 코드를 다시 보기 위함이다.
④ 공급자가 더 이상 존재하지 않게 되었을 때 소스코드가 이용이 가능하도록 보장하기 위함이다.

카테고리  CISA 〉 정보시스템의 획득, 개발 및 구현

**문제풀이**

– 공급자가 더 이상 존재하지 않게 되었을 때 소스코드가 이용 가능하도록 보장하는 것이 소스코드 소프트웨어 공탁 계약이 필요한 주요 이유이다.

정답  ④

응용 프로그램의 소스코드를 테스트 환경에서 운영환경으로 이관할 때 가장 이상적인
통제방식은 무엇인가?

문제 21〉　① 개발자가 소스코드와 목적코드를 실제 운영 라이브러리에 복제한다.
　　　　　② 개발자가 소스코드를 운영 라이브러리에 복사하고 라이브러리안리 컴파일 한다.
　　　　　③ 라이브러리안이 소스코드와 목적코드를 실제 운영 라이브러이리에 복사한다.
　　　　　④ 라이브러리안이 소스코드를 운영 라이브러리에 복사하고, 컴파일한다.

카테고리　　　　　　　　　　　CISA 〉 정보시스템의 획득, 개발 및 구현



– 가장 좋은 통제는 운영통제 그룹이 소스 프로그램을 실제 운영 라이브러리에 복사, 그런 다음 프로그램을 컴파일 하는 것이다.

정답　　　④


전자메일의 보안을 위해 디지털 문서에 추가되는 비트열을 무엇이라고 하는가?

문제 22〉　① 전자서명
　　　　　② 메시지 다이제스트
　　　　　③ 해시
　　　　　④ 체크섬

카테고리　　　　　　　　　　　CISA 〉 정보시스템의 획득, 개발 및 구현



– 전사서명은 무결성, 부인방지, 인증의 보안 기능을 제공한다.

정답　　　①

보완통제의 목적은 무엇인가?

문제 23〉
① 존재하거나 잠재적인 통제 약점에 기인한 위험 감소
② 적발통제가 발견한 문제의 해결
③ 오류 또는 누락의 보고
④ 잠재적 문제가 발생하기 전 예방

카테고리 CISA 〉 정보시스템의 획득, 개발 및 구현



– 보완통제는 존재하거나 잠재적인 통제 약점의 위험을 감소시키려는 방법이다.

정답 ①


필드가 실제 데이터를 포함하는지를 결정하기 위하여 사용되는 편집의 유형은?

문제 24〉
① 체크디지트
② 존재성 체크
③ 완전성 체크
④ 합리성 체크

카테고리 CISA 〉 정보시스템의 획득, 개발 및 구현



– 완전성 체크는 필드가 데이터를 포함하고 있으며 0값을 갖거나 비어 있는지 않는지를 결정한다.
– 체크디지트는 원본 데이터가 수정되지 않았음을 보증하기 위하여 수학적으로 계산된 디지트이다.
– 존재성 체크는 또한 데이터가 정확하게 입력되었고, 미리 정의된 기준에 맞는지를 검사한다.
– 합리성 체크는 미리 정의된 합리적인 한계나 발생률에 입력이 상응하는지를 테스트한다.

정답 ③

편집통제는 다음 중 어느 것에 속하는가?

문제 25〉
① 예방통제
② 적발통제
③ 교정통제
④ 보완통제

카테고리　　　　　　　　　　CISA 〉 정보시스템의 획득, 개발 및 구현



– 편집통제는 데이터가 처리되기 전에 프로그램에서 사용되기 때문에 예방통제이다.

정답　　　③

응용 처리 단계를 통해서 데이터를 검증하고 값을 기록하는 기능을 제공하는 통제의 종류는?

문제 26〉
① 범위 검증
② 실행 간 합계
③ 한도 검증
④ 예외 보고서

카테고리　　　　　　　　　　CISA 〉 정보시스템의 획득, 개발 및 구현



– 실행간 합계는 응용 처리 단계를 통해서 데이터 값을 검증. 컴퓨터로 읽힌 데이터가 접수되고 갱신 프로세스가 적용되었는지를 확인한다.

정답　　　②

중복 입력이나 입력 분실을 검증해 내기 위해 주로 사용하는 기법은?

문제 27〉

① 해시 합계
② 체크디지트
③ 거래 코드
④ 에코 체크

카테고리                    CISA 〉 정보시스템의 획득, 개발 및 구현



– 해시 합계는 일련의 거래나 레코드의 특정 필드의 합
– 입력오류나 중복 입력의 통제를 위해 시퀀스 체크, 해시 토탈, 체크디지트 기법 활용

정답    ②

미입력이나 오입력 등 부정확한 데이터가 시스템에 입력될 때 응용통제의 처리는?

문제 28〉

① 데이터를 수용하고 처리해야 한다.
② 데이터를 수용하고 처리하지는 않는다.
③ 수용하지 않고 처리하지도 않는다.
④ 수용하지 않고 처리한다.

카테고리                    CISA 〉 정보시스템의 획득, 개발 및 구현



– 응용통제는 완전하고, 정확하고 확인된 데이터만 입력되고, 시스템 내에서 갱신되는 것을 보장하는 것이다.

정답    ③

미입력이나 오입력 등 부정확한 데이터가 시스템에 입력될 때 응용통제의 처리는?

문제 29〉
① 데이터를 수용하고 처리해야 한다.
② 데이터를 수용하고 처리하지는 않는다.
③ 수용하지 않고 처리하지도 않는다.
④ 수용하지 않고 처리한다.

카테고리  CISA 〉 정보시스템의 획득, 개발 및 구현



– IS 감사인의 첫 번째 임무는 시스템을 보호하는 것이다. 분석은 사건 후에 행한다. 책임을 져야 할 사람을 찾아내는 것보다 위협을 없애는 것이 중요하다.

정답  ②

다음 중 IS 감사인이 응용통제에 대한 검토를 수행 중 평가해야 하는 것은?

문제 30〉
① 응용이 업무 프로세스를 효율적으로 지원하는지
② 응용 프로그램 사용의 최적화
③ 응용 프로그램이 지원하는 업무 프로세스
④ 발견된 모든 통제 약점과 그 영향도

카테고리  · CISA 〉 정보시스템의 획득, 개발 및 구현



– 응용통제 검토에는 응용에 포함된 통제에 대한 평가와 통제 약점의 영향에 대한 평가가 포함된다.

정답  ④

업무 프로세스 리엔지니어링(Business Process Reengineer ng: BPR) 프로젝트 IS 감사인이
평가해야 할 가장 중요한 사항은?

**문제 31〉**

① 제거된 통제의 영향
② 새로운 통제의 비용
③ BPR 프로젝트 계획
④ 지속적 모니터링 계획

카테고리                                    CISA 〉 정보시스템의 획득, 개발 및 구현

**문제풀이**

– BPR 수행 전에 존재하던 핵심 통제를 식별하고 이러한 통제들이 새로운 프로세스들 내예 여전히 존재하는지 판정하는 것이다.

정답        ①

조직의 내부와 외부와의 전자문서교환(EDI)이 내부통제에 미치는 영향은?

**문제 32〉**

① 적절한 검토와 승인을 위한 기회가 줄어든다.
② 근본적 인증이 이루어진다.
③ 제삼자가 소유 중인 EDI기반의 트랜잭션에 대한 배포가 적절하지 않을 수 있다.
④ EDI를 통한 전자거래 내역에 대한 정보 유출로 기밀성이 저하된다.

카테고리                                    CISA 〉 정보시스템의 획득, 개발 및 구현

**문제풀이**

– EDI는 보다 효율적인 종이 없는 환경을 촉진하지만, 자동화된 탓에 검토와 승인을 하는 것이 어려워진다.

정답        ①

Score Card(신용평점표)는 수십 개의 핵심 항목별 비율을 관리한다. 다음 중 프로그램에 입력되는 비율이 정확한지를 확인할 수 있는 가장 좋은 통제는?

문제 33〉
① 독립된 자가 독자적으로 검토한다.
② 입력 시 Validation을 수행하는 편집 체크
③ 프로그램화된 합리성 체크
④ 처리 부서의 대사 작업

카테고리                    CISA 〉 정보시스템의 획득, 개발 및 구현



– 매우 민감한 데이터이기 때문에 처리되기 전에 입력원이 아닌 다른 사람이 독립적으로 검증해야 한다.

정답     ①

STEP 4

# 정보시스템 운영, 유지보수/지원

# 1. 정보시스템 운영, 유지보수/지원 과목 시험 개요

(1) 정의
- 정보시스템 운영, 유지보수 및 지원은 사용자와 경영진에게 기대한 수준의 서비스가 제공될 것이라는 것을 보증하는 데 중요하다. 서비스 수준에 대한 기대치는 조직의 비즈니스 목적으로부터 도출된다. IT 서비스 제공에는 IS 운영, IT 서비스 및 IS 관리, 그리고 이것을 지원하는 책임을 맡은 그룹에 대한 관리가 포함된다.

(2) 목적
- 이 영역의 목적은 CISA 수험생이 정보시스템 운영, 유지보수 및 지원을 위한 프로세스들이 조직의 전략과 목적을 충족시키는 것을 이해하고, 이를 보증할 수 있도록 하는 것이다.
- 본 영역은 CISA시험의 23%를 차지한다.(약 46문항)

(3) 과업 및 지식 설명문: 11개의 과업

| TS | 과업 설명 |
| --- | --- |
| T 4.1 | - 정보시스템에 대한 주기적인 검토를 수행하여 정보시스템이 조직의 목적을 지속적으로 충족시키고 있는지를 결정한다 |
| T 4.2 | - 서비스 수준 관리 실무를 평가하여 내부 및 외부 서비스 공급자로부터의 서비스 수준이 정의되고 관리되도록 한다 |
| T 4.3 | - 제3자 관리 실무를 평가하여 조직에서 기대하고 있는 통제 수준을 공급자가 준수하고 있는지를 결정한다 |
| T 4.4 | - 운영과 최종 사용자 절차를 평가하여 예정된 또는 예정되지 않은 프로세스들이 완료되도록 관리되고 있는지를 결정한다 |
| T 4.5 | - 정보시스템 유지보수 절차를 평가하여 그것들이 효과적으로 통제되고 조직의 목적을 계속 지원하고 있는지를 결정한다 |
| T 4.6 | - 데이터 관리 실무를 평가하여 데이터베이스의 무결성 및 최적화를 결정한다 |
| T 4.7 | - 시스템 용량 관리, 성능 모니터링 도구 및 기법의 사용을 평가하여 IT 서비스가 조직의 목적을 충족시키고 있는지를 결정한다 |
| T 4.8 | - 문제 관리 및 인시던트 관리 실무를 평가하여 인시던트, 문제, 오류가 적시에 기록되고, 분석되고, 해결되도록 한다 |
| T 4.9 | - 변경 관리, 구성 관리, 릴리스 관리 실무를 평가하여 예정된 변경 또는 긴급 변경이 발생할 때 조직의 운영 환경이 적절하게 통제되고 문서화되고 있는지를 결정한다 |
| T 4.10 | - 백업 및 복원 절차의 적절성을 평가하여 프로세스를 재개하는 데 필요한 정보시스템의 가용성을 평가한다 |
| T 4.11 | - 조직의 재해복구계획을 평가하여 재해 상황에서 IT 처리 능력의 복원이 가능한지를 평가한다 |

(4) 지식 설명문(19개)

| TS | 과업 설명 |
| --- | --- |
| KS 4.1 | − 서비스 수준 관리 실무와 서비스 수준 계약내의 구성 요소에 대한 지식 |
| KS 4.2 | − 조직 내부통제에 대한 외부 서비스 제공업체의 준수여무를 모니터링하기 위한 기법에 대한 지식 |
| KS 4.3 | − 예정된 프로세스 또는 비상 프로세스들을 관리하기 위한 운영 및 최종 사용자 절차에 대한 지식 |
| KS 4.4 | − 하드웨어와 네트워크 구성 요소, 시스템 소프트웨어, 그리고 데이터베이스 관리시스템 관련된 기술 개념의 지식 |
| KS 4.5 | − 시스템 인터페이스의 무결성을 확보하기 위한 통제 기법에 대한 지식 |
| KS 4.6 | − 소프트웨어 라이선싱 및 재고관리 실무에 대한 지식 |
| KS 4.7 | − 시스템 복원도구 및 기법에 대한 지식 |
| KS 4.8 | − 데이터베이스 관리 실무에 대한 지식 |
| KS 4.9 | − 시스템 용량 계획 및 모니터링 도구와 기법에 대한 지식 |
| KS 4.10 | − 시스템 성능 모니터링 절차, 도구 및 기법에 대한 지식 |
| KS 4.11 | − 문제와 인시던트 관리 실무에 대한 지식 |
| KS 4.12 | − 변경 관리, 구성 관리, 릴리스 및 패치 관리 실무를 포함하여 운영환경 및 인프라에 대한 관리 절차에 대한 지식 |
| KS 4.13 | − 데이터 백업, 저장, 유지보수, 보존, 복원 실무에 대한 지식 |
| KS 4.14 | − 비즈니스 연속성과 재해복구 계획에 관련된 규제, 법률, 계약 및 보험관련 이슈에 대한 지식 |
| KS 4.15 | − 재해복구 계획과 관련된 비즈니스 영향 분석에 대한 지식 |
| KS 4.16 | − 재해복구 계획의 개발 및 유지보수에 대한 지식 |
| KS 4.17 | − 대체 처리 사이트의 종류와 계약사항을 모니터링하는 방법에 대한 지식 |
| KS 4.18 | − 재해복구 계획을 발동하는 데 사용되는 절차에 대한 지식 |
| KS 4.19 | − 재해복구 계획의 테스트 방법에 대한 지식 |

# 2. 정보시스템 운영관리

## 2.1 IS 운영관리의 개요

(1) IS 운영관리의 개념

- 정보시스템 성능, 장애, 백업 관리 등의 체계적인 운영에 필요한 종합적인 관리체계 및 절차 제시

(2) IS 운영관리의 주요 기능

- 자원 할당(Resource Allocation): IS 기능 내의 계획된 작업을 수행하는 데 필요한 자원들이 가용성 확보
- 표준과 절차(Standard & Procedures): 비즈니스 전략과 정책들에 따라 모든 운영에 대한 필요한 표준과 절차 확립
- 절차 모니터링(Procedure Monitoring): IS 운영 절차가 시간의 경과에 따라 개선될 수 있도록 IS 운영 절차의 효과성 및 효율성을 측정하고 모니터링
- IS 관리자는 IS 부서 내부의 운영에 대한 전반적인 책임을 맡아 수행한다.

(3) 일반적인 IS 운영의 기능영역

| 관리 및 운영 | 보안관리 |
| --- | --- |
| – IS 운영관리<br>– 컴퓨터 운영을 포함한 인프라 지원<br>– 기술 지원 및 Help 데스크<br>– 작업 일정 관리<br>– 품질 보증<br>– 프로그램 변경 통제와 릴리스 관리 | – 구성 관리<br>– 문제 관리 절차<br>– 성능 모니터링과 관리<br>– 용량 모니터링과 기획<br>– 물리적 및 환경적 보안의 관리<br>– 정보 보안 관리 |

(4) IS 운영관리 통제

| 구분 | 내용 |
| --- | --- |
| IS 관리 | – IT 운영 지원을 위한 적절한 자원이 할당<br>– 운영자원의 효율성과 효과성을 고려한 기획<br>– 조직의 정책에 기초한 IT 자원 사용의 승인 및 모니터링<br>– 표준 준수를 위한 운영 모니터링 |
| IS 운영 | – 상세한 운영 스케줄과 교대 준수 여부 확인<br>– 운영 일정 변경의 검토 및 승인<br>– 네트워크, 시스템, 애플리케이션프로그램의 변경에 대한 검토 및 승인<br>– 하드웨어와 소프트웨어의 변경이 정상적인 처리를 부적절하게 중단하지 않도록 함<br>– 컴퓨터 자원 활용의 최적화를 위한 시스템 성능 및 자원 사용도 모니터링<br>– SLA가 비즈니스의 요구를 충족시키는 양질의 IT 서비스를 제공할 수 있도록 모니터링<br>– 현재의 작업 처리량의 극대화 및 장래의 장치 구입에 대한 전략적 계획 수립을 위한 장치 교체 및 용량 검토 |

| IS 운영 | – 작업 회계 보고서와 기타 감사 기록의 유지 관리<br>– 모든 IT 시스템으로부터 기록을 검토하여 중요한 시스템 이벤트를 탐지하고 IT 운영의 책임을 수립<br>– 적시에 모든 문제들과 인시던트들이 해결되는 것을 보증<br>– 사소한 또는 중대한 운영 중단으로부터 정보시스템 처리의 적시 복구 |
| --- | --- |
| 정보 보안 | – 데이터의 신뢰성, 무결성 그리고 가용성을 확보<br>– 장치 성능 상태의 적절한 유지를 위한 시스템 환경 및 보호 대책의 모니터링<br>– 적시에 내외부적으로 보안 취약점이 식별되고 해결<br>– 적시에 보안 패치들이 식별되고 설치<br>– 침입 시도의 적발<br>– 정보 보안사고, 인시던트, 문제들의 적시 해결<br>– 컴퓨터 자원에 대한 물리적 접근을 필요한 사람으로 제한 |

## 2.2 IT 서비스 관리

### 2.2.1 ITSM(IT Service Management)

(1) ITSM의 개념

−수준 높은 품질의 IT서비스를 개발하고 제공하는 데 관계된 전체 IT Life Cycle에 관계된 모든 활동의 집합

−합리적이고 예상 가능한 IT 서비스를 제공하는 데 필요한 프로세스, 조직 역량, 기술의 집합체

(2) ITSM의 구성 요소

−IT프로세스: IT 서비스 제공 및 지원을 위한 IT 프로세스

−인력: 최적의 IT 서비스를 제공할 수 있는 조직과 역할 배정

−기술: IT 프로세스를 자동화하고 최적의 IT 서비스를 제공하는 솔루션

−문화: ITSM 필요성 및 중요성에 대한 인식, 정해진 IT 프로세스 준수, 조직공유

(3) 전통적인 IT 운영 대비 ITSM의 특징

−ITSM은 경영지향적이고 전사 차원의 서비스 관점으로 접근

−프로세스 중심, 고객 중심, 정형화된 Best Practices, 반복적, 계량화, 서비스 중심

(4) ITSM 관련된 프로세스 모델

| 구분 | 주안점 | 범위 | 비고 |
|---|---|---|---|
| eSCM | – 아웃소싱 서비스에 대한 역량 평가 모델 | – IT 아웃소싱 비즈니스 라이프 사이클 전체<br>– IT 아웃소싱 사업자 선정 및 관리를 위한 모델, 5단계 역량 인증모델 | – 공인인증 |
| ITIL | – ITSM 분야에 관한 베스트 프랙티스 라이브러리 | – IT 서비스 운영 및 지원 프로세스, BS 15000을 통한 공인인증 | – 백과사전 방식 가이드 |
| CMMI | – 시스템 설계 및 구축 분야에 대한 베스트 프랙티스 | – 시스템 분석, 설계, 개발 및 테스트 프로세스 | – SW–CMM 확장 |
| COBIT | – IT 통제 목적 달성을 위한 IT Governance 지침 | – IT 관리 프로세스로 계획, 조직, 도입, 구축, 운영/지원, 모니터링 영역 포함 | – IT감사 |

## 2.2.2 ITIL(IT Infrastructure Library)

(1) ITIL의 개념
– 세계적인 기업으로부터 유효성과 효율성을 검증 받아 IT 서비스를 지원 구축, 관리하기 위한 표준 IT 서비스 관리분야의 주요 프로세스 및 Best Practice(영국 OGC)
– ITSM을 위한 Best Practice를 제공하는 전 세계적인 "De-facto" Standard로 Process 정의 및 참조모델 제공
– 조직과 기업 및 벤더에 종속되지 않고 포괄적이고 공개적인 표준 가이드로 작동하는 ITSM Best Practice 모음집


(2) ITIL 목표
– 비즈니스와 고객의 현재와 미래 요구에 맞게 IT 서비스를 배치
– IT 서비스 제공의 질 향상
– 서비스 제공에 대한 장기간 비용 절감


(3) ITIL 추진배경
– 기술 중심적인 IT 조직에서 현재 비즈니스 요구에 따른 조직구조 형태로 변환하면서 IT서비스 품질 향상에 역량을 집중하고 고객지향적인 접근방법 채택
– 고품질의 IT 서비스 제공을 위한 조직 변경과 이에 따른 최적의 비용제시 요구
– 서비스 제공 역량강화를 위한 프로세스 표준화, 최적화 방법론, 관련 핵심인력 확충요구
– 기술중심적, 과대한 투자, 수동적 대응 등 현 정보기술의 문제점을 극복할 표준 절차 요구

## (4) ITIL의 구성

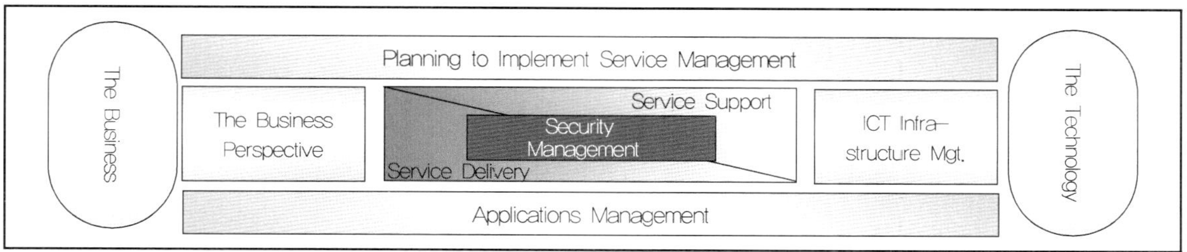


| 구분 | 주요 내용 |
|---|---|
| The Business Perspective | – 전체 비즈니스의 중요한 부분으로 IT 서비스 저공 품질의 개선 및 이해를 다룸 |
| Service Delivery | – 고객 비즈니스 요구사항에 맞추어 IT 서비스 너역 및 서비스 수준을 정의하고 그것에 적합한 IT 서비스를 고객에게 제공 |
| Service Support | – 사용자와 유기적 관계를 형성하며 실저 IT 서비스 운영을 통하여 비즈니스 전략을 및 Service Delivery를 지원하는 역할 |
| ICT Infrastructure Management | – IT Infrastructure를 운영관리하기 위한 필요한 주요 프로세스 포함 |
| Application Management | – 소프트웨어 개발 라이프 사이클을 포함하고 있으며 소프트웨어 라이프 사이클 지원 및 IT 서비스 테스트까지 확장하여 다룸 |

## (5) ITIL의 주요 프로세스

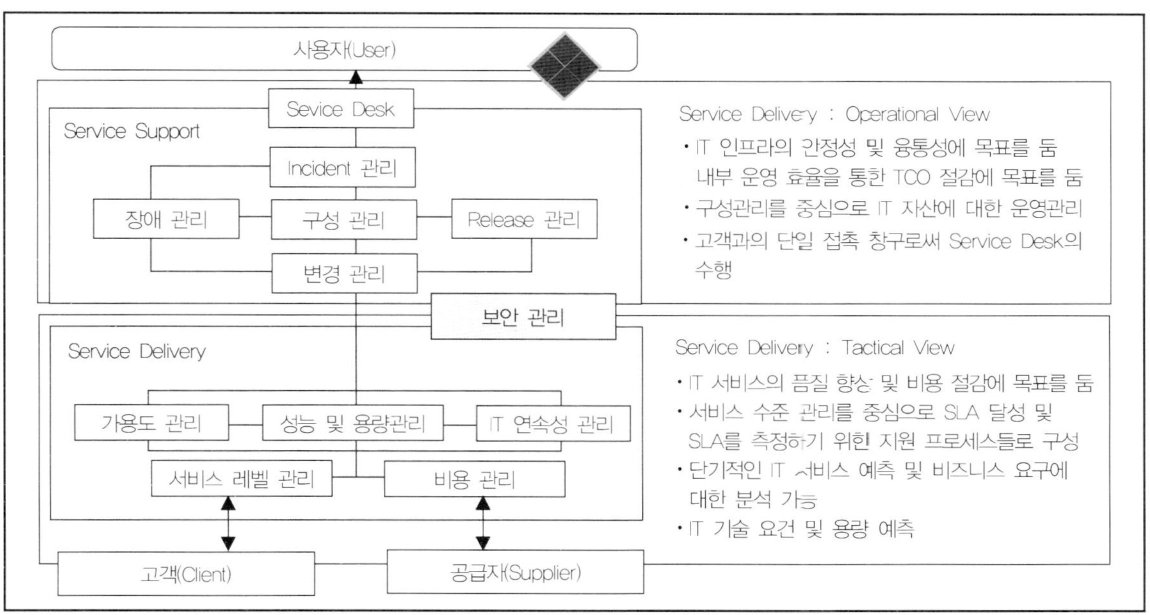

a. Service Support Process

| 구성 요소 | 주요 내용 |
|---|---|
| Service Desk | − 고객 중심의 단일접점, 장애 최초 접수에서 최종 해결까지의 단일접점, 사고접수, 등록, 분류, 우선순위 결정 |
| Incident Management | − IT 운영에 미치는 부정적 요인 최소화, 장애처리 수행 |
| Problem Management | − 사고, 문제, 오류 근본원인을 찾아 제거하고 변경관리 요청 |
| Change Management | − 서비스 품질에 영향을 미치는 변경과 관련된 Incident의 영향 최소화 |
| Release Management | − 승인된 하드웨어, 소프트웨어 항목관리, 배포, 설치 관리 수행 |
| Configuration Management | − IT 서비스 구성항목(CI)을 식별, CMDB 기록, 관리, 감사 수행 |

b. Service Delivery Process

| 구성 요소 | 주요 내용 |
|---|---|
| Service Level Management | − IT 성과 및 개선활동에 관한 지속적인 합의, 모니터링, 보고를 통해 IT 서비스 품질을 유지하고 향상 |
| Capability Management | − 서비스 및 기술 인프라의 용량관리 대상을 파악하여 주기적인 모니터링 및 개선을 시행 |
| Availability Management | − IT 서비스에 대한 가용성 수준을 파악하고 지속적인 가용성 보장 |
| Financial Management | − 예산, IT 회계, 청구 즉, IT 자산과 자원 비용을 효과적으로 관리 |
| IT Service Continuity Management | − IT 기술과 IT 서비스 설비의 안정적인 지원<br>− 장애 발생 시 합의된 시간 내에 복구 가능하도록 연속성 지원 |

## (6) ITIL 기반 인증 종류 간 비교

| 비교항목 | BS 15000(ISO 20000) | eSCM |
|---|---|---|
| 범위 | − ITO 계약에서 수행 | − 영업단계에서 수행 |
| 인증 | − IT 서비스 관리에 대한 국제규격(영국표준협회에서 제정) | − 미국 카네기 멜론 대학 IT 서비스 품질인증센터와 새티암이 공동 제정 |
| 특징 | − SLA 영역을 포함한 IT 서비스 공급관리 중점<br>− ITO 업체가 이미 보유하고 있는 프로세스에 대한 인증 | − 컨설팅을 통한 보완을 거쳐 프로세스 성숙도 인증 |
| 세부사항 | − 고객에 맞춘 IT 서비스 제공<br>− 조직 목적에 맞는 IT 서비스 배치<br>− 비용관점의 효과적인 SLA 구현 | − ITO 서비스 공급자 능력을 5 단계로 평가<br>− 공급자 전반적인 ITO 품질 수준 개선을 위해서 개발 |

※ ITO: Information Technology Outsourcing

### (7) ITIL의 기대효과

| 관점 | 설명 |
|---|---|
| 기업측면 | − 프로세스 표준화 및 IT 아웃소싱에 대한 표준 프레임워크 즉, 표준 IT 운영 프로세스 기반 마련<br>− 체계적이고 명확한 IT 조직체계와 일의 중복 감소(서비스 수준관리 고도화)<br>− IT와 비즈니스의 연계를 통한 비용 및 변경관리 효과<br>− IT ROI 극대화, 고객만족도 증가, 서비스 제공과 상호대화를 위한 단일 참조모델의 공유 |
| 고객측면 | − 체계적 문서화 수행, 안정적 IT 서비스 운영환경을 제공<br>− 제공 서비스에 대한 품질보증과 신뢰성 향상<br>− 고객과의 대화통로 마련, 측정되고 관리되는 IT 서비스 |

## 2.2.3 ITIL 3.0

### (1) ITIL 3.0으로 발전 방향

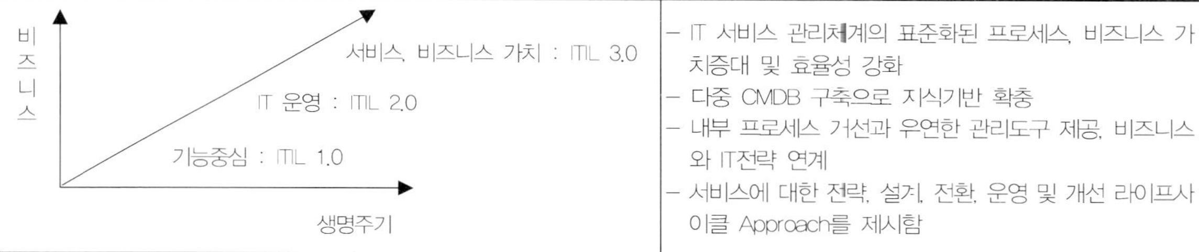


− IT 서비스 관리체계의 표준화된 프로세스, 비즈니스 가치증대 및 효율성 강화
− 다중 CMDB 구축으로 지식기반 확충
− 내부 프로세스 개선과 우연한 관리도구 제공, 비즈니스와 IT전략 연계
− 서비스에 대한 전략, 설계, 전환, 운영 및 개선 라이프사이클 Approach를 제시함

### (2) ITIL 3.0 추진 프로세스

| 절차 | 주요 내용 | 추진 기법 |
|---|---|---|
| 서비스 전략 | − 조직 목표와 서비스 기대치를 설정하고 기회를 판단하여 우선순위를 정하는 데 사용 | − 비용관리, 포트폴리오 관리, ROI |
| 서비스 설계 | − 서비스 관리 프로세스의 설계 및 개발 가이드 제시, 서비스 포트폴리오와 서비스 자산으로 전환하는 방법 설정<br>− 신규 서비스 뿐만 아니라 기존 서비스에 대한 변경과 개선 등도 포함 | − 서비스 카탈로그 분류, SLM, 용량 관리, 가용성 관리, IT연속성 관리, 정보보안, 공급자 관리 |
| 서비스 전환 | − 신규 및 변경 서비스를 운영단계로 이행할 필요 역량 개발 및 가이드 제공 | − 전환계획관리, 변경관리, 자산 및 구성관리, 배포 및 배치관리, 서비스 확인 및 테스트, 평가관리, 지식관리 |
| 서비스 운영 | − 서비스 지원과 수행에 필요한 고객 가치 제공 | − 이벤트 관리, 인시던트 관리, 요청 관리, 문제 관리, 접근 관리, 운영활동 |
| 서비스 개선 | − 지속적인 관리 및 모니터링 | − 7단계 개선 프로세스 |

(3) ITIL 3.0 적용 방안

| 구분 | 주요 내용 |
|---|---|
| IT 거버넌스 체계 확립 | - 기업의 새로운 가치(Value)를 창출 및 목표설정. 방향성 제시<br>- IT 활동에 대한 성과 측정 및 IT 거버넌스 체계의 실행 지침 활용 |
| 비즈니스 연계 | - 비즈니스 가치(Value) 제공하는 IT 서비스 라이프사이클 제공<br>- 비즈니스 지표(CSF, KPI, BSC)와 연계된 IT 전략, 설계, 관리 지표 도출<br>- 서비스 전략 및 서비스 설계를 비즈니스의 전략과 포트폴리오 반영 |
| 지속적인 품질 활동 | - IT 서비스에 대한 품질 규격(인증 규격: 사내 품질 체계)로 적용<br>- IT 서비스 전 영역(서비스 전략, 서비스 설계 포함)에 대한 개선활동 |

(4) ITIL v3 적용 시 고려사항

-ITIL v3에 대한 이해와 전문가가 부조하여 ITIL v3에 대한 충분한 교육을 수행

-비즈니스 중심의 재무성과와 IT서비스 성과를 연계하여 성과 및 평가체계 구성

-ITIL v2 기반의 ITSM 적용 기업에서는

· 프로세스 접근: ITIL v2 → v3로 변화 추가된 프로세스 검토

· 프레임워크 접근: IT관리 체계를 ITIL v3의 라이프사이클로 검토하여 반영

-ISO/IEC 20000 인증을 추진하여 구축된 IT서비스 관리 모델에 대한 품질 관리 활동 전개(사후 심사 6개월 1회)

## 2.2.4 SLA(Service Level Agreement)

(1) SLA의 정의

-고객사에서 제공하는 정보시스템 아웃소싱 서비스의 수준을 정량적으로 측정하여, 서비스 성과를 측정하고, 미흡한 부분을 개선하는 서비스 수준의 성과 관리 방식에 대한 합의서

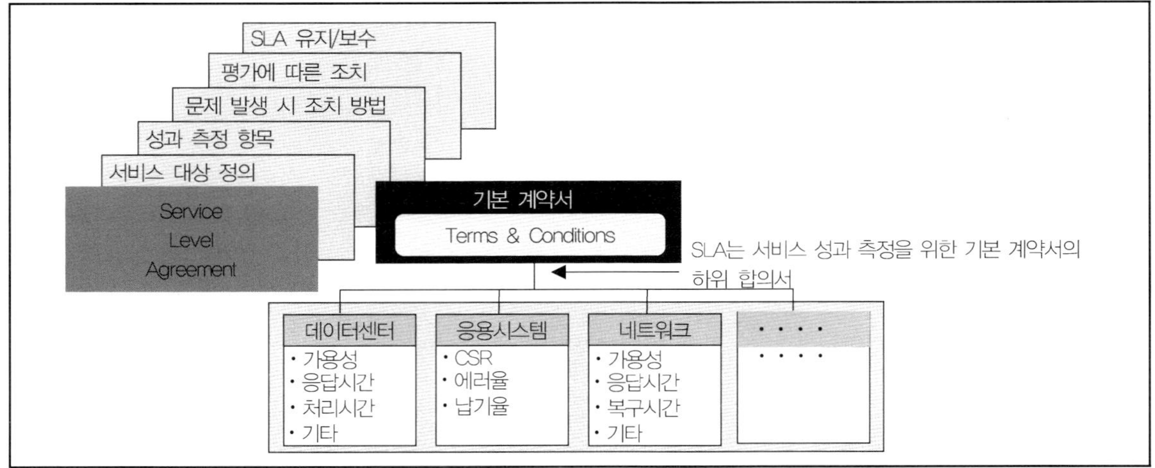

⑵ SLA의 등장 배경 및 필요성

① 등장 배경: 서비스 영역의 증가, 제한된 전산 자원, 측정과 계량의 어려움, 수요자와 공급자의
　 기대 차이

② 필요성

- 커뮤니케이션: 고객과 서비스 제공 업체 간의 의사소통 도구
- 분쟁 예방: 상호 간의 명확한 눈높이, 기대수준 합의, 품질 실체화 통한 분쟁 방지
- 지속적 관리: 일시적, 임시적 관리 대상이 아닌 계속 Version-Up 통한 관리
- 측정 목적: 무형성, 이질성을 특징으로 하는 서비스를 실체화, 효과성을 측정
- 문서화: 서비스 수준을 정의하고 이를 문서화한 계약 체계

⑶ SLA의 구성 요소

| 구성 요소 | 주요 내용 |
| --- | --- |
| 서비스 카탈로그<br>(Service Catalogue) | - 서비스 제공을 위한 서비스 목록<br>- 제공 서비스에 대한 설명, 범위, SOW 포함한 제공 내역 |
| 서비스 수준 관리지표<br>(Service Level Metrics) | - 서비스 제공 영역별 서비스 수준을 정량적으로 파악하기 위한 성과지표 |
| 서비스 목표 수준<br>(Service Level Objectives) | - 서비스 수준 관리 지표별 목표치 및 최소치<br>- 최소치 미달 시 페널티 부과, 초과 달성 시 인센티브 부여 |
| 서비스 성과 측정 기준<br>(Service Level Measurements) | - 정의된 서비스 수준 관리지표를 정량적으로 측정하기 위한 방법<br>(측정 구간, 측정 주체, 측정 주기) |
| 서비스 수준 보고<br>(Service Level Reports) | - 서비스 수준에 대한 의사소통체계로서의 보고 형식 및 보고 방법 |

## (4) 서비스 수준 측정지표의 선정 방법

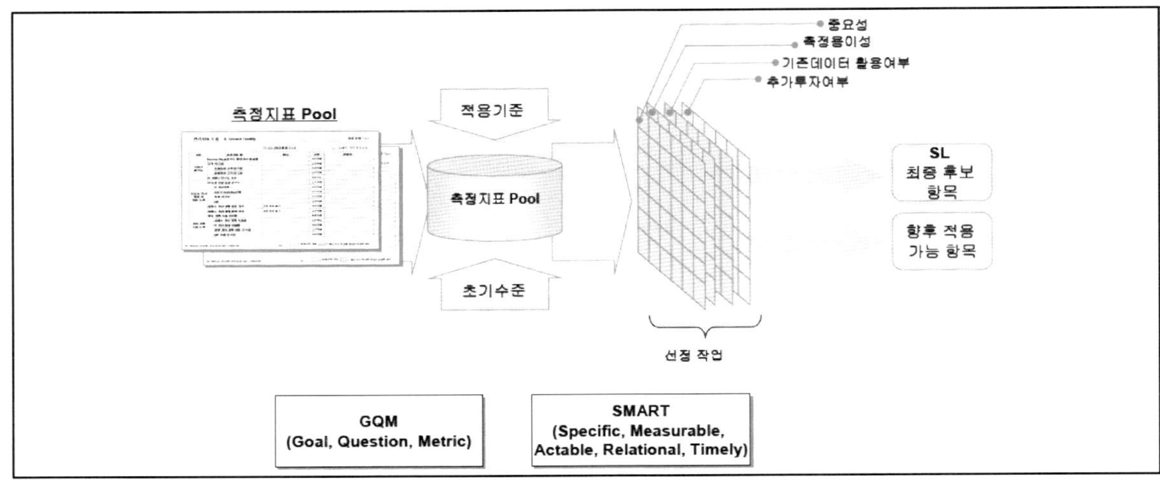


※ SMART Approach
- 구체성(Specific): 측정지표 선정 기준을 통하여 실제 적용 가능한 측정 지표 개발
- 측정 가능성(Measurable): 측정 지표 개발을 위한 측정 혹은 정량화 가능 여부 분석
- 실행(행동)가능성(Action-Oriented): 측정 지표 개선을 위한 Active 실행 가능성
- 연관성(Relevance): 달성하기 위한 목적을 측정하기 위한 목적 적합성 여부
- 시간(Time-based): 일정시간 내에 측정 지표 개발 가능 여부와 서비스에 대한 적시 및 주기성

## (5) SLA 지표 도출 프로세스

| 단계 | 설명 | 고려사항 |
| --- | --- | --- |
| 서비스 정의 | - 서비스 요구문서화, 초기성과 지표 설정 | 고객정의, 초기 KPI |
| 서비스 도출 | - 대상 서비스 조정, 운영 현황 파악 | 서비스 수준항목 |
| 서비스 협정 | - 역할 책임의 정의, 우선 순위 결정 | SLA작성, 승인 |
| 서비스 성과보고 | - SLO 모니터링, 보고서 작성 및 보고 | SLM 보고서 생성 |
| 서비스 통제 | - 문제해결 방안 수립 SLA 수정 | 서비스 개선 미팅 |

- 비즈니스 KPI와 SLA KPI 연계 도출, 비즈니스 전략 연계되는 전략 테마 맵 구성
- SLA KPI는 6개월 이상의 실측 데이터를 측정하여 SLA 평가 수준에 반영

## (6) SLA의 기대효과

| 고객 관점 | 서비스 공급 업체 |
| --- | --- |
| - 일정 수준의 정보 시스템 서비스가 보장<br>- 제공 서비스 및 성과 수준에 대한 상세 이해<br>- 경영자의 적절한 시스템 자원 통제와 성과 측정 가능<br>- 서비스 Quality 향상<br>- 성과 측정 기준과 위약금 사항 등을 명시하여 패널티 및 인센티브 부과 가능 | - SLA 수립 과정을 통해 상호 의사소통의 기회 마련<br>- 고객 기대 수준 관리 및 적정한 서비스 제공<br>- 서비스 개시 이후, 문서화 되지 않은 고객 요구사항에 대한 차단 가능성<br>- 고객과 기대차이를 최소화하여 상호간의 신뢰성 유지 |

(7) SLA 적용 전·후 비교

─IT서비스에 SLA적용 시 효율적으로 서비스를 관리하고 필요 요건을 효과적으로 충족

| 구분 | SLA 적용 전 | SLA 적용 후 |
|---|---|---|
| 서비스 성과 관리<br>체계의 특성 | ─ 정보시스템 운영 현황 지표<br>─ IT 구성 요소 간의 인과성 지표<br>─ 단순 실적 보고 수준 | ─ 비즈니스 중요도와 성과 지표관리<br>─ 지속적인 서비스 품질 향상 |
| 서비스 요건<br>정의의 명확성 | ─ 시스템 운영 관리의 일환으로 시스템 지표를 정량적으로 정의<br>─ 서비스 요건의 타당성 분석 곤란 | ─ 비즈니스 중요도에 따른 서비스 수준 정의<br>─ 서비스 요건의 타당성 분석 가능 |
| 서비스 요건<br>충족의 효과성 | ─ 덜 중요한 부분에 더 높은 수준의 서비스 제공할 가능성 있음<br>─ 부분적 최적화 | ─ 비즈니스상 중요 부분에 더 높은 수준의 서비스 우선 제공<br>─ 전체적 최적화 |
| 서비스 요건<br>충족의 효율성 | ─ 자원의 비효율적 활용 위험성<br>─ 관련자 간 표준 의사소통 수단 미흡 | ─ 원인 성과 지표 관리<br>─ 관련자 간 명확한 의사 소통 |

# 3. 정보시스템 하드웨어

## 3.1 컴퓨터 구조

### (1) 컴퓨터 시스템의 구성 요소

| 구성 요소 | 내용 |
|---|---|
| 하드웨어(Hardware) | – 기본 컴퓨팅 자원(CPU, Coprocessor, Memory, I/O 장치, 메인보드)을 제공 |
| 펌웨어(Firmware) | – 읽기 전용 메모리(ROM)가 부착된 영구 저장소에 저장되는 실행 가능한 명령어<br>– 마이크로 프로그래밍(Micro Programming)으로 프로그래밍(기계어보다 하위의 프로그래밍 Microcode 라는 명령어로 작성)<br>– Microcode 명령어가 프로세서 최적 속도를 제한하기 때문에 최근 사용 감소 |
| 소프트웨어(Software) | – 운영체제(OS) =시스템 소프트웨어<br>· 컴퓨터 시스템이 동작할 때 하드웨어, 소프트웨어, 데이터 등과 같은 자원을 적절하게 사용할 수 있는 방법을 제공(자원 할당자, 제어 프로그램)<br>· 컴퓨터를 효율적으로 운영 제어하기 위한 프로그램<br>– 응용 프로그램(Application Program)<br>· 컴퓨터로 사용자의 업무를 처리하기 위해 작성된 프로그램<br>· 컴퓨터를 사용하여 어떠한 일을 하려고 할 때 사용되는 모든 프로그램 |

### (2) 컴퓨터의 기본 구조

– 중앙처리장치, 주기억장치, 입출력장치로 구성되며 각 시스템 버스와 연결되어 있음

– 시스템 버스: Address Bus(주소정보), Data Bus(데이터 전송), Control Bus(제어신호)

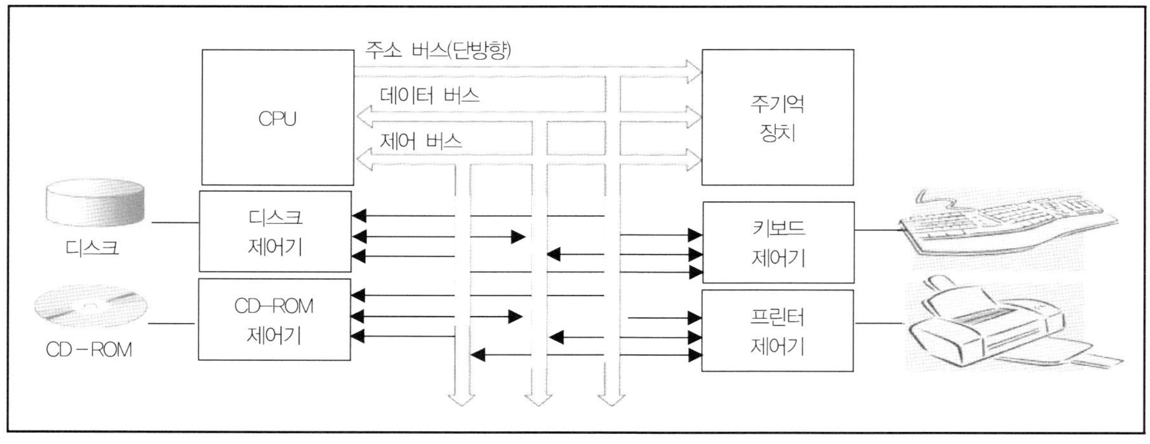

## (3) CPU와 기억장치 접속

| 유형 | 내용 |
|---|---|
| 주소버스(Address Bus) | – 주소 지정, 단방향 전송(Uni-directional Transfer)<br>– 주소선의 수는 CPU에 접속될 수 있는 최대기억장치용량 결정(최대주소지정) |
| 데이터 버스(Data Bus) | – 데이터 전송, 양방향 전송(Bi-directional Transfer)<br>– CPU가 한 번에 전송할 수 있는 비트 수 |
| 제어버스(Control Bus) | – 각종 요소들의 동작 제어 위한 신호선 집합<br>– CPU, 시스템 구성 따라 제어 신호선의 수 달라짐<br>– 기본적 신호로는 기억장치 읽기/쓰기, I/O 읽기 쓰기신호 |

## (4) CPU와 I/O장치(주변장치, 보조기억장치 등)의 접속

– I/O 장치는 CPU가 직접제어 하지 않고 별도의 인터페이스 회로 또는 제어기(Controller)를 통해야 함

– 기억장치와 마찬가지로 주소, 데이터, 제어 신호(BUS)가 연결됨(I/O 장치에 직접 연결하지 않고 I/O 제어기(I/O Controller)에 연결)

– 제어기에는 기본적으로 상태 레지스터, 데이터 레지스터가 있음

– 보조기억장치(하드디스크, CD-ROM 등)는 블록 단위 전송, 데이터 버퍼 존재

## 3.2 폰 노이만 아키텍처와 하버드 아키텍처

| 구분 | 폰 노이만 아키텍처(Von Neumann Architecture) | 하버드 아키텍처(Harvard Architecture) |
|---|---|---|
| 개념 | – 같은 주소공간을 가진 유일한 메모리에 저장된 Instruction(Program)과 Data를 CPU가 접근하여 사용하여 비용을 낮춘 컴퓨터 아키텍처<br>– CPU가 메모리로부터 읽고 쓰는 신호를 메모리를 동일하게 사용하는 컴퓨터 구조 | – 서로 다른 주소공간을 가진 분리된 메모리에 Instruction과 Data를 분리 저장하고, CPU는 분리된 버스로 접근하여, 성능을 높이고 복잡성을 단순화한 아키텍처<br>– 명령용 버스와 데기터용 버스를 물리적으로 분할 |
| 구조 | <br>– 명령어와 데이터를 위한 메모리가 별도 존재<br>– 명령어를 읽을 때, 데이터를 읽을 수 없음<br>– 명령어의 Store, fetch, Execute Cycle<br>– IBM 계열의 PC, ARM 7 등에서 사용 | <br>– 명령어/데이터를 귀한 인터페이스가 분리<br>– 명령어의 읽고/쓰기 병행 가능, 성능향상<br>– 버스 시스템의 설계가 복잡<br>– ARM9, ARM10, XScale 등에서 사용 |
| 실행 | – 메모리에 저장된 프로그램의 특정 지점부터 실행이 가능<br>– 명령어와 데이터의 구분이 없어 주어진 내용 전체를 무조건 실행 | – 현재 명령을 마침과 동시에 다른 명령어를 실행 가능(명령어의 실행 효율 향상)<br>– 명령어와 데이터의 구분이 가능하므로 동시 접근 수행가능한 프로그래밍 |
| 저장 | – 데이터와 명령어의 구분이 없어, 해석하는 프로그램에 따라 의미가 구분 | – 분리된 저장공간 별로 다른 크기의 주소 크기 사용(Word/Byte 단위) |

| 단점 | – CPU와 메모리 사이의 속도차이로 인해 Cache 메모리 필요 | – 실체 병행 구조와 메모리 분리로 인한 성능 향상이 높지 않음 |
|---|---|---|
| 활용분야 | – 외부의 대용량 메모리 접근을 위해 고성능CPU에 사용<br>– Intel 계열의 CPU에 사용 | – 소형 마이크로 컨트롤러 구현 시 높은 성능향상 효과<br>(Harvard + RISC)<br>– 임베디드 소형 프로세스(ARM계열) 사용 |
| 고려사항 | – 외부 메인메모리에 접근하기 위한 Cache 메모리의 크기,<br>CPU Prediction 알고리즘에 따라 성능이 크게 좌우<br>– 최근 CPU의 성능 향상으로 인해 Harvard 아키텍처와의<br>차이가 무의미해지는 경향(고성능 CPU 시장의 경우) | – 명령어/데이터 병행 처리의 높은 사용이 가능한 소형<br>CPU와 임베디드 시장에서 강세, 높은 안정성 보장을 위<br>한 언어적 측면의 컴파일러의 개발 필요<br>– Inline, Loop 등의 메모리 최적화 고려 |

## 3.3 CPU(Central Processing Unit)

(1) CPU의 정의

– 입력장치로부터 자료를 받아서 처리한 후 그 결과를 출력장치로 보내는 일련의 과정을 제어하고
조정하는 컴퓨터의 두뇌에 해당하는 핵심장치

(2) CPU의 구조 및 구성 요소

① CPU의 구조

– CPU내부: ALU(Arithmetic & Logical Unit), 레지스터 세트(Register Set), 제어 유닛(Control Unit), 이들
을 연결하는 내부버스로 구성

– CPU외부: 주소, 데이터, 제어 버스와 연결

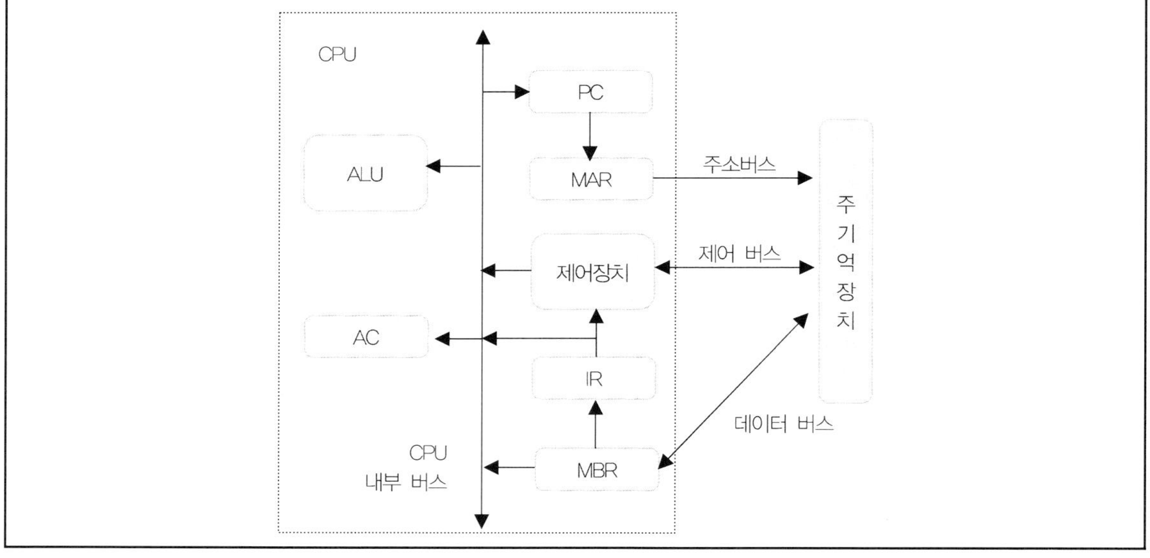

② 구성 요소

| 구성 요소 | 설명 |
| --- | --- |
| ALU(Arithmetic & Logical Unit) | - 제어 장치 명령에 따라 실제로 연산 수행하는 장치<br>- 산술 연산(사칙연산), 논리 연산(and, or, not), 관계 연산, shift 등<br>- 가산기, 누산기, 보수기, 데이터 레지스터, 오버플로 검출기 등 |
| 제어 유닛(Control Unit) | - 프로그램 코드(명령어)를 해석, 그것을 실행하기 위한 제어신호 순차적으로 발생<br>- 프로그램 카운터(PC), 명령어 레지스터(IR), 부호기, 명령어 해독기 등 |
| 레지스터(Register) | - 실행 중인 명령어를 기억하거나 다음 실행할 명령어의 주소를 기억하며 연산된 결과를 일시적으로 기억<br>- 연산에 필요한 데이터(명령, 중간 결과값) 임시 저장, 매우 빠른 속도의 Access 가능(고가)<br>- 특수 목적용, 일반 목적용 |
| 버스(Bus) | - 주소버스(Address Bus): CPU가 메모리, 입출력 장치의 주소를 지정할 때 사용<br>- 자료버스(Data Bus): CPU와 메모리, 입출력장치 사이에서 데이터 전송할 때 사용 |

(3) 내부 레지스터 종류

- 프로그램 코드들을 기억장치에 저장된 순서대로 실행하며, 그 주소는 CPU의 내부 레지스터인 프로그램 카운터(Program Counter)에 의하여 지정

| 레지스터 유형 | 설명 |
| --- | --- |
| PC(Program Counter) | - 다음 수행할 명령어가 저장된 주기억장치의 번지를 기억하는 레지스터 |
| MAR(Memory Address Register) | - 주기억장치에 접근하기 위한 주기억장치의 번지를 기억하는 레지스터 |
| MBR(Memory Buffer Register) | - 주기억장치에 입력 또는 출력할 자료를 기억하는 레지스터 |
| IR(Instruction Register) | - 주기억장치에서 인출한 명령코드를 기억하는 레지스터 |
| ACC(AC: Accumulator) | - 연산 수행 결과를 기억하는 레지스터로 연산의 중심이 되는 레지스터 |
| GPR(General Purpose Register) | - 명령 수행 도중 발생되는 광범위한 자료를 기억하는 레지스터 |
| PSW(Program Status Word) | - 프로그램의 수행에 따른 중앙처리장치의 상태 정보를 기억하는 레지스터 |
| MSR(Major State Register) | - 처리기에서 수행 중인 일의 내용에 대한 정보를 기억하는 레지스터 |
| SR(Shift Register) | - 내부 기억된 신호를 1 Bit 단위로 왼쪽 또는 오른쪽으로 이동하는 레지스터 |
| IR(Index Register) | - 색인 주소 지정 방식에서 색인 번지 값을 기억하는 레지스터 |
| BR(Base Register) | - 주기억장치의 특정 자료에 대한 재배치 이전의 번지를 기억하는 레지스터 |

(4) CPU 내 명령어 처리 Command Set 구조 CISC/RISC

① CISC(Complex Instruction set Computer)의 정의

- 단순한 명령 처리부터 복합적 명령 수행까지 하나의 명령 집합(Command Set)으로 실행할 수 있도록 여러 개의 명령어가 정의된 구조
- 많은 수의 명령어, 다양한 어드레싱 모드 지원, 가변길이 명령어 형식

② RISC(Reduced Instruction Set Computer)의 정의
- 복잡한 명령어의 제거, 단순 명령어의 조합을 통한 처리로 파이프라인 활용성 극대화, 프로세서 속도 향상의 명령어 정의 구조
- VLSI화, 파이프 라이닝 최적화, 레지스터 수의 확대, 단순 메모리 참조

※ VLSI(Very Large Scale Integration): 초대규모 집적회로

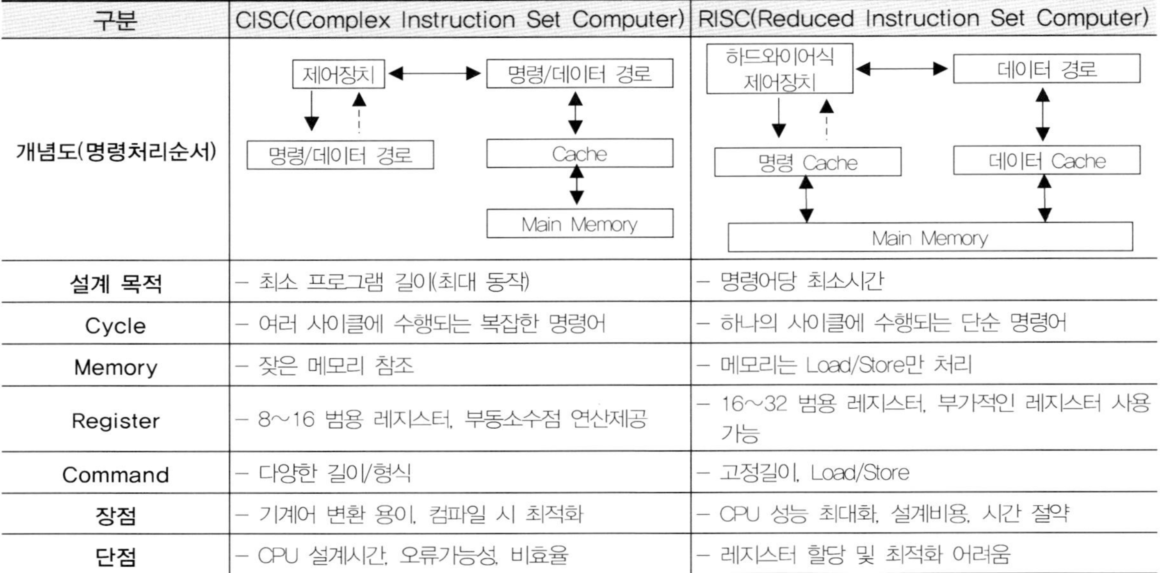


| 구분 | CISC(Complex Instruction Set Computer) | RISC(Reduced Instruction Set Computer) |
|---|---|---|
| 설계 목적 | - 최소 프로그램 길이(최대 동작) | - 명령어당 최소시간 |
| Cycle | - 여러 사이클에 수행되는 복잡한 명령어 | - 하나의 사이클에 수행되는 단순 명령어 |
| Memory | - 잦은 메모리 참조 | - 메모리는 Load/Store만 처리 |
| Register | - 8~16 범용 레지스터, 부동소수점 연산제공 | - 16~32 범용 레지스터, 부가적인 레지스터 사용 가능 |
| Command | - 다양한 길이/형식 | - 고정길이, Load/Store |
| 장점 | - 기계어 변환 용이, 컴파일 시 최적화 | - CPU 성능 최대화, 설계비용, 시간 절약 |
| 단점 | - CPU 설계시간, 오류가능성, 비효율 | - 레지스터 할당 및 최적화 어려움 |

(5) RISC의 한계점 및 EPIC의 출현
- S/W의 순서성, 분기, 결과 유동성 등의 증가로 병렬 처리에 의한 성능 향상 제약
- CISC에서 단일 Clock에 1개 이상 명령어 수행 가능, CISC에 RISC의 Pipelining 적용
- 32 Bit 레지스터, 분기 예측, 메모리 지역, 암시적 병렬 처리의 문제점 극복 위한 64 Bit 아키텍처에서 128개의 레지스터, 추론/예측 통한 명시적 병렬 처리
- Data Hazard, Control Hazard 해소한 EPIC으로 진화
- 프로그램의 컴파일 시점에서 예측해서 복수 명령을 동시 실행해도 문제가 없도록 명령의 순번을 차례대로 정해서 명령 실행

(6) CISC / RISC /EPIC의 비교

| 구분 | CISC | RISC | EPIC |
|---|---|---|---|
| 처리속도 | - 1/3 명령어/ clock | - 1명령어/clock | - 2명령어 이상/clock |
| 등장시기 | - 1980년대 | - 1980년대 후반 | - 1990년대 초반 |
| 특징 | - 최소 명령어 길이<br>- CPU 구조 복잡 | - 긴 명령어 길이<br>- 신뢰성 향상 | - 명령어 병렬처리<br>- 명령어 수행 |
| 제품 | - x86계열 | - RS/6000 Alpha 칩 | - HP IA-64 |

## 3.4 H/W유지보수

(1) H/W 유지보수 계획에 포함되어야 할 전형적인 정보

- 일상적인 유지보수가 필요한 각 IS하드웨어 자원에 대한 평판 있는 서비스 업체정보
- 유지보수 일정 정보, 비용 정보
- 유지보수 수행 이력 정보(계획 대비 실행되지 않은 것, 실행된 것, 예외적인 것)

(2) IS 관리자의 역할: 벤더의 유지보수 사양을 위반하는 사항을 모니터링하고, 식별하고, 문서화하고, 이러한 예외 사항에 대한 근거를 제시

(3) IS 감사인의 확인 사항

- 공식적인 유지보수 계획이 작성되고, 관리자에 의해 승인되도록 한다.
- 유지보수 비용이 예산을 초과하거나, 과도하지 않은지 확인한다.
- 적절한 조사와 후속 조치가 필요하다.

## 3.5 H/W 모니터링 및 용량 관리

(1) H/W 모니터링 관련 보고서

| 보고서 | 설명 |
|---|---|
| 가용성 보고서 | - IS 시스템의 Downtime 가용성과 서비스 허용 시간에 다한 분석 보고서를 나타내며, 부적절한 H/W시설, 운영체제의 지나친 유지보수, 예방 보수의 부족으로 침해 가능성 |
| 하드웨어 오류 보고서 | - CPU, 입출력, 전원, 기억장치의 장애상황을 알려줌<br>- IS 운영관리자는 장비가 적절하게 작동하도록 하고, 장애를 탐지하고, 수정조치<br>- IS 감사인은 H/W 또는 S/W의 오류의 확실한 원인규명이 쉽게 되지 않을 수 있는 점 인지<br>- 간헐적이거나 반복적으로 발생하는 문제는 원인을 적절하게 진단하지 못했음을 의미함 |
| 이용도 보고서 | - 모니터링용 S/W 사용하여 CPU, 채널, 디스크/Tape Drive의 저장매체 이용도를 측정한다<br>- 다중 사용자 전산 환경에서의 자원 이용도는 85~95% 범위<br>- 하드웨어 이용 Trend 정보를 통해 자원 요구 사항을 예측 |
| 자산/장비 목록 관리보고서 | - PC, 서버, 라우터, 기타 장비와 같은 네트워크에 연결된 장비의 자산 목록 |

(2) 용량관리

① 개념

- 가용 자원들이 효과적이고 효율적으로 사용되도록 컴퓨터와 네트워크 자원들을 기획하고 모니터링 하는 활동
- 자원의 확장이나 축소가 전반적인 비즈니스의 성장이나 감축과 병행하여 이루어져야 함
- 사용자와 IS 관리자 양측이 제시한 정보에 기초하여 수립되어야만 사업의 목표를 가장 효과적 및 효율적으로 달성 가능
- 최소한 연단위로 재조사 또는 갱신

② 용량 계획 및 모니터링 요소

| 절차 | 설명 |
| --- | --- |
| 개발 | - IT 자원의 용량에 대한 현재 및 미래의 요구사항을 기술하는 용량 계획을 개발 |
| 모니터링 | - 합의된 서비스 수준을 달성할 수 있도록 IT 구성 요소를 모니터링 |
| 분석 | - 모니터링 활동으로부터 수집 데이터를 분석하여 추세를 파악하고 정상사용과 서비스 수준 확립 |
| 튜닝 | - 모니터링 데이터의 분석 및 해석을 바탕으로 시스템의 실제 또는 예상 작업부하를 최적화 |
| 적용 | - 새로운 용량 요구사항을 충족시킬 수 있도록 용량을 변경하거나 새로운 용량을 도입 |
| 모델링 | - 장래의 용량 추이와 요구사항을 결정할 수 있도록 IT 자원의 행태를 모델링 하거나 예측 |
| 응용규모 산정 | - 새로운 용량에 대한 예상 자원을 고려 |

# 4. 정보시스템 소프트웨어

## 4.1 정보시스템 소프트웨어의 개요

(1) 정보시스템 소프트웨어의 역할

 −시스템 유틸리티와 프로그램으로 구성, 운영체제와 호환성 필요

 −시스템 소프트웨어의 기능은 운영체제에 내장 가능, 무결성 보장


(2) 시스템 소프트웨어의 유형

| 유형 | 설명 |
| --- | --- |
| 운영체제(Operating System) | − 시스템 소프트웨어 컴퓨터를 효율적으로 운영하여 제어하기 위한 프로그램 |
| DBMS(Database Management System) | − 데이터베이스를 구성하고 이를 응용 및 관리하기 위하여 구성된 프로그램의 집합체, 소프트웨어 시스템 |
| NMS(Network Management System) | − 네트워크를 관리하는 시스템 |
| 유틸리티 프로그램(Utility Program) | − 프로그램 작성에 도움이 되는 유용한 소프트웨어나 컴퓨터 운영에 도움이 되는 소프트웨어<br>− 다른 응용 소프트웨어, 운영체제, 또는 시스템 사용자들이 요구하는 몇몇 일반적 기능을 수행하도록 설계된 컴퓨터 프로그램 또는 루틴을 말함 |

 −접근통제 소프트웨어, 데이터 통신 소프트웨어, 프로그램 라이브러리 관리 시스템, 저장장치
 −테이프 및 디스크 관리 소프트웨어


## 4.2 운영체제(Operation System)

(1) 운영체제의 정의

 −컴퓨터에서 항상 수행되는 프로그램으로 하드웨어와 기본 시스템의 동작을 직접적으로 제어하고 관리하는 일을 하는 시스템 S/W


(2) 운영체제의 주요 기능

| 관점 | 설명 |
| --- | --- |
| 시스템 관점 | − 효율적이고, 공정하게 운영할 수 있도록 어느 요청에 자원을 할당할지를 결정하는 자원 할당자(Resource Allocator)인 동시에 입출력 장치를 제어하는 제어 프로그램(Control Program) |
| 사용자 관점 | − 편리하고 효율적으로 컴퓨터를 사용하도록 UI(User Interface: Graphic UI, Text UI, Menu UI)를 제공해 주는 프로그램 |


(3) 운영체제의 목적

 −처리능력의 향상: 시간당 작업처리량

- 신뢰도의 향상: 실패 없이 주어진 기능을 수행할 수 있는 능력
- 응답시간의 단축: 사용자가 시스템에 작업을 의뢰하고 나서 반응을 얻을 때까지의 시간
- 사용가능도의 향상: 고장과 오류가 발생해도 운영 영향 최소화

### (4) 운영체제의 종류

| 종류 | 설명 |
| --- | --- |
| Batch Processing(Main Frame) | – 유사한 작업을 모아 일괄처리, 실행 시간 장시간 요하는 작업, 예) Compile 작업<br>– H/W 효율적 이용 가능하나 실시간 처리 미흡 |
| Multi Programming | – CPU 가동률 극대화 ☞ 유휴 시간 최소화<br>– 유휴시간 없이 메모리 내의 작업들을 스케줄링에 의해 수행<br>– 정교한 메모리 관리 기법, 효율적 작업 스케줄링 기법 |
| Time Sharing | – Multi Programming의 논리적 확장<br>– 사용자와 시스템 간의 Interactive/실시간 통신 환경 |
| Distributed System | – 독립적 운영체제가 N/W 등을 이용해 협업<br>– Client/Server, P2P, Loosely Coupled |
| Multi Processor | – 시스템에 Multi CPU 구성(Tightly Coupled)<br>– Symmetric, Asymmetric 구성 |

## 4.3 Database & DBMS(Database Management System: 데이터 베이스 관리 시스템)

### (1) Database의 개요

① Database와 관련 개념

| 항목 | 정의 |
| --- | --- |
| Database | – 공동 목적을 지원하기 위한 서로 관련된 자료들의 집합체<br>– 논리적으로 연관된 레코드나 파일의 모임 |
| Database System | – Database를 구성하고 이를 응용하기 위하여 구성된 S/W 모임 |
| Data Model | – 데이터의 구조를 논리적으로 표현 |

② 데이터베이스의 주요 특징

a. 개념적인 특징

- 통합된(Integrated) 데이터: 똑같은 데이터가 원칙적으로 중복되어 있지 않음의 의미 최소의 중복
- 저장된(Stored) 데이터: 컴퓨터가 접근 가능한 저장 매체에 저장된 데이터
- 운영(Operational) 데이터: 어떤 조직의 고유 기능 수행을 위한 데이터
- 공용(Shared) 데이터: 조직의 여러 응용시스템들이 공통으로 생성하고 유지하여 이용하는 공통 데이터

b. 일반적인 특징

−실시간 접근성(Real Time Accessibilities): 질의에 대한 실시간 처리 및 응답

−계속적인 변화(Continuous Evolution): 최신의 내용을 계속 갱신, 삽입, 삭제, 연산이 이루어짐

−동시공용(Concurrent Sharing): 여러 사용자들은 같은 데이터를 동시에 사용할 수 있어야 함

−내용에 의한 참조(Content Reference): 특정 데이터를 실제 저장된 위치나 주소가 아닌 값에 따라 참조

③ Database Architecture

| 구분 | 특징 | 사례 |
|---|---|---|
| 계층형 | − Tree 구조(부모 − 자식 관계)<br>− Database 구현과 수정, 검색이 쉬움<br>− 최초의 구현 모델 |  |
| 네트워크 | − 자식은 하나 이상의 부모를 가질 수 있음<br>− 매우 복잡, 이해와 수정, 장애 시 재구성 어려움<br>− 복잡한 상호 의존 관계가 명확히 정의된 안정된 환경에 효율적<br>− 2개 이상의 부모 레코드를 허용 | 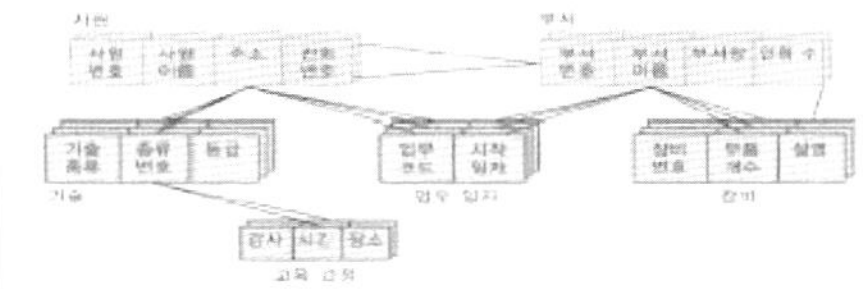 |
| 관계형 | − 실 세계의 정보를 2차원 테이블을 활용하여 표현<br>− 테이블과 테이블 간의 연결이 가능<br>− 사용자 이해와 구현, 수정이 용이<br>− 다른 DB로부터의 이식 용이, 접근제어 구현 용이 | 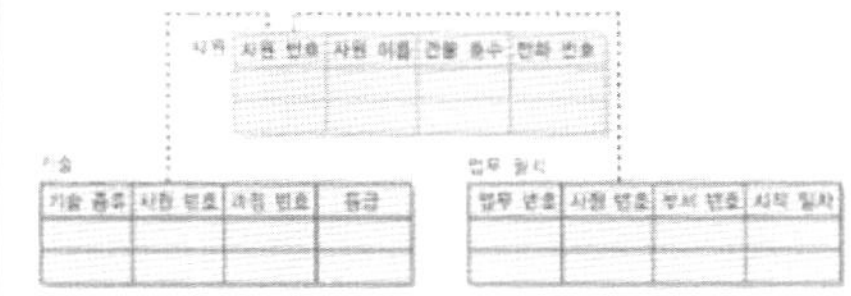 |
| 객체지향형 | − 실 세계의 객체를 관리대상으로 표현<br>− 객체는 상태, 형태, 관계로 정의하여 표현<br>− 그래픽, 오디오, 멀티미디어 등 다양한 형식의 데이터 저장에 적합 | |
| 객체−관계 | − 기존 관계형 Database에 객체지향 Database기능을 추가<br>− 멀티미디어 데이터 지원 가능<br>− 사용자 정의 데이터 삽입, 사용자 정의 함수 가능<br>− 대형 객체타입의 가능 | 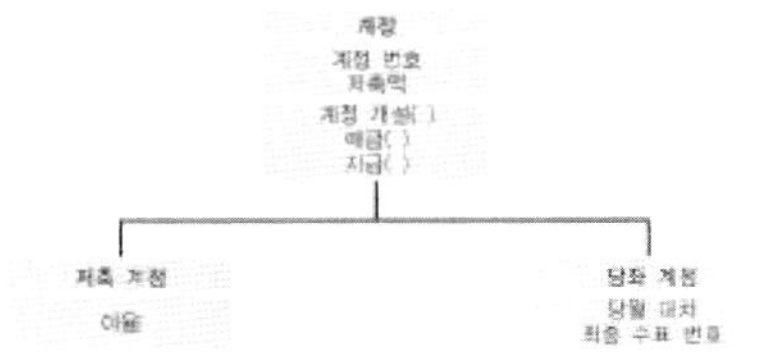 |

④ Database 용어

−SQL: Structure Query Language, DB 접근의 조작에 사용되는 언어

−Dictionary: 메타데이터와 데이터 관계의 중앙 저장소

−Metadata: 데이터에 대한 정보를 제공하는 데이터

－Schema: 데이터베이스의 구조

－View: 가상적인 관계 혹은 부분, 어떤 데이터가 특정 사용자에게 접근 가능할 지를 조절

☞ 예방통제, 무결성


## (2) DBMS(Database Management System: 데이터베이스 관리시스템)

### ① DBMS의 정의

－데이터베이스를 구성하고 이를 응용 및 관리하기 위하여 구성된 프로그램의 집합체, 소프트웨어 시스템


### ② DBMS의 구성도

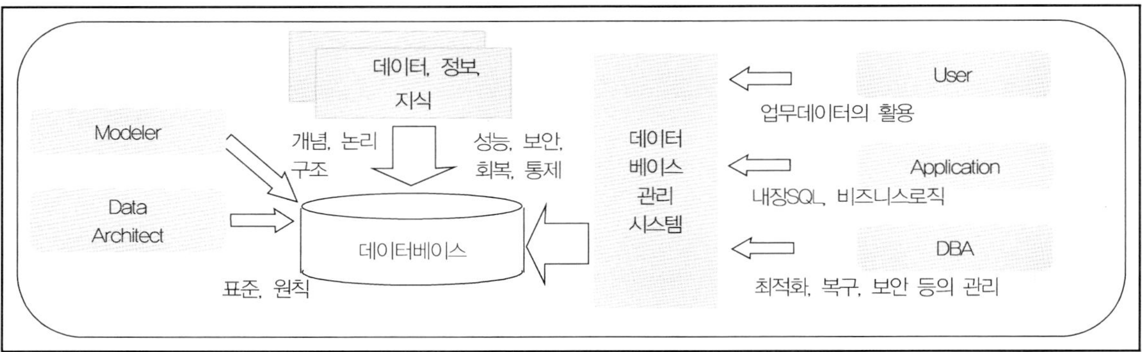



### ③ DBMS의 주요 구성 요소

### a. 컴파일러 및 처리기

| 항목 | 정의 |
| --- | --- |
| DDL 컴파일러 | － 정의어(DDL)로 명세된 스키마 정의를 내부 형태로 처리하여 시스템 카탈로그에 저장 |
| 질의어 처리기 | － 터미널을 통해 일반 사용자의 요청을 처리 |
| DML 예비컴파일러 | － 응용 프로그램 속에 삽입시킨 DML 명령어(DLI)를 추출 |
| DML 컴파일러 | － 예비 컴파일러의 DML 명령어의 파싱 및 목적코드 생성 |
| 런타임 DB처리기 | － 검색, 갱신 등 연산을 저장 데이터 관리자를 통해 Database |


### b. 제어 관리자

| 항목 | 내용 |
| --- | --- |
| 트랜잭션 관리자 | － 무결성 제약조건의 준수, 데이터 접근 권한 등의 통제 수행, 병행제어, 회복작업수행 |
| 저장데이터 관리자 | － 데이터베이스에 저장된 레코드의 검색, 변경, 삭제, 삽입과 데이터의 적재, 인덱스 관리 등의 수행 |

c. DD(Data Dictionary: 데이터 사전)

－개념: 데이터베이스에 저장되어 있는 모든 데이터 개체들에 대한 정의나 명세에대한 정보를 유지 관리하고 있는 시스템(리포지터리)

－DD의 활용

| 활용 | 내용 |
|---|---|
| 스키마 구조 저장 | － 기본적인 데이터사전의 기능(스키마의 테이블명, 인덱스명, 참조관계명 등) |
| Audit 감사 추적(로깅) | － 진단 및 최적화 활용(Log, Transaction 정보, 세션 정보 등) |
| 사용자, 사용권한 | － RBAC(역할기반 접근방법), 입력, 수정, 삭제 등에 대한 권한 정보 등 |
| 질의 최적화기 | － Optimizer(Cost 기반, Rule 기반)가 최적화 수행을 위한 Execution Plan 수립 |

# 5. 정보시스템 네트워크

## 5.1 네트워크 개요

(1) 통신의 개념

- 송신자의 메시지를 수신자에게 메시지를 전달하는 과정으로 한 지점에서 원하는 다른 지점까지 의미 있는 정보를 보다 정확하게 빠르게 상대방이 이해가 될 수 있도록 전송하는 것

- 네트워크 유형: 규모에 따른 분류

| 구분 | 개념 | 특성 |
|---|---|---|
| LAN(Local Area Network) | – 근거리 영역의 네트워크로 동일한 지역(공장, 사무실 등) 내의 고속의 전용회선으로 연결하여 구성하는 통신망 | – 단일 기관 소유의 네트워크 수 km 범위 이내 한정된 지역을 갖는다<br>– Client/Server와 Peer-to-Peer 모델이 있다<br>– WAN보다 빠른 통신 속도를 가질 수 있다 |
| WAN(Wide Area Network) | – 광대역 네트워크 망으로 서로 관련이 있는 LAN들 간을 상호 연결시킨 망 | – 전송속도: 56Mbps 이하 LAN에 비해 선로 에러율이 높고, 전송지연도 크다<br>– WAN의 설계 시 전송효율과 특성 고려<br>– 두 목적지 간을 최단경로로 연결시켜주는 라우팅 알고리즘이 중요<br>– 제한된 트래픽 조건하에서 흐름 제어와 과도한 지연을 제거 |
| MAN(Metropolitan Area Network) | – LAN과 WAN의 중간 형태의 네트워크로 데이터, 음성, 영상 등을 지원하기 위해 개발 | – 전송속도: 45Mbps 이상<br>– 네트워크 서비스 범위: 최대 75km 정도<br>– 전송매체: 동축 케이블, 광케이블<br>– IEEE 802.6 접속방식이 표준화된 매체액세스제어(MAC) 프로토콜이 사용<br>– DQDB(Distributed Queue Dual Bus) |

## 5.2 OSI 7 Layer(Open System Interconnection)

(1) OSI 7 Layer의 개요

① 프로토콜(Protocol): 통신망에서 통신을 원하는 양측 시스템에서 데이터를 주고 받기 위해 미리 약속된 운영상의 통신 규약이다. 즉, 데이터 통신 수행 규칙들의 집합이다.

② OSI 7 Layer

- 개방형 시스템의 네트워크의 효율적인 이용을 위하여 모든 데이터 통신 기준으로 계층을 분할하고, 각 계층 간의 필요한 프로토콜을 규정
- 목표: 정보가 전달되는 Framework를 제공, 네트워크 형태에 차이가 발생해도 데이터 통신을 지원

③ OSI 7 계층과 TCP/IP 계층 구조 비교

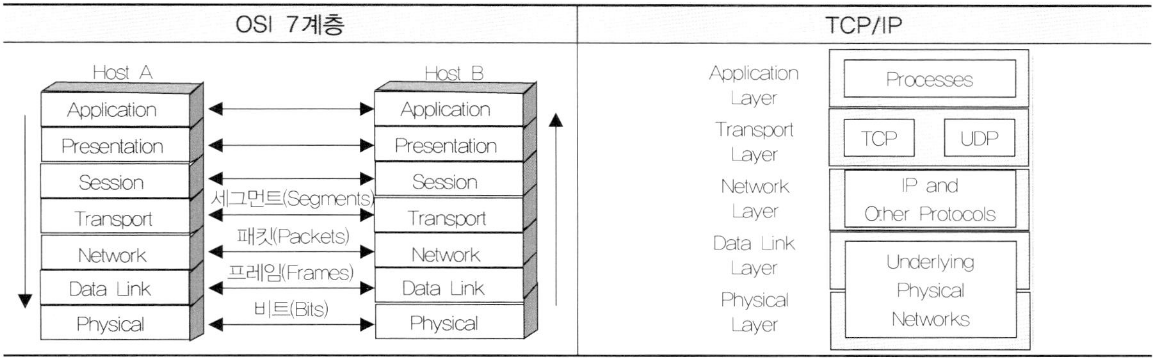


| OSI 7 Layer | 주요 내용 | 주요 프로토콜(매체) |
|---|---|---|
| 7. Application | − 사용자 SW를 네트워크에 접근 가능하도록 함<br>− 사용자에게 최종 서비스를 제공 | − FTP, SNMP, HTTP, Mail, Telnet |
| 6. Presentation | − 포맷기능, 압축, 암호화<br>− 텍스트 및 그래픽 정보를 컴퓨터가 이해할 수 있는 16진수 데기터로 변환 | − 압축, 암호, 코드 변환<br>− MIDI, MPEG, JPEG, 암호화<br>− GIF, ASCII, EBCDIC |
| 5. Session | − 세션 연결 및 동기화 수행, 통신 방식 결정<br>− 가상 연결을 제공하여 Login/Logout | − 반이중, 전이중, 완전이중 결정<br>− RPC, X Window, NFS, SQL, ASP<br>− SSL |
| 4. Transport | − 가상연결, 에러제어, Data 흐름제어, Segment 단위<br>− 두 개의 종단 간 End-to-End 데이터 흐름이 가능하도록 논리적 연결<br>− 신뢰도, 품질보증, 오류탐지 및 교정 기능 제공<br>− 다중화(Multiplexing) 발생 | − TCP, UDP, SPX |
| 3. Network | − 경로선택, 라우팅 수행, 논리적 주소 연결(IP)<br>− 데이터 흐름 조절, 주소 지정 메커니즘 구현<br>− 네트워크에서 노드에 전송되는 패킷 흐름을 통제하고, 상태메시지가 네트워크 상에서 어떻게 노드로 전송되는가를 정의, Datagram 단위 | − IP, ICMP, IPX, ARP<br>− 라우팅 프로토콜<br>(RIP, OSPF, BGP) |
| 2. Data Link | − 물리주소 결정, 에러제어, 흐름제어, 데이터 전송<br>− Frame 단위, 전송오류를 처리하는 최초의 계층<br>− Frame 비트의 구성<br>• 주소필드: 송신자와 수신자의 물리 주소<br>• 제어필드: 흐름 제어<br>• 데이터필드: Frame이 전송하는 실제 데이터 보유<br>• 오류제어필드: 오류를 탐지<br>− Frame의 하위 계층<br>• MAC(Medium Access Control): 공유 물리적 매체에 대한 접근 제어<br>• LLC(Logical Link Layer): Data Link 계층이 네트워크의 두 인접 노드 사이의 데이터 전송을 책임 | − 흐름제(Stop&Wait, Sliding Window), 오류제어(ARQ)<br>− 브리지, PPTP, L2TP, HDLC<br>− Frame Relay |
| 1. Physical | − 전기적, 기계적 연결정의, 실제 Data Bit 전송<br>− Bit 단위, 전기적 신호, 전압구성, 케이블, 인터페이스 등을 구성<br>− Data Rates, Line Noise Control, 동기화 기능 수행 | − 매체: 동축케이블, 광섬유, Twist Pair Cable<br>− ISDN, 리피터, Hub, X.21 |

− End-to-End: 7∼4계층, 송수신자 간의 에러 Control
− Point-to-Point: 3∼1계층, 각 구간에 대해 에러 Control

⑤ OSI 7 Layer 데이터 전달방식

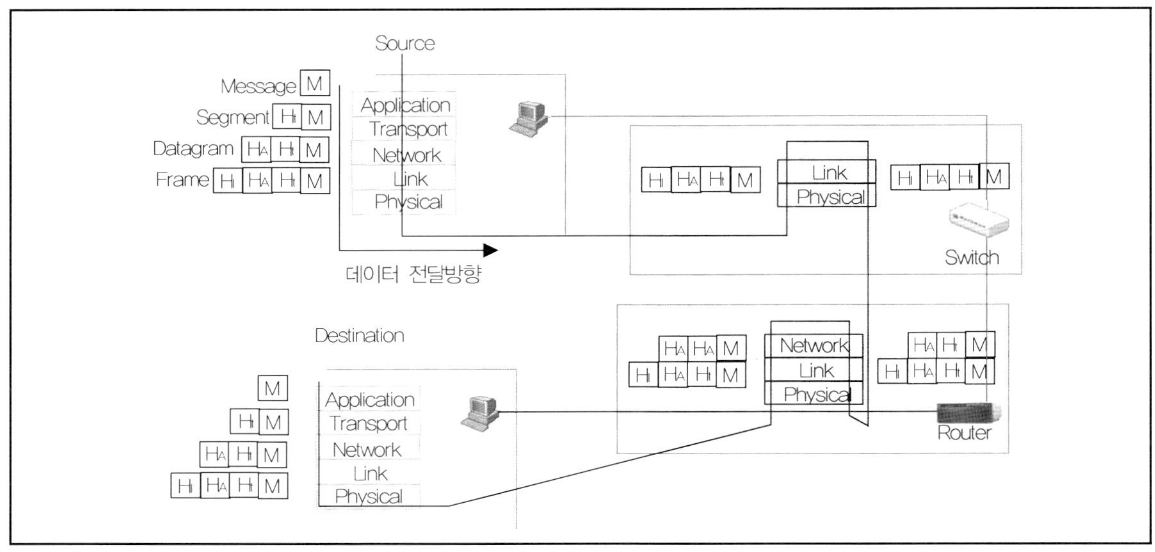


⑥ 링크(Link) 암호화 vs 단대단(End-to-End) 암호화

a. Link 암호화: H/W로 구현, 헤더 정보까지 통째로 암호화

−OSI 계층: Physical ~ Data Link

−중계 노드에서 매번 복호화되고 다시 암호화 한다.

−라우팅 정보까지 암호화 되므로 트래픽 분석에는 강하지만 중계 노드에서 일시적으로 평문 상태로 남는 약점이 존재한다.


b. End-to-End 암호화: S/W로 구현

−OSI 계층: Network ~ Application, 데이터의 출발지와 목적지는 암호화 되지 않는다.

−송신자 말단에서 암호화 되고 수신자 말단에서 복호화 되면 중계 노드에서는 단지 중계만 한다.

−사용자 인증 등의 높은 보안이 제공되지만 라우팅 정보가 암호화 되지 않기 때문에 트래픽 분석에 취약

c. 상호간의 비교

| Link | End-to-End |
|---|---|
| Link | End-to-End |
| ISP/통신 사업자가 한다 | 사용자가 한다 |
| 구현이 쉽다 | 구현이 어려움 |
| 해당 노드가 공격당하면 전체가 위험 | 중간 노드으 공격어도 영향이 없다 |
| 트래픽 분석에 강하다 | 트래픽 분석에 취약 |

⑦ TCP/IP

a. TCP/IP 개요

- Transmission Control Protocol/Internet Protocol)은 DoD(미국방성) 모델이라고 하며 OSI 7 Layer와 매
  우 흡사
- 이기종 간 네트워크 환경에 대한 표준으로 OSI보다 먼저 만들어지고 가장 많이 사용되고 있음

b. TCP/IP 구조

| OSI 7 Layer | TCP/IP | TCP/IP 주요 기능 |
|---|---|---|
| Application | Application | - 네트워크를 실제로 사용하는 응용 프로그램으로 구성<br>- FTP, TELNET, SMTP 등이 있음 |
| Presentation | | |
| Session | | |
| Transport | Host-to-Host | - 도착하고자 하는 시스템까지 데이터를 전송<br>- 시스템의 Address와 Port를 가지고 프로세스를 연결해서 통신함<br>- TCP, UDP |
| Network | Internet | - Datagram을 정의하고 Routing 하는 일을 담당<br>- IP, ARP, RARP, ICMP |
| Data Link | Network Access | - 케이블, 송수신기, 링크 프로토콜, LAN 접속과 같은 물리적 연결 구성을 정의 |
| Physical | | |

## 5.2.1 Application Layer

(1) 개요

- 해당 Application(E-mail, FTP, HTTP 등)에 맞게 사용자 인터페이스를 설계하는 계층
- 통신하는 상대편 응용계층과 연결을 하고, 상대편 컴퓨터와 기본적인 사항들, 에러제어, 일관성
  제어를 맞춤
- 어떻게 파일을 보낼지, 프린터를 어떻게 공유할지, 전자우편을 어떻게 보낼지를 다룸

(2) 프로토콜(Port)

−TCP 기반: FTP(21), SSH(22), Telnet(23), SMTP(25), HTTP/S(80), PoP23(110), SSH(22)

−UDP 기반: SNMP(161), DNS(53), TFTP(69), SYSLOG(514)


(3) NMS(Network Management System: 네트워크 관리 시스템)

−운영되는 네트워크 망의 안정성, 효율성을 높이기 위해 구성, 장애, 통계, 상태 정보를 실시간 수
집 및 분석하는 네트워크 관리시스템

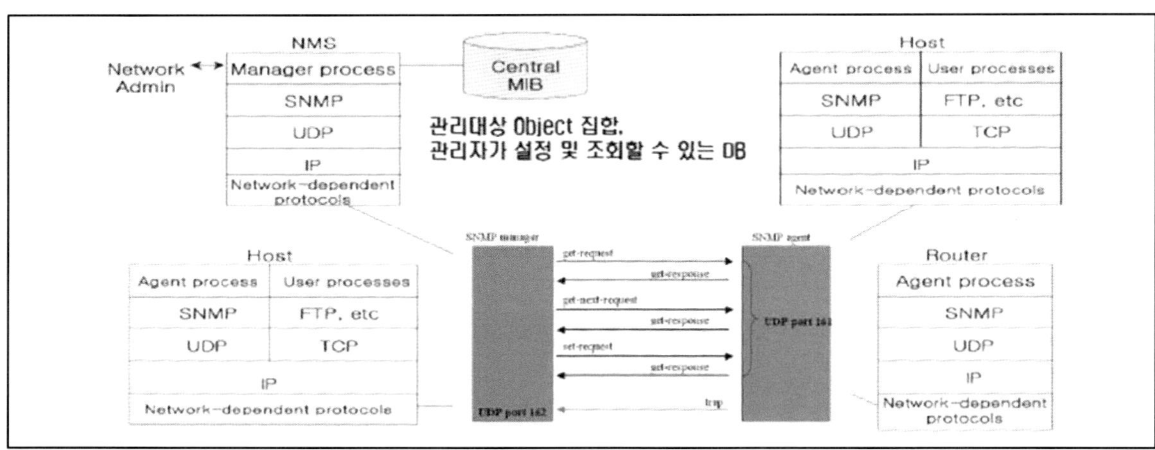


− 네트워크 장비 내 Agent를 통해 MIB 정보를 SNMP 를 통해 Repository 저장, 분석


① NMS의 구성 요소

| 구성 요소 | 내용 |
| --- | --- |
| NMS 서버 | − 네트워크 관리자가 접근하는 Interface 제공<br>− 관리 정보(MIB) 저장, 분석, 모니터링, 레포팅, 구성관리 등 |
| Repository | − 관리하는 네트워크 장비의 MIB 정보 저장소 |
| Agent | − NMS 서버와 통신 모듈, Polling 방식으로 데이터 전송 |
| MIB | − Management Information Base<br>− 장비별 상태(처리량, Fault 정보 등), 환경 정보(CPU, MEM 등) |
| SNMP | − Simple N/W Management Protocol(단순망 관리 프로토콜)<br>− TCP/IP를 사용하는 N/W의 각종 S/W, H/W들을 관리하기 위한 프로토콜 |

② NMS의 주요 구성 요소

| 구성 요소 | 내용 |
|---|---|
| 구성관리 | – Configuration Management, NW에 존재하는 모든 H/W, S/W 자원들에 대해 구성하고, 관련 정보를 수집, 유지하는 기능<br>– 주기적으로 구성 요소를 Polling하여, 상태파악, 분석을 통해 NW 계획, 제어, 변경 및 모니터링 |
| 성능관리 | – Performance Management<br>– N/W의 가용성과 응답시간측면에서 NW에 연결된 시스템 및 지선망의 성능 감시 및 제어 |
| 장애관리 | – Fault Management<br>– N/W 장애발생 시, 장애감지, 장애원인 및 위치파악, 복구<br>– N/W 성능에 대한 상태를 감지하여 성능관리에서 제공된 통계정보와 비교하여 N/W 상태의 정상여부를 알려줌 |
| 보안관리 | – Security Management<br>– NW 의 완전성과 함께 비인가자의 침입 및 비인가자의 NW 이용방지척임 |
| 계정관리 | – Accounting Management<br>– N/W 관리자가 NW 자원의 사용을 분석하여 이용자에게 비용을 부과 및 각 개인이 이용하는 NW서 비스 이용을 기록하여 통계작성 |

## 5.2.2 Transport Layer

(1) 개요

– 개념: 수신 측에 전달되는 데이터에 오류가 없고 데이터의 순서가 수신 측에 그대로 보존되도록 보장하는 연결지향 서비스(Connection Oriented Service)의 역할을 하는 종단 간(End-to-End) 서비스 계층
– 핵심 목표: 신뢰성 있는 연결, 흐름 통제

(2) TCP와 UDP의 비교

| 항목 | TCP | UDP(TCP보다 빠름) |
|---|---|---|
| 3-Way Handshake | Y | N |
| Reliable, Connection | Y, Connection-oriented | N, Connectionless |
| Sequence | Y(Seq # in TCP) | N |
| Flow Control | Y(Window in TCP) | N |
| Fragmentation | 거의 발생 안 함<br>(MSS in TCP) | 주로 발생 |
| Attack | SYN Flooding, Port Scan | Fraggle, Port Scan |
| 사용 프로토콜 | SMPT, FTP, HTTP, Telnet | SNMP, NFS, Kerberos |
| 기타 | 재전송 처리 | Best-effort 프로토콜 |

(3) TCP(Transmission Control Protocol) 구조와 특징

– IP 상위에서 수행되는 트랜스포트 계층의 프로토콜

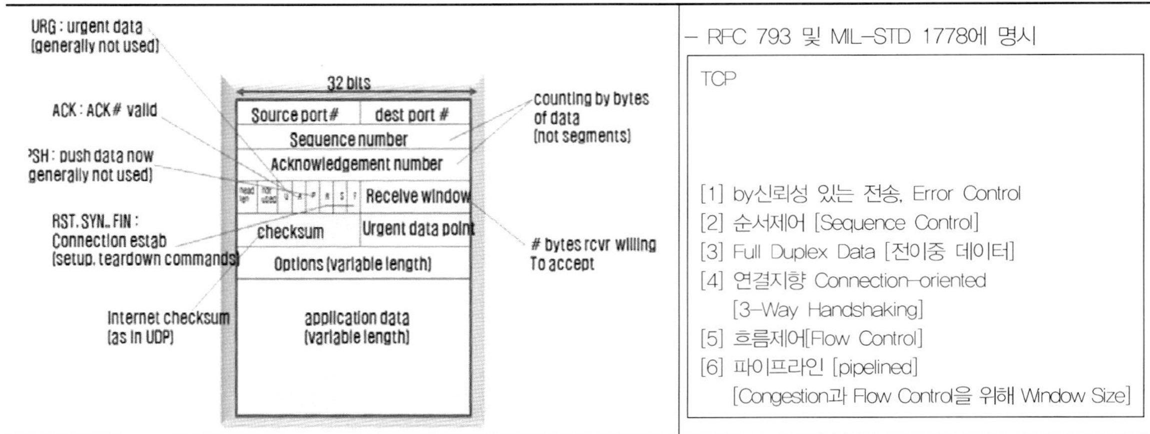


| 항목 | 내용 |
| --- | --- |
| 근원지 포트(Source Port) | – 가상 선로의 송신 측 포트(End Point of Sender) |
| 목적지 포트(Destination Port) | – 가상 선로의 수신 측 포트(End Point of Receiver) |
| 일련 번호(Sequence Number) | – 송신자가 전송하는 데이터의 일련 번호 |
| 전송확인(Piggyback Acknowledgement) | – 수신자가 응답하는 받은 데이터의 수 |

※ 일련번호와 전송 확인은 데이터 흐름 제어(Flow Control)에 사용되는 32 Bit 정수
※ 슬라이딩 윈도우 프로토콜은 송신자가 일련번호와 함께 데이터를 전송하고, 수신자는 받은 데이터 수를 의미하는 전송 확인 번호를 응답함으로써 안정적인 데이터 전송을 보장

| 항목 | 내용 |
| --- | --- |
| TCP 헤더 길이(TCP Header Length) | – TCP 헤더에 몇 개의 32 Bit 워드가 포함되어 있는가를 나타내는 필드<br>– 옵션필드가 가변 길이를 갖기 때문에 필요, 이 값을 이용하여 실제 데이터의 시작점을 계산 |
| URG(Urgent) | – 급송 지점(Urgent Pointer)이 사용될 때 1로 설정 |
| ACK(Acknowledgement) | – 전송 확인(Piggyback Acknowledgement)이 필요로 할 때로 설정 |
| EOM(End of message) | – 마지막 메시지임을 가리킴 |
| 재설정(RST: Reset) | – 연결의 재설정(Reset a Connection) |
| 동기화(SYN: Synchronization) | – 연결 설정 요구(Establish Connection) |
| FIN(Finish) | – 연결 해제에 사용되며, 송신 측에서 더 이상의 전송할 데이터가 없음을 의미 |
| 윈도우 크기(Window Size) | – 수신 측에서 수신할 수 있는 최대 Byte 수 |
| 체크섬(Checksum) | – 전송 데이터에 대한 완벽한 신뢰성을 위한 것으로, 모든 데이터의 합에 대한 '1'의 보수로 계산 |
| 급송 지점(Urgent Point) | – 다음에 이어지는 데이터가 급송되어야 함을 의미하며, 인터럽트 메시지 대신 사용 |
| 옵션(Options) | – 전송 셋업 과정의 버퍼 크기에 대한 통신 등 기타 목적에 활용 |

※ 송신 측은 전송한 데이터에 대한 수신 측의 전송확인(ACK)이 도착하기 전에도 윈도우 크기만큼의 데이터를 연속적으로 보낼 수 있다(전이중, Full Duplex).
※ 수신 측에서는 자신의 버퍼 크기에 따라 이 값을 조절하며, 윈도우 크기가 '0'이 되면 송신자는 전송을 잠시 중단

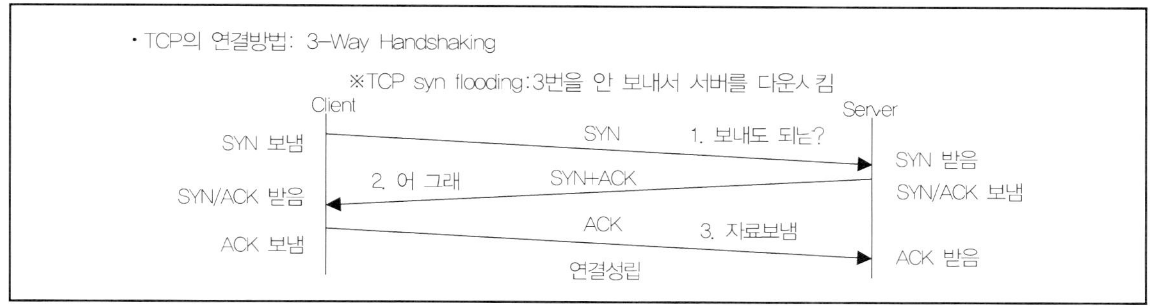


※ 포트 번호(Port Number)는 트랜스포트 계층의 TCP 및 UDP 프로토콜이 사용

－하나의 호스트에서 다중의 사용자 및 프로세스 작업 시, 포트 번호가 호스트 내부의 통신 주체를 구분

－IP가 인터넷 주소에 따라 호스트 간 전송을 수행

－TCP는 포트 번호를 사용하여 전송된 패킷을 해당 프로세스에게 전달


※ 하나의 프로세스는 여러 개의 포트를 동시에 사용할 수 있고, 하나의 포트 번호를 여러 개의
　　프로세스 공유 가능

－유닉스 상에서 주로 사용하는 서비스의 포트 번호: Telnet 23/TCP, FTP 21/TCP, Smtp 25/TCP,
　Rlogin 513/TCP, RSH 514/TCP, Portmap 111/TCP, Rwho 513/UDP, Fortmap 111/UDP 등

| 포트번호 | 기능 |
| --- | --- |
| 0 | － 사용하지 않음 |
| 1-255 | － 잘 알려진 서비스를 위해 예약 |
| 256-1024 | － 그 밖의 예약된 포트 |
| 1025-4999 | － 임시 클라이언트 포트 |
| 5000-65535 | － 사용자 정의 서버 포트 |


⑷ UDP(User Datagram Protocol) 구조와 특징

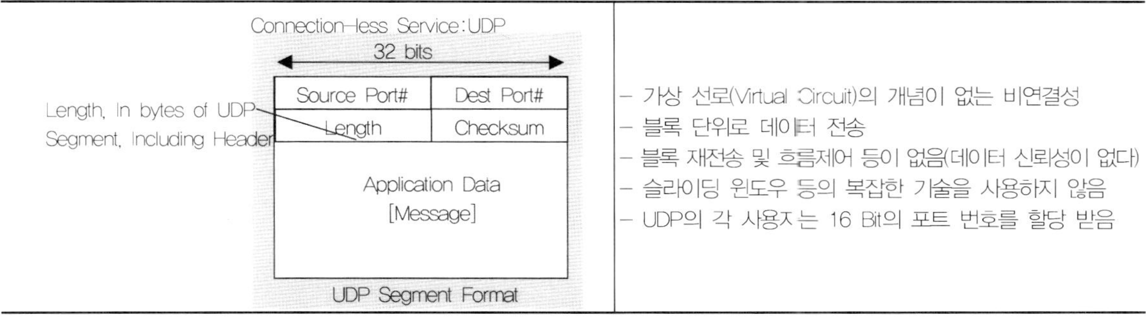

## 5.2.3 Network Layer(3계층)

(1) Routing

—Routing: Internetwork를 통해 데이터를 근원지에서 목적지로 전달하는 기능

| Routing 방법 | 내용 |
| --- | --- |
| 정적 경로(Static Routing) | – 관리자가 직접 경로 설정 |
| 동적 경로(Dynamic Routing) | – 인접 라우터 간에 자동으로 경로 정보를 교환 설정 |

– Routing Protocol: 목적지에 대한 경로 정보를 인접한 라우터들과 경로 정보(Routing Table) 교환을 위한 규약

| Routing Protocol | 내용 |
| --- | --- |
| IGP(Internal Gateway routing Protocol) | – 동일 그룹(기업 또는 ISP)내에서 라우팅 정보를 교환 |
| EGP(Exterior Gateway routing Protocol) | – 다른 그룹과의 라우팅 정보를 교환 |

| Protocol Type | Distance Vector | Link State |
| --- | --- | --- |
| Interior Gateway Protocal [IGP] | RIP<br>IGRP<br>EIGRP | OSPF<br>Integrated IS–IS |
| Exterior Gateway Protocol [EGP] | BGP | |

–RIP:Routing Information Protocol
–OSPF:Open Shortest Path First
–IGRP:Interior Gateway Routing Protocol
–EIGRP:Enhanced Interior Gateway Routing Protocol
–IS–IS:Intermediate System to Intermediate System

• Routing Table의 구성
–정적 라우팅
–동적 라우팅

(2) Routed Protocol

—Routing 되는 Protocol로 패킷 형태의 데이터 전송단위로 표현

—주요 프로토콜

| 계층 구분 | 주요 프로토콜 |
| --- | --- |
| 3계층 전용 | – IP, ICMP, IGMP, VoIP |
| 2~3계층 | – RAP, RARP |

① ICMP(Internet Control Message Protocol)

- 패킷 전송 과정의 오류를 Reporting하고 예상치 못한 환경 발생 시 시스템에게 정보를 제공하는 프로토콜
- 패킷이 전송 과정 중 문제점이 발생하면 해당 시스템이나 라우터는 ICMP 메시지를 생성하여 출발지 시스템에 대해 Error 메시지를 전송함
- 패킷 전송 시의 오류만 Reporting 할 뿐 오류를 해결하는 것은 아님
- TCP/UDP 헤더를 필요치 않으며 IP 헤더와 IP Data 부분에 ICMP 메시지를 포함하여 패킷을 발송함
- Ping: ICMP 대표적인 기능으로 통신하고자 하는 상대방 Node와 통신 가능한지를 Test하는 기능

- ICMP가 제공하는 메시지

| Message | 설명 |
| --- | --- |
| Destination Unreachable | - Router가 목적지를 찾지 못할 경우 보내는 메시지 |
| Time Exceeded | - 패킷을 보냈으나 시간이 경과하여 Packet이 삭제 되었을 때 보내는 메시지 |
| Parameter Problem | - IP Header Field에 잘못된 정보가 있다는 것을 알림 |
| Source Quench | - 패킷을 너무 빨리 보내 Network에 무리를 주는 호스트를 제지할 때 사용 |
| Redirect | - 패킷 Routing 경로를 수정. Smurf 공격에서 사용 |
| Echo Request/Reply | - Host의 존재를 확인 |
| Timestamp Request/Reply | - Echo와 비슷하나 시간에 대한 정보가 추가 |

② VoIP(Voice Over Internet Protocol)

- IP망을 이용하여 음성, 데이터, 멀티미디어를 전송하는 기술(대표적인 서비스: 인터넷 전화)
- 장점: 통신 비용 저렴, 망 가용성과 효율성 극대화
- Gate Keeper: 전화번호와 IP 주소를 Mapping

- VoIP의 주요 프로토콜

| 구분 | 내용 |
| --- | --- |
| H.323 | - 멀티미디어, 화상회의 데이터를 IP 패킷 교환 방식의 네트워크를 통해 전송하기 위한 ITU-T 표준 |
| SRTP(Secure RTP) | - 기밀성 및 메시지 인증을 제공하는 프로토콜 |
| RTP(Real-time Transport Protocol) | - 자원예약. 실시간 데이터를 전송. QoS(서비스품질) 지원 안 됨 |
| RTCP(RTP Control Protocol) | - RTP의 QoS를 지원하기 위한 프로토콜 |
| SIP(Session Initiation Protocol) | - 접속 설정 프로토콜(세션의 수립과 해제) |
| SDP(Service Discovery Protocol) | - 서비스 검색 프로토콜 |

③ ARP(Address Resolution Protocol)와 RARP(Reverse ARP)

－3계층과 2계층의 하드웨어 주소로 IP 네트워크 상에서 IP 주소를 물리적 네트워크 주소로 대응시
　키기 위해서 사용되는 프로토콜

－IP 주소와 이에 해당하는 물리적 네트워크 주소 정보는 각 IP호스트의 ARP 캐시라 불리는 메모
　리에 테이블 형태로 저장된 후 다음 패킷 전송 시에 다시 사용


④ IP(Internet Protocol)

－개념: 인터넷상의 한 컴퓨터에서 다른 컴퓨터로 데이터를 보내는 데 사용되는 프로토콜

－특징

・ 패킷들이 Routed 될 수 있도록 주소 정보와 제어 정보를 가지고 3계층에서 작동되는 Connectionless 방식

・ 각 패킷을 독립적으로 전송하기 때문에 신뢰성을 보장할 수 없음

－기능: 가장 널리 사용되는 프로토콜로서 Datagram을 목적지까지 전달


⑤ RARP(Reverse Address Resolution Protocol)

－물리적인 주소 MAC을 기반으로 논리적인 주소 IP를 알아오는 프로토콜

－ARP와는 역으로 IP 호스트가 자신의 물리 네트워크 주소를 알지만 IP를 주소를 모르는 경우, 서
　버로부터 IP주소를 요청하기 위해서는 RARP를 사용한다.

－일반적으로 IP주소는 HDD에 저장된다.

－RARP 요청 메시지는 브로드캐스트로 전송하고, RARP 응답 메시지는 유니캐스트로 전송(요청 메
　시지에 송신자의 주소가 포함한다.)


## 5.2.4 Datalink

(1) 개념: Physical Layer가 이해할 수 있는 헤더를 붙여주는 Layer, Frame 단위, MAC Address 사용하는 계층


(2) 주요 기능

－Point-to-Point 간 신뢰성 있는 전송, 흐름제어(Flow Control)

－에러 제어(Error Control): Error Detection(에러 검출), Error Correction(에러 정정)

－MAC(Multi Access Channel): LAN 카드의 물리적 주소

(3) 에러 검출(Error Detection) 방법

─비트 스트림을 표현하는 전기적 신호는 전자기적 간섭에 의해 쉽게 변경 가능

─이진값 1이 0으로 또는 그 반대로 잘못 읽혀질 수 있는데 이런 경우 데이터는 사용 불가


(4) MAC Protocols

─Random Access: 유선의 CSMA/CD, 무선의 CSMA/CA

─Taking Turns


## 5.2.5 Physical

(1) 개념: 상위의 Frame을 Bit로 바꿔 전송


(2) 주요 매체(Cabling)

| 전송 매체 | 설명 |
| --- | --- |
| Twist Pair | ─ 트위스트 페어선(복대형 케이블)<br>─ 구성이 용이하고, 비용이 저렴하나 혼선, 감쇠, 도청이 쉬움 |
| Coaxial Cable | ─ 동축 케이블<br>─ 통신용 케이블의 일종으로 금속외관의 중심에 절연된 내부도체를 가진 도선<br>─ 손실이 적기 때문에 TV 영상 등 주파수가 높은 신호를 보내는 데 사용 |
| Fiber Optic | ─ 광섬유 케이블<br>─ 빛에 의한 데이터 전송, 감쇠에 영향을 받지 않음, 도청에 강함<br>─ 단점: 높은 비용, 설치가 어려움 |


(3) Cabling 문제

| 전송 매체 | 설명 |
| --- | --- |
| 노이즈(Noise) | ─ 전송시스템에 의해 생긴 다소의 왜곡을 포함한 전송신호 및 송수신 과정에서 추가된 불필요한 신호<br>─ 주변의 모니터, 형광등, 전자레인지 등 회선이 설치된 환경 특성에서 유발<br>─ 노이즈가 심할수록 송신 측의 데이터를 수신 측에서 원본 데이터로 받을 수 없음 |
| 감쇄(Attenuation) | ─ 데이터가 회선을 통하여 전송되는 도중 전기적 신호가 약해지는 현상 |
| 혼선(Crosstalk) | ─ 서로 다른 전송로의 상이한 전송신호가 전기적 결합에 의해 다른 회선에 영향을 주는 현상으로 통신 품질을 저하시키는 직접적인 요인 |

# 6. 인프라 및 운영 감사

(1) 인프라 및 운영 감사
- 감사 절차 수립 시 정보시스템 설비의 견학을 통해 일반적인 운영 절차, 표준과 정책의 준수, 적절한 감독과 정보시스템 관리자의 검토, 통제 검토

(2) 인프라 및 운영 감사의 영역
- 하드웨어 / 시스템 소프트웨어
- 네트워크 / 운영체제
- 프로그램 라이브러리
- 데이터 라이브러리의 가용성 및 무결성
- 자동 무인 소프트웨어

| 검토 영역 | 고려해야 할 질문 |
|---|---|
| 하드웨어 도입계획 | - 도입계획의 비즈니스 요구사항과 연계의 적절성<br>- 비즈니스 요구사항과의 지속적인 동기화 위한 비교 검토<br>- 하드웨어 도입을 위한 기준의 개발 여부 |
| 하드웨어 도입 | - 도입은 하드웨어 도입계획과 일관성을 가지고 있는지 여부<br>- 도입 승인 프로세스를 진행하기 위한 절차와 양식들의 수립 여부<br>- 요청은 비용 효과 분석을 수반하고 있는지 여부 |
| 용량 관리 및 모니터링 | - 하드웨어와 소프트웨어의 성능 및 용량에 대한 지속적인 검토<br>- 장비의 장애 시 조치 가능한 프로그램의 모니터링 적절성 |
| 예방 유지보수 일정 | - 각 하드웨어 벤더에서 권고 받아 사전에 준비된 유지보수 빈도의 준수성<br>- 유지보수는 부하가 높지 않은 시기에 이루어지는가 |
| 하드웨어 가용성 및 사용률 보고서 | - 작업 일정 및 사용자 요구사항을 충족하도록 일정 수립의 적절성<br>- IS 자원이 중요한 애플리케이션 프로그램을 수용할 만큼 가용한가 |
| 문제점 기록작업회계 시스템 보고서 | - IS 관리자는 하드웨어 비정상 동작, 재작업, 비정상적인 시스템 종료와 운영자 조치를 검토하고 있는가 |

(3) 운영체제 검토

| 검토영역 | 고려해야 할 질문 |
| --- | --- |
| 운영체제 선정 절차 | - 장단기 IS계획의 준수성<br>- IS 요구사항의 충족성 |
| 타당성 조사<br>선정 프로세스 | - 제안된 시스템의 목표와 목적은 요청/제안과의 일관성 여부<br>- 모든 제안에 대하여 동일한 선정 기준을 사용하고 있는가<br>- 시스템 소프트웨어 절차에 대한 비용 효과 분석이 이루어졌는가 |
| 시스템 소프트웨어 보안 | - 논리적 보안 접근통제를 우회하는 접근을 제한하기 위한 절차의 수립여부 |
| 시스템 소프트웨어 설치 | - 변경 절차, 승인절차, 접근 보안 기능, 문서화 요구사항의 통제 적절성 |
| 승인 문서 | - 접근 권한에 대한 추가, 삭제, 변경은 문서로 작성 되었는가 |
| 시스템 문서 | - 설치통제 지침, 파라미터 테이블, 출구 정의, 활동로그 보고서 |
| 시스템 소프트웨어 유지보수 활동 | - 시스템 소프트웨어에 대한 변경이 문서화되고 있는지 여부<br>- 벤더가 현재의 소프트웨어 버전을 지원하고 있는지 여부 |
| 시스템 소프트웨어 변경 통제 | - 라이브러리에 대한 접근이 꼭 필요한 인원으로 저한하고 있는가<br>- 소프트웨어에 대한 변경이 적절히 문서화되고 실행 전에 테스트되는가 |
| 변경된 소프트웨어<br>설치와 관련된 통제 | - 모든 소프트웨어가 적절한 수준으로 설치되었는가<br>- 이전 버전의 업데이트가 이루어졌는가<br>- 테스트가 계획대로 완료되었는가 |

## :: 핵심 문제 풀이

**문제 1〉**

SLM(Service Level Managements)의 목적으로 가장 적합한 것은?

① 고객의 요구하는 서비스 수준 정의 및 계약 및 문서화 관리를 위하여
② 달성 가능한 서비스의 가장 높은 수준의 가용성을 제공하도록 관리 및 보증을 위하여
③ 서비스에 소요되는 관련 비용의 최소화
④ IT Compliance 준수 여부를 모니터링하여 경영진에게 보고하기 위하여

카테고리        CISA 〉 정보시스템 운영, 유지보수/지원

**문제풀이**

– SLM(Service Level Managements)의 주요 목적은 고객의 요구사항을 명확히 하여 SLO(Service Level Objective)을 설정하고 이를 고객과 합의하여 정하고 문서화하여 관리 및 지속적인 모니터링을 하는 것이다.

정답     ①

**문제 2〉**

IT 가용성 및 서비스 연속성 확보를 위한 방법으로 가장 적절한 것은?

① 성과지표보고서(KPI보고서)를 적시에 발간한다.
② 고객과 합의한 책임과 관련하여 적정한 보증(Assurance)을 제공한다.
③ BCP 관련 비용을 최소화한다.
④ 비즈니스와 합의한 수요를 충족하는 충분한 용량을 제공한다.

카테고리        CISA 〉 정보시스템 운영, 유지보수/지원

**문제풀이**

– 가용성(Availability)이란 정의된 기간 동안 IT 서비스를 수행하는 구성 요소의 기능을 제대로 발휘할 수 있는 능력이다. 이는 IT 서비스에 대한 연속성 확보 및 지속적인 관리 및 유지보수를 위해서도 중요하다. 그러므로 고객과 합의한 책임과 역할을 이행하도록 적정한 보증(Assurance)을 제공하는 것이 중요하다.
– BCP 관련한 비용은 가용성과 서비스 연속성관리의 결과로 이는 부분적으로만 통제할 뿐이다. 또한 용량관리는 가용성과 관련한 조건에는 해당이 되나 필수불가결한 항목을 아니다. 보고서 발간은 IT가용성 및 서비스 연속성 확보에 해당되는 내용이 아니다.

정답     ②

문제 3〉

RDMS(Relations Database Management System) 유지보수를 진행하던 중 관련 트랜잭션 파일에서 외래키의 여러 값이 손상되었다. 이후 발생될 사건으로 가장 알맞은 것은?

① Database 내 입력 데이터를 받아들이지 않는다.
② 실행 중인 Database는 즉시 활동을 멈출 것이고, Database 내 추가적인 손상이 있을 것이다.
③ 연결된 튜플(Tuple)을 삭제하고 트랜잭션을 재입력하여 손상 정보를 복구하는 방법 밖에는 없다.
④ 트랜잭션 파일에 포함하는 상세내역은 더 이상 Master Database와 연결하지 않고, 순차검색과 처리 저하현상이 발생한다.

카테고리        CISA 〉 정보시스템 운영, 유지보수/지원

**문제풀이**

- 트랜잭션이 외래키(Foreign Key)가 손상되거나 없어졌을 때 응용프로그램 내 보통 트랜잭션 데이터에 마스터 데이터를 직접적으로 연결되지 않고, 순차검색과 처리 지연현상이 발생한다. 그리고 관련된 파일의 크기가 크다면, 이러한 처리 저하현상도 할 수 없게 된다.
- 보기 1, 2번의 경우 손상된 외래키로부터 발생하는 것이 아니다.
- 3번의 경우 외에 테이블을 재정렬을 하여 손상된 외래키를 복구할 수 있다.

정답     ④

---

문제 4〉

인시던트 사후 검토를 실시하는 근본이유는 무엇인가?

① 내부통제 프로세스 개선
② 인시던트와 관련한 활동에 대한 직원들의 마인드 변화
③ 경영진에게 인시던트 대응 관리에 대한 필요성을 보고
④ 네트워크를 Best Practice 수준으로 강화

카테고리        CISA 〉 정보시스템 운영, 유지보수/지원

**문제풀이**

- 인시던트 사후 검토를 실시하는 근본원인은 인시던트(Incident)와 관련한 원인과 대응 여부를 조사하여 검토 결과를 분석하여 이후 내부통제 프로세스 개선하기 위해서이다.
- 보기 1, 2번의 경우 손상된 외래키로부터 발생하는 것이 아니다.
- 즉, 인시던트 대응 계획을 개선하는 것을 내부통제 또는 교정통제라 한다.

정답     ①

IS 감사인은 A기업의 데이터센터를 감사 결과, 테이프 관리시스템의 취약성을 점검하였는데, 일부 파라미터가 테이프 헤더 레코드를 우회하거나 무시하도록 설정된 것을 발견하였다. 다음 중 이를 해결하기 위한 효과적인 보안 통제 방법으로 가장 적절한 것은?

**문제 5〉**

① 작업을 단계별로 나눠서 설정
② Log정보에 대한 감독자를 점검
③ 주기적인 테이프 백업
④ 테이프의 원격지(Off-site) 보관

카테고리　　　　　　　　　　　　　CISA 〉 정보시스템 운영, 유지보수/지원

**문제풀이**

– IS 감사인은 테이프 관리시스템의 효과적인 보안 통제 방법으로 다단계화 및 작업설정 절차를 통해 보안통제가 가능하다.

정답　　　①

다음 보기 중 IS 감사인이 비상상황 시 프로그램 변경 절차를 검토하고자 할 때, 검증 절차에 해당되는 것은?

**문제 6〉**

① 어떠한 비상상황에서도 변경을 허용하지 않는다.
② 개발자들에게 운영 프로그램에 대한 무제한 접근을 허용한다.
③ 비상상황 종료 후 사후 절차 시 완료된 변경 사항을 허용한다.
④ 운영 라이브러리에 문서화 되지 않는 사항만 허용한다.

카테고리　　　　　　　　　　　　　CISA 〉 정보시스템 운영, 유지보수/지원

**문제풀이**

– 시스템 내 문제해결을 위한 긴급한 상황에서 프로그램 변경이 필요한 경우가 있다. 이때, 운영프로그램에 대한 개발자의 임시 접근을 허용하도록 임시 로그온 ID 및 접근 권한을 부여할 수 있다. 이는 사후적인 절차를 통해서 진행하고, 예외적인 경우에만 정상적인 절차에 소급 적용한다. 이러한 절차로 진행된 변경은 정상적인 변경관리 절차에 따라 운영 라이브러리 내 비상변경 라이브러리에 보관한다. 이때, 프로그래머가 운영 라이브러리의 직접적인 변경을 금지하도록 한다.

정답　　　③

IS 감사인이 검토사항 중 실행환경의 수행 시 버전 데이터 파일이 사용되었음을 검증하기 위해서 검토해야 할 것은 무엇인가?

문제 7〉　　① 운영자 작업 스케줄
　　　　　　② 시스템 로그
　　　　　　③ 출력물 배포 보고서
　　　　　　④ 운영자 문제점 보고서

카테고리　　　　　　　　　　　CISA 〉 정보시스템 운영, 유지보수/지원



- 시스템 로그는 컴퓨터 내 수행된 대부분의 활동을 확인하고 기록하는 자동화된 보고서이다. 시스템 로그 분석 프로그램은 특별히 지정된 항목에 대한 보고를 위해 개발되었으므로 실행환경의 수행 시 버전 데이터 파일이 사용되었음을 검증하기 위한 테스트를 수행할 수 있다.
- 운영자 작업 스케줄은 인력에 대한 계획 및 지원활동을 위해서 작성된다.
- 출력물 배포 보고서는 생성된 모든 애플리케이션 보고서와 배포상태를 확인한다.
- 운영자의 문제점 보고서는 컴퓨터 운영 문제점을 기록하기 위한 보고서이다.

정답　　　②


데이터베이스 내 일부 릴레이션이 정규화가 수행되지 않았음을 발견하였다. IS 감사인으로서 취해야 할 행동은 무엇인가?

문제 8〉　　① 데이터베이스 내 정규화를 권고
　　　　　　② 개념적 데이터 모델을 검토
　　　　　　③ 스토리 프로시저 검토
　　　　　　④ 타당성 검토

카테고리　　　　　　　　　　　CISA 〉 정보시스템 운영, 유지보수/지원



- 데이터베이스 내 성능 저하를 최소화하기 위해서 정규화를 수행하지 않는 경우가 있으므로 타당성 여부를 검토해야 한다.
- IS 감사인은 추가적인 조사가 실시 될 때까지 데이터베이스의 정규화를 권고하지 않는다.
- 개념적 데이터 모델 검토 및 스토리 프로시저 검토는 정규화 수행과 관련한 내용이 아니다.

정답　　　④

오픈 소스 기반 소프트웨어(Open Source Software)를 사용 중인 기업의 애플리케이션 시스템 개발자가 작성한 공인된 패치가 없을 경우, 이 소프트웨어를 가장 안전하게 업데이트 할 수 있는 방법으로 가장 적절한 것은?

문제 9〉

① 패치를 재작성하여 다시 적용
② 자체 패치를 개발
③ 가용한 패치의 코드 검토 및 적용
④ 적합한 패치를 식별하고 이를 적용하기 전에 테스트 진행

카테고리           CISA 〉 정보시스템 운영, 유지보수/지원



– 기존에 개발자로부터 적합한 패치를 식별하고 이를 적용하기 위해 테스트를 진행하여 업데이트를 진행한다.

정답     ④


IS 감사 시 S사의 개발자들이 실행환경 운영체제의 명령 라인에 대해 운영자 접근권한을 가지고 있는 것을 확인했다. 다음 중 승인되지 않는 프로그램 변경이 발생될 위험을 완화하는 가장 좋은 방법은 무엇인가?

문제 10〉

① 명령 라인에서 입력한 명령 정보를 로그 기록한다.
② 프로그램들에 대해 정기적으로 해시키를 계산 후 최근에 승인된 프로그램 버전에서 계산한 해시키와 비교한다.
③ 개발도구 및 컴파일러를 실행환경에서 제거한다.
④ 운영체제 명령 라인에 대해 사전에 승인된 접근권한을 제한하는 접근 제한도구를 활용한다.

카테고리           CISA 〉 정보시스템 운영, 유지보수/지원



– 승인되지 않는 프로그램 임의적인 변경을 통제하기 위한 방법으로 정기적으로 해시키를 대조하여 파일 변경을 탐지할 수 있다.

정답     ②

서비스의 중단으로 발생한 인시던트(Incident)의 우선순위를 결정하고자 할 때 기준으로 가장 중요도가 높은 것은?

문제 11〉　① 서비스 중단시간
② 복구비용
③ 부정적인 여론
④ 지리적 위치

카테고리　　　　　　　　　CISA 〉 정보시스템 운영, 유지보수/지원

**문제풀이**

‑ 서비스 중단시간의 장기화 여부에 따라 인시던트의 중요성이 커지며, 서비스 중단시간기 길어질수록 비용을 줄어든다.

정답　　①

HR(Human Resource)을 감사하던 중 IT 부서와 HR 부서 간의 구두 계약의 존재여부를 확인하였다. 이러한 상황의 IS 감사인으로 가장 먼저 취해야 할 일은 무엇인가?

문제 12〉　① 구두계약에 대한 문서화를 지시하고 감사를 중단
② IT 부서와 HR 부서 간의 SLA(Service Level Agreement) 초안작성
③ 계약 내용에 대해서 두 부서 간의 확인
④ 구두계약에 대해서 경영진에게 보고

카테고리　　　　　　　　　CISA 〉 정보시스템 운영, 유지보수/지원

**문제풀이**

‑ IS 감사인으로서 가장 먼저 취해야 할 사항은 현재의 실행상태에 대한 확인 및 이해를 하고 난 다음에 감사 후 발견된 사항에 대해서 권고조치를 취한다. 그러므로 계약 내용에 대한 두 부서 간의 확인부터 해야 한다.

정답　　③

다음 중 자동화된 소프트웨어 릴리즈에 대한 기준선 기록 및 관리를 지원하는 프로세스에 해당되는 것은?

문제 13〉
① 구성관리
② 백업 및 복구
③ 위험관리
④ 성과관리

카테고리                        CISA 〉 정보시스템 운영, 유지보수/지원



– 소프트웨어 구성관리 프로세스에서 자동화된 소프트웨어 릴리스 기준선 기록을 제공하는 자동화된 도구를 포함할 수 있다.
– 소프트웨어 구성관리란 소프트웨어 소스 코드뿐만 아니라 개발 환경, 빌드 구조 등 전반적인 환경 및 내역에 대한 관리 체계를 정의하고 있다. 즉, 하나의 소프트웨어 산출물(Binary)을 생성하기 위해 필요로 하는 아이템들과 공정 방식의 정의, 그리고 재생성을 위한 전반적인 환경까지 베이스라인(Baseline)화 하여 관리하는 방식 전체를 의미하며 이를 체계화한 사항을 형상 관리 시스템으로 정의하고 있다.

정답        ①

조직 내 모든 컴퓨터 시간을 동기화 수행의 가장 중요한 목적은?

문제 14〉
① 인시던트 조사를 위한 프로세스 지원
② 원활한 데이터 전송을 지원
③ 트랜잭션의 중복 방지
④ E-mail 타임스탬프의 보증

카테고리                        CISA 〉 정보시스템 운영, 유지보수/지원



– 모든 컴퓨터 시간을 동기화할 경우 인시던트 조사 시 감사 로그 증거로 활용될 수 있도록 프로세스 지원이 가능하다.

정답        ①

데이터베이스 내 무결성을 유지하도록 하기 위해 통제 유형에 해당되는 것은?

문제 15〉
① 인증
② 읽기/쓰기 접근 로그 차단
③ Commitment와 Rollback
④ 정규화

카테고리            CISA 〉 정보시스템 운영, 유지보수/지원



– 데이터베이스의 무결성과 관련 있는 통제 방법으로 논리적인 트랜잭션 단위의 데이터베이스 작업이 완전히 수행되거나 수행되지 않도록 보증하는 Commitment와 Rollback 통제가 적합하다.

정답      ③


A기업의 경우의 개발자들이 직접 운영환경에 비상 변경이 가능하도록 되어 있을 경우, 발생될 위험을 통제하는 가장 효과적인 방법은 무엇인가?

문제 16〉
① 사후 비상변경에 대한 문서화 및 승인
② 운영 환경 도구에 컴파일을 금지
③ 운영환경 설치 전 2차 승인을 의무화
④ 특정 시간대로 개발자의 운영 환경에 접근을 제한

카테고리            CISA 〉 정보시스템 운영, 유지보수/지원



– 사후 다음 업무 일에 비상변경에 대한 문서화 및 승인을 받도록 절차를 수립하여 개발자들이 비상변경 가능하도록 하면 위험을 최소화를 줄일 수 있다. 2번과 3번의 경우는 비상 변경 상황과 관련성이 없고, 4번의 경우 특정 시간대로 개발자의 운영환경에 접근을 제한할 경우. 승인 받지 않은 프로그램 설치를 제한한다.

정답      ①

ROI 측면에서 DRP(Disaster Recovery Planning) 수행을 평가하기 위한 방법으로 가장 적합한 것은? (단, 당신의 기업은 지역별로 많은 지점이 분산되어 있다.)

문제 17〉　① 전체 운영 테스트
　　　　　② 준비도 테스트
　　　　　③ 데이터 복구 테스트
　　　　　④ 테스트 정리

카테고리　　　　　　　　　　　CISA 〉 정보시스템 운영, 유지보수/지원



– 준비도 테스트를 실시하여 지역별로 분산된 각 지점마다 재해상황에 대한 준비상황의 적합성을 테스트하고, 비용 대비 효과측면에서도 점진적 테스트 및 정기적 실시가 가능하다.
– 전체 운영테스트 지역적으로 분산된 기업환경에서는 ROI 측면에서 적합한 테스트 방법이 아니며, 테스트 복구 테스트는 전사 관점에서 DRP의 수행을 계획을 평가할 수 없다. 테스트 정리는 DRP 테스트 수행 시 가장 마지막에 수행되는 단계이다.

정답　　　②


비즈니스 영향도 분석을 수행 중인데, 복구목표 시간인 RTO(Recovery Time Objective)가 증가할 경우에 일어나는 사항은 무엇인가?

문제 18〉　① 재해 내성이 감소
　　　　　② 복구 비용 감소
　　　　　③ Cold Site를 사용하지 못한다.
　　　　　④ Data의 백업주기가 증가

카테고리　　　　　　　　　　　CISA 〉 정보시스템 운영, 유지보수/지원



– RTO가 증가할 경우 재해 내성이 증가하고 복구비용은 낮아진다.

정답　　　②

RTO(Recovery Time Objective) 측면에서 수용 가능한 서비스의 운영시간을 결정하는 가장 우선적으로 고려해야 할 필수 항목에 해당되는 것은?

문제 19〉
① 연간 예상 손실액
② 서비스 목적
③ 데이터 손실량
④ 최대 허용 중단시간

카테고리     CISA 〉 정보시스템 운영, 유지보수/지원

**문제풀이**

- 복구목표 시점은 운영 중단 상황의 수용가능 중단시간을 고려하여 결정한다.

정답    ④

---

개별 데이터 복구 시점별로 가장 적합한 백업 기법은 무엇인가?

문제 20〉
① 디스크 테이프 백업
② 지속 데이터 백업
③ 디스크 기반 스냅샷
④ 가상 테이프 라이브러리

카테고리     CISA 〉 정보시스템 운영, 유지보수/지원

**문제풀이**

- 복구목표시점은 최대 허용 중단시간과 중단상황의 허용 가능한 데이터 손실량에 근거한다. 개별 데이터 복구 시점별로 가장 단시간적으로 백업 및 복구가 가능한 것은 온라인 실시간 처리가 가능한 지속 데이터 백업이 해당된다.

정답    ②

정보시스템 감사인으로서 DRP(Disaster Recovery Planning) 수행 시 활동 사항으로 가장 적합한 것은?

문제 21〉

① DRP에서 가장 우선적으로 고려할 핵심 업무 선별
② 모의테스트에서 필요사항을 외부 서비스 제공자 결정
③ DRP 수행을 위한 모의테스트 훈련을 점검
④ 복구목표시점을 수립하기 위한 분류체계 결정

카테고리　　　　　　　　　　CISA 〉 정보시스템 운영, 유지보수/지원



– 정보시스템 감사인은 재해복구계획의 모의테스트 훈련 시 복구계획의 목표를 확인하고 절차의 적합성 및 효율성을 점검한다.

정답　　　③

---

조직 내 비즈니스 연속성 계획에 대한 감사를 수행 중에 회사 내 기밀정보에 대한 접근 규칙이 명확히 수립되지 않았음을 발견하였다. 이때, IS감사인으로 수행할 권고사항으로 가장 적합한 것은?

문제 22〉

① BCP수립 시 요구되는 정보보안 수준을 설정하도록 권고
② Risk 관리 체계 내 정보보안 역할 및 책임 설정 권고
③ 정보보안 자원의 필요조건 사항을 점검
④ 정보보안 변경 관리 절차 수정

카테고리　　　　　　　　　　CISA 〉 정보시스템 운영, 유지보수/지원



– 평상 시 업무 수행 중 정보보안 수준을 확인하고, BCP 수행 시 반영하여야 할 보안 수준을 설정하여 회사 내 기밀정보에 대한 접근 규칙이 명확히 수립되도록 권고한다.

정답　　　①

다음 중 서버 내 스토리지 증가로 중요 파일에 대한 관리가 소홀해졌다. 이때 발생할 수 있는 가장 큰 리스트에 해당되는 것은??

문제 23〉
① 백업 시간의 계속적인 증가
② 백업 수행비용의 증가
③ 스토리지 운영비용의 증가
④ 서버 복구 소요 시간이 복구목표시간을 초과 수행



**문제풀이**

– 스토리지 증가로 중요 파일에 대한 관리가 소홀해질 경우 나타날 수 있는 가장 큰 위험으로 서버 복구에 소요되는 시간이 복구목표시간을 초과하여 수행되어, IT 복구 전략과 차이를 발생한다. 서버 복구 작업 수행 시 복구목표시간(RTO) 내 이루어져야만 한다.

정답     ④

다음 중 IS 감사인으로서 재해복구와 관련하여 테스트를 수행할 경우 다음의 사례 중에서 가장 우선적으로 고려해야 할 사항에 해당되는 것은 무엇인가?

문제 24〉
① 연간 계획을 수립하여 중요시스템별로 테스트 계획을 수립한다.
② 테스트 기간 중 일부 시스템 내 결함으로 테스트 수행이 이루어지지 않았을 경우, 별도의 테스트 진행 계획을 수립한다.
③ 매년 동일 직원이 테스트를 수행하여, 복구 계획 문서를 검토하지 않고 테스트 수행한다.
④ 백업사이트가 가동되기 전에 실제 운영시스템에 대한 시스템 정지 및 보호 절차 수행에 계획보다 많은 시간이 필요하다.

카테고리       CISA 〉 정보시스템 운영, 유지보수/지원

**문제풀이**

– 재해 복구 테스트 시 매년 동일 직원이 테스트를 수행하더라도 복구 계획 문서를 검토하지 않고, 테스트를 수행할 경우, 정확성과 타당성이 검증되지 않을 것이다. 그러므로 IS 감사인으로 재해복구 관련 테스트 시 계획, 프로세스, 인력 그리고 IT 시스템 모두를 포함하여 실시하여야 한다.

정답     ③

파일서버에 RAID 레벨1을 적용하면 가장 큰 이점은 무엇인가?

문제 25〉
① 성능 향상
② 데이터의 가용성 보장
③ 데이터의 기밀성 보장
④ 사용자 인증

카테고리                                    CISA 〉 정보시스템 운영, 유지보수/지원

**문제풀이**

– RAID 레벨1은 디스크 미러링을 제공하고 데이터의 가용성을 보장한다. 첫 번째 디스크에 기록된 데이터는 다른 두 번째 디스크에 동일하게 기록되며, 사용자는 첫 번째 디스크에 기록된 데이터에 접근하여 사용한다.

정답　　　②

온라인 시스템 백업 시 가장 먼저 고려되어야 할 사항은 무엇인가?

문제 26〉
① 거래 로그의 주기적인 덤프
② 상속관계별 파일 백업
③ 시스템 소프트웨어 파라미터의 유지관리
④ 중요 데이터의 Offsite 유지관리

카테고리                                    CISA 〉 정보시스템 운영, 유지보수/지원

**문제풀이**

– 온라인 시스템 백업 시 가장 먼저 고려해야 할 사항으로 과거 데이터를 안전하게 보존하기 위한 유일한 방법으로 거래 로그의 주기적인 덤프(Dump)를 수행하는 것이다.

정답　　　①

온라인 뱅킹 시스템 내 Data의 처리 중에 갑자기 시스팀이 중단되었을 경우 거래 처리의 무결성을 확보하기 위한 가장 적절한 방법은 무엇인가?

문제 27〉　① 입력 통제
　　　　　② 타당성 검사
　　　　　③ 무결성 검사
　　　　　④ 커미트 및 롤백

카테고리　　　　　　　　　　　　　CISA 〉 정보시스템 운영, 유지보수/지원



– 커미트(Commits)는 데이터의 거래 처리가 진행 및 완료 시 디스크에 저장하며 롤백(Rollback)은 거래 처리 실패나 종료 시 이미 종료 상태로 원상 복귀하거나 이미 처리된 데이터가 디스크에 저장되지 않도록 하여 무결성을 보장한다.

　　　　　　　　　　　　　　　　　　　　　　　　　정답　　　④


IT 아웃소싱 측면에서 서비스 제공자를 변경하고자 할 때, 가장 먼저 검토해야 할 사항은 무엇인가?

문제 28〉　① SLA
　　　　　② 해당 서비스가 제공하는 물리적 보안 수준
　　　　　③ 타 기업의 사용후기
　　　　　④ 서비스 제공자의 직원들의 학력수준

카테고리　　　　　　　　　　　　　CISA 〉 정보시스템 운영, 유지보수/지원



– 서비스 제공자와 계약 시 가장 먼저 고려해야 할 것은 해당 서비스 제공자와의 서비스 수준 계약서부터 검토해야 한다. SLA는 서비스 제공자가 계약 따라 서비스를 제공할 것을 보증한다.

　　　　　　　　　　　　　　　　　　　　　　　　　정답　　　①

다음 중 조직의 백업 시설인 Warm Site에서 가장 우선적으로 고려해야 할 것은 무엇인가?

문제 29〉
① 전기 시설
② 통신네트워크
③ 필요시점의 사용 가능한 하드웨어
④ 자연환경(열, 습도, 공기) 조절 시설의 가용성

카테고리                                    CISA 〉 정보시스템 운영, 유지보수/지원



– Warm Site는 전력, 공기조절 시설, 네트워크와 같은 기본적인 인프라 시설을 가지고 있다. 가장 우선적으로 고려해야 할 사항으로 필요시점에 사용 가능한 하드웨어 장비이다.

정답        ③


데이터베이스 감사 진행 중에 데이터베이스 관리자가 수행하는 작업에 해당되지 않는 것은?

문제 30〉
① 변경 관리 절차에 따른 데이터베이스의 변경 수행
② OS의 패치 및 업그레이드 설치
③ 테이블 스페이스의 크기 조정 및 조인(Join) 제한에 대한 조언
④ 백업과 복구 절차 수행

카테고리                                    CISA 〉 정보시스템 운영, 유지보수/지원



– OS의 패치 및 업그레이드 설치는 시스템 관리자에 의해서 수행되는 작업이다. 만약 DBA가 이러한 기능을 수행할 경우, 감사의 지적사항이며 적합한 직무가 아니다.

정답        ②

# 정보자산의 보호

# 1. 정보자산의 보호 개요

- 주체와 객체 사이의 정보 흐름
- 주체: 자원의 접근을 요구하는 활동 개체(사람, 프로그램, 프로세스 등)
- 객체: 자원을 가진 수동적인 개체(Data Base, 컴퓨터, 파일 등)

- 접근의 단계

| 단계 | 내용 |
|---|---|
| Identification | - 사용자가 시스템에 본인이 누구라는 것을 밝히는 행위<br>예) ID |
| Authentication | - 사용자가 맞음을 시스템이 인정<br>예) Password, 스마트 카드, 생체인증 |
| Authorization | - 접근권한 유무 판별 후 접근권한 부여 |

※ 보안의 3A: 책임추적성(Accountability), 인증(Authentication), 권한부여(Authorization)

## 1.1 접근통제의 정의

- 주체의 객체에 대한 접근을 통제
- 통제 활동: 비인가된 접근 감시, 접근 요구하는 이용자를 식별, 정당한 이용자인지를 확인
- 통제 목적: 주체의 접근으로부터 객체의 기밀성, 무결성, 가용성을 보장

## 1.2 접근통제의 원칙

| 원칙 | 내용 |
|---|---|
| Need-to know | - 업무를 수행하기 위해 필요한 권한만을 가지도록 접근 권한을 부여 |
| 최소권한의 원칙 | - 최소한의 권한만을 허용하여 권한의 남용을 방지 |
| 직무분리(Separation of Duty) | - 업무의 발생, 승인, 변경, 확인, 배포 등이 한 사람에 의해 처리되지 않도록 직무를 분리<br>예) 보안관리자와 감사자, 개발자와 운영자 |

## 1.3 참조 모니터(Reference Monitor)

- 주체의 객체에 대한 접근통제 결정을 중재하는 OS의 보안커널로서 일련의 S/W

- 모든 접근 요청이 Pass 되어야 하는 Single Point이며 객체로의 접근이 요청될 때에 작동

- 참조 모니터의 3가지 요소

| 요소 | 내용 |
| --- | --- |
| 완전성(Completeness) | - 우회하기가 불가능 해야 함 |
| 격리(Isolation) | - Tamper Proof(부정 조작이 불가능) |
| 검증성(Verifiability) | - 분석하고 테스트 할 정도로 충분히 작아야 함(Simple, Small, Understandable) |

※ 프로그램 크기와 복잡도가 높으면 정확한 행동의 가능성이 감소한다.

## 1.4 접근통제 Layer와 책임추적성

### 1.4.1 접근통제 Layer

| Layer | 내용 |
| --- | --- |
| Physical | - 열쇠, 경비원, CCTV, 울타리, 경비견, 경고 등 |
| Administrative | - 정책과 절차, 보안 인식 교육, 자산 분류, 직무 분리, 감사 증적 등 |
| Logical/Technical | - 암호화, 접근통제 S/W, 원격접속인증, 패스워드, Callback System, IDS 등 |

### 1.4.2 책임추적성(Accountability)

- 시스템 내의 개인 행동을 Log로 기록, 감사 및 침입탐지를 위해 사용

# 2. 전화 접속 접근

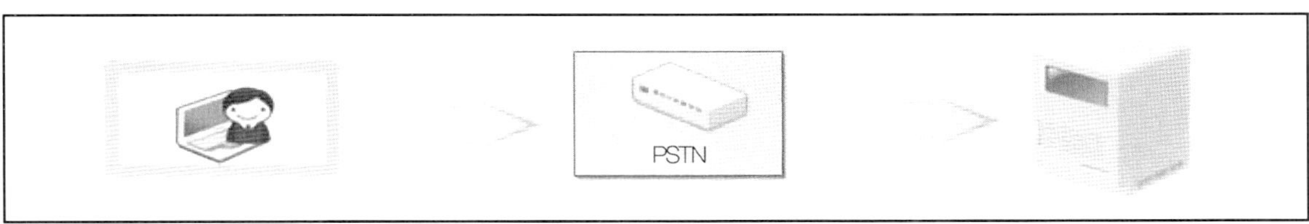


- 대표적인 Callback 시도 응답방식, 중앙집중형 방식
- 절차: 사용자 원격 접속 시도(ID/Password) → 서버가 연결 종료ID/Password로 매핑된 전화번호로 다시 연결
- 장점: 감사증적(Audit Trail) 제공, 상호인증, 안전한 통신
- 단점: 자동 착신 전환, Calling Script 노출을 통해 우회 가능

# 3. 식별과 인증

  − 식별: 자신을 시스템에 밝히는 수단으로 Unique 해야 하며, 책임추적성의 분석 기초가 됨

  − 인증: 시스템이 사용자가 맞음을 검증하고 인정하는 것

  − 인증 방식에 따른 분류

| 인증 구분 | 설명 | 기반 | 종류 |
| --- | --- | --- | --- |
| Type I 인증 | Something You Know | 지식 | Password, Pin, Passphrase |
| Type II 인증 | Something You Have | 소유 | Smart Card, Tokens |
| Type III 인증 | Something You Are | 존재 | 홍채, 지문, 정맥 |
| Type IV 인증 | Something You Do | 행동 | 음성, 서명, Keystroke Dynamics |

− Multi-factor Authentication(다중 요소 인증)

  · 인증 과정이 2가지 이상의 인증방식으로 처리

    예) Smart Card + PIN, Password + Pin ☞ 다중인증이 아님

  · 하나의 강력한 인증 방식보다 다른 낮은 인증 타입의 2가지가 더 강력

```
[맞춰보기]
− 홍채 + ID (       )
− 음성 + 서명 (       )
− 지문 + Password (       )
```

## 3.1 지식기반 인증(Type I: Something You Know)

### 3.1.1 Password

  (1) Password의 문제점과 특징

  − 특징: 가장 많이 사용되는 인증방식, 인증 요소 중 가장 안전하지 않음

  − 이유: 더 높은 수준의 보호가 이루어지도록 하는 데 필요한 보안인식 훈련을 받지 않으므로

  − 문제점: 암호화 되지 않을 시 도청 가능, 쉽게 깨짐

  (2) Password 정책

  − 최소 8문자의 조합으로 구성(대소문자, 숫자, 특수문자)

  − 공유되어서는 안 됨 ☞ 책임추적성 성립이 어렵기 때문

  − 새 사용자를 생성 후 처음 로그인 시 반드시 새로운 패스워드를 변경하도록 강제 적용한다.

  − 로그인 정보(날짜, 시간, 사용자ID, OS)에 대해 정확한 감사기록이 유지되어야 한다.

  − 시스템은 실패한 로그인 횟수를 제한하도록 임계치(Clipping Level)를 설정

- 기타: 마지막 로그인 시간을 보여준다. 휴면 계정은 사용 불가/삭제, Password는 저장소에 One-way 암호화한다.
- Password Salting: Password 파일을 숨길 수 없는 상황에서 사전 공격에 대해 내성 있게 하는 방법으로 암호화하기 전에 부가적인 숫자를 패스워드에 덧붙여서 암호화하여 저장한다.

### (3) 패스워드 공격기법

| 공격 기법 | 내용 |
|---|---|
| 무차별공격 | - Brute Force Attack, The All Possible Character Combination, L0phtcrack |
| 사전공격 | - Dictionary Attack, Try Common Words, Very Rapidly, Cracked, John the Ripper |
| 트로이 목마 로그인 프로그램 | - 정상적인 프로그램으로 가장한 정보 유출 |
| 사회공학 | - 심리적 공격 방법<br>예) 콜센터 등에 전화하여 패스워드를 알아냄 |
| 전자적 모니터링 | - 패스워드 입력 시 또는 전송 시에 Sniffing 하여 훔침(해결책) OTP 사용 |

- 패스워드는 결국 무차별 공격에 의해 깨진다.

### (4) Password의 종류

① Cognitive Password: 사실 기반 및 의견기반 인지 데이터를 이용

　예) 가장 예쁜 걸그룹은?

② OTP: 최대의 보안 제공, 동기식/비동기식 방식, 재생공격/전자적 도청/스니핑/PW 추측 공격에 안전

③ 암호절: 긴 문장 패스워드로 함

　예) 임베스트 CISA 전원 합격

### (5) Password 공격에 대한 대응책

- 주기적 변경, 로그인 실패 횟수 제한(3-strike Out, Clipping Level 설정)
- IDS 사용: 사전 공격, 무차별 공격을 탐지
※ Test 사례: Red 그룹: 6자리 패스워드, Green 그룹: 문장 선택, Yellow 그룹: 랜덤 8자 ☞ Green이 가장 안전

## 3.1.2 OTP(One Time Password)

### (1) OTP의 개념

- OTP 생성 매체에 의해 필요한 시점에 발생되고 매번 다른 번호로 생성되는 높은 보안수준을 가진 사용자 동적 비밀번호, 사용된 비밀번호는 다시 생성되지 않는 일회성 비밀번호

(2) 동기화/비동기화 방식: 패스워드는 결국 무차별 공격에 의해 깨진다.

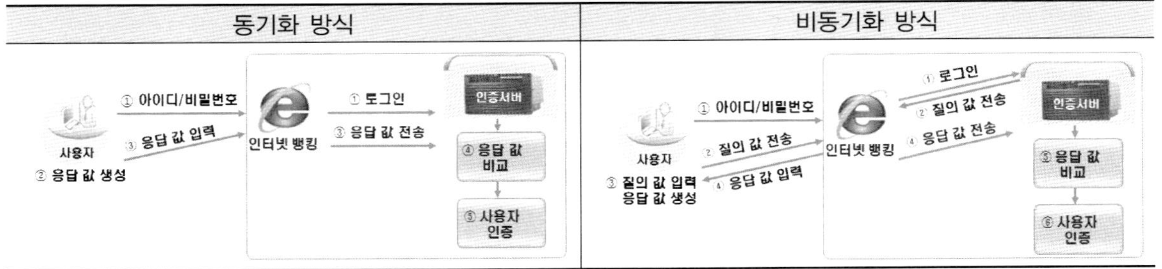


(3) 동기식/비동식 비교

| 구분 | 방식 | 단계 |
|---|---|---|
| 동기식 | 시간, 이벤트 | – Time 동기화 Token은 정해진 고정된 시간간격 주기로 난수 값 생성<br>– 난수 값 생성을 위한 특별화 암호화 알고리즘과 비밀키가 필요<br>– 토큰 장치로부터 새로 생성된 난수와 개인의PIN번호 입력하게 되면 인증시스템 내의 사용자 개인 정보와 생성된 패스워드를 검증하여 인증 |
| 비동기식 | 질의응답 | – 사용자가 인증요구와 함께 PIN을 전송하면 인증 서버는 난수를 발생하여 Challenge로 사용자에게 전달<br>– 사용자는 다시 이 Challenge 값을 암호화 하여Response를 반환하면 인증 서버는 자신의 결과 값과 비교하여 인증<br>– 단점: 느림, 복잡<br>– 장점: 안정성이 매우 우수 |

## 3.2 소유기반 인증(Type II 인증: Something You Have)

### 3.2.1 Smart Card

(1) Smart Card의 개요

– 마이크로 프로세스 Chip과 메모리를 내장한 일종의 소형 컴퓨터이며 높은 보안성이 요구됨

– 메모리 Token과 달리 프로세스 능력을 가짐

– 단점: Global Standard 부족(통일성 결여) ☞ 어떤 정보가 어떻게 저장하는지에 대한 표준 등이 미흡

(2) Smart Card의 구성 요소

– CPU(Microprocessor): 8/16/32 Bit

– RMO: 운영체체(COS) 탑재, 보안알고리즘(3DES), 카드 제작 시 저장(수정불가)

– RAM: 임시 데이터 저장용(4 Kilo Byte 이상)

– EEPROM: 파일 시스템, 프로그램 및 응용 프로그램 키, 비밀번호, 카드 발급 시 저장

– I/O시스템: 접촉식과 비접촉식, 2가지 동시 지원 콤비형

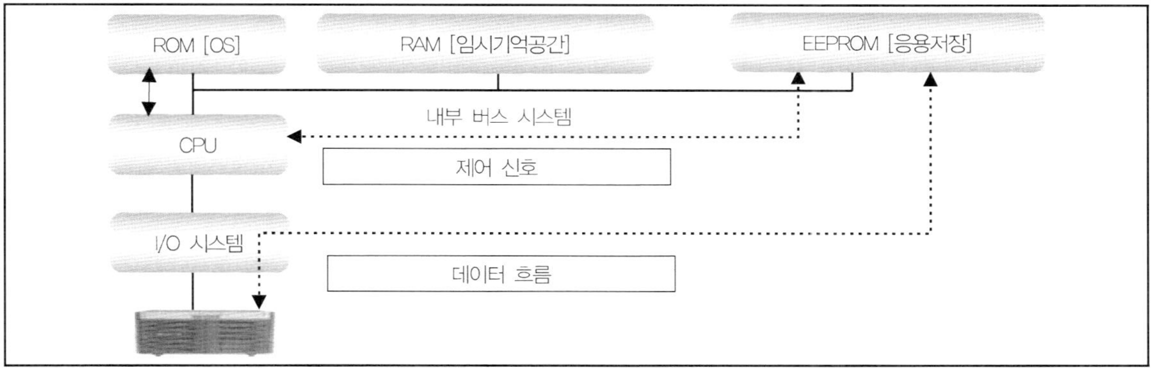


(3) Smart Card 종류

| 구분 | 종류 | 특징 |
|---|---|---|
| 폐쇄형 | 접촉식 | – 신용카드, 전자지갑, 의료카드, ISO 7816 규격 |
| | 비접촉식 | – 전기적 신호를 이용 카드와 리더기 사이에 통신(10cm 이내)<br>– 교통카드, 출입통제, ISO 14443–Memory, Antenna 내장 |
| | 하이브리드 | – 접촉 + 비접촉식이나 물리적 공유가 없음 |
| | 콤비 | – 접촉 + 비접속이면서 공유하는 메모리 공간 존재 |

(4) ISO 7816(접촉식 Smart Card 규격)

−물리적 특성: 86.5mm * 54mm, 두께 0.76mm, 모서리 꺾임 등을 정의

−칩의 접속위치와 규격: 전기적 신호와 전송 프로토콜, 교환을 위한 명령 정의, 데이터 요소 정의

(5) Smart Card 공격 기법

−Microprobing: Chip 표면에 직접 접근하기 위해 사용되는 기술

−Software Attack: 프로토콜 또는 알고리즘에서 발견되는 보안 취약점 이용

−Eavesdropping Techniques: 프로세스에서 생성된 전자기파를 모니터링

−Fault Generation Techniques: 비 정상 환경 조건을 이용하여 프로세서가 오동작하게 하는 기술

## 3.2.2 Token

(1) Token 개요

−사용자를 인증하기 위해 송수신 되는 하드웨어 또는 S/W의 한 종류로서 주머니 계산기나 신용카드 크기의 하드웨어 장치

(2) Token의 특징
- 정보처리 기능이 없고 저장만 하는 형태(IC Chip이 없음)
- 위협: 공격자가 인가된 사용자로 가장하기 위해 훔칠 가능성 존재 ☞ 분실 시 즉시 무효화 시켜야 함

## 3.3 생체인증(Biometrics)

### 3.3.1 생체인증의 개요

(1) 생체인증의 개념
- 개인의 평생불변 특성을 지닌 생체적, 행동적 특징을 자동화된 수단으로 등록하여 사용자가 제시한 정보와 패턴비교(검증)하여 판단 인증하는 기술
- 물리적 접근통제에서는 식별로 사용될 수 있다.

(2) 생체인증의 분류
- 존재 특징(Type III): 생체특성, 지문, 장문, 얼굴, 손 모양, 홍채, 망막, 정맥
- 행동 특징(Type IV): 서명, 음성, 키보드 입력

(3) 생체인증 기술이 가져야 할 조건 및 평가항목(설계 시 고려사항)
- 보편성(University): 모든 사람들이 보편적으로 지니고 있어야 함
- 유일성(Uniqueness): 개인별로 특징이 명확이 구분이 되어야 함
- 지속성(Permanence): 발생된 특징점은 그 특성을 영속해야 함
- 성능(Performance): 개인 확인 및 인식의 우수성, 시스템 성능
- 수용성(Acceptance): 거부감이 없어야 함
- 저항성: 위조 가능성이 없어야 함

### 3.3.2 존재기반 인증(Type III: Something You Are) -생체적 특징

- 존재기반 인증의 종류

| 종류 | 장점 | 단점 |
| --- | --- | --- |
| 지문(Fingerprint) | - 안전성, 저비용, 가장 많이 사용 | - 사용 거부감, 손상에 다른 문제 발생 |
| 얼굴(Face) | - 거부감 적음, 편의성 | - 조명에 민감, 변장 가능, 인식률이 가장 낮음 |
| 망막(Retina) | - 높은 보안성, 오인식률이 가장 낮음 | - 가장 높은 사용자 거부감 |
| 홍채(Iris) | - 보안성이 우수 | - 사용자 거부감 |
| 정맥(Vein) | - 사용자 편의성 우수 | - 시스템 크기가 크고 가장 고가 |

### 3.3.3 생체인증 도구의 효과성과 사회적 수용성

- 효과성: 손바닥 > 손 > 홍채 > 망막 > 지문 > 목소리
- 수용성: 홍채 > 키 누름 동작 > 서명 > 목소리 > 얼굴 > 지문 > 손바닥 > 손 > 망막

### 3.3.4 생체인증의 정확성

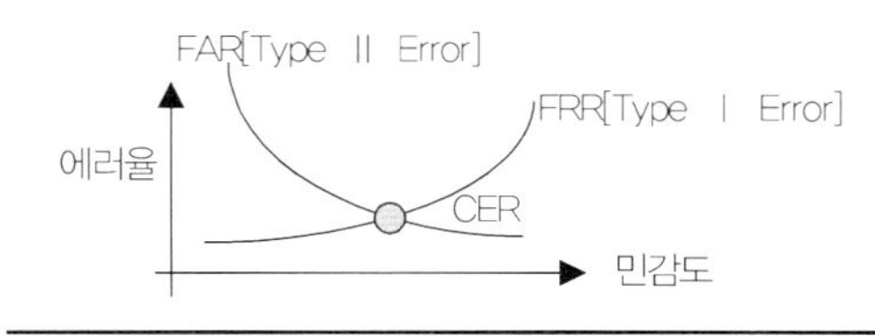


① FRR(False Reject Rate, Type I Error)
 - 잘못된 거부율: 편의성관점, 정상적인 사람을 거부함
② FAR(False Acceptance Rage(Type II Error)
 - 잘못된 승인율: 보안관점, 비인가자를 정상인가자로 받아들임
③ CER(Crossover Error Rate), ERR(Equal Error Rate)
 - FRR와 FAR이 Cross 되는 지점, 효율성 및 생체인증의 척도

## 3.4 행동기반 인증(Type IV: Something You5 Do, 행동적인 특징)

- 행동기반 인증의 종류

| 종류 | 장점 | 단점 |
| --- | --- | --- |
| 음성인식(Voice) | - 원격지 사용가능, 가격 저렴 | - 신체적 감정적 변화에 민감 |
| 서명 | - 입력기기 가격저렴, 편의성 좋음 | - 타인 용도 가능성 존재, 정확도 떨어짐 |
| Keystroke Dynamic | - 키 누름 동작 | |

# 4. 인증 관리를 위한 SSO(Single Sing On)

## 4.1 SSO의 개요

- 다수의 서비스를 한 번의 Login으로 기업의 업무시스템이나 인터넷 서비스에 접속할 있도록 해
  주는 보안 시스템
- 특징: 중앙 집중형 접근 관리, 보안기능 PKI(Public Key Infrastructure), 암호화 기능
- 종류: 스크립트, 커버로스, 세서미, 디렉토리 서비스
- 장점: 보안성 우수, 사용자 편의성 증가, 패스워드 분실에 따른 관리자의 부담 감소
- 단점: SPOF(Single Point Of Failure ☞ 2 Factor로 예방 가능)

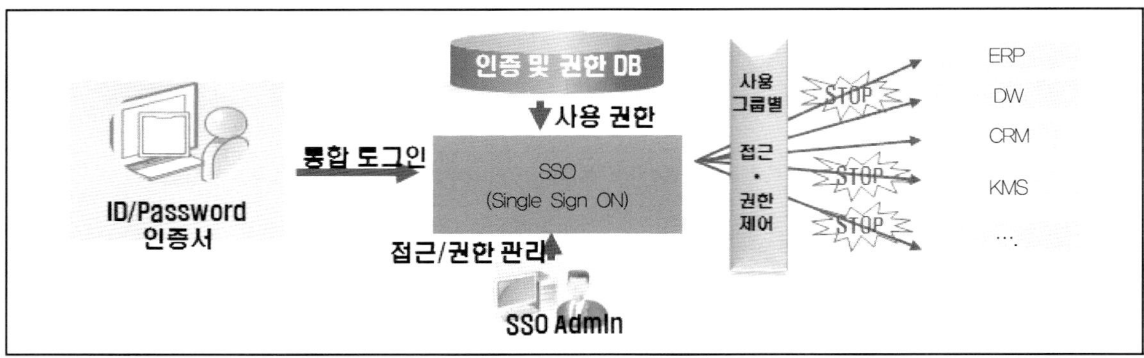


## 4.2 SSO 종류 - 커버로스

### 4.2.1 커버로스의 개념

- 중앙 집중형 사용자 인증 프로토콜 / RFC1510
- 대칭키 암호화 기법에 바탕을 둔 티켓 기반 인증 프로토콜
- 3A 지원: Authentication, Accounting, Auditing ☞ AAA 서버라고 함

### 4.2.2 커버로스의 특징과 약점

| 특징 | – 재생 공격을 예방, KDC와 Principle만이 특정 대칭키(DES) 공유(도청으로부터 보호) |
| --- | --- |
| 약점 | – 패스워드 추측 공격(사전 공격)에 취약, SPOF |

## 4.2.3 커버로스의 구성 요소

| 구성 요소 | 설명 |
|---|---|
| KDC | – 키분배센터(Key Distribution Sever), TGS + AS로 구성<br>– 사용자와 서비스 암호화키(비밀키)를 유지하고 인증 서비스 제공하며 세션키를 만들고 분배 |
| AS | – 인증서비스(Authentication Service), 실질적 인증 수행 |
| Principals | – 인증을 위하여 커버로스 프로토콜을 사용하는 모든 실제를 이르는 말 |
| TGS | – 티켓부여서비스(Ticket Granting Service), 티켓을 만들고 세션키를 포함한 Principals에 티켓을 분배하는 KDC의 한 부분 |
| Ticket | – 인증 토큰 |

※ Time Stamp: 시간제한을 두어 다른 사람이 티켓을 복사하여 나중에 그 사용자인 것처럼 위장하여 티켓을 사용하는 것을 각음 ☞ Replay 공격의 예방이 됨

## 4.2.4 커버로스의 동작 원리

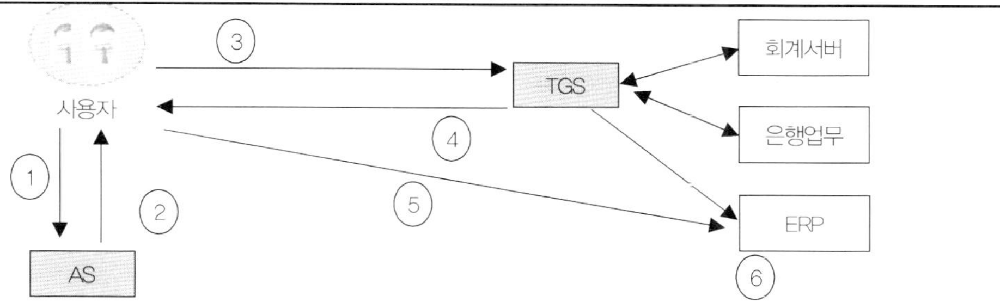


① 사용자는 인증 서비스에 인증한다.
② 인증서비스는 사용자에게 시작 티켓 전송(사용자 이름, 발급시간, 유효시간)
③ 사용자는 서비스 접근 요청을 한다.
④ TGS는 세션키가 포함된 새로운 티켓을 만든다.
⑤ 사용자는 하나의 세션키를 추출하고 티켓을 파일서버로 전송한다.
⑥ 티켓을 받은 서버는 사용자에 대한 서비스 제공 여부를 결정한다.

## 4.3 SSO 종류-세서미와 Script

| | |
|---|---|
| 세서미(Sesame) | – 커버로스의 약점 보완(SPOF)<br>– 비밀키 분배 시 공개키 암호화 사용함으로써 KDC에서 사용자와 서비스 암호화 키를 보관할 필요가 없음<br>– 특권 속성 인증(Privilege Attribute Certificate)이라는 티켓을 발생<br>– 패스워드 추측 공격에는 취약 |
| 스크립트(Script) | – 가장 간단한 방식으로 패스워드 노출되지 않도록 안전한 지역게 저장해야 함 |

# 5. 접근통제 관리와 인증 프로토콜

## 5.1 접근통제 관리

### 5.1.1 중압집중 접근통제 관리

(1) 중앙집중 접근통제 개요

- 사용자의 접근 구현, 감사, 변경, 검사를 중앙에서 통제하고 관리
- 장점: 일괄적인 절차와 기준 적용이 용이
- 단점: 모든 변경을 중앙에서 처리하므로 속도가 느림, SPOF가 존재

(2) 중앙집중 접근통제 형태

| 형태 | 설명 |
|---|---|
| AAA서버 | − Authentication, Authorization, Accounting 기능 제공 |
| TACACS+ | − TACACS(Terminal Access Controller Access Control System)<br>− TACACS: UDP 프로토콜 사용, 데이터 암호화 하지 않음<br>− TACACS+: TCP 프로토콜 사용, NAS 간 인증 서버 간의 트래픽에 대한 암호화 구현(Two Factor User Authentication, Dynamic Password, Separates Authentication) |
| RADIUS | − Remote Authentication Dial−In User Service, Dial−In 사용자 인증 프로토콜<br>− 비밀키로 데이터 암호화, 인증과 권한 부여가 하나의 사용자 Profile 내에 있음<br>− AAA 서버 형태 |
| DIAMETER | − RADIUS 프로토콜을 대체하기 위해 IETF에서 명시한 TCP 기반의 서비스 |

※ UDP 기반 서비스: 커버로스, RADIUS, TACACS
※ TCP 기반: TACACS+, DIAMETER

### 5.1.2 Identity Management-통합계정관리

- 관리비용의 감소, 보안 증가, 서비스 레벨 향상

### 5.1.3 Decentralized Access Control(분산 접근통제, DAC)

- 개별 처리 환경으로 기능 관리자가 사용자에게 접근 권한을 할당하는 방식
- 표준이 부족, 권한의 Overlapping, 절차와 기준의 일관성 유지가 어려움

### 5.1.4 혼합접근통제(중앙 + 분산)

- 중요하지 않은 자원은 분산 접근통제로 주요 자원은 중앙 접근통제로 처리

## 5.2 원격 접속 인증 프로토콜

　-원격 접속 연결(VPN, 모뎀)은 네트워크에 물리적 연결이 되어 있지 않으므로 보안이 중요

### 5.2.1 SLIP(Serial Ling Internet Protocol): 모뎀 접속 방식

　-직렬회선을 통해 캡슐화된 데이터를 전송하는 데 사용된 오래된 프로토콜, 전송속도 느리고 잘 끊김

### 5.2.2 PPP(Point-to-Point)

　-SLIP 대체(전송속도가 느리고 잘 끊어지는 단점을 보완)

　-모뎀과 전화선을 통해 TCP/IP 방식으로 인터넷을 접속할 수 있게 해주는 프로토콜

　-에러를 탐지, 수정, 다양한 인증 방법 지원, IP 외의 다양한 프로토콜 캡슐화(TCP/IP) 호스트로서
　　네트워크에 접속하기 위한 8 Bit Serial

　-SLIP과 마찬가지로 전화선을 통해 인터넷에 접속하지만 마치 전용 회선으로 접속한 것과 같은
　　상태를 유지

⑴ PAP(Password Authentication Protocol)

　-원격 사용자와 인증 서버 구간에 식별과 인증 정보를 자동으로 제공하기 위해 사용자에 의해 이
　　용되는 인증 프로토콜

　-문제점: 패스워드 등 사용자 정보 평문 전송, 정적 패스워드 사용, 재생공격에 취약

⑵ CHAP(Challenge-Handshake Authentication Protocol)

　-One Way Hash를 이용(MD5(128 Bit))하여 패스워드 암호화

　-시도응답방식 사용: 중간자 공격(Man-in-the-Middle-Attack)나 재생공격에 강함

　※ 시도응답방식: 사용자와 서버가 통신이 이루어지는 동안 시도/반응을 계속 하는 방식

### 5.2.3 Secure Shell(SSH v2)

　-두 호스트 간에 암호 통신 세션을 형성하여 사용자 이름과 패스워드를 인증하고, 인증 후 데이터
　　를 암호화

　-FTP, TELNET rlogin의 대용(FTP, TELNET Rlogin 평문 전송을 함)

　-안전한 원격 접속을 지원

# 6. Data 기반 접근통제 기술

−식별 및 인증된 사용자가 허가된 범위 내에서 시스템 내부 정보에 대한 접근을 허용하는 기술적 방법
−사용자 접근 허가권에 의하여 접근을 통제하는 방법으로 수행

## 6.1 접근통제 기술 유형

| 접근통제 기술 유형 | 세부 기술 유형 |
|---|---|
| 임의 접근(Discretionary) | Identity−based |
| | User−directed |
| | Hybrid |
| 강제 접근(Mandatory) | Rule−based |
| | Administratively Directed |
| 비임의 접근(Non−Discretionary) | Role−based |
| | Task−based |
| | Lattice−based |

### 6.1.1 MAC(Mandatory Access Control)

(1) MAC 개요

−주체의 객체에 대한 접근이 주체의 비밀 취급 인가 레이블(Clearance Label) 및 객체의 민감도 테이블(Sensitivity Label)에 따란 지정되는 방식
−Rule-based: 접근에 대한 최종 결정은 OS(운영체제)의 결정, 데이터 소유자더라도 접근 불가하며 알 필요성의 원칙에 근거한다. 기밀성이 매우 중요한 조직에 적용(군사 기밀)
−Classification(하용 등급): 데이터의 중요도에 따라 보안 등급을 부여해 우선 순위를 부여, 객체의 등급, 객체의 보안 레이블
−Category(Compartment): Classification 된 데이터에 대해 각자 별도로 관련된 정보를 모아 보관 하는 것
−Clearance(접근 허가): 주체의 접근 권한으로 객체에 대한 접근을 제한, 주체의 보안 레이블
−Security Label: Level(수직) + Category(수평적), 주체의 접근 권한은 Security Label에 의존

(2) MAC의 주요 특징

−데이터에 대한 접근을 시스템이 결정(정해진 Rule에 의해)
−데이터 소유자가 아닌 오직 Admin만이 자원의 카테고리 변경시킬 수 있음
−비밀성을 포함하고 있는 객체에 대해 주체가 가지고 있는 권한에 근거하여 객체에 접근을 제한하는 정책

⑶ MAC의 종류

| 종류 | 설명 |
| --- | --- |
| Rule-based MAC | – 주체와 객체의 특성에 관계된 특정 규칙어 따른 접근통제 방화벽 |
| Administratively-directed MAC | – 객체에 접근할 수 있는 시스템 관리자에 의한 통제 |
| CBP(Compartment-based Policy) | – 일련의 객체 집합을 다른 객체들과 분리<br>– 동일 수준의 접근허가를 갖는 부서라도 다른 보안등급을 가질 수 있음<br>예) 팀장은 자기 팀원의 급여정보를 볼 수 있으나 다른 팀원 급여정보는 볼 수 없음 |
| MLP(Multi Level Policy) | – Top Secret, Secret, Confidential, Unclassified와 같이 각 객체별로 지정된 허용 등급을 할당하여 운영<br>– 미 국방성 컴퓨터 보안 평가지표에 사용. BLP 수학적 모델로 표현가능 |

## 6.1.2 DAC(Discretionary Access Control: 임의적 접근통제)

⑴ DAC 개요

– 객체의 소유자가 권한 부여: 접근하려는 사용자에게 권한을 추가 및 삭제할 수 있음

– User-based, Identity: 사용자의 신분에 따라 임의로 접근을 제어하는 방식

– UNIX, DBMS 등의 상용 OS에서 구현(융통성이 좋으므로)

– 접근통제 목록(ACL: Access Control List) 사용: Read, Write, Execute

– MAC의 단점을 극복하기 위해 나온 것이 아님

⑵ DAC 종류

| 종류 | 설명 |
| --- | --- |
| Identity-based DAC | – 주체와 객체의 Id에 따른 접근통제, 주로 유닉스에서 사용 |
| User-directed | – 객체 소유자가 접근권한을 설정 및 변경할 수 있는 방식 |

## 6.1.3 Non-DAC(Discretionary Access Control: 비임의적 접근통제)

⑴ Non-DAC의 개요

– 주체의 역할에 따라 접근 할 수 있는 객체를 지정하는 방식

– 기업 내 개인의 작은 이동(예: 직무순환) 및 조직 특성에 밀접하게 적용하기 위한 통제 방식

– Role-based 또는 Task-based라고도 함

– Central Authority(중앙 인증): 중앙 관리자에 의해 접근 규칙을 지정

– 사용자별 접근 규칙을 설정할 필요가 없음

(2) Non-DAC의 종류

| 종류 | 설명 |
|---|---|
| Role-based Access Control(RBAC) | − 사용자의 역할(임무)에 의해 권한이 부여(예: PM, 개발자, 디자이너)<br>− 사용자가 적절한 역할에 할당되고 역할에 적합한 권한이 할당된 경우만 사용자가 특정한 모드로 정보에 접근할 수 있는 방법 |
| Lattice-based Non-DAC | − 역할에 할당된 민감도 레벨에 의해 결정<br>− 관련된 정보로만 접근 가능(핵무기 임무 수행자는 관련된 상/하위 정보로만 접근 가능)<br>− 주체와 객체의 관계에 의거하여 접근할 수 있는 Upper Bound와 Low Bound를 설정하여 접근을 제어하는 방식. 정보의 흐름을 통제 |
| Task-based Non-Doc | − 조직 내 개인의 임무에 의한 접근통제(알 필요성의 원칙)<br>− 핵무기와 관련된 임무를 수행하고 있는데 다른 관련 업무는 볼 수 없음 |

※ RBAC의 장점
− 관리가 수월: 관리자에게 편리한 관리 능력을 제공. 비용이 줄어든다.
− 보안관리 단순화: 권한 지정을 논리적, 독립적으로 할당하거나 회수가 가능
− 최소권한: 최소한의 권한만을 허용하여 권한의 남용을 방지
− 직무분리: 시스템상에서 오용을 일으킬 정도의 충분한 특권이 사용된 사용자를 없게 함. 가장 큰 특징

## 6.1.4 접근통제 기술 간의 비교

| 항목 | MAC | DAC | RBAC |
|---|---|---|---|
| 권한부여자 | System | Data Owner | Central Authority |
| 접근여부 결정기준 | Security Label | identity | Role |
| 오렌지북 | B | C | C |
| 장점 | 안전/중앙 집중관리 | 유연, 구현 용이 | 관리 용이 |
| 단점 | 구현/운영 어려움. 높은 비용 | 트로이 목마, ID 도용문제 | |
| 적용 사례 | 방화벽 | | HIPAA(보건 보험 편의 및 책임법) |

## 6.1.5 접근통제 매트릭스

　−주체와 객체 간의 접근 권한을 테이블로 구성한 것으로서 행에는 주체를, 열에는 객체를 두고, 행과 열의 교차점에는 주체가 객체에 대한 접근 권한(W, R, D, E)을 기술하여 이름 기반으로 제어하는 방식

| Access Control Matrix | | |
| --- | --- | --- |
| | Data 1 | Data 2 |
| 김OO | Write | Read |
| 어OO | Read/Write | No Access |
| 박OO | No Access | Read |

※CL[Capability List] - 추제기반- 접근제어
- 주체가 소유할 수 있는 하나의 티겟부여, 커버로스
- 비교적 객체가 적을 경우 적합, 퇴직자 처리 시 용이

※ ACL(Access Control List: 객체 기반 접근 제어)
- 객체 관점에서 접근 권한을 테이블 형태로 기술하여 접근 제어
- 구분될 필요가 있는 사용자가 비교적 소수일 때와 분포도 안정적일 때 적합(지속적 변경 환경 부적합)

## 6.1.6 Content Dependent Access Control

- DB에서 가장 많이 사용되며 접근제어가 내용에 의해 이루어지는 접근통제

예) DB File에서 직원의 경력, 인사 등의 내용이 있을 때 일반 직원은 자신의 것만 볼 수 있지만 팀장의 경우 팀의 모든 직원을 볼 수 있게 하는 방식, 특정 사이트(도박, 증권 등) 접근 제어

## 6.1.7 Restricted Interfaces(= Constricted User Interface)

- 특정 기능이나 자원에 대한 접근 권한이 없을 경우 아예 접근을 요청하지 못하도록 하는 것

예) Menus나 Shell: 사용자 권한에 따라 제한하는 것, 업무 시간에 게임/포르노 등의 사이트에 접근 제한하는 것

- DB View: DB 안의 있는 데이터에 대한 사용자의 접근을 제한 ☞ 예방통제의 한 종류

# 7. 접근통제 보안 모델

- 조직에서 보안 정책을 실제로 구현하기 위한 이론적인 모델
- 보안 모델의 종류

| 종류 | 설명 |
| --- | --- |
| Bell-La Padula | - 기밀성에 중점을 둔 가장 대표적인 모델 |
| Biba | - 무결성에 중점(무결성의 대표적 모델) |
| Clark and Wilson | - 상업용 무결성에 중점 |
| 만리장성 모델 | - 사로 상충관계에 있는 객체간의 정보 접근을 통제하는 모델, 상업적 기밀성 |

## 7.1 Bell-La Padula

(1) Bell-La Padula 모델의 개요

- 기밀성 모델로서 높은 등급의 정보가 낮은 레벨로 유출되는 것을 통제하는 모델
- 정보 구분: Top Secret, Secret, Unclassified
- 최초의 수학적 모델로서 보안 등급과 범주를 이용한 강제적 정책에 의한 접근통제 모델
- 미 국방성(DOD)의 지원을 받아 설계된 모델로서 오렌지북인 TCSEC의 근간이 됨

(2) Bell-La Padula의 속성: 시스템의 비밀성을 보호하기 위한 보안 정책

① No Read-Up(NRU or ss-property, *-property): 단순 보안 규칙

- 주체는 자신보다 높은 등급의 객체를 읽을 수 없음
- 주체의 취급인가가 객체의 비밀 등급보다 같거나 높아야 그 객체를 읽을 수 있음

② No Write-Down(NWD or *-property) = Confinement Property: *(스타-보안규칙)

- 주체는 자신보다 낮은 등급의 객체에 정보를 쓸 수 없음
- 주체의 취급인가가 객체의 비밀 등급보다 낮거나 같을 경우에 그 객체를 주체가 기록할 수 있음

③ Strong ss-property

- ss-property를 더욱 강화한 모델로 주체는 자신과 등급이 다른 객체에 대해 읽거나 쓸 수 없음

④ 단계 등급별 구분

| Level | ss-property 읽기 권한<br>(Read Access) | *-property쓰기 권한<br>(Write Access) | Strong *-property 읽기/쓰기<br>(Read/Write Access) |
|---|---|---|---|
| 높은 등급 | 통제 | 가능(OK Write Up) | 통제 |
| 같은 등급 | 가능 | 가능 | 가능 |
| 낮은 등급 | 가능(OK Read Down) | 통제 | 통제 |

⑤ Bell-La Padula 모델의 한계

－기밀성만 다루고 무결성을 취급하지 않음

－접근 권한 수정에 대한 정책이 없음

－자체적으로 비밀 채널(Covert Channel)을 내포

－자신이 쓴 파일을 읽지 못할 수도 있음

## 7.2 Biba 모델

(1) Biba 모델의 개요

－Bell-La Padula 모델의 단점인 무결성을 보장할 수 있도록 보장한 모델

－주체에 의한 객체 접근의 항목으로 무결성을 다룸

(2) Biba 모델의 속성

－No Read Down(NRD or Simple Integrity Axiom)

－No Write Up(NWU or *Integrity Axiom)

| Level | 단순무결성규칙(Simple Integrity Property)<br>읽기 권한(Read Access) | (스타)-무결성 규칙 (Integrity *-property)<br>쓰기 권한(Write Access) |
|---|---|---|
| 높은 등급 | 가능(OK, Read Up) | 통제 |
| 같은 등급 | 가능 | 가능 |
| 낮은 등급 | 통제 | 가능(OK Write Down) |

## 7.3 클락 윌슨 모델(Clark and Wilson)

(1) 클락 윌슨 모델의 개요

－무결성 중심의 상업용으로 설계한 것으로 Application의 보안 요구사항을 다룸

－정보의 특성에 따라 비밀 노출 방지보다 자료의 변조 방지가 더 중요한 경우가 있음이 기초

－주체와 객체 사이에 프로그램이 존재, 객체는 항상 프로그램을 통해서만 접근
－2가지 무결성을 정의: 내부 일관성(시스템 이용), 외부일관성(감사에 활용)


(2) 클락 윌슨 모델의 무결성 3가지 메커니즘
－Well-formed Transaction: 데이터는 예측가능하고 완전한 방식으로 조작되어야 함
－Separation of Duties: 한 사람이 모든 권한을 가지는 것을 방지하는 것으로서 정보의 입력, 처리, 확인 등 여러 사람이 나누어 각 부분별로 관리토록 함으로써 자료의 무결성을 보장(인가자의 비인가된 행동예방)
－주체의 응용프로그램 강제 사용: 주체의 객체로의 직접 접근 금지, 응용프로그램을 강제 사용하도록 한다.


(3) 클락 윌슨 모델의 고려사항
－주체들은 식별되고 인증되어야 한다.
－객체는 제한된 프로그램에 의해서만 다루어져야 한다.
－주체들은 제한된 프로그램만 실행할 수 있다.
－적당한 감사 로그가 유지되어야 한다.
－시스템은 적절하게 작동되도록 Certify 되어야 한다.


## 7.4 만리장성 모델(Chinese Wall = Brewer-Nash)

(1) 만리장성 모델의 개요
－서로 상충 관계에 있는 객체 간의 정보 접근을 통제하는 모델 ☞ 이익의 상충 금지
－상업적으로 기밀성 정책에 따름
예) 한 회사에 최근 일을 한 적이 있는 파트너는 동일한 영역에 있는 다른 회사의 자료에 접근해서는 안 됨 ☞ 비즈니스 관점에서 직무분리를 접근통제에 반영한 개념


※ 주의: 클락 윌슨과 만리장성은 둘 다 직무분리를 적용시켰으나 클락 윌슨 모델이 더욱 직무분리 적용이 강함

# 8. 공격(Attacks)

## 8.1 공격의 개요

### (1) 공격의 정의

- 해킹과 유사한 의미로 혼용되나 가용성 파괴에 중점을 두는 행위(해커: 코드 레벨에서의 악의적 행위)
- DoS가 공격의 대표적인 예

### (2) 공격의 유형

| 구분 | 공격 설명 | 주요 공격 기법 |
|---|---|---|
| **수동적 공격(Passive)** | - 악의적인 행위를 하지 않음<br>- 주도 도청이나 트래픽 분석을 통한 비밀 자료 취득<br>- 탐지가 어려움 | - Eavesdropping<br>- Sniffing<br>- Traffic Analysis |
| **능동적 공격(Active)** | - 공격 대상 시스템에 악의적 행위<br>- 무결성, 가용성을 해침<br>- 탐지가 가능함(Why? ☞ 결과가 보임) | - Masquerade<br>- Spoofing<br>- Replay, Message, Modification<br>- Dos |

### (3) 공격의 순서

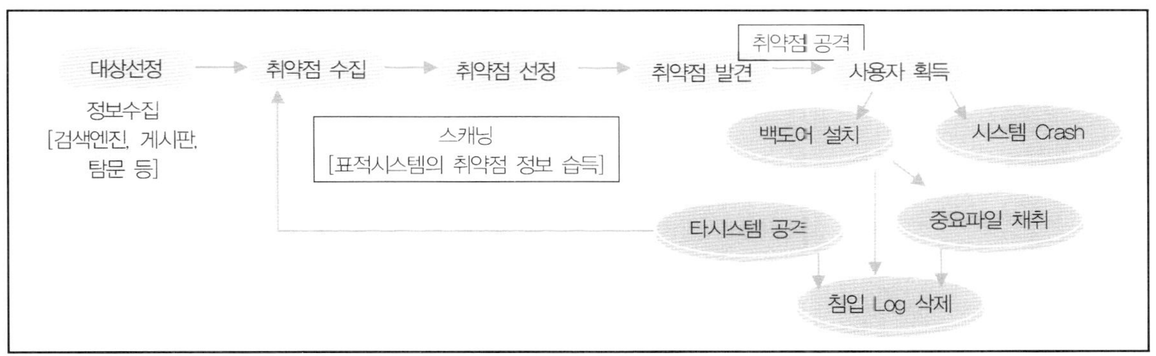


## 8.2 공격 기법

### 8.2.1 무차별 공격(Brute Force)

- 개요: 모든 가능한 조합을 만들어 공격
- 증상: 짧은 시간 틀린 접근시도가 증가
- 예방: Clipping Level 설정, Delay Time 설정

## 8.2.2 사전 공격(Dictionary Attack)

- 개요: 패스워드 추측 공격으로 단어 등을 이용하는 공격기법
- 예방: OTP 사용, 패스워드 암호화, IDS 설치하여 의심스런 행동 감시


## 8.2.3 패스워드 Sniffing

- 개요: 네트워크에 전송되어 시는 패킷을 도청하여 패스워드나 ID를 파악
- 예방: 암호화


## 8.2.4 Buffer Overflow Attack

- 개요: 버퍼의 크기를 넘는 메시지는 RAM의 영역에 저장되는데 이것을 이용한 기법으로 메모리
  의 데이터 저장 공간에 그 크기보다 더 많은 데이터를 저장할 때 발생
- 유효하지 않은 값을 변수 유형에 입력하거나 매개변수를 벗어난 입력
- 예방: 신속한 패치, 프로그래밍 시 경계 값 검사 적용


## 8.2.5 중간자 공격(Man-in-the-Middle-Attacks)

(1) 공격 방법

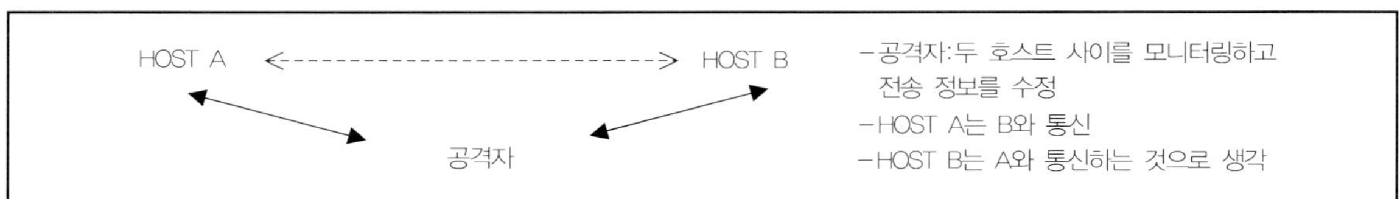


(2) 유형

- Web Spoofing: 가짜 홈페이지로 유도하여 계정 획득
- TCP Session Hijacking: 세션이 확립된 후에 세션을 이용하여 공격
- DoS 공격의 일종: 웹서버의 서비스에 접근하지 못하게 방해하는 형태


## 8.2.6 세션 하이재킹(Session Hijacking Attack)

(1) 개요

- 이미 인증을 받아 세션을 생성, 유지하고 있는 연결을 빼앗는 공격을 총칭(스니핑 기술의 일종)
- 인증을 위한 모든 검증을 우회: TCP를 이용해서 통신하고 있을 때 RST(Reset) 패킷을 보내 일시적
  으로 TCP 세션을 끊고 시퀀스 넘버를 새로 생성하여 세션을 빼앗고 인증을 회피

- 세션을 스니핑 추측(Brute Force Guessing)을 통해 도용이나 가로채어 자신이 원하는 데이터를 보낼 수 있는 공격 방법
- 원인: 암호화 되지 않은 프로토콜에서 정보를 평문으로 전송, 길이가 짧은 Session ID, 세션 타임아웃 부재

## (2) 공격 단계

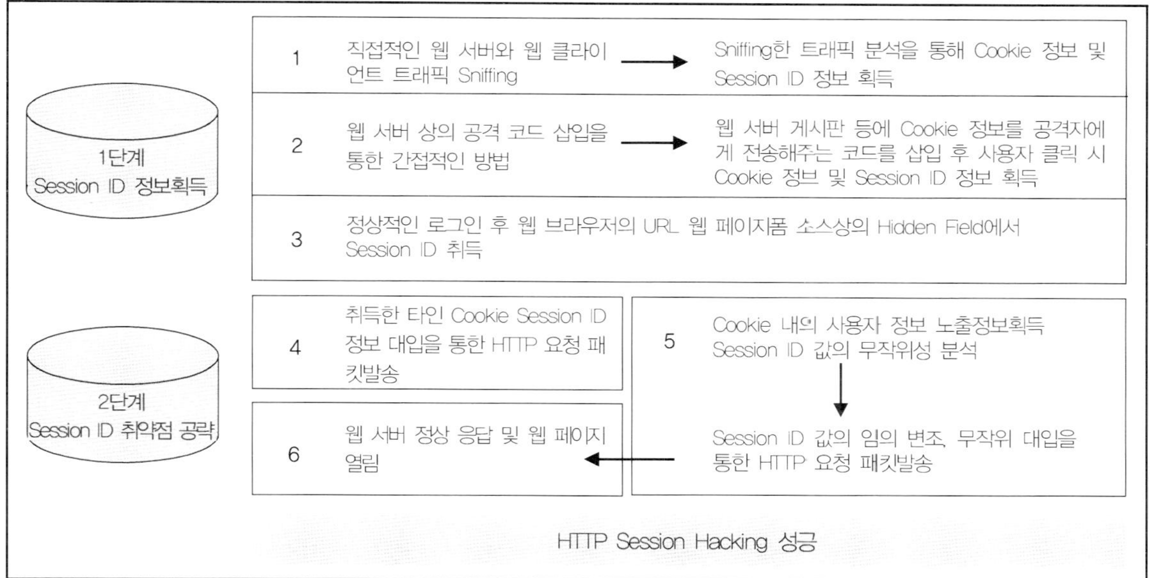


## (3) 예방

- 최우선 대책은 암호화, Session Id 추측 불가능하게 생성, Session Time out 기능, 시퀀스 번호의 복잡성
- Continuous Authentication(지속적인 인증): 주기적으로 패스워드 등을 확인
예) 이체 시 패스워드 재입력

## 8.2.7 IP Spoofing

### (1) 개요

- TCP/IP의 구조적인 취약성/결함을 이용하는 공격으로 자신의 IP를 속여서 접속하여 IP로 인증하는 서비스를 무력화 시키는 공격 방법
- TCP/IP의 취약점: 순서 제어 번호 추측(Sequence Number Guessing), SYN Flooding, Connect Hijacking, RST/FIN를 이용한 접속 끊기, SYN/RST 패킷 생성 공격, IP 주소 인증(Rlogin, RSH 등)

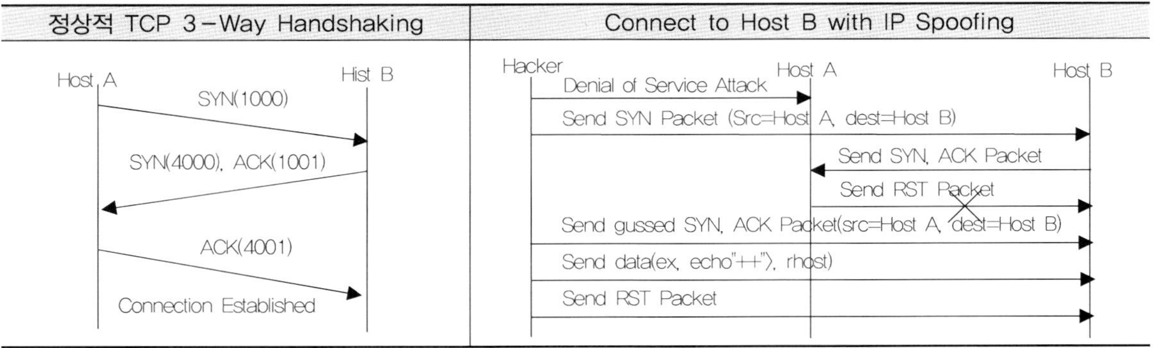



## (2) 공격 단계

- 공격대상 찾음 → Trust 관계 확인 → Trust와 관계된 시스템의 IP 주소 확보 → Trust Client를 서버에 접근 불가능하도록 차단 → 자신이 Trust인 것처럼 IP조작 후 공격 대상 접근 → 백도어 설치(차후 공격 확보)

## (3) 예방

- Sequence Number를 Random 하게 생성, 암호화된 Protocol 사용, IP로 인증하는 서비스 사용하지 않음

## 8.2.8 DNS Spoofing

- DNS(Domain Name Server): www.yahoo.com 등의 도메인 이름을 IP 주소로 바꾸는 역할
- www.yahoo.com의 IP 주소를 바꾸어 엉뚱한 사이트로 접속하게 하는 공격(예: 위장된 금융사이트 접속)

## 8.2.9 Web Spoofing

- 공격자가 다른 컴퓨터(공격대상)로 전송되는 웹 페이지를 보거나 바꿀 수 있는 방법
- 가짜 홈페이지를 만들어 두고 로그인을 유도하여 정보획득(ID/PASSWORD, 신용카드 정보 등)
- 공격의 성격: 중간자 공격, DoS(보고자 하는 사이트를 못 보게 하므로)

## 8.2.10 DoS(Denial of Service)

### (1) DoS의 개요

- 시스템이나 네트워크의 취약점을 공격하여 정상적인 서비스를 못하도록 서버 등을 지연키시거나 마비

-특징: 공격의 원인 및 Source를 찾기 힘듦, 공격방법이 다양, 단순 공격으로 쉽게 이용, 뚜렷한 방
  지 없음
-공격 대상: 웹 서버, 라우터, 네트워크 등의 기반 시설

(2) DoS 공격의 성격
-파괴 공격: 디스크나 데이터, 시스템의 파괴
-시스템 자원 고갈: CPU, 메모리, 디스크 사용에 대한 과다한 부하 가중
-네트워크 자원 고갈: Dumy 데이터로 네트워크 대역폭을 고갈 시킴

(3) DoS 공격의 유형

| 유형 | 설명 | 공격기법 |
|---|---|---|
| Application | - 프로그램의 버그 등을 이용 | - Mail Bombing, Buffer Overflow |
| Protocol | - 헤더를 조작한 패킷 이용 | - SYN Flooding, Ping of Death(Ping Flooding) |
| Network | - 과다한 패킷을 전송 | - UDP Storming(Fraggle Attack), Tear Drop<br>- Smurfing(ICMP Smurf), DDoS |

(4) 대응 방안
-방화벽, IDS 설치, 안정적 네트워크 설계, 시스템 패치(가장 좋은 방법), 서비스별 대역폭 제한
-반복적인 일정 수 이상의 ICMP 무시하도록 설정

① DoS(Denial of Service): TCP SYN Attack(SYN Flooding)
a. 개요
-TCP 패킷의 SYN 비트를 이용한 공격 방법으로 너무 많은 연결 요청이 오도록 해서 대상 시스템
  이 Flooding(범람)하게 만들어 대상 시스템의 메모리가 바닥나게 하는 것
-서버별로 한정되어 있는 동시 사용자 연결 수를 존재하지 않는 Client가 접속한 것처럼 하여 다른
  사용자가 서비스를 받지 못하도록 하는 공격
-공격 형태: 대상 서버의 시스템 자원고갈, 네트워크 자원인 대역폭을 소모
b. 공격 방법
-TCP 초기 연결 과정(3-WayHandshaking) 이용, SYN 패킷을 요청하여 서버가 ACK 및 SYN 패킷을
  보내게 함
-전송하는 주소가 무의미한 주소이며, 서버는 대기 상태이고, 대량의 요청 패킷 전송으로 서버의

대기큐가 가득 차서 DoS 상태가 됨

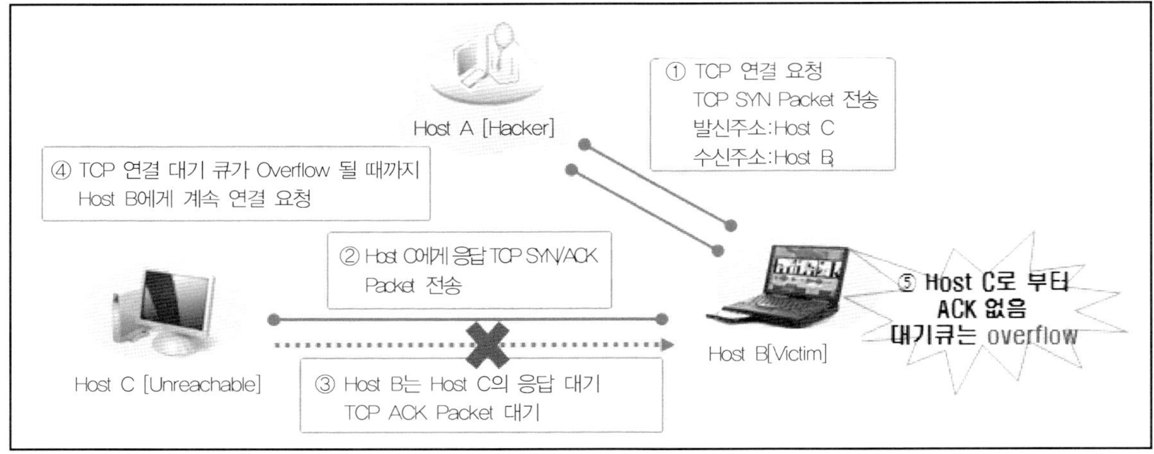


c. 대응 방안

- 시스템 보안 패치, IDS 설치, 서버의 큐의 크기를 증가, Syncookie 기능 설정
- Connection Timeout 시간을 줄임, 패킷 필터링 사용, 방화벽 이용하여 RST(Reset) 패킷을 보내 세션 삭제


② DoS(Denial of Service): IP Fragmentation(Ping of Death, Tear Drop)

a. 개요

- 서버는 IP 프로토콜에서 MTU(Maximum Transmission Unit, 65,536 Byte)보다 큰 패킷이 오면 분할
  (Fragmentation)하는데 호스트나 라우터가 Fragmentation을 수행
- Fragment를 조작하여 패킷 필터링 장비나 IDS를 우회하여 서비스 거부를 유발시킴
- 증상: 고장, 다운, 재부팅


b. 공격의 종류

| 종류 | 설명 |
|---|---|
| Tiny Fragment | - 최초의 Fragment를 아주 작게 만들어서 네트워크 침입탐지 시스템이나 패킷 필터링 장비를 우회하는 공격 |
| Fragment Overlap | - Tiny Fragment 공격 기법에 비해 더욱 정교한 방법<br>- IDS의 Fragment 처리 방법과 패킷 필터링의 재조합과 Overwrite 처리를 이용 |
| IP Fragmentation을 이용한 서비스 거부공격 | - Ping of Death: Ping를 이용하여 ICMP 패킷을 규정된 길이 이상으로 큰 IP 패킷을 전송, 수신 받은 OS에서 처리하지 못함으로써 시스템을 마비시키는 공격<br>- Tear Drop: Fragment 재조합 과정의 취약점을 이용한 공격으로 목표시스템 정지나 재부팅을 유발하는 공격, TCP Header 부분의 Offset Field 값이 중첩되는 데이터 패킷을 대상 시스템에 전송 |

※ Offset Field: 특정 데이터 패킷이 운반 중인 데이터나 데이터 범위 내에서 운반할 Byte를 지정

③ DoS(Denial of Service): Land Attack

a. 개요

−패킷을 전송할 때 출발지 IP와 목적지 IP 주소 값을 공격자의 IP 주소 값으로 똑같이 만들어서
  공격대상에 보내도록 하여 패킷이 밖을 나가지 못하고 공격대상으로 다시 돌아오도록 하는 공격

−Syn Flooding처럼 동시 사용자 점유해버리며 CPU 부하까지 유발시킴

b. 대응: 자신이 시스템 주소와 동일한 소스 주소를 가진 외부 패킷을 필터링


④ DoS(Denial of Service): ICMP Smurf Attack(Smurfing)

a. 개요

−IP 특징(Broadcast 주소방식)과 ICMP 패킷을 이용한 공격방법으로 가장 인기 있는 공격형태

−구성 요소: 공격자, 희생자, Amplified N/W

b. 공격 방법

−다수의 호스트가 존재하는 서브 네트워크에 ICMP Echo 패킷을 Broadcast로 전송(Source Address는
  공격대상서버로 위조)


−이에 대한 다량의 응답 패킷이 공격대상 서버로 집중되게 하여 가비시키는 공격

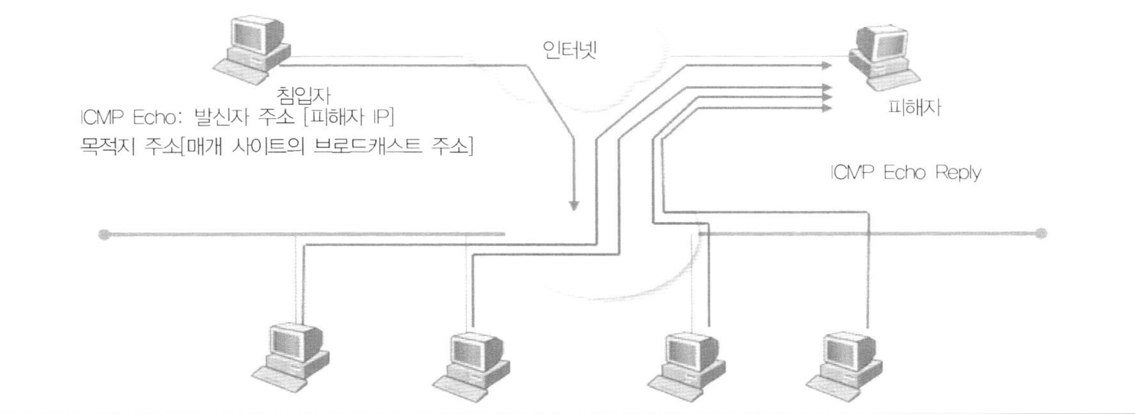


c. 대응 방안

−라우터에서 ICMP의 Broadcast 금지

−직접적인 Broadcast를 경계 라우터에서 사용할 수 없게 설정

⑤ DoS(Denial of Service): DDoS(Distributed Denial of Service)

a. 개요

− DoS용 공격 프로그램들(트로이 목마)을 분산 설치 후 통합된 형태로 서버에 일제히 데이터 패킷
을 범람시켜 서버의 성능을 마비시키는 공격 기법

− 공격자의 위치 파악이 어렵고 경로 추적이 어려움(트로이 목마를 이용하므로)

b. 공격 방법

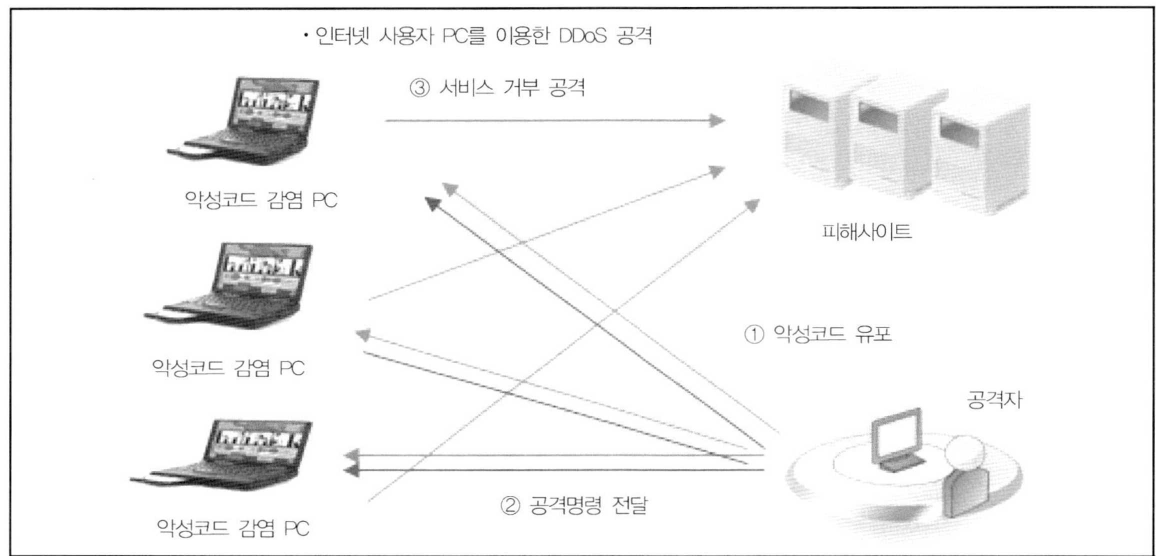


① 해킹 등을 통해 사용자 PC 감염(Agent 설치)
② 공격 명령을 Agent에 전달
③ 감염 PC는 DoS 공격을 시도
※ 최근에는 더 많은 대량 공격을 위해 공격자는 봇넷(Bot Net, Master)을 이용하여 Master 하위의 감염 PC(Slave)에게 공격을 전달

c. BotNet

− 로봇(Robot)으로부터 유도되었으며 봇 주인(Bot Master)로부터 명령을 기다리는 감염된 PC

− Bot들의 네트워크, 훼손된 컴퓨터 집단, 좀비

d. 대응 방안

| 사용자 PC | − 보안 패치, 주기적 백신 업데이트, 다운로드 파일 실행 전 보안 검사 |
|---|---|
| 네트워크 | − 보안 설계 시부터 고려, 보안 솔루션(IDS, IPS, 방화벽 등) 설치<br>− 보안 패치, 필터링, 시스템 대역폭 제한<br>− Egress Filtering: IP 주소가 위조된 패킷이 인터넷으로 나가는 것을 ISP 레벨에서 차단 |

e. BotNet을 이용한 공격

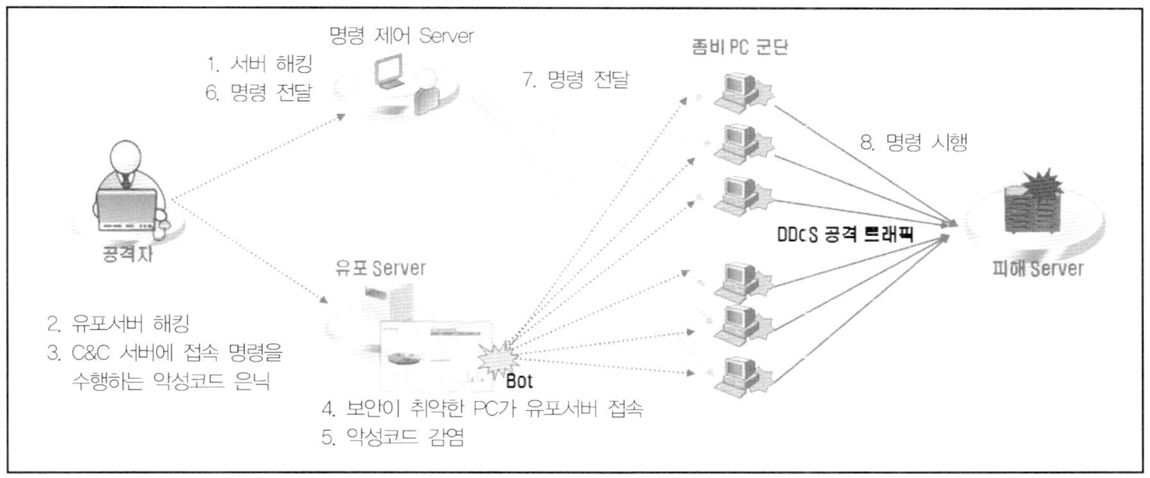



⑥ DoS(Denial of Service): DrDoS(Distributed Reflection Denial of Service)

a. 개요

－차세대 DoS 공격 형태

－공격자가 공격대상 시스템의 IP로 많은 시스템에 연결요청을 보내고, 그에 대한 응답 패킷이 공
　격대상 시스템으로 집중되어 대상시스템이 정상적인 서비스를 못하게 하는 공격 방법

b. 특징

－정상적 서비스 제공하는 시스템을 이용하므로 공격을 막거나 대응하기 어려움

－DoS나 DDoS의 경우 패킷 경로추적을 통한 제어가 가능하나 DrDoS는 경로추적이 불가능함

－탐지 및 방어의 어려움

c. 공격 방법

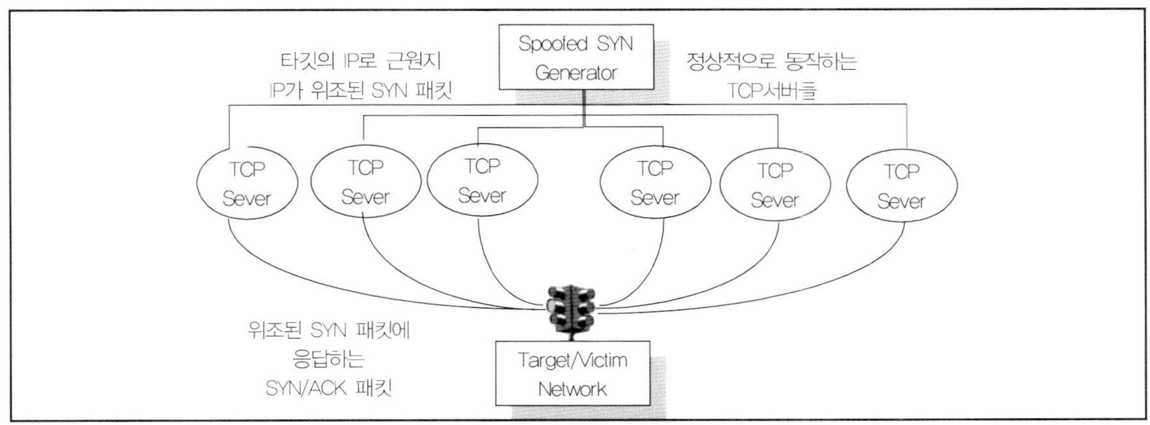

⑦ DoS(Denial of Service): Spamming(Mail Bomb)

a. 개요

－인터넷상에서 다수의 수신자에게 E-mail을 무작위로 송신하는 행위

－대량의 광고를 사용자의 동의 없이 E-mail을 통해 보내는 행위

－스팸 메일을 많이 받으면 할당된 메일 디스크를 초과하게 되어 정작 받아야 할 메일을 못 받게 됨

b. 특징

－수신인의 의사와 상관없는 메시지나 뉴스 전송

－적은 비용으로 다수에게 광고, 특정 종교 포교, 특정인 및 특정 기업비방 등의 목적으로 인터넷
  메일을 악용

c. 대응 방안

－특정 사이트 수신 거부, 일정 시간 폭주하는 메일 탐지 등

⑧ WebDAV(Web Distributed Authoring Versioning)

a. 개요

－HTTP 사양에 대한 확장판으로서 분산형 저술 및 버전처리로서 인가된 사용자에게 원격을 통해
  웹 서버 상에 콘텐츠를 추가하고 관리할 수 있는 기술

b. 취약점

－WebDAV 라이브러리 파일의 속성 및 홈페이지 디렉토리에 쓰기 권한이 있는 경우 공격자가
  WebDAV 도구를 이용하여 원격으로 콘텐츠를 삽입, 변조가 가능하다.

⑨ 공격 도구

－Dos or DDoS: Trinoo, TFN2K, Stacheldraht

－Session Hijacking Attack: Hunt

－패스워드 크래킹: John the Ripper

# 9. 방어

## 9.1 IDS(Intrusion Detection System: 침입탐지 시스템)

(1) 개요

− 침입의 패턴 데이터베이스와 지능형 엔진을 사용, 네트워크나 시스템의 사용을 실시간 모니터링하고 침입을 탐지하는 보안시스템

− 조직 IT 시스템의 기밀성, 무결성, 가용성을 침해하고, 보안정책을 위반하는 침입 사건을 사전 또는 사후에 감시, 탐지, 대응하는 보안시스템

(2) 제공 기능

− 기밀성, 무결성: 비인가자 침입탐지, 백도어 탐지, Sniffing, 바이러스, 내부자 불법행위

− 가용성: DOS 공격, 시스템 변경, 인터넷 웜 탐지

(3) IDS에 의해 탐지되는 대표적인 공격

| 공격 | 설명 |
| --- | --- |
| 스캐닝 | − 서로 다른 패킷을 보내고 그에 대한 응답으로 시스템의 상태와 취약점을 찾는 방법<br>− 공격의 전초 단계로 공격대상 시스템의 취약점을 찾아내기 위해 사용 |
| 도스 공격 | − Ping of Death, SYN Flooding, Smurf |
| 침투 공격 | − 허가 받지 않는 방법을 동원하여 시스템의 자원과 권한 획득으로 DATA 변경 유발<br>− Buffer Overflow Attack |

(4) IDS의 구조

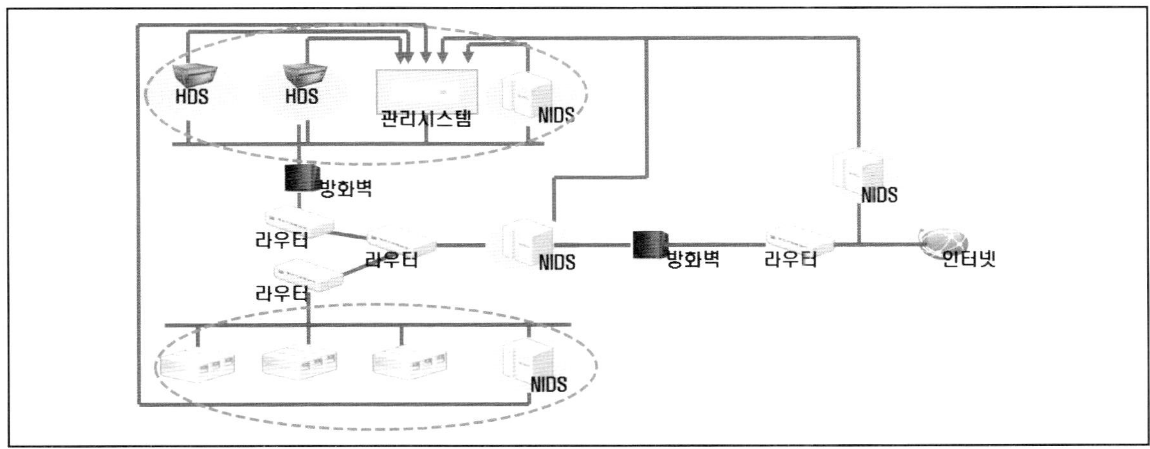

## (5) IDS의 동작 과정

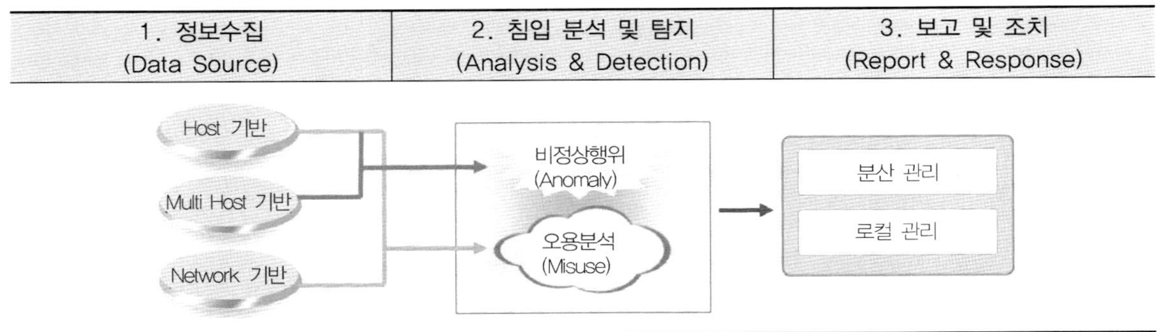



| 절차 | 세부 설명 |
|---|---|
| 정보수집 | – 침입 탐지를 하기 위한 근원적인 자료들을 수집<br>– 자료 원에 따라 NIDS와 HIDS로 나누어짐 |
| 정보가공 및 축약 | – 불필요한 정보 제거(침입과 관련 없는 정보 제거)<br>– 침입 판정을 위한 최소한의 정보만 남김(분석의 복잡도를 감소) |
| 침입 분석 및 탐지 | – 축약된 정보를 기반으로 침입 여부를 분석, 탐지<br>– 방식에 따라 오용 탐지와 비정상행위 탐지로 나누어짐 |
| 보고 및 조치 | – 침입 탐지 후 적절한 보고 및 대응 조치<br>– 다른 보안장비(방화벽) 등과 연계 |

## (6) 자료 수집 위치에 따른 분류(NIDS, HIDS, Hybrid IDS)

| 구분 | NIDS(Network based IDS) | HIDS(Host based IDS) |
|---|---|---|
| 동작 | – 네트워크에 흐르는 패킷들을 검사, 침입 판단<br>– 방화벽 외부의 DMZ나 방화벽 내부의 내부 네트워크 모두 배치 가능 | – 시스템상에 설치, 사용자가 시스템에서 행하는 행위, 파일의 체크를 통해 침입판단<br>– 주로 웹서버, DB 서버 등의 중요 서버 배치 |
| 자료원 | – Promiscuous 모드로 동작하는 네트워크 카드나 스위치 | – 시스템 로그, 시스템 콜, 이벤트로그 |
| 탐지가능 공격 | – 스캐닝, 서비스 거부공격(DOS), 해킹 | – 내부자에 의한 공격, 바이러스, 웜 트로이 목마, 백도어 |
| 장점 | – 네트워크 자원의 손실 및 패킷의 변조가 없음(캡쳐만 하기 때문)<br>– 거의 실시간으로 탐지가 가능함<br>– 감시 영역이 하나의 네트워크 서브넷으로서 HIDS에 비해 큼 | – 침입의 성공 여부 식별이 가능함<br>– 실제 해킹 및 해킹시도 판단이 용이<br>– 주로 S/W적으로 서버 같은 시스템에 인스톨되며, 설치 및 관리가 간단함 |
| 단점 | – 부가 장비가 필요함(스위치 등)<br>– 암호화된 패킷은 분석 불가<br>– False Positive가 높음<br>– 오탐으로 인해 정상적인 세션이 종료<br>– DoS의 경우 대응이 불가능(탐지만 가능)<br>– 능동적인 대응 기능 미비 | – 감시 영역이 하나의 시스템으로 한정됨<br>– 탐지 가능한 공격에 한계가 있음(주로 이벤트 로그로만 탐지)<br>– 오탐으로 인해 정상적인 사용자가 자신의 계정을 사용할 수 없는 문제 |

– Hybrid IDS: NIDS + HIDS, 단일 호스트를 출입하는 네트워크 패킷을 공사해서 공격을 검색, 시스템의 이벤트, 데이터, 디렉토리, 레지스트리에서 공격여부를 감시

(7) 침입 탐지 방식에 따른 방지

| 구분 | 오용탐지(Misuse) | 비정상탐지(Anomaly) |
|---|---|---|
| 동작방식 | − 시그니처(Signature) 기반<br>− Knowledge 기반 | − 프로파일(Profile) 기반<br>= Behavior 기반(= Statistical 기반) |
| 침입판단 방법 | − 미리 정의된 Rule에 매칭<br>− 이미 정립된 공격패턴을 미리 입력하고 매칭 | − 미리 학습된 사용자 패턴에 어긋남<br>− 정상적, 평균적 상태를 기준, 급격한 변화 있을 때 침입판단 |
| 사용기술 | − 패턴 비교, 전문가시스템 | − 신경망, 통계적 방법, 특징 추출 |
| 장점 | − 빠른 속도, 구현이 쉬움, 이해가 쉬움<br>− False Positive가 낮음 | − 알려지지 않은 공격(Zero Day Attack) 대응 가능<br>− 사용자가 미리 공격패턴을 정의할 필요 없음 |
| 단점 | − False Negative 큼<br>− 알려지지 않은 공격탐지 불가<br>− 대량의 자료를 분석 부적합 | − 정상인지, 비정상 결정하는 임계치 설정 어려움<br>− False Positive가 큼<br>− 구현이 어려움 |

※ False Positive: false(+)로 표현, 공격이 아닌데도 공격이라 오판하는 것
※ False Negative: false(−)로 표현, 공격인데도 공격이 아니라 오판하는 것.
※ IDS 효과성의 척도: false(−)/false(+) = 1, 결과적으로 "Alarm" 오류 발생

(8) 탐지 후 보고에 의한 분류

| 구분 | 설명 |
|---|---|
| Active IDS | − 침입자의 세션을 강제로 종료하고 이후 접속하지 못하도록 차단하는 방식으로 방화벽과 함께 작동 |
| Passive IDS | − 침입자가 있다는 것을 메신저나 메일을 통해 알려주는 방식 |

(9) IDS의 한계

−방지 기능의 부재, 해결 시간이 오래 걸림, 과도한 로그 데이터, Alarm 오류

## 9.2 IPS(Intrusion Protection System: 능동적 침입방어 시스템)

(1) 개요

−공격 시그니처를 찾아내 네트워크에 연결된 기기에서 수상한 활동이 이루어지는지 감시하여 자
동으로 해결 조치함으로써 중단시키는 보안 솔루션(꾸준한 모니터링이 필요 없음)

−침입 경고 이전에 공격을 중단시키는 것이 주요 목적

−Real Time 대응이 가능한 예방통제

−IDS 문제점 보완: 오탐지와 미탐지, NIDS의 실시간 공격 방어 불가

(2) 특징

−광범위한 방어: 시그니처 탐지, 이상탐지, DoS 공격탐지, Layer 3~7 감시, 오용 탐지 등

−고도의 정확성, 인라인 운영을 통한 악의적 트래픽 차단의 방지기능

(3) 종류

| NIPS(Network IPS) | – 공격 탐지에 기초하여 트래픽 통과 여부 결정 내리는 인라인 장치 |
|---|---|
| HIPS(Host IPS) | – 호스트 OS위에서 수행. 공격 탐지 후 실행 전에 공격 프로세스 차단 기능 |

## 9.3 Honeypot

(1) 개요

- 해커의 정보를 얻기 위한 하나의 개별 시스템으로 기본 설치버전으로만 구성
- 해커의 행동, 공격 기법 등을 분석하는 데 사용
- 합법적이고 윤리적인 유인(Enticement) ≠ Entrapment(유혹, 불법이며 비윤리적)
- Zero Day 공격을 탐지하기 위한 수단이 됨
- Padded-cell: IDS와 연계하여 IDS에서 탐지 후 Honeypot으로 패킷을 전달하는 것으로 교정통제 효과가 있음

(2) 목적

- 경각심(Awareness), 정보(Information), 연구(Research) 해커를 유인하여 정보 수집 및 시스템제어
- 공격의 회피(중요 시스템 보호용 위장서버 역할)
- 침입자를 오래 머물게 하여 추적 가능한 능동적 방어, 침입자 공격 차단 가능

(3) 구축 시 고려사항

- 해커에 쉽게 노출되어 해킹 가능한 것처럼 취약해 보여야 함
- 시스템의 모든 구성 요소를 갖추고 있어야 함
- 시스템을 통과하는 모든 패킷을 감시해야 함
- 시스템 접속자에 대해 관리자에게 알려야 함

(4) 위치

| 구분 | 설명 |
|---|---|
| 방화벽 앞 | – IDS처럼 Honeypot 공격으로 인한 내부 네트워크 위험도 증가는 없음 |
| 방화벽 내부 | – 효율성 높아 내부 네트워크에 대한 위험도 커짐 |
| DMZ 내부 | – 가장 적당한 위치. 설치시간 소요, 관리 불편. 다른 서버와의 연결은 반드시 막아야 함. |

## 9.4 Honeynet

- Honyepot의 발전된 유형으로 Honeypot을 포함한 네트워크
- 일반시스템, 보안 솔루션, Honeypot 시스템으로 구성된 네트워크 구조
- 목적: 침입사고 대응 및 분석 기술 발전을 위한 인터넷 위협 정보 스집 및 위협에 대한 자산 보호 정보 제공

## 9.5 보안 테스트 기법

- 기업의 보안 취약성을 찾거나 테스트하기 위한 기법
- 기법

| 기법 | 세부 기법 |
| --- | --- |
| Network Scanning | - NMAP(Port Scanner → 열린 서비스 찾기 → UDP/TCP 응답확인) |
| Vulnerability Scanning | - SATAN, Nessus |
| Password Cracking | - 패스워드 깨기 |
| Integrity Checkers | - Trip Wire(무결성 검사기) |
| War Dialing | - 비인가된 모뎀 찾는 법, 시나리오 기반 |
| War Driving | - 802.11 or 무선랜 테스트 |
| Penetration Test | - 침투 테스트, Application Testing, DoS Testing, War-dialing, 사회 공학 |

## 9.6 Penetration Test(침투 테스트)

(1) 침투 테스트의 개요

- 시스템을 보호하고 있는 수준을 진단하고 개선하기 위해 침입 행위를 실제 구현하여 테스트 하는 것
- 윤리적 해킹, 시스템의 보안성을 확인하기 위한 가장 강력한 방법

(2) 침투 테스트 특징

- 성공요소: 경영진의 승인(가장 중요), 잘 계획된 침투 시나리오, 잘 정리된 Time Table(문서화)
- 목적: 알려지지 않은 취약점 확인(모든 취약점은 아님), Security Gap 발견, 공격에 대한 내성 확인
- ※ 취약점: 조직이 보유한 System이 안전하지 않음을 확인 시켜줌
- 실행주기: 관리직 직원의 동의와 인지 하에 최소 1년에 1번씩(BCP/DRP: 1/년, 보안정책검토: 1/년, 휴대용소화기 점검: 1/분기별)
- 유형: Application Security Testing, DoS Testing, War-Dialing, 사회공학, 무선랜 침투 테스트

## (3) 침투 테스트 수행 주체

| Team | 설명 |
|---|---|
| Tiger Team | - Blue Team, 침투 테스트가 이루어진다는 것을 아는 상태에서 수행 |
| Sneakers | - 조직에 침입하여 시스템에 대한 보안 상태를 테스트하기 위한 피고용자 |
| Samurai | - 합법적인 크래킹 임무를 수행하기 위해 고용된 해커 |
| Red Team | - 관리자들이 모르게 테스트 수행 |

## (4) 침투 테스트 단계

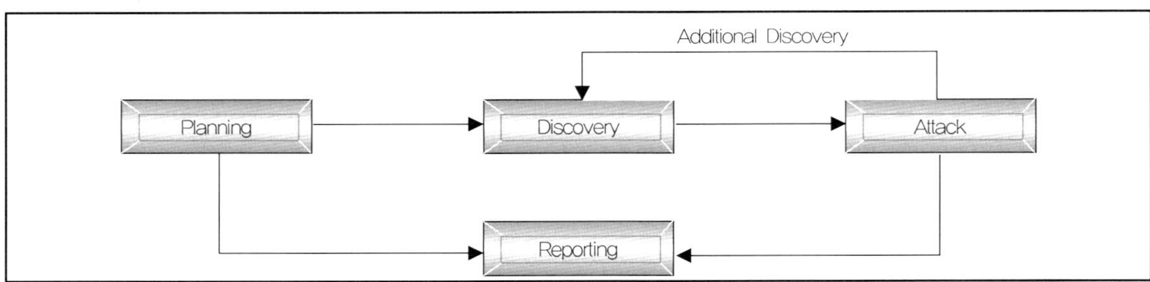


| 단계 | 설명 |
|---|---|
| Planning | - Rule 확인, 경영진 승인, 테스트 목적 수립 |
| Discovery | - 취약성 확인, 포트스캐닝(타깃 설정 및 확인), 취약점 분석(서비스, 응용, OS 확인)<br>- 이 단계에서는 확인만 하는 것이며 Report는 작성하지 아니함 |
| Attack | - 발견된 취약성들을 이용하는 공격 시도하고 취약점의 영향을 제거하기 위한 대책 정의 |
| Reporting | - 보고서 작성 |

## (5) 침투 테스트 방법

| 방법 | 설명 |
|---|---|
| White Box | - Full Knowledge Attack, 공지 후 테스트 |
| Black Box | - Zero Knowledge Attack = Blind Test, 공지 없이 테스트 |
| Double Blind | - Target 시스템의 운영자 및 보안 직원 모르게 테스트(사고 대응 능력 평가) |
| Open Box | - 내부 코드의 취약성 찾기(General Purpose OS) |
| Internal Penetration | - 물리적 보안 취약점, 사회 공학 등을 이용 |
| External Penetration | - 인터넷(장비) 연결에 존재하는 취약점 테스트 |

## 9.7 Covert Channel(은닉채널)

(1) 개요

- 공유된 자원을 통해 높은 등급의 인가를 가진 주체가 낮은 등급의 안기를 가진 주체에게 메시지를 보내는 방법으로 정보가 High에서 Low로 통신되도록 하는 것을 남용하는 메커니즘, 오렌지북 B2레벨

- 비밀정보를 탐지되지 않게 전달하는 방법, 즉 보안 정책을 어기면서 정보를 전달하는 방법

(2) Covert Channel의 사례

| 사례 | 설명 |
|---|---|
| Covert Storage Channel | - 한 프로세스가 시스템의 저장 매체에 데이터 쓰기를 가능하게 하여 다른 프로세스가 그것을 읽을 수 있게 하는 것<br>- 공통의 스토리지 영역에 데이터를 기록하여 메시지를 전달<br>- 파일명에 고급 정보를 적는 방식, 오렌지북 B2 |
| Covert Timing Channel | - 시스템의 시간정보를 이용한 방식, 시스템 자원을 사용하여 시간을 변동, 성능에 영향을 주어서 정보를 전달하는 형태<br>- 시스템의 자원(CPU, IO 등)을 조정함으로써 한 프로세스가 다른 프로세스로 정보를 중계할 수 있게 함, 오렌지북 B3, A1 |

(3) Covert Channel 방어

- 로그 분석, HIDS의 사용으로 탐지

- 통신 대역폭(Band Width)의 엄격한 제한(즉, 은닉채널의 위험은 Band Width에 의존한다.)

- 시스템 자원 분석(가장 확실하고 중요한 방어법, Why? ☞ 공유된 자원을 이용하므로)

# :: 핵심 문제 풀이

다음 중 WiFi의 보호접근 기능에 해당되는 것으로 가장 알맞은 것은?

**문제 1〉**
① 세션키가 동적이다.
② 세션키가 정적이다.
③ 개별적인 대칭가 사용된다.
④ 발신자 주소는 암호화되거나 인증되지 않는다.

카테고리                                        CISA 〉 정보자산의 보호

**문제풀이**

– WPA(Wi-Fi Protected Access)의 기능은 동적인 세션키를 이용하여 정적인 키를 암호화한다.

정답          ①


다음의 프로토콜 중 IP주소와 MAC 주소 간의 허가되지 않는 매핑을 하는 기능을 담당하는 것은 무엇인가?

**문제 2〉**
① ARP
② RIP
③ TCP
④ SOAP

카테고리                                        CISA 〉 정보자산의 보호

**문제풀이**

– ARP는 IP주소와 하드웨어 주소 간의 동적인 주소를 매핑하는 역할
– RIP프로토콜은 라우터가 경로 테이블 정보를 교환하는 방법을 정하는 기능 담당
– TCP는 두 개의 호스트가 경로를 설정하고 일련의 데이터를 교환하는 역할
– SOAP는 애플리케이션이 인터넷 상의 다른 애플리케이션과 통신할 수 있는 플랫폼 독립적인 XML기반의 프로토콜

정답          ①

Webserver 내 리버스 프록시(Reverse Proxy)기술 적용이 가능한 경우는 무엇인가?

문제 3〉

① 모든 발표된 페이지 내 빠른 접근이 필요한 경우
② 사용자에 대한 대역폭을 제한하는 경우
③ 결함허용을 위한 캐싱이 필요한 경우
④ HTTP 서버의 주소를 숨길 필요가 있는 경우

카테고리                              CISA 〉 정보자산의 보호

**문제풀이**

– Reverse Proxy 기술은 주로 외부 접근으로부터 내부의 물리적, 논리적인 구조를 감추고자 하는 목적으로 적용한다. URL은
DMZ서버가 요구되는 데이터를 제공하여 종료되기 전에 방향을 변경할 수 있다.

정답     ④


다음 중 방화벽 설정 및 보안정책 준수 여부를  점검하기 위한 가장 적합한 방법은 무
엇인가?

문제 4〉

① 실제 보안 수행절차를 확인한다.
② 방화벽 관리자와 인터뷰를 통하여 준수여부를 확인한다.
③ 파라미터 설정 상태를 확인한다.
④ 최근에 외부 침입상태를 확인하기 위하여 로그 파일을 검토한다.

카테고리                              CISA 〉 정보자산의 보호

**문제풀이**

– 보안 정책의 준수 여부 및 방화벽의 설정 상태를 확인하기 위해서 파라미터 설정 상태를 확인하여 감사 증적을 점검한다.

정답     ③

대규모 네트워크 트래픽 사용량이 증가하고 있는데, 네트워크 인프라 구성 요소들 중
방화벽의 점진적 확장을 위한 다음 보기 중 제한 요소에 해당되는 것은?

문제 5〉　　① Appliances
　　　　　　② 운영체제(OS)
　　　　　　③ 호스트
　　　　　　④ 비무장 지대

카테고리　　　　　　　　　　　　　　　　CISA 〉 정보자산의 보호



– Appliances 용 S/W는 내부에 칩이 내장되어 있어서 점진적 확장이 어렵다.
– 비무장 지대는 방화벽 구현 모델이 아니다.
– 운영체제 및 호스트 기반의 방화벽은 점진적 확장 가능성이 용이하다.

정답　　　①

다음 보기 내 프로토콜 중에서 라우터와 상호 연계한 장비 모니터링 시스템 구현을 가
능하도록 하는 기능을 하는 것은 무엇인가?

문제 6〉　　① Telnet
　　　　　　② SMTP
　　　　　　③ SNMP
　　　　　　④ FTP

카테고리　　　　　　　　　　　　　　　　CISA 〉 정보자산의 보호



– SNMP(Simple Network Management Protocol)는 네트워크 장비들을 모니터하고 통제하고 형상과 성능을 관리할 수 있는 기능
을 제공한다.

정답　　　③

다음 중 NMS(Network Management System)의 가장 기본적인 기능은 무엇인가?

문제 7〉
① 인터넷에서 문제 발생 시 네트워크와 상호작용 역할
② 네트워크 토폴로지 매핑을 위한 그래픽 인터페이스
③ Help Desk와 접속하여 자문 제공 역할
④ 데이터 파이핑(Piping)을 위한 전환 및 발송 설비 지공

카테고리                          CISA 〉 정보자산의 보호

**문제풀이**

– NMS(Network Management System)의 가장 기본적인 기능은 네트워크 토폴로지 추적을 위한 그래픽 인터페이스의 역할을 수행하는 것이다.

정답　　②


공통 게이트웨이 인터페이스(CGI)가 웹서버 내 가장 많이 사용되는 경우로 가장 적합한 것은?

문제 8〉
① 사설 게이트웨이 도메인 접속
② 응용 프로그램과 사용자간에 일관성 있는 데이터 송수신 시
③ 컴퓨터 그래픽 이미지 작업 수행 시
④ 웹 디자인 작업 수행 시 인터페이스 제공

카테고리                          CISA 〉 정보자산의 보호

**문제풀이**

– CGI(Common Gateway Interface)는 웹 서버가 응용프로그램과 사용자 간의 일관성 있는 데이터 송수신을 위한 표준화 작업을 수행한다. HTTP 프로토콜의 일부분이다.

정답　　②

고객에게 정보제공 시 엑스트라넷 인프라를 사용하고 있다. 이러한 상황에서 방화벽 보안 아키텍처 검토 시 가장 주의해서 점검할 항목은 무엇인가?

문제 9〉
① 인바운드 트래픽의 종류와 접속이 허가되지 않는 트래픽 모두를 차단하는지를 확인
② 변화된 보안 정책에 부합되도록 시스템 갱신여부 점검
③ SSL(Secure Socket Layer) 구현 여부 점검
④ 방화벽이 모든 설치 옵션을 갖춘 상용OS 위에 구축되었을 경우

카테고리 CISA 〉 정보자산의 보호



– 방화벽이 상용OS 위에 구축되었을 경우 방화벽 플랫폼 자체의 보안 기능을 훼손할 우려가 있다. 상용 방화벽이 침투당했을 경우 대부분의 운영체제는 취약점을 통해서 이루어지기 때문에 방화벽 보안 아키텍처 검토 시 가장 주의해서 점검해야 한다.

정답 ④

사기행위에 대한 신경망을 통한 효과성이 가장 높은 이유는 무엇인가?

문제 10〉
① 신경망은 선형으로 되어 있어서 새로운 패턴을 찾기가 용이
② 일반적으로 훈련용 데이터의 많은 수집이 용이
③ 입력 변수를 다각적인 고려하여 문제 해결가능
④ 산출 변수와 연계된 곡선형태를 전제로 하기 때문에

카테고리 CISA 〉 정보자산의 보호



– 신경망은 많은 입력 변수가 필요한 문제 해결 시 주로 활용되는데 다른 통계적인 방법으로 놓치기 쉬운 연관관계와 패턴을 분석하는 데 용이하다. 그리고 신경망 분석은 일반적으로 훈련용 데이터의 많은 수집은 어렵다는 단점이 있다.
– 신경망 구조의 선형성과 산출 변수의 곡선형태는 신경망 분석과 관련성이 없다.

정답 ③

100미터 이상의 길이로 UTP(Unshielded Twisted Pair) 이더넷 케이블이 설치되었을
경우 발생될 수 있는 현상은 무엇인가?

문제 11〉　　① 감쇠
　　　　　　② 소산
　　　　　　③ 혼산
　　　　　　④ 간섭

카테고리　　　　　　　　　　　　　　CISA 〉 정보자산의 보호

**문제풀이**

- 감쇠는 전송 신호가 약해지는 현상을 말한다. UTP의 경우 100미터 정도에서 감쇠현상이 발생된다.

정답　　　①


다음의 통제 기법들 중 기지 또는 미지의 사용자 활동을 검사하여 승인 받지 않는 접
근의 증거를 발견하는 데 사용하는 기법은 무엇인가?

문제 12〉　　① 디스크 없는 워크스테이션
　　　　　　② 인증시스템
　　　　　　③ 네트워크 감시 장비
　　　　　　④ 데이터 암호화

카테고리　　　　　　　　　　　　　　CISA 〉 정보자산의 보호

**문제풀이**

- 네트워크 감시 장비의 경우 기지 또는 미지의 사용자 활동을 검사하여 승인 받지 않는 접근의 증거를 발견하기 위하여 클라이
  언트 주소를 파악할 수 있다.
- 디스크 없는 워크스테이션의 경우는 접근통제 소프트웨어를 우회 통과하지 못하도록 한다.
- 데이터 암호화 기법은 예방통제의 한 유형으로 민감 데이터의 승인받지 않는 접근으르부터 보호하는 기능을 수행한다.
- 인증시스템의 경우 적합한 사용자 여부를 확인하는 역할을 수행한다.

정답　　　③

다음 보기 중에서 취약점 진단 도구 및 시큐리티 스캐너 설치하여 네트워크의 취약점을 식별하고자 할 때 발생될 위험유형은 무엇인가?

문제 13〉　① 오류 긍정적 보고
② 오류 부정적 보고
③ 차이 보고
④ 덜 상세한 보고

카테고리　　　　　　　　　　　　　　CISA 〉 정보자산의 보호



– 오류 부정적 보고는 네트워크 내 취약점을 식별하지 않고 네트워크 공격 취약점을 그대로 방치하는 것을 말한다.
– 오류의 긍정적 보고는 위험에 대한 통제방안은 있으나 다소 약한 방법으로 인식하고 그 통제를 재검토를 수행하는 것이다.
– 덜 상세한 보고 및 차이 보고의 경우 도구 사용 조사 결과를 일정 기간 후에 비교하여 보고한다.

정답　　　②

조직 내 이메일 내 필터링 도구를 사용하는 목적으로 가장 알맞은 것은?

문제 14〉　① 조직의 법적 이슈를 방지하기 위해서
② 조직 내 바이러스 침투 및 업무 무관자료 수신을 차단하기 위해서
③ 조직 내 직원들의 업무 성과를 극대화 및 효율성 측면에서
④ 조직의 정보보호 이미지 개선을 위해서

카테고리　　　　　　　　　　　　　　CISA 〉 정보자산의 보호



– 조직 내 이메일 내 필터링 도구를 사용하고 설치하는 이유는 바이러스나 악성 스팸들로부터 조직 내부로 침투하는 것을 방지하기 위해서이다.

정답　　　②

다음 중 오프라인 프린팅을 위한 스풀링을 통제하지 않을 경우 노출될 위험사항에 해당되는 것은 무엇인가?

문제 15〉
① 시스템 중단 시 출력물의 유실 가능성
② 운영관리자가 민간 데이터 정보의 열람 가능성
③ 승인되지 않은 보고서의 복사 및 출력 가능성
④ 승인되지 않고 데이터의 수정 가능성

카테고리        CISA 〉 정보자산의 보호



– 오프라인 프린팅을 위한 스풀링이 통제하지 않을 경우 승인되지 않는 추가적인 보고서가 복사 출력 가능 위험이 발생한다.

정답  ③

IS 감사 중에 비상 접근(Fire Call ID) 위한 사용자 ID를 평가하던 중 사용자 계정이 만료일자를 사전에 정하지 않고 허용된 것을 발견하였다. IS 감사인으로서 취할 수 있는 권고사항은 무엇인가?

문제 16〉
① 민감 고객 데이터 변경절차를 강화
② 접근통제 권한 승인 프로세스를 검토
③ 신원 확인 시스템 장비를 도입
④ Fire Call 계정은 관리자에게만 허용을 권고

카테고리        CISA 〉 정보자산의 보호



– IS 감사인으로서 취해야 할 권고사항은 접근통제 권한 승인 프로세스를 검토하여 비상 시스템 관리 수준의 접근권한은 필요성의 원칙에 의해서만 허용되어야 하며, 사전 정의된 만료일자를 설정하도록 한다.

정답  ②

**문제 17〉** 사용자 통제 옵션에 관한 시스템 구성 파일의 기능은 무엇인가?

① 사용자들의 특권 감독 상태에 대한 접근 권한 획득 여부를 결정
② 시스템 접근 로그 파일에 대한 탐지
③ 접근통제 위반 로그 관리
④ 변경된 파라미터 관리 및 설정사항 확인

카테고리        CISA 〉 정보자산의 보호



– 사용된 통제 옵션에 관한 시스템 구성 파일은 어느 사용자가 특권 감독 상태에 대한 접근 권한의 획득여부를 결정하는 기능을 수행한다.

정답      ①

**문제 18〉** 다음 중 응용프로그램으로 통한 시스템 통제 시 발생될 위험요소는 무엇인가?

① 해결되지 않은 보안 정책의 미준수
② 직원들의 공모를 통한 우회 공격
③ 부적절한 절차 매뉴얼
④ Human Task의 자동화 수행 여부

카테고리        CISA 〉 정보자산의 보호



– 응용프로그램을 통한 시스템 통제 시 직원들의 공모를 통한 우회 공격을 시도할 경우에는 통제의 효과성을 저해할 수 있는 위험이 있다.

정답      ②

다음 보기 중 IT 감사인으로서 역할 수행 시 가장 큰 위험을 가지고 있는 것은 무엇인가?

문제 19〉

① 네트워크 침투 공격에 대한 내부 보고를 실시하지 않는 행위
② 일반인에게 침투사항을 고지하지 않는 행위
③ 접근 권한에 대한 주기적인 모니터링 수행 미실시
④ 해킹 등의 공격 시 사이버수사대에 연락하지 않는 행위

카테고리          CISA 〉 정보자산의 보호

**문제풀이**

– 네트워크 침투 공격이 발생된 이후에 적절한 내부 보고를 실시하지 않는 행위야말로 추후에 더 큰 공격에 대한 사전 대비를 막는 행위이다.

정답      ①

조직 내 보안사고 대응팀이 최근에 발생한 위협에 대한 상세 설명서를 배포하였다. 이 설명서를 가지고 사용자가 취할 수 있는 위험 행동유형은 무엇인가?

문제 20〉

① 사용자는 설명서에 있는 내용을 이해하지 않고 버린다.
② 사용자는 개인적인 보안해결책을 적용한다.
③ 최근에 발생한 위협에 대한 보안 경고를 사항이 전달되었다.
④ 사용자가 설명서에 나와 있는 공격유형에 대한 정보를 이용하여 공격을 시도할 수 있다.

카테고리          CISA 〉 정보자산의 보호

**문제풀이**

– 보안사고 대응팀이 최근 발생한 위협에 대한 상세 설명서를 배포하는 목적은 최근의 의협 유형 및 보안지침에 대한 정보를 제공하여 추후 사태에 대한 예방하기 위해서이다. 그런데 직·간접적으로 사용자는 이러한 정보를 사용하여 공격을 시도할 가능성이 있으므로 이에 대한 IS 감사인으로 보안 예방을 점검할 것을 권고하도록 한다.

정답      ④

고객 정보와 같은 민감 데이터를 관리하기 위한 방안으로 책임추적성으로 강화하기 위한 통제 방법은 무엇인가?

문제 21〉　① 로그관리 프로세스 구현
② 서버의 분리
③ 민감 데이터 관리를 위한 뷰를 설정
④ 이중 인증 구현

카테고리　　　　　　　　　　　　　　CISA 〉 정보자산의 보호



– 책임추적성을 강화하기 위한 통제방법으로 로그관리 프로세스를 구현하여 로그 기록을 통하여 정보의 사용처 및 사용자, 트랜잭션 종류들 파악하고 기록 및 관리한다.

정답　　　①

출입카드시스템을 확인하여 물리적 보안 상태를 점검하기 위하여 IS 감사인으로서 가장 먼저 관심을 가져야 하는 것은 무엇인가?

문제 22〉
① 시스템 장애 발생 후 카드 프로그램 사용 시 컴퓨터 시스템 정지일로부터 3주 후에 대체 가능 절차
② 카드 발급과 권한 관리가 각각 다른 부서에서 이루어져 카드 신규 발급 시 불필요한 시간 낭비 발생 체크
③ 카드를 분실할 경우 소속부서, 연락처 등의 출입카드상에 기재여부를 확인
④ 출입일지 사인은 없지만 신원 증명하지 않는 청소원의 공용 출입 카드 제공여부

카테고리　　　　　　　　　　　　　　CISA 〉 정보자산의 보호



– 물리적 보안은 보안구역 내 신원미상의 외부 출입자에 대한 제한을 방지 및 통제하기 위해서이다. 그래서 무엇보다도 개인에 대한 인증은 매우 중요하다.

정답　　　④

다음 중 다중 사용인증 방법으로 가장 좋은 방법은 무엇인가?

문제 23〉
① 패스워드와 ID를 통한 인증
② 홍채와 지문 스캔
③ 사용자의 개인 식별 번호(PIN)을 요구하는 자기 카드
④ 패스워드나 PIN을 통한 스마트 카드

카테고리            CISA 〉 정보자산의 보호



– 스마트카드는 소유에 의한 인증 기반으로 패스워드나 PIN을 통한 사용자 지식을 통한 인증을 결합한 다중 사용인증의 예에 속한다.

정답      ④


C사가 통신비용 절감을 위하여 VoIP 시스템 도입을 고려 중일 때, 가장 먼저 고려할 적절한 보안통제 유형에 해당되는 것은 무엇인가?

문제 24〉
① 방화벽 장비 사항 점검 및 업데이트
② 원격 유지보수 접속 가능 모뎀 설치 여부
③ VoIP트래픽 처리를 위한 별도 물리적인 네트워크 장비 설치 여부
④ 인증 자격에 대한 평문 텍스트 로그 기록을 검토하기 위하여 VoIP 트래픽을 재전송하여 확인

카테고리            CISA 〉 정보자산의 보호



– VoIP네트워크 진입점으로 사용되는 방화벽은 VoIP 네트워크 서비스(H.323)는 오래된 방화벽의 성능을 변형시킬 수 있는 복잡성을 가질 수 있다. 그러므로 VoIP 시스템 도입 시 가장 먼저 보안통제 유형을 점검할 사항으로 방화벽 장비 사항 점검 및 업데이트를 실시한다.

정답      ①

메시지를 암호화하여 데이터 전송 시 해커가 네트워크 관련 정보를 얻기 위해서 취하는 행동은 무엇인가?

**문제 25〉**

① 스푸핑
② 가장
③ 트래픽 분석
④ 도청

카테고리           CISA 〉 정보자산의 보호

**문제풀이**

– 수동적인 공격방법으로 메시지 암호화된 데이터에 접근하기 위하여 트래픽을 분석한다. 세션길이, 주파수, 메시지 길이 등의 호스트 내 트래픽 흐름의 특성을 파악하여 발생되는 통신의 형태를 추측할 수 있다.

정답     ③

---

물리적 접근통제 유형 중 하나인 피기백에 대한 위험을 최소화하는 방법은 무엇인가?

**문제 26〉**

① 물리적인 잠근 장치(열쇠)
② 이중 출입문
③ 키 번호를 통한 출입문 잠근 장치
④ 볼팅 출입문 잠금장치

카테고리           CISA 〉 정보자산의 보호

**문제풀이**

– 피기백에 대한 위험을 줄일 수 있는 방법으로 이중 출입문을 설치하는 것이다. 이중 출입문의 작동 방식은 두 번째 문이 작동 시 첫 번째 문이 닫히고 대기지역에 한 사람만이 들어간 채 잠기는 방식이다.

정답     ②

전자인증을 시스템을 도입하고자 할 때, 발생될 수 있는 위험요소로 가장 적절한 것은?

문제 27〉
① 서명인의 키의 손상을 인증기관(CA)에 보고
② 전자인증서가 디지털 서명을 인증하 고 메시지를 암호화 하는 데 사용되는 공개키를 사용
③ CRL이 현재 최신버전이 아니다.
④ 키의 손상 보고를 위한 등록기관(RA) 존재하지 않는 경우 발생

카테고리     CISA 〉 정보자산의 보호

**문제풀이**

- CRL(인증서 폐기목록)이 최신버전으로 유지되지 않으며 사기나 허가받지 않는 활동에 사용되는 전자인증서가 존재하지 않을 수 있기 때문에 가장 큰 위험요소에 해당된다.
- 등록기관(RA)이 존재하지 않을 경우 인증기관(CA)가 책임을 맡는다.
- 2번은 전자인증서의 위험요소에 해당되는 내용이 아니다.
- 서명인의 키의 손상을 인증기관에 보고하는 행위는 인증기관이 적절한 조치를 취할 수 있도록 하므로 위험요소에 해당되는 내용이 아니다.

정답     ③

침입방지시스템(IPS)이 부적절하게 구현되었을 경우에 발생될 가장 큰 위험은 무엇인가?

문제 28〉
① 외부전문가에 의존 현상이 발생
② 잘못된 트리거로 인한 중요 시스템의 차단
③ 부적절한 트래픽이 발생하여 IPS시스템 내 네트워크 성능 저하
④ 시스템 관리자에게 많은 경고 메시지가 발생하여 과부하 발생

카테고리     CISA 〉 정보자산의 보호

**문제풀이**

- IPS시스템의 역할은 패킷이 오류 주소로부터 유입되거나 IPS 작동 시스템 이전에 정의한 행동어 기반하여 작동되었을 경우 중요 내부시스템 서비스를 차단한다. 그러므로 IPS시스템이 부적절하게 구현될 경우 잘못된 트리 거로부터 발생할 수 있는 중요 시스템 차단은 가장 큰 위험요인에 해당된다.

정답     ③

무선 네트워크의 허가 받지 않은 트래픽을 보호할 수 있는 가장 적절한 방법은 무엇
인가?

문제 29〉　　　① WEP(Wired Equivalent Privacy) 구현
　　　　　　　② 허가된 MAC주소만 접근 허가
　　　　　　　③ WPA(Wi-Fi Protected Access)2 구현
　　　　　　　④ SSID의 공개 배포를 불허

카테고리　　　　　　　　　　　　　　　CISA 〉 정보자산의 보호



– WPA(Wi-Fi Protected access)2 는 IEEE 802.11i 표준의 대부분을 이행한다. WPA2에서 사용되는 AES는 더 강력한 보안을
　제공하고 확장된 인증 프로토콜과 기공유된 비밀키 인증 모델을 모두를 지원한다.

　　　　　　　　　　　　　　　　　　　　　　　　　　　　　　정답　　　③


IS 감사인으로서 DW(Data Warehouse) 내 저장된 민감 정보를 보호하기 위하여 대안
으로 제시할 수 있는 것으로 가장 적합한 것은?

문제 30〉　　　① 열과 행 수준을 통합 보안
　　　　　　　② DW 내 사용자 접근 기록
　　　　　　　③ DW는 각 주제별 데이터베이스 정리
　　　　　　　④ 강력한 패스워드를 통한 사용자 인증을 강화

카테고리　　　　　　　　　　　　　　　CISA 〉 정보자산의 보호



– 열 수준의 보안은 사용자가 테이블에서 하나 이상의 속성을 보는 것을 차단하는 것
– 행 수준의 보안은 테이블에서 특정 그룹 정보 제한하는 것
– 열과 행 수준의 보안은 사용자가 물리적 테이블을 보다 논리적 데이터에 접근하도록 함으로써 관계형 데이터베이스에서 달성
　될 수 있도록 한다.

　　　　　　　　　　　　　　　　　　　　　　　　　　　　　　정답　　　①

# 임베스트
# CISA


초판인쇄 | 2013년 3월 8일
초판발행 | 2013년 3월 8일

지 은 이 | 임호진·김동현·홍미연·문홍기
펴 낸 이 | 채종준
펴 낸 곳 | 한국학술정보㈜
주    소 | 경기도 파주시 문발동 파주출판문화정보산업단지 513-5
전    화 | 031) 908-3181(대표)
팩    스 | 031) 908-3189
홈페이지 | http://ebook.kstudy.com
E-mail | 출판사업부  publish@kstudy.com
등    록 | 제일산-115호(2000. 6. 19)

ISBN     978-89-268-4120-4 13560 (Paper Book)
         978-89-268-4121-1 15560 (e-Book)

# 맛있는
# 사블레의 비밀

바삭하고 버터 풍미 가득한
프랑스 과자 만들기

시모조노 마사에 지음
임지인 옮김

BOOKERS

# *CONTENTS*



## 말랑말랑 포마드 상태의 버터로 만드는 사블레

*Sablés nature*
사블레 내추럴
p.9

*Sablés nantais*
사블레 낭트
p.12

*Palets bretons*
팔레 브르통
p.14

*Sablés très citron*
레몬 사블레
p.16

*Sablés au citron*
레몬 아이싱 사블레
p.18

*Spitzbuben*
잼 샌드 사블레
（슈피츠부벤）
p.20

*Sablés au praliné*
프랄리네 사블레
p.22

*Boules de neige*
부르 드 네즈
p.24

*Vanillekipfel*
바닐라 킵펠
p.26

*Nuss*
호두 사블레
p.28

*Pretzel*
프레즐
p.30

*Short bread*
쇼트브레드
p.32

*Sablés chocolat amandes*
사블레 쇼콜라 아망드
p.34

*Florentins*
플로랑탱
p.36

*Broyé du Poitou*
브라예 뒤 푸아투
p.38

*Sablés diamant*
사블레 디아망
p.40

*Sablés viennois*
사블레 비에누아
p.42

*Palets de dames*
건포도 사블레
p.44

*Gipfeli*
깁펠리
p.46

*Nero*
네로
p.48

*Langues de chat*
랑그 드 샤
p.50

## 포슬포슬 모래알 상태의 버터로 만드는 사블레

*Sablés bretons*
사블레 브르통
p.53

*Sablés de Noël*
크리스마스 사블레
p.56

*Sablés linzer*
사블레 린처
p.58

*Romias*
로미아스
p.60

*Sablés au chocolat et caramel salé*
초콜릿과 소금 캐러멜 사블레
p.62

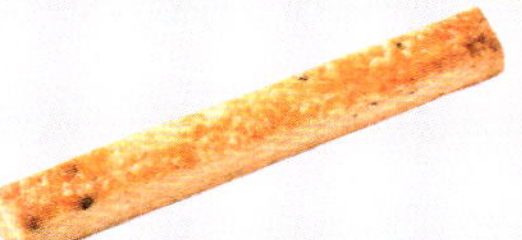

*Bâtonnets de fromage*
치즈스틱 사블레
(바토네 프로마주)
p.64

## 주르륵 녹인 상태의 버터로 만드는 사블레

*Sablés au sarrasin*
메밀가루 사블레
p.67

*Sablés au kokutou et gingembre*
흑당과 생강 사블레
p.70

*Sablés aux épices aux raisins et noix*
호두와 건포도 스파이스 사블레
p.72

*Tuiles aux amandes*
아몬드 튀일
p.74

【일러두기】

- 소금은 모두 게랑드(Guérande)의 가는 소금을 사용했다.
- 버터는 모두 무염 버터를 사용했다.
- 오븐은 전기 오븐을 사용했다. 굽는 시간과 온도는 오븐 기종에 따라 가열 정도가 조금씩 다르므로 구움색을 보며 조절한다.
- 모양틀로 찍어내는 사블레 완성 개수는 처음 찍어낸 것과 자투리 반죽을 한데 모아 다시 밀어서 찍어낸 것을 모두 포함한다.

# 맛있는 비밀은
# 버터에 있다

사블레는 쿠키의 한 종류로,
재료의 주인공은 버터라고 해도 될 만큼 버터의 배합 비율이 높은 구움과자다.
버터는 생유에서 크림과 수분을 분리하고,
그 크림을 휘저어 지방분을 모아 만든 것이다.
가염 버터와 무염 버터가 있지만, 제과에는 일반적으로 무염 버터를 사용한다.
유산균으로 발효시킨 크림으로 만든 발효 버터는
일반 버터보다 산미 있는 향과 깊은 풍미, 감칠맛이 강한 것이 특징이며,
유럽에서는 이 발효 버터를 주로 사용한다.
이 책의 사블레 역시 모두 발효 버터를 사용했다.
물론 일반 무염 버터를 사용해도 괜찮다.
버터는 온도가 올라가면 고체에서 액체로 상태가 바뀐다.
이 책에서는 말랑말랑 포마드 상태로 푼 버터와
가루를 묻혀 잘게 부숴 포슬포슬 모래알 같은 버터,
주르륵 흘러내리는 녹인 버터를 활용해
식감과 풍미에 변화를 준다.
맛의 핵심은 비단 버터뿐만이 아니다.
설탕과 소금, 밀가루 등 조합하는 재료들도 중요한 조연이다.
각 레시피에는 각각의 사블레에 가장 적합한 재료와 분량이 명시되어 있다.
사블레의 바삭한 식감과 입안에서 사르르 녹는 느낌, 풍미, 감칠맛, 깊은 맛 등
이 모든 맛의 비밀은 주연과 조연이 이루는 절묘한 균형에 있다.
이 책에서는 분량을 그램 단위로 아주 세밀하게 표기해두었다.
정확히 계량하면 반드시 맛있는 사블레를 완성할 수 있다.

# 버터 상태에 따라 달라지는 세 가지 식감

## 말랑말랑
## 포마드 상태의 버터

### =바삭바삭

포마드 상태로 푼 버터. 버터를 포마드 상태로 풀면 적당히 공기가 섞여 바삭하고 가벼운 식감이 된다. 식감의 매력뿐만 아니라 특별한 공정 없이 고루 풀기만 하면 된다는 간편함도 있어서 사블레에서는 이 상태의 버터가 가장 많이 사용된다.

## 포슬포슬
## 모래알 상태의 버터

### =바삭포슬

처음에 버터와 밀가루를 손으로 비벼 프슬포슬한 상태로 만든다. 이렇게 작업하면 이후에 넣는 수분과 밀가루의 결합이 약해져 글루텐이 형성되지 않기에 반죽이 가볍게 바스러져서, 바삭함뿐만 아니라 포슬포슬 부서지는 듯한 식감이 생긴다.

## 주르륵
## 녹인 상태의 버터

### =바삭단단

40℃ 정도로 녹인 버터. 버터를 녹이면 내부에 있던 공기가 빠져나간다. 액체 상태인 만큼, 밀가루와 섞었을 때 밀가루 구석구석 스며들어 바삭하면서 단단한 느낌이 더해진다.

# 네 가지 모양, 각각의 포인트

식감뿐만 아니라, 네 가지 방법으로 다양한 모양을 만들 수 있다.
반죽 특성에 따라 모양을 바꿔가며 만들어본다.

## 모양틀로 찍기

반죽을 밀대로 밀고 모양틀로 찍는다. 깔끔하게 찍어내기 위해서는 반죽을 충분히 차게 식히는 것이 중요하다. 모양틀로 찍고 남은 자투리 반죽은 한데 모아서 하나로 뭉친 후, 처음과 같은 방법으로 비닐랩으로 감싸 밀대로 민다. 냉동실에 넣어 20~30분 정도 차게 식힌 후에 다시 모양틀로 찍는다.

## 손이나 숟가락으로 모양내기

손으로 둥글리거나, 눌러서 모양을 만든다. 동그랗게 만들 때는 새알을 빚는 요령으로 하면 된다. 손의 온기로 버터가 녹아 다루기 어려워질 수 있으니 재빠르게 작업하자. 숟가락은 작은 티스푼을 사용하고, 반죽 크기를 최대한 맞춰서 오븐팬에 올린다.

## 칼로 자르기

쇼트브레드(32p)나 치즈스틱 사블레(64p)처럼 막대 모양으로 자를 때는 큰 칼을 사용하면 깔끔하게 자를 수 있다. 브라예 뒤 푸아투(38p)처럼 볼 가장자리를 따라 자를 때는 작은 칼을 사용해도 된다.

## 짜기

깍지를 끼운 짤주머니에 반죽을 채우고 원하는 모양으로 짜낸다. 깍지 종류에 따라 반죽 모양이 바뀌는 점이 매력이다. 사블레 비에누아(42p)와 깁펠리(46p)처럼 별모양 깍지를 사용하면 반죽에 또렷한 무늬가 새겨져 화려한 사블레를 완성할 수 있다.

# 시작하며

제가 사블레의 맛을 알게 된 건 초등학생 때였습니다. 어머니와 가끔 들르던, 그날 구운 사블레를 저울에 달아 파는 가게에서였지요. 그곳에서 산 사블레는 버터의 신선한 향과 밀가루의 고소한 맛이 감동적이어서 볼이 미어지도록 입에 넣고 먹던 기억이 지금도 생생합니다.

성인이 되어 처음 일했던 제과점에서 만난 사블레도 잊을 수 없습니다. 그 가게에서는 아이스박스 타입의 사블레를 저울에 달아 팔았습니다. 당일에 구운 것만 파는 곳이어서 팔고 남은 사블레는 스태프가 간식으로 먹었는데, 밀키한 버터 풍미가 기분 좋게 퍼지면서 바삭바삭 가벼운 식감이었습니다. "이토록 버터의 맛을 고스란히 느낄 수 있는 구움과자가 있다니!" 하고 감격하곤 했습니다.

그 후, 제과 일을 계속하면서 프랑스를 비롯한 유럽의 과자 문화에 관심을 가지게 되었고, 오래전부터 전해져오는 각 지역의 사블레와 크리스마스처럼 특별한 시즌에 덕을 수 있는 사블레 등, 다양한 종류의 과자가 있다는 사실도 알게 되었습니다.

"나도 직접 만들어보고 싶어!"라는 마음으로 수많은 사블레를 구우며 알게 된 건 사블레에는 반드시 버터가 들어가며, 버터를 다루는 방식이 매우 중요하다는 사실입니다. 사블레의 식감을 결정하는 요소는 배합이나 재료도 물론 중요하지만, 사실은 버터의 상태가 결정적인 역할을 합니다.

일반적으로 사블레는 '바삭바삭'이라는 식감으로 표현하지만, 버터 상태에 따라 부드럽게 바스러지기도 하고, 사각사각한 식감이 되기도 합니다. 이러한 식감의 차이를 즐겨주셨으면 좋겠다는 마음에서 이 책은 버터의 상태에 따라 레시피를 나누어 정리했습니다.

레시피 대부분이 제가 수년간 반복해서 구워온 것들입니다. 프랑스 과자를 기본으로 하지만 구움과자가 풍부한 독일 과자와 오스트리아 과자도 일부 소개했습니다. 소박하고 한 입 베어 물면 마음이 편안해지는 맛, 또 먹고 싶어지는 기본에 충실한 맛을 목표로 만들었습니다.

이 책을 통해 사블레의 매력인 '버터의 깊은 풍미', 그리고 버터 상태에 따라 듣라지는 '다채로운 식감'을 즐겨보세요.

시모조노 마사에

# 말랑말랑
# 포마드 버터로 만드는
# 사블레

버터를 포마드 상태로 풀어서 사용한다.
이때 조합하는 재료와 성형 방법에 따라 버터를 단단하게 풀지,
부드럽게 풀지 구분해서 사용한다.
버터를 포마드 상태로 풀면 적당히 공기가 들어가 재료가 균일하게 섞여
바삭바삭한 식감과 부드럽게 바스러지는 사블레가 완성된다.
단순한 작업이지만, 이 과정은 정성껏 진행해야 한다.
대부분의 사블레는 말랑말랑한 버터로 만들기 때문에 종류도 다양하다.
모양 또한 여러 가지 방식으로 즐길 수 있다.

# 사블레 내추럴
## *Sablés nature*

모양틀로 찍어내기만 하면 되는 가장 기본적이고 단순한 사블레다.
버터, 아몬드, 밀가루 각각의 향이 그대로 느껴져 즐겨 먹기 좋다.
좋아하는 모양으로 다양하게 만들 수 있다는 점도 중요한 매력 포인트!
틀에서 깔끔하게 분리하기 위해서는 반드시 반죽을 차게 식혀야 한다.

# 사블레 내추럴



**재료** (약 29개 분량)

버터 ······ 60g

A ┌ 슈가 파우더 ······ 45g
　└ 소금 ······ 0.4g

아몬드 가루 ······ 12g

푼 달걀 ······ 15g

박력분 ······ 110g

### 준비

- 버터와 푼 달걀은 상온 상태로 준비한다.
- A는 합친다.
- 박력분은 체로 친다.
- 오븐팬에 타공 매트를 깐다.
- 오븐은 170℃로 예열한다(구울 때).

### 【도구】

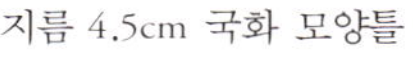

지름 4.5cm 국화 모양틀

## POINT

- '버터를 상온 상태로 준비한다'란, 손가락으로 가볍게 눌렀을 때 움푹 들어가는 정도를 말한다. '단단한 포마드 상태'는 손가락으로 누를 때 약간 힘이 들어가는 상태, '부드러운 포마드 상태'는 손가락이 쑤욱 들어가는 정도이다.

- 모양틀로 찍고 남은 자투리 반죽은 합쳐서 한 덩이로 만들고 같은 방법으로 비닐랩으로 감싸 밀대로 편다. 이 상태로 냉동실에 넣어 20~30분간 차게 식힌 후에 모양틀로 찍는다.

- 작업하는 중간에 반죽이 부드러워져서 작업하기 어려울 때는 냉장실에 넣어 차게 식힌 후에 다시 찍어낸다.

- 반죽하는 중간에 나무 주걱에 반죽이 달라붙어 고루 섞기 어려울 때는 스크래퍼로 긁어내면서 작업한다.

- 두 번으로 나누어 구울 때는 두 번째에 구울 반죽을 타공 매트에 올린 후 가볍게 비닐랩을 씌워 냉장고에 넣어둔다.

**반죽 두께에 따라 변화하는 풍미를 즐긴다!**

만드는 법 11에서 반죽 두께를 3mm로 밀었는데, 두께를 5mm로 밀면 반죽이 도톰해지는 만큼 열이 가해지는 정도가 달라진다. 두께를 3mm로 밀면 열이 고루 가해져 고소하게 완성되고, 5mm로 밀면 표면은 고소하지만 가운데는 열이 충분히 가해지지 않아 고소함보다는 밀가루의 감칠맛이 더 강조된다. 반죽을 둘로 나누어 두께마다 다른 풍미의 차이를 즐겨본다. 단, 두께를 5mm로 밀었을 때는 약 19~21분간 구워준다.

### 만드는 법

**1** 볼에 버터를 넣어 단단한 포마드 상태가 될 때까지 나무 주걱으로 푼다.

**2** A를 2회로 나누어 넣고 그때마다 처음에는 나무 주걱으로 천천히 섞다가 슈가 파우더가 보이지 않게 되면 가로로 긴 타원을 그리듯이 섞는다.

**3** 아몬드 가루를 넣고 가로로 긴 타원을 그리듯이 섞는다.

**4** 푼 달걀을 2회로 나누어 넣고 그 때마다 3과 같은 방법으로 섞는다.

**5** 박력분도 2회로 나누어 넣고 그 때마다 바닥에서 위로 뒤집어 올리며 자르듯이 섞는다. 80% 정도 섞이면 된다.

**6** 마지막은 스크래퍼로 바꿔 쥐고 반죽을 바닥에서 위로 뒤집어 누르면서 날가루가 보이지 않을 때까지 확실히 섞는다.

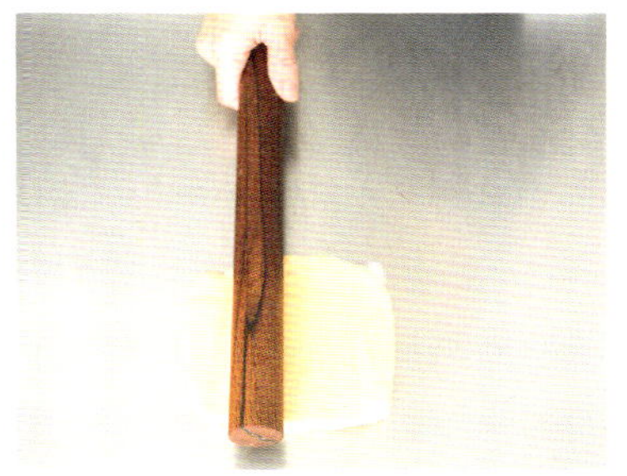

**7** 스크래퍼로 두께 2cm 정도의 정사각형으로 다듬고, 비닐랩으로 감싸 냉장고에 넣어 3시간에서 하룻밤 휴지한다.

▶ 시간이 있다면 하룻밤 휴지한다. 그래야 고루 어우러진다.

**8** 성형·굽기 냉장고에서 반죽을 꺼내 반죽 주위로 1cm 정도 여유를 두고 비닐랩을 다시 감싼다.

▶ 비닐랩이 밀착되어 있으면 밀대로 두드렸을 때 쉽게 찢어진다.

**9** 반죽을 부드럽게 만들기 위해 비닐랩으로 감싼 상태에서 밀대로 두드린다. 부드러워졌다면 밀대로 두께 1cm 정도로 민 다음 비닐랩째 뒤집어 같은 방법으로 민다.

**10** 비닐랩을 펴고 새 비닐랩을 반죽 위에 올려 반죽을 샌드한다.

**11** 반죽 양쪽에 두께 3mm 각봉을 두고 밀대로 민다. 비닐랩으로 샌드한 상태로 냉동실에 넣어 20~30분간 차게 식힌다.

▶ 냉장실보다 냉동실이 더 빨리 단단하게 굳는다.

**12** 모양틀로 찍어내 오븐팬에 간격을 띄워 20개 정도 올린다. 170℃로 예열한 오븐에 넣어 17~19분간 굽는다(표면에 밝은 구움색이 나는 정도). 식힘망에 올려 식힌다. 나머지 반죽도 같은 방법으로 구워서 식힌다.

【 보관하기 】
밀폐용기에 담아 상온에서 약 일주일간 보관 가능(건조제를 넣는다).

**Memo** 성형한 후의 사블레 반죽은 한 달 정도 냉동 보관할 수 있다. 성형한 반죽을 비닐랩으로 가볍게 감싸 냉동실에 넣어 3시간 정도 차게 굳힌 후, 반죽이 마르지 않도록 한 번 더 비닐랩으로 감싸고 냉동용 지퍼백에 넣어준다.

사블레 낭트

*Sablés nantais*

프랑스 북서부 로아르 지역의 도시인 낭트의 사블레.
낭트가 1941년까지 인접한 브르타뉴 지방에 속해 있어서인지,
이 과자는 브르타뉴 지방의 사블레와 닮았으며 버터 분량이 많고 짠맛이 포인트이다.

## 재료 (약 27개 분량)

버터 …… 80g

A ⎡ 슈가 파우더 …… 40g
  ⎣ 소금 …… 1.6g

아몬드 가루 …… 40g
달걀노른자 …… 10g
럼주 …… 6g
바닐라 오일 …… 2방울

B ⎡ 박력분 …… 100g
  ⎣ 베이킹파우더 …… 0.8g

### 덧칠용 달걀 (적당량)

달걀노른자 …… 20g
푼 달걀 …… 10g
그래뉴러당* …… 0.1g
인스턴트커피(분말) …… 0.1g

* 입자가 고운 정제 설탕인 그래뉴러당은 반죽에 잘 스며 들고 멍울지지 않는 장점이 있어 레시피대로 그래뉴러 당을 사용하는 것이 가장 좋지만 없다면 백설탕으로 대 체해도 된다.

## 준비

- 버터와 달걀노른자는 상온 상태로 준비한다.
- A는 합친다.
- B는 합쳐서 체로 친다.
- 덧칠용 달걀을 만든다. 달걀노른자와 푼 달걀을 고루 섞고, 차 거름망에 거른다. 그래뉴러당과 인스턴트커피를 넣어 가볍 게 섞고 완전히 녹을 때까지 그대로 잠깐 둔다(약 20분).
- 오븐은 170℃로 예열한다(구울 때).

## 만드는 법

1 볼에 버터를 넣어 단단한 포마드 상태가 될 때까지 나무 주 걱으로 푼다.

2 A를 2회로 나누어 넣고 그때마다 처음에는 나무 주걱으로 천천히 섞다가 슈가 파우더가 보이지 않게 되면 가로로 긴 타원을 그리듯이 섞는다.

3 아몬드 가루를 넣고 가르로 긴 타원을 그리듯이 섞는다.

4 달걀노른자, 럼주, 바닐라 오일을 순서대로 넣고 그때마다 3과 같은 방법으로 섞는다.

5 B도 2회로 나누어 넣고 그때마다 바닥에서 위로 뒤집어 올 리며 자르듯이 섞는다. 30% 정도 섞이면 된다.

6 스크래퍼로 바꿔 쥐고 탄죽을 바닥에서 위로 뒤집어 누르면 서 날가루가 보이지 않을 때까지 확실히 섞는다.

7 스크래퍼로 두께 2cm 정도의 정사각형으로 다듬고, 비닐랩 으로 감싸 냉장고에 넣어 3시간에서 하룻밤 휴지한다.

8 성형·굽기 냉장고에서 반죽을 꺼내 반죽 주위로 1cm 정도 여 유를 두고 비닐랩을 다시 감싼다.

9 반죽을 부드럽게 만들기 위해 비닐랩으로 감싼 상태에서 밀 대로 두드린다. 부드러워졌다면 밀대로 두께 1cm 정도로 밀 고, 비닐랩째 뒤집어 같은 방법으로 밀대로 민다.

10 비닐랩을 펴고 새 비닐랩을 반죽 위에 올려 반죽을 샌드한다.

11 반죽 양쪽에 두께 4mm 각봉을 두고 밀대로 민다. 비닐랩으 로 샌드한 상태로 냉동실에 넣어 20~30분간 차게 식힌다.

12 모양틀로 찍어내고 테플론 시트에 올린다.

13 덧칠용 달걀을 솔을 사용해 2회 바른다. 1회 바른 후 냉장실 에 10분 정도 넣어두고 2회째를 바른다(a).

14 작은 포크로 물결무늬를 그리고(b), 오븐팬에 올려 170℃로 예열한 오븐에 넣어 16~18분간 굽는다. 식힘망에 올려 식 힌다.

---

**【도구】**
지름 4.8cm 원형틀

**【보관하기】**
밀폐용기에 담아 상온에서 약 일주일간 보관 가능(건조제를 넣는다).

프랑스 북서부에 위치한 브르타뉴 지방의 향토 과자이다.
현지의 파티스리에서 갓구운 팔레 브르통을 접시에 가득 쌓아두는 모습이 인상적이다.
현재는 프랑스 국민에게 사랑받는 대표적인 과자 중 하나로, 여러 제과 회사에서 만들기도 한다.
구운 당일이 가장 버터 풍미가 좋고 식감도 가볍다.
이튿날부터는 약간 촉촉해지면서 아몬드의 감칠맛이 강조된다.

## 재료 (약 12개 분량)

버터 …… 180g

A ┌ 슈가 파우더 …… 102g
　└ 소금 …… 2.4g

아몬드 가루 …… 16g

달걀노른자 …… 26g

럼주 …… 14g

바닐라 오일 …… 2방울

B ┌ 박력분 …… 176g
　└ 베이킹파우더 …… 1.4g

### 덧칠용 달걀 (적당량)

달걀노른자 …… 15g

푼 달걀 …… 5g

인스턴트커피(분말) …… 약간

## 준비

- 버터와 달걀노른자는 상온 상태로 준비한다.
- A는 합친다.
- B는 합쳐서 체로 친다.
- 덧칠용 달걀을 만든다. 달걀노른자와 푼 달걀을 고루 섞고, 차 거름망에 거른다. 인스턴트커피를 넣어 가볍게 섞고 완전히 녹을 때까지 그대로 잠깐 둔다(20분 정도).
- 오븐은 170℃로 예열한다(구울 때).

## 【도구】

왼쪽: 지름 6cm 원형틀
오른쪽: 지름 6cm 갈레트용 알루미늄 컵*

*'금박 갈레트컵'으로 검색하면 쉽게 구매할 수 있다.

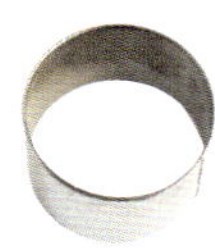 

## 만드는 법

1 볼에 버터를 넣어 단단한 포마드 상태가 될 때까지 나무 주걱으로 푼다.

2 A를 3회로 나누어 넣고 그때마다 처음에는 나무 주걱으로 천천히 섞다가 슈가 파우더가 보이지 않게 되면 가로로 긴 타원을 그리듯이 섞는다.

3 아몬드 가루를 넣고 가로로 긴 타원을 그리듯이 섞는다.

4 달걀노른자를 2회에 나누어 넣고 그때마다 3과 같은 방법으로 섞는다.

5 럼주와 바닐라 오일을 순서대로 넣고 그때마다 3과 같은 방법으로 섞는다.

6 B도 2회로 나누어 넣고 그때마다 바닥에서 위로 뒤집어 올리며 자르듯이 섞는다. 80% 정도 섞이면 된다.

7 스크래퍼로 바꿔 쥐고 반죽을 바닥에서 위로 뒤집어 누르면서 날가루가 보이지 않을 때까지 확실히 섞는다.

8 스크래퍼로 두께 2cm 정도의 정사각형으로 다듬고, 비닐랩으로 감싸 냉장고에 넣어 3시간에서 하룻밤 휴지한다.

9 성형 냉장고에서 반죽을 꺼내 반죽 주위로 1.5cm 정도 여유를 두고 비닐랩을 다시 감싼다.

10 반죽을 부드럽게 만들기 위해 비닐랩으로 감싼 상태에서 밀대로 두드린다. 부드러워졌다면 밀대로 두께 1.5cm 정도로 밀고, 비닐랩째 뒤집어 같은 방법으로 민다.

11 비닐랩을 펴고 새 비닐랩을 반죽 위에 올려 반죽을 샌드한다. 반죽 양쪽에 두께 1cm 각봉을 두고 밀대로 민다. 비닐랩으로 샌드한 상태로 냉동실에 넣어 20~30분간 차게 식힌다.

12 모양틀로 찍어내 테플론 시트에 올린다.

13 덧칠용 달걀을 솔로 2회 바른다. 1회 바른 후 냉장실에 10분 정도 넣어두고 2회째를 바른다.

14 표면에 포크로 무늬를 그리고(a), 알루미늄 컵에 넣는다(b).

▶ 반죽이 부드러울 때 알루미늄 컵에 넣으면 모양이 흐트러진다. 그럴 때는 냉동실에 15~30분 정도 넣어 차게 식힌 후에 알루미늄 컵에 넣는다.

15 굽기 오븐팬에 올려 170℃로 예열한 오븐에 넣어 25분간 굽는다. 25분이 지나면 온도를 160℃로 낮춰 18~20분간 굽는다(포크로 무늬를 그리면서 생긴 홈에도 구움색이 나는 정도). 식힘망에 올려 식힌다.

## 【보관하기】

밀폐용기에 담아 상온에서 약 일주일간 보관 가능(건조제를 넣는다).

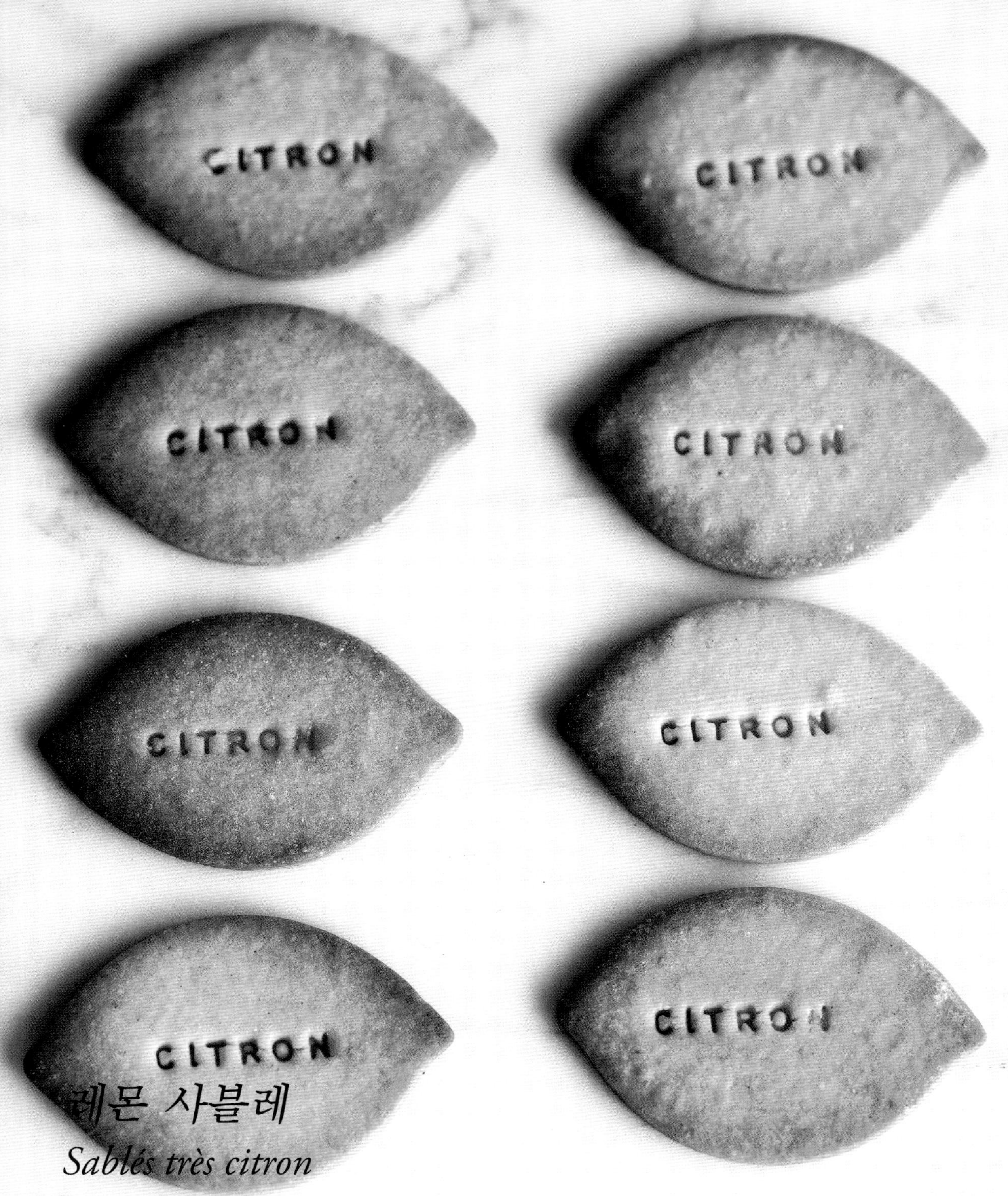

# 레몬 사블레
*Sablés très citron*

레몬의 맛과 향을 만끽할 수 있는 사블레.
구워낸 후에 얇게 레몬 시럽을 발라, 신선한 레몬 산미가 입안 가득 퍼진다.
상쾌한 풍미가 특징이라 단 것을 좋아하지 않는 분에게 선물하기 좋다.

## 재료 (약 20개 분량)

버터 …… 60g

A ┌ 슈가 파우더 …… 40g
  └ 소금 …… 0.3g

바닐라 오일 …… 1방울

레몬 껍질(간 것) …… 1/3개 분량

푼 달걀 …… 12g

레몬 과즙 …… 8g

B ┌ 박력분 …… 118g
  │ 레몬 필 파우더 …… 5g
  └ 베이킹파우더 …… 1.2g

### 레몬 시럽 (권장 분량)

슈가 파우더 …… 15g

레몬 과즙 …… 5g

**레몬 필 파우더***

상쾌한 향과 산미가 있다. 레몬 과즙과 레몬 필을 절묘한 균형으로 믹스한 것이다. KUKKU 레몬 필 파우더 30g, TOMIZ

* 레몬 과즙 파우더로 대체 가능

## 준비

- 버터와 푼 달걀은 상온 상태로 준비한다.
- A는 합친다.
- B는 합쳐 체로 친다.
- 레몬 시럽을 만든다. 슈가 파우더에 레몬 과즙을 넣어 녹인다.
- 오븐팬에 타공 매트를 깐다.
- 오븐은 170℃로 예열한다(구울 때).

### 【도구】

7.2×4.7cm 레몬 모양틀 

### 【보관하기】

밀폐용기에 담아 상온에서 약 10일간 보관 가능 (건조제를 넣는다).

## 만드는 법

1 볼에 버터를 넣어 단단한 포마드 상태가 될 때까지 나무 주걱으로 푼다.

2 A를 2회로 나누어 넣고 그때마다 처음에는 나무 주걱으로 천천히 섞다가 슈가 파우더가 보이지 않게 되면 가로로 긴 타원을 그리듯이 섞는다.

3 바닐라 오일과 레몬 껍질을 순서대로 넣고, 그때마다 가로로 긴 타원을 그리듯이 섞는다.

4 푼 달걀, 레몬 과즙을 순서대로 넣고 그때마다 3과 같은 방법으로 섞는다.

5 B도 2회로 나누어 넣고 그때마다 바닥에서 위로 뒤집어 올리며 자르듯이 섞는다. 80% 정도 섞이면 된다.

6 스크래퍼로 바꿔 쥐고 반죽을 바닥에서 위로 뒤집어 누르면서 날가루가 보이지 않을 때까지 확실히 섞는다.

7 스크래퍼로 두께 2cm 정도의 정사각형으로 다듬고, 비닐랩으로 감싸 냉장고에 넣어 3시간에서 하룻밤 휴지한다.

8 **성형** 냉장고에서 반죽을 꺼내 반죽 주위로 1cm 정도 여유를 두고 비닐랩을 다시 감싼다.

9 반죽을 부드럽게 만들기 위해 비닐랩으로 감싼 상태에서 밀대로 두드린다. 부드러워졌다면 밀대로 두께 1cm 정도로 밀고, 비닐랩째 뒤집어 같은 방법으로 민다.

10 비닐랩을 펴고 새 비닐랩을 반죽 위에 올려 반죽을 샌드한다.

11 반죽 양쪽에 두께 3mm 각봉을 두고 밀대로 민다. 비닐랩으로 샌드한 상태로 냉동실에 넣어 20~30분간 차게 식힌다.

12 모양틀로 찍어 오븐팬에 올리고, 'CITRON' 글자를 쿠키용 스탬프로 찍는다(a).

   ▶ 스탬프는 제과용품점 등에서 쉽게 구매할 수 있다. 찍고 싶은 단어를 조합해 스탬프 틀에 끼운다.

13 **굽기·마무리** 170℃로 예열한 오븐에 넣어 약 15분간 굽는다.

14 구운 후 곧바로 레몬 시럽을 표면에 솔로 얇게 바르고 170℃ 오븐에 넣어 30초 정도 구워 말린다.

**a.**

# 레몬 아이싱 사블레

*Sablés au citron*

봄이 되어 기온이 높아지면 산미가 있는 사블레가 그리워진다.
새콤달콤한 레몬 아이싱을 발라 표면을 하얗게 완성하는데,
아이싱을 완전히 건조하지 않으면 사블레가 눅눅해지니 꼭 말려야 한다.

**재료** (약 18개 분량)

버터 …… 65g

A ┌ 슈가 파우더 …… 50g
　└ 소금 …… 0.2g

레몬 껍질(간 것) …… 1/3개 분량

아몬드 가루 …… 16g

푼 달걀 …… 20g

바닐라 오일 …… 1방울

B ┌ 박력분 …… 120g
　└ 베이킹파우더 …… 0.6g

레몬 아이싱 (권장 분량)

슈가 파우더 …… 80g

레몬 과즙 …… 15g+1g

**준비**

- 버터와 푼 달걀은 상온 상태로 준비한다.
- A는 합친다.
- B는 합쳐 체로 친다.
- 레몬 아이싱을 만든다. 슈가 파우더에 레몬 과즙 15g을 넣어 잘 섞고, 레몬 과즙 1g으로 농도를 조절한다. 농도는 떨어뜨렸을 때 자국이 남지만 2~3초 후에 사라지는 정도(a).
- 오븐팬에 타공 매트를 깐다.
- 오븐은 170℃로 예열한다(구울 때).

**【도구】**

지름 6cm 원형틀

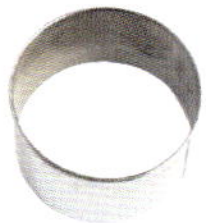

**【보관하기】**

아이싱을 발랐기 때문에 시간이 지나면 사블레가 눅눅해진다. 되도록 빨리 먹는다.

**만드는 법**

1 볼에 버터를 넣어 단단한 포마드 상태가 될 때까지 나무 주걱으로 푼다.

2 A를 3회로 나누어 넣고 그때마다 처음에는 나무 주걱으로 천천히 섞다가 슈가 파우더가 보이지 않게 되면 가로로 긴 타원을 그리듯이 섞는다.

3 레몬 껍질을 넣고 가로로 긴 타원을 그리듯이 섞는다.

4 아몬드 가루를 2회로 나누어 넣고 그때마다 3과 같은 방법으로 섞는다.

5 푼 달걀을 2회로 나누어 넣고 그때마다 3과 같은 방법으로 섞는다.

6 바닐라 오일을 넣고 3과 같은 방법으로 섞는다.

7 B도 2회로 나누어 넣고 그때마다 바닥에서 위로 뒤집어 올리며 자르듯이 섞는다. 30% 정도 섞이면 된다.

8 스크래퍼로 바꿔 쥐고 반죽을 바닥에서 위로 뒤집어 누르면서 날가루가 보이지 않을 때까지 확실히 섞는다.

9 스크래퍼로 두께 2cm 정도의 정사각형으로 다듬고, 비닐랩으로 감싸 냉장고에 넣어 3시간에서 하룻밤 휴지한다.

10 성형 · 굽기 냉장고에서 반죽을 꺼내 반죽 주위로 1cm 정도 여유를 두고 비닐랩을 다시 감싼다.

11 반죽을 부드럽게 만들기 위해 비닐랩으로 감싼 상태에서 밀대로 두드린다. 부드러워졌다면 밀대로 두께 1cm 정도로 밀고, 비닐랩째 뒤집어 같은 방법으로 민다.

12 비닐랩을 펴고 새 비닐랩을 반죽 위에 올려 반죽을 샌드한다.

13 반죽 양쪽에 두께 3mm 각봉을 두고 밀대로 민다. 비닐랩으로 샌드한 상태로 냉동실에 넣어 20~30분간 차게 식힌다.

14 모양틀로 찍어내 오븐팬에 올린다. 170℃로 예열한 오븐에 넣어 17~19분간 굽고, 식힘망에 올려 식힌다.

15 마무리 14를 오븐팬에 올리고 솔을 이용해 레몬 아이싱을 바른다.

16 오븐 온도를 200~210℃로 올려 1분~1분 30초간 굽고, 상온에 몇 시간 두면서 아이싱을 말린다.

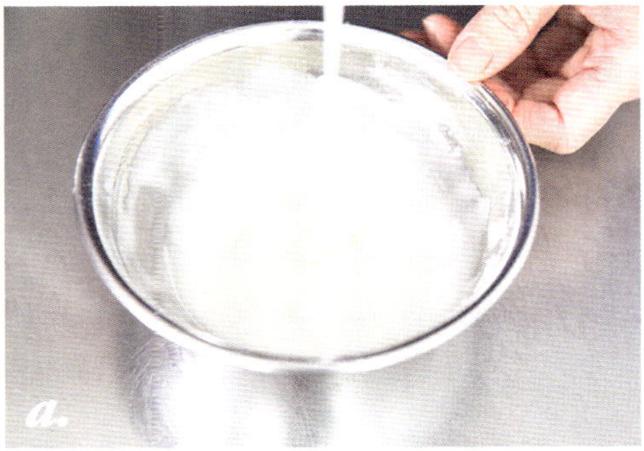

# 잼 샌드 사블레(슈피츠부벤)
## Spitzbuben

'장난꾸러기'라는 뜻의 귀여운 쿠키. 독일과 빈에서 오랫동안 사랑받은 대표적인 사블레다.
플레인 사블레에 라즈베리잼이나 살구잼을 샌드하는데,
윗면 사블레에 하트나 별 모양으로 뚫어 잼이 보이도록 만드는 것이 포인트다.
이 책에서는 원형 각지를 이용해 동그랗게 찍어냈다.

## 재료 (약 16개 분량)

버터 …… 60g

A ⎡ 슈가 파우더 …… 30g
  ⎣ 소금 …… 0.2g

레몬 껍질(간 것) …… 1/6개 분량

푼 달걀 …… 10g

박력분 …… 90g

슈가 파우더 …… 적당량

라즈베리잼 …… 80g

물 …… 10g

## 준비

- 버터와 푼 달걀은 상온 상태로 준비한다.
- A는 합친다.
- 박력분은 체로 친다.
- 오븐팬에 테플론 시트를 깐다.
- 오븐은 170℃로 예열한다(구울 때).

## 【도구】

지름 4.5cm 국화 모양틀

▶ 그 외 지름 11mm 원형 깍지(구멍 뚫는 용)

## 만드는 법

1 볼에 버터를 넣어 단단한 포마드 상태가 될 때까지 나무 주걱으로 푼다.

2 A를 2회로 나누어 넣고 그때마다 처음에는 나무 주걱으로 천천히 섞다가 슈가 파우더가 보이지 않게 되면 가로로 긴 타원을 그리듯이 섞는다.

3 레몬 껍질을 넣고 가로로 긴 타원을 그리듯이 섞는다.

4 푼 달걀을 2회로 나누어 넣고 그때마다 3과 같은 방법으로 섞는다.

5 박력분도 2회로 나누어 넣고 그때마다 바닥에서 위로 뒤집어 올리며 자르듯이 섞는다. 80% 정도 섞이면 된다.

6 스크래퍼로 바꿔 쥐고 탄죽을 바닥에서 위로 뒤집어 누르면서 날가루가 보이지 않을 때까지 확실히 섞는다.

7 스크래퍼로 두께 2cm 정도의 정사각형으로 다듬고, 비닐랩으로 감싸 냉장고에 넣어 3시간에서 하룻밤 휴지한다.

8 **성형** 냉장고에서 반죽을 꺼내 탄죽 주위로 1cm 정도 여유를 두고 비닐랩을 다시 감싼다.

9 반죽을 부드럽게 만들기 위해 비닐랩으로 감싼 상태에서 밀대로 두드린다. 부드러워졌다면 밀대로 두께 1cm 정도로 밀고, 비닐랩째 뒤집어 같은 방법으로 민다.

10 비닐랩을 펴고 새 비닐랩을 반죽 위에 올려 반죽을 샌드한다.

11 반죽 양쪽에 두께 2mm 각봉을 두고 밀대로 민다. 비닐랩으로 샌드한 상태로 냉동실에 넣어 20~30분간 차게 식힌다.

12 모양틀로 찍고 오븐팬에 올린다. 찍어낸 반죽 절반 분량은 깍지(구멍이 큰 쪽)로 찍어 가운데에 구멍을 뚫는다(a).

13 **굽기·마무리** 170℃로 예열한 오븐에 넣어 13~15분간 굽는다 (밝은 구움색이 나는 정도). 식힘망에 올려 식힌다.

  ▶ 반죽이 얇으니 타지 않도록 주의한다.

14 12에서 가운데 구멍을 뚫은 반죽에 차 거름망으로 슈가 파우더를 뿌린다.

15 작은 냄비에 라즈베리 잼과 분량의 물을 넣고 약불에 올린다. 차가운 물에 떨어뜨려 봤을 때 잼이 뭉친 상태로 유지될 때까지 졸인다(b).

16 12에서 가운데를 뚫지 않은 사블레에 잼을 숟가락으로 떠서 올리고 14를 덮어 샌드한다.

## 【보관하기】

잼의 수분으로 인해 사블레가 눅눅해지기 쉬우므로 되도록 빨리 먹는다.

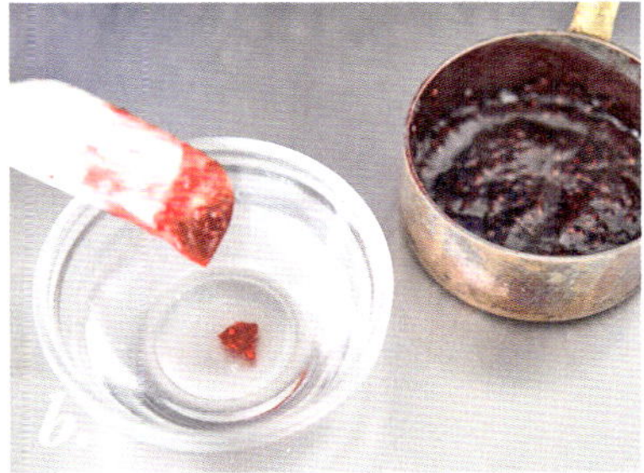

# 프랄리네 사블레
## Sablés au praliné

프랑스 알자스 지방에서 배운, 프랄리네가 들어간 타르트에서 힌트를 얻었다.
프랄리네 풍미의 사블레에 초콜릿과 프랄리네를 샌드해 프랄리네를 강조했다.
살짝 풍기는 시나몬 향이 초콜릿과 프랄리네의 맛을 한층 돋보이게 한다.

## 재료 (약 15개 분량)

버터 …… 60g
프랄리네(헤이즐넛) …… 8g
A ┌ 슈가 파우더 …… 40g
　└ 소금 …… 0.2g
아몬드 가루 …… 10g
푼 달걀 …… 18g
B ┌ 박력분 …… 100g
　│ 베이킹파우더 …… 0.5g
　└ 시나몬 파우더 …… 0.8g

### 샌드용 크림

밀크 초콜릿 …… 30g
프랄리네(헤이즐넛) …… 30g

코팅용 초콜릿(밀크) …… 적당량
피스타치오(굵게 다진 것) …… 적당량

헤이즐넛 프랄리네*
그래뉼러당을 태워서 캐러멜을 만들
고 구운 헤이즐넛을 넣어 페이스트
상태가 될 때까지 간 것. IP 프랄리네
누아제트 200g, TOMIZ

＊ 동일한 TOMIZ 제품을 구하기 어렵
다면 발로나 등 시중에 판매하는 헤
이즐넛 프랄리네를 사용하면 된다.

## 준비

- 버터와 푼 달걀은 상온 상태로 준비한다.
- A는 합친다.
- B는 합쳐서 체로 친다.
- 샌드용 크림을 만든다. 밀크 초콜릿을
  중탕으로 녹이고 프랄리네를 넣어 고무
  주걱으로 균일하게 될 때까지 섞은 후,
  걸쭉해질 때까지 상온에 둔다.
  ▶ 밀폐용기에 담아 냉장고에서 2주간 보관 가
  능. 사용할 때는 중탕으로 녹인다.
- 오븐팬에 타공 매트를 깐다.
- 오븐은 170℃로 예열한다(구울 때).

【도구】

5.5×3.5cm 사각 주름 모양틀

【보관하기】

밀폐용기에 담아 상온(여름철에는 냉장실)에서
약 일주일간 보관 가능(건조제를 넣는다).

## 만드는 법

**1** 볼에 버터를 넣어 단단한 포마드 상태가 될 때까지 나무 주걱으로 푼다.

**2** 프랄리네를 넣고 균일한 상태가 될 때까지 섞는다.

**3** A를 2회로 나누어 넣고 그때마다 처음에는 나무 주걱으로 천천히 섞다가 슈가 파우더가 보이지 않게 되면 가로로 긴 타원을 그리듯이 섞는다

**4** 아몬드 가루를 넣고 가로로 긴 타원을 그리듯이 섞는다.

**5** 푼 달걀을 2회로 나누어 넣고 그때마다 4와 같은 방법으로 섞는다.

**6** B도 2회로 나누어 넣고 그때마다 바닥에서 위로 뒤집어 올리며 자르듯이 섞는다. 80% 정도 섞이면 된다.

**7** 스크래퍼로 바꿔 쥐고 반죽을 바닥에서 위로 뒤집어 누르면서 날가루가 보이지 않을 때까지 확실히 섞는다.

**8** 스크래퍼로 두께 2cm 정도의 정사각형으로 다듬고, 비닐랩으로 감싸 냉장고에 넣어 3시간에서 하룻밤 휴지한다.

**9** <u>성형</u> 냉장고에서 반죽을 꺼내 반죽 주위로 1cm 정도 여유를 두고 비닐랩을 다시 감싼다.

**10** 반죽을 부드럽게 만들기 위해 비닐랩으로 감싼 상태에서 밀대로 두드린다. 부드러워졌다면 밀대로 두께 1cm 정도로 밀고, 비닐랩째 뒤집어 같은 방법으로 민다.

**11** 비닐랩을 펴고 새 비닐랩을 반죽 위에 올려 반죽을 샌드한다.

**12** 반죽 양쪽에 두께 3mm 각봉을 두고 밀대로 민다. 비닐랩으로 샌드한 상태로 냉동실에 넣어 20~30분간 차게 식힌다.
　▶ 프랄리네가 들어간 반죽은 부드럽다. 다루기 어려워지면 냉장실이나 냉동실에 넣어 차게 식혀 굳히면서 작업한다.

**13** 모양틀로 찍고 타공 매트에 올린다.

**14** <u>굽기·마무리</u> 170℃로 예열한 오븐에 넣어 18~20분간 굽고, 식힘망에 올려 식힌다.

**15** 샌드용 크림을 숟가락으로 떠서 14의 절반 분량에 약 4g씩 올리고 다른 사블레를 덮어 샌드한다(a). 냉장실에 넣어 5~10분간 차게 식힌다.

**16** 코팅용 초콜릿을 중탕으로 녹이고 15를 비스듬히 담갔다가(b), 피스타치오를 흩뿌린다.

**17** 냉장실에 5~10분간 넣어 초콜릿을 굳힌다.

# 부르 드 네즈

*Boules de neige*

*자그마한 눈사람이 떠오르는 앙증맞은 과자.*
*'스노볼 쿠키'라는 이름으로도 잘 알려져 있다*
*박력분에 옥수수 전분인 콘스타치를 더해 와삭와삭 가벼운 식감이다.*
*입안에서 보슬보슬 부서져서 끝없이 먹을 수 있을 것간 같다.*
*마지막에 입히는 슈가 파우더에 말차나 딸기 파우더를 섞으면 다양한 맛 완성!*

## 재료 (약 30개 분량)

버터 …… 64g

A ┌ 슈가 파우더 …… 16g
　└ 소금 …… 0.4g

바닐라 오일 …… 1방울

아몬드 가루 …… 30g

B ┌ 박력분 …… 58g
　└ 콘스타치 …… 20g

---

마무리용 슈가 파우더(플레인)

슈가 파우더 …… 30g

---

마무리용 슈가 파우더(말차)

슈가 파우더 …… 30g
말차 파우더 …… 1.2g

---

마무리용 슈가 파우더(딸기)

슈가 파우더 …… 30g
딸기 파우더 …… 3g

## 준비

- 버터는 상온 상태로 준비한다.
- A는 합친다.
- B는 합쳐서 체로 친다.
- 마무리용 슈가 파우더의 말차와 딸기는 각각 합쳐서 체로 치고, 밀폐용기 등에 넣는다.
- 오븐은 170℃로 예열한다(구울 때).

## 만드는 법

1 볼에 버터를 넣어 단단한 포마드 상태가 될 때까지 나무 주걱으로 푼다.

2 A를 2회로 나누어 넣고 그때마다 처음에는 나무 주걱으로 천천히 섞다가 슈가 파우더가 보이지 않게 되면 가로로 긴 타원을 그리듯이 섞는다

3 바닐라 오일, 아몬드 가루를 순서대로 넣고 그때마다 가로로 긴 타원을 그리듯이 섞는다.

4 B도 2회로 나누어 넣고 그때마다 바닥에서 위로 뒤집어 올리며 자르듯이 섞는다. 80% 정도 섞이면 된다.

5 스크래퍼로 바꿔 쥐고 변죽을 바닥에서 위로 뒤집어 누르면서 날가루가 보이지 않을 때까지 확실히 섞는다.

6 스크래퍼로 두께 2cm 정도의 정사각형으로 다듬고, 비닐랩으로 감싸 냉장고에 넣어 3시간에서 하룻밤 휴지한다.

7 성형 냉장고에서 반죽을 꺼내 스크래퍼를 이용해 6등분하여 손바닥 아랫부분으로 으깨듯이 각각 납작하게 누르고(a), 하나로 뭉친다.

8 스크래퍼로 엄지손가락 크기 정도(약 6g)가 되도록 분할하고 새알을 빚는 요령으로 둥글려(b) 테플론 시트에 올린다.

9 굽기·마무리 오븐팬에 올려 170℃로 예열한 오븐에 넣어 18분간 굽는다(밝은 구움색이 나는 정도).

10 한 김 식으면 마무리용 슈가 파우더 3종을 각각 입히고 완전히 식으면 한 번 더 묻힌다.

▶ 기온이 높은 시기에는 슈가 파우더가 녹을 수도 있다. 냉장실에 넣어 10분 정도 차게 식힌 후어 두 번째 슈가 파우더를 입히는 게 좋다.

【 보관하기 】

밀폐용기에 담아 상온(여름철에는 냉장실)에서 약 일주일간 보관 가능 (건조제를 넣는다).

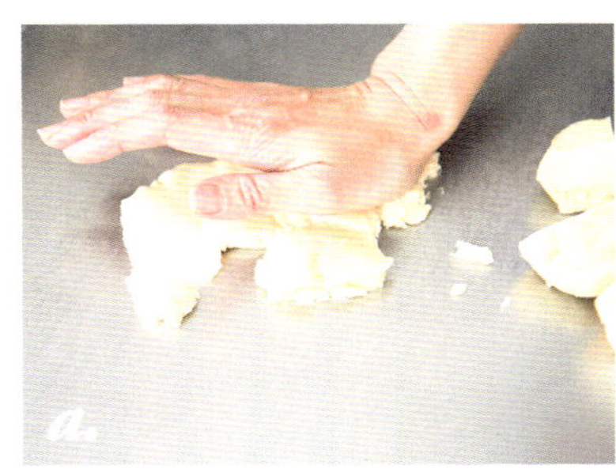

바닐라 킵펠
Vanillekipfel

빈과 독일에서 사랑받는 대표적인 과자로, 초승달 모양의 사블레다.
견과류의 고소한 풍미와 바닐라의 달콤한 향이 어우러진 부드러운 맛이 특징이다.
박력분 분량의 일부를 콘스타치로 바꿔 더욱 가볍고 바삭한 식감으로 완성했다.

## 재료 (약 34개 분량)

버터 …… 100g

A ┌ 슈가 파우더 …… 28g
　└ 소금 …… 0.6g

바닐라 오일 …… 1방울

B ┌ 아몬드 가루 …… 37g
　└ 헤이즐넛 가루 …… 10g

C ┌ 박력분 …… 77g
　└ 콘스타치 …… 27g

덧가루(강력분) …… 적당량

슈가 파우더 …… 적당량

## 준비

- 버터는 상온 상태로 준비한다.
- A는 합친다.
- B는 합쳐서 소쿠리 등 굵은 체로 친다.
- C는 합쳐서 체로 친다.
- 오븐팬에 테플론 시트를 깐다.
- 오븐은 170℃로 예열한다(구울 때).

## 만드는 법

1 볼에 버터를 넣어 단단한 포마드 상태가 될 때까지 나무 주걱으로 푼다.

2 A를 2회로 나누어 넣고 그때마다 처음에는 나무 주걱으로 천천히 섞다가 슈가 파우더가 보이지 않게 되면 가로로 긴 타원을 그리듯이 섞는다.

3 바닐라 오일을 넣고 가로로 긴 타원을 그리듯이 섞는다.

4 B를 2회로 나누어 넣고 그때마다 3과 같은 방법으로 섞는다.

5 C도 2회로 나누어 넣고 그때마다 바닥에서 위로 뒤집어 올리며 자르듯이 섞는다. 80% 정도 섞이면 된다.

6 스크래퍼로 바꿔 쥐고 반죽을 바닥에서 위로 뒤집어 누르면서 날가루가 보이지 않을 때까지 확실히 섞는다.

7 스크래퍼로 두께 2cm 정도의 정사각형으로 다듬고, 비닐랩으로 감싸 냉장고에 넣어 3시간에서 하룻밤 휴지한다.

8 성형 비닐랩을 벗겨 반죽을 작업대에 올리고, 전체가 균일한 상태가 될 때까지 손바닥으로 으깨듯 누르면서 한 덩이로 합친다.

9 반죽을 반으로 나누고 각각 원통형으로 만든 후, 손바닥 아랫부분으로 작업대 위에서 굴려 약 27cm 길이의 막대 모양으로 만든다.

10 저울로 무게를 재면서 스크래퍼로 8g씩 분할한다. 작업대와 반죽에 덧가루를 뿌리고 손바닥으로 각각 9cm 길이의 줄 모양으로 민다(a).

11 초승달처럼 모양을 만들고 오븐팬에 올린다.

　▶ 반죽 온도가 올라가지 않도록 재빠르게 작업한다.

12 굽기·마무리 170℃로 예열한 오븐에 넣어 15분간 굽는다(밝은 구움색이 나는 정도).

13 구운 직후에 슈가 파우더를 차 거름망으로 흩뿌리고 완전히 식으면 한 번 더 슈가 파우더를 뿌린다.

## 【 보관하기 】

밀폐용기에 담아 상온에서 약 일주일간
보관 가능(건조제를 넣는다).

호두 사블레
Nuss

한입 크기의 동글동글한 모양이 사랑스러운 사블레.
반죽에도 토핑에도 호두를 사용해서
호두 특유의 고소한 향과 은은하고 부드러운 단맛을 즐길 수 있다.
호두 가루만 사용하면 쓴맛이 도드라질 수 있기에 아몬드 가루와 섞는 것이 포인트다.
홍차에도, 커피에도 잘 어울린다.

## 재료 (약 30개 분량)

버터 …… 75g

A ┌ 슈가 파우더 …… 24g
　└ 소금 …… 0.2g

B ┌ 아몬드 가루 …… 28g
　└ 호두 가루 …… 8g

바닐라 오일 …… 1방울

C ┌ 박력분 …… 58g
　└ 콘스타치 …… 20g

살구잼 …… 적당량

호두(구운 것/무가당) …… 적당량

## 준비

- 버터는 상온 상태로 준비한다.
- A는 합친다.
- B는 합쳐서 굵은 체로 친다.
- C는 합쳐서 체로 친다.
- 오븐팬에 테플론 시트를 깐다.
- 오븐은 170℃로 예열한다(구울 때).

## 만드는 법

1　볼에 버터를 넣어 단단한 포마드 상태가 될 때까지 나무 주걱으로 푼다.

2　A를 2회로 나누어 넣고 그때마다 처음에는 나무 주걱으로 천천히 섞다가 슈가 파우더가 보이지 않게 되면 가로로 긴 타원을 그리듯이 섞는다.

3　B를 넣어 가로로 긴 타원을 그리듯이 섞는다.

4　바닐라 오일을 넣어 3과 같은 방법으로 섞는다.

5　C도 2회로 나누어 넣고 그때마다 바닥에서 위로 뒤집어 올리며 자르듯이 섞는다. 30% 정도 섞이면 된다.

6　스크래퍼로 바꿔 쥐고 반죽을 바닥에서 위로 뒤집어 누르면서 날가루가 보이지 않을 때까지 확실히 섞는다.

7　스크래퍼로 두께 2cm 정도의 정사각형으로 다듬고, 비닐랩으로 감싸 냉장고에 넣어 3시간에서 하룻밤 휴지한다.

8　성형　비닐랩을 벗겨 반죽을 작업대에 올리고, 전체가 균일한 상태가 될 때까지 손바닥으로 으깨듯 누르면서 한 덩이로 합친다.

9　8을 원통형으로 만든 후, 손바닥 아랫부분으로 작업대 위에서 굴려 약 40cm 길이의 막대 모양으로 만든다.

10　저울로 무게를 재면서 스크래퍼로 7g씩 분할한다.

11　손바닥으로 둥글려 오븐팬에 올리고, 가운데를 손가락으로 가볍게 눌러(a) 살구잼을 숟가락으로 떠서 넣고 그 위에 호두를 올린다(b).

　▶ 호두가 큰 경우에는 1/4 에서 1/2 크기로 자른다.

12　굽기　170℃로 예열한 오븐에 넣어 13~15분간 굽는다(밝은 구움색이 나는 정도). 식힘망에 올려 식힌다.

**【보관하기】**
밀폐용기에 담아 상온에서 약 일주일간 보관 가능(건조제를 넣는다).

# 프레즐
*Pretzel*

독일과 프랑스 알자스 지방에서 사랑받는 프레즐 모양의 사블레다.
이 독특한 모양과 관련하여, 수도사가 기도할 때 팔을 교차한 모습을 본떠 만들었다는 설과
죄를 지은 제빵사가 영주에게 "태양을 세 번 볼 수 있는 빵을 만들라"라는 명령을 받고
세 개의 구멍이 있는 이 모양을 만들었다는 설이 있다.

## 재료 (약 26개 분량)

버터 …… 48g

A ⎡ 슈가 파우더 …… 42g
　 ⎣ 소금 …… 0.5g

푼 달걀 …… 12g

레몬 껍질(간 것) …… 1/6개 분량

바닐라 오일 …… 1방울

박력분 …… 95g

덧가루(강력분) …… 적당량

### 럼 아이싱

슈가 파우더 …… 48g

럼주 …… 8g

물 …… 4g

### 준비

- 버터와 푼 달걀은 상온 상태로 준비한다.
- A는 합친다.
- 박력분은 체로 친다.
- 럼 아이싱을 만든다. 볼에 슈가 파우더를 넣고 럼주와 분량의 물을 더해 고무 주걱으로 고루 섞는다.
- 오븐팬에 테플론 시트를 간다.
- 오븐은 170℃로 예열한다(구울 때).

## 만드는 법

1 볼에 버터를 넣어 단단한 포마드 상태가 될 때까지 나무 주걱으로 푼다.

2 A를 2회로 나누어 넣고 그때마다 처음에는 나무 주걱으로 천천히 섞다가 슈가 파우더가 보이지 않게 되면 가로로 긴 타원을 그리듯이 섞는다.

3 푼 달걀을 2회로 나누어 넣고 그때마다 가로로 긴 타원을 그리듯이 섞는다.

4 레몬 껍질과 바닐라 오일을 순서대로 넣고 그때마다 3과 같은 방법으로 섞는다.

5 박력분도 2회로 나누어 넣고 그때마다 바닥에서 위로 뒤집어 올리며 자르듯이 섞는다. 80% 정도 섞이면 된다.

6 스크래퍼로 바꿔 쥐고 반죽을 바닥에서 위로 뒤집어 누르면서 날가루가 보이지 않을 때까지 확실히 섞는다.

7 스크래퍼로 두께 2cm 정도의 정사각형으로 다듬고, 비닐랩으로 감싸 냉장고에 넣어 3시간에서 하룻밤 휴지한다.

8 <u>성형</u> 비닐랩을 벗겨 반죽을 작업대에 올리고, 전체가 균일한 상태가 될 때까지 손바닥으로 으깨듯 누르면서 한 덩이로 합친다.

9 8을 원통형으로 만든 후, 손바닥 아랫부분으로 작업대 위에서 굴려 약 36cm 길이의 막대 모양으로 만든다.

10 저울로 무게를 재면서 스크래퍼로 8g씩 분할한다. 작업대와 반죽에 덧가루를 뿌리고 손바닥으로 각각 19cm 길이로 얇게 민다(a).

11 오븐팬에 올려 프레즐 모양으로 만든다(b).

▶ 반죽 온도가 올라가지 않도록 재빠르게 작업한다.

12 <u>굽기·마무리</u> 170℃로 예열한 오븐에 넣어 15~18분간 굽는다(밝은 구움색이 나는 정도).

13 12를 오븐팬에 올려 솔을 이용해 표면에 얇게 럼 아이싱을 바르고, 190℃로 온도를 올린 오븐에 넣어 20초 정도 표면을 말린다.

【 보관하기 】

밀폐용기에 담아 상온에서 약 10일간 보관 가능(건조제를 넣는다).

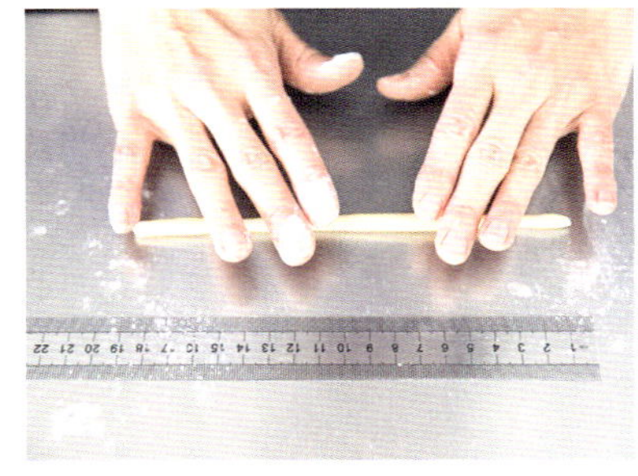

# 쇼트브레드
## *Short bread*

예전에는 스코틀랜드에서 크리스마스나 새해를 축하하며 먹던 특별한 과자였지만,
지금은 일상 속 간식으로 널리 사랑받고 있다.
원래는 둥근 반죽에 가장자리에 톱니무늬 반죽을 붙여
태양을 연상케 하는 모양으로 만들었다고 하는데,
현재는 가느다란 막대 모양으로 굽는 것이 일반적이다.
바삭하고 가벼운 식감과 밀가루 본연의 풍미를 고스란히 느낄 수 있는
소박한 영국식 구움과자다.

### 재료 (약 22개 분량)

버터 …… 100g
슈가 파우더 …… 42g
A ⌈ 우유 …… 17g
   ⌊ 소금 …… 1.3g
바닐라 오일 …… 1방울
B ⌈ 박력분 …… 160g
   ⌊ 콘스타치 …… 25g

### 준비

- 버터는 상온 상태로 준비한다.
- A는 합쳐서 소금을 녹인다.
- B는 합쳐서 체로 친다.
- 오븐팬에 테플론 시트를 깐다.
- 오븐은 130℃로 예열한다(구울 때).

### 만드는 법

1 볼에 버터를 넣어 부드러운 포마드 상태가 될 때까지 나무 주걱으로 푼다.

2 슈가 파우더를 2회로 나누어 넣고 그때마다 처음에는 나무 주걱으로 천천히 섞다가 슈가 파우더가 보이지 않게 되면 가로로 긴 타원을 그리듯이 섞는다.

3 A를 2회로 나누어 넣고 그때마다 거품기로 가로로 긴 타원을 그리듯이 섞는다(a).

　▶ 반죽이 고루 섞이지 않을 때는 중탕을 하면서 볼을 약간 데운다. 단, 버터가 녹지 않도록 주의한다.

4 바닐라 오일을 넣고 3과 같은 방법으로 섞는다.

5 B도 2회로 나누어 넣고 그때마다 바닥에서 위로 뒤집어 올리며 자르듯이 섞는다. 80% 정도 섞이면 된다.

6 스크래퍼로 바꿔 쥐고 반죽을 바닥에서 위로 뒤집어 누르면서 날가루가 보이지 않을 때까지 확실히 섞는다.

7 스크래퍼로 두께 2cm 정도의 정사각형으로 다듬고, 비닐랩으로 감싸 냉장고에 넣어 2~3시간 휴지한다.

8 성형 냉장고에서 반죽을 꺼내 반죽 주위로 1cm 정도 여유를 두고 비닐랩을 다시 감싼다.

9 반죽을 부드럽게 만들기 위해 비닐랩으로 감싼 상태에서 밀대로 두드린다. 부드러워졌다면 밀대로 두께 1.5cm 정도로 밀고, 비닐랩째 뒤집어 같은 방법으로 민다.

10 비닐랩을 펴고 새 비닐랩을 반죽 위에 올려 반죽을 샌드한다.

11 반죽 양쪽에 두께 1.2cm 각봉을 두고 밀대로 17×13cm 크기가 되도록 민다. 비닐랩으로 샌드한 상태로 냉동실에 넣어 20~30분간 차게 식힌다.

12 칼로 1.5×6cm의 막대 모양으로 자른다. 젓가락 등으로 각각에 세 개씩 구멍을 낸 후, 오븐팬에 올린다.

13 굽기 130℃로 예열한 오븐에 넣어 50~55분간 굽는다. 식힘 망에 올려 식힌다.

　▶ 구움색이 거의 나지 않게 굽는다. 중간에 구움색이 나면 오븐 온도를 10℃ 정도 내린다.

【 보관하기 】
밀폐용기에 담아 상온에서 약 10일간 보관 가능(건조제를 넣는다).

사블레 쇼콜라 아망드
Sablés chocolat amandes

코코아의 쌉싸름한 풍미를 오롯이 느낄 수 있는 사블레다.
반죽에 아몬드 슬라이스를 넣어 고소함과 깊은 맛을 더했다.
이대로 구워서 먹어도 충분히 맛있지만,
마무리로 초콜릿을 코팅하면 한층 더 진한 맛으로 완성된다.

## 재료 (약 30개 분량)

버터 ······ 100g
A [ 슈가 파우더 ······ 60g
    소금 ······ 0.5g
달걀노른자 ······ 12g
B [ 박력분 ······ 134g
    코코아 파우더 ······ 12g
아몬드 슬라이스 ······ 48g

## 준비

- 버터와 달걀노른자는 상온 상태로 준비한다.
- A는 합친다.
- B는 합쳐서 체로 친다.
- 아몬드 슬라이스는 170℃ 오븐에 넣어 12~15분간 굽는다.
- 오븐팬에 테플론 시트를 깐다.
- 오븐은 160℃로 예열한다(구울 때).

## 만드는 법

1 볼에 버터를 넣어 단단한 포마드 상태가 될 때까지 나무 주걱으로 푼다.

2 A를 3회로 나누어 넣고 그때마다 처음에는 나무 주걱으로 천천히 섞다가 슈가 파우더가 보이지 않게 되면 가로로 긴 타원을 그리듯이 섞는다

3 달걀노른자를 넣어 가로로 긴 타원을 그리듯이 섞는다.

4 B도 2회로 나누어 넣고 그때마다 바닥에서 위로 뒤집어 올리며 자르듯이 섞는다. 30% 정도 섞이면 아몬드 슬라이스를 넣은 후(a), 스크래퍼로 바꿔 쥐고 한 덩이가 될 때까지 섞는다.

5 스크래퍼로 두께 2cm 정도의 정사각형이 되게끔 다듬고, 비닐랩으로 감싸 냉장고에 넣어 2~3시간 휴지한다.

6 **성형** 냉장고에서 반죽을 꺼내 반죽 주위로 1cm 정도 여유를 두고 비닐랩을 다시 감싼다.

7 반죽을 부드럽게 만들기 위해 비닐랩으로 감싼 상태에서 밀대로 두드린다. 부드러워졌다면 밀대로 두께 1cm 정도로 밀고, 비닐랩째 뒤집어 같은 방법으로 민다.

8 비닐랩을 펴고 새 비닐랩을 반죽 위에 올려 반죽을 샌드한다.

9 반죽 양쪽에 두께 5mm 각봉을 두고 밀대로 약 26×22cm 크기가 되도록 민다. 비닐랩으로 샌드한 상태로 냉동실에 넣어 20~30분간 차게 식힌다.

10 칼로 3.8cm 정사각형으로 잘라 오븐팬에 올린다.

11 **굽기** 160℃로 예열한 오븐에 넣어 약 25분간 굽는다. 식힘망에 올려 식힌다.

【 보관하기 】

밀폐용기에 담아 상온에서 약 10일간 보관 가능(건조제를 넣는다).

# 플로랑탱
*Florentins*

바삭한 사블레에 캐러멜 풍미의 누가를 더한 호화로운 사블레다.
여기에 버터와 아몬드의 깊은 맛이 어우러져 작지만 포만감을 느낄 수 있다.
따뜻할 때 뒤집어서 자르면 깔끔하게 잘려 더욱 보기 좋게 완성된다.

## 재료 (약 21개 분량)

버터 …… 53g
슈가 파우더 …… 33g
아몬드 가루 …… 13g
푼 달걀 …… 17g
A [ 박력분 …… 87g
　　베이킹파우더 …… 0.4g ]

**누가**

버터 …… 9g
그래뉼러당 …… 23g
생크림(유지방 성분 45~47%) …… 15g
벌꿀 …… 15g
아몬드 슬라이스 …… 40g

## 준비

- 버터와 푼 달걀은 상온 상태로 준비한다.
- A는 합쳐서 체로 친다.
- 오븐팬에 테플론 시트를 깐다.
- 오븐은 170℃로 예열한다(구울 때).

a.

b.

## 만드는 법

1 볼에 버터를 넣어 단단한 포마드 상태가 될 때까지 나무 주걱으로 푼다.

2 슈가 파우더를 2회로 나누어 넣고 그때마다 처음에는 나무 주걱으로 천천히 섞다가 슈가 파우더가 보이지 않게 되면 가로로 긴 타원을 그리듯이 섞는다.

3 아몬드 가루를 넣어 가로로 긴 타원을 그리듯이 섞는다.

4 푼 달걀을 2회로 나누어 넣고 그때마다 3과 같은 방법으로 섞는다.

5 A도 2회로 나누어 넣고 그때마다 바닥에서 위로 뒤집어 올리며 자르듯이 섞는다. 80% 정도 섞이면 된다.

6 스크래퍼로 바꿔 쥐고 반죽을 바닥에서 위로 뒤집어 누르면서 날가루가 보이지 않을 때까지 확실히 섞는다.

7 스크래퍼로 두께 2cm 정도의 정사각형으로 다듬고, 비닐랩으로 감싸 냉장고에 넣어 3시간에서 하룻밤 휴지한다.

8 **성형** 냉장고에서 반죽을 꺼내 반죽 주위로 1cm 정도 여유를 두고 비닐랩을 다시 감싼다.

9 반죽을 부드럽게 만들기 위해 비닐랩으로 감싼 상태에서 밀대로 두드린다. 부드러워졌다면 밀대로 두께 1cm 정도로 밀고, 비닐랩째 뒤집어 같은 방법으로 민다.

10 비닐랩을 펴고 새 비닐랩을 반죽 위에 올려 반죽을 샌드한다.

11 반죽 양쪽에 두께 5mm 각봉을 두고 밀대로 약 16cm 정사각형이 되도록 민다. 비닐랩으로 샌드한 상태로 냉동실에 넣어 20~30분간 차게 식힌다.

12 칼로 15cm 정사각형으로 잘라 오븐팬에 올린다.

13 **굽기** 170℃로 예열한 오븐에 넣어 18~20분간 굽는다(표면에 밝은 구움색이 나는 정도).

14 누가를 만든다. 작은 냄비에 아몬드 슬라이스를 제외한 모든 재료를 넣고, 중불에 올려 115℃가 되면 불을 끄고 아몬드 슬라이스를 넣고 섞는다.

15 13에 14를 올려 고무 주걱으로 평평하게 편다.

16 **굽기·마무리** 누가가 흘러내리지 않도록 반죽 주위를 이중으로 포갠 알루미늄 포일로 감싸고(a), 170℃ 오븐에 넣어 약 20분간 굽는다.

17 표면이 따뜻할 때 누가 부분이 아래로 가게끔 뒤집고 가장자리를 잘라낸다. 그 후 약 4.8×2cm 크기로 자른다(b).

【 보관하기 】
밀폐용기에 담아 상온에서 약 일주일간 보관 가능(건조제를 넣는다).

# 브라예 뒤 푸아투

*Broyé du Poitou*

'broyer(브라예)'는 '부수다'라는 뜻이다.
테이블 위에 올려놓고 주먹으로 부수며 먹어서 이런 이름이 붙었다.
푸아투 샤랑트 지역은 기후가 온난해 낙농업이 발달했으며, 발효 버터 산지로도 유명하다.
에쉬레 버터 산지로 잘 알려진 에쉬레 마을도 이 지역에 속해 있다.

## 재료 (1개 분량)

버터 …… 110g

A ┌ 미립자 그래뉼러당※ …… 110g
　└ 소금 …… 1.6g

아몬드 가루 …… 20g

푼 달걀 …… 45g

바닐라 오일 …… 1방울

럼주 …… 6g

B ┌ 박력분 …… 200g
　└ 베이킹파우더 …… 1g

### 덧칠용 달걀

달걀노른자 …… 10g

우유 …… 1g

※ 미립자 그래뉼러당은 슈가 파우더보다 입자가 커서 사각거리는 식감으로 완성할 수 있다. 그래뉼러당 〉 미립자 그래뉼러당 〉 슈가 파우더 순이다.

## 준비

- 버터와 푼 달걀은 상온 상태로 준비한다.
- A는 합친다.
- B는 합쳐서 체로 친다.
- 덧칠용 달걀을 만든다. 달걀노른자와 우유를 고루 섞고, 차 거름망에 거른다.
- 오븐팬에 테플론 시트를 깐다.
- 오븐은 170℃로 예열한다(구울 때).

## 【 도구 】

지름 23~24cm 볼(틀로 사용)

## 만드는 법

1 볼에 버터를 넣어 단단한 포마드 상태가 될 때까지 나무 주걱으로 푼다.

2 A를 3회로 나누어 넣고 그때마다 처음에는 나무 주걱으로 천천히 섞다가 그래뉼러당이 보이지 않게 되면 가로로 긴 타원을 그리듯이 섞는다.

3 아몬드 가루를 넣어 가로로 긴 타원을 그리듯이 섞는다.

4 푼 달걀을 3회로 나누어 넣고 그때마다 3과 같은 방법으로 섞는다.

5 바닐라 오일, 럼주를 순서대로 넣고 그때마다 3과 같은 방법으로 섞는다.

6 B도 2회로 나누어 넣고 그때마다 바닥에서 위로 뒤집어 올리며 자르듯이 섞는다. 80% 정도 섞이면 된다.

7 스크래퍼로 바꿔 쥐고 반죽을 바닥에서 위로 뒤집어 누르면서 날가루가 보이지 않을 때까지 확실히 섞는다.

8 스크래퍼로 두께 2cm 정도의 정사각형으로 다듬고, 비닐랩으로 감싸 냉장고에 넣어 2~3시간 휴지한다.

9 **성형** 냉장고에서 반죽을 꺼내 반죽 주위로 1cm 정도 여유를 두고 비닐랩을 다시 감산다.

10 반죽을 부드럽게 만들기 위해 비닐랩으로 감싼 상태에서 밀대로 두드린다. 부드러워졌다면 밀대로 두께 1cm 정도로 밀고, 비닐랩째 뒤집어 같은 방법으로 민다.

11 비닐랩을 펴고 새 비닐랩을 반죽 위에 올려 반죽을 샌드한다.

12 반죽 양쪽에 두께 7~8mm 각봉을 두고 밀대로 원형이 되도록 밀고, 비닐랩으로 샌드한 상태로 냉동실에 넣어 20~30분간 차게 식힌다.

13 냉동실에서 꺼낸 후, 볼을 이용해 지름 23~24cm 원형으로 자른다(a).

14 덧칠용 달걀을 13에 바르고 포크 등을 45도 기울여 같은 간격이 되게끔 격자무늬를 내고, 오븐팬에 올린다.

15 **굽기** 170℃로 예열한 오븐에 넣어 38~43분간 굽는다(노릇하게 구움색이 날 때까지). 식힘망에 올려 식힌다.

## 【 보관하기 】

밀폐용기에 담아 상온에서 약 10일간 보관 가능(건조제를 넣는다).

# 사블레 디아망
## *Sablés diamant*

반죽을 막대 모양으로 기다랗게 만든 후 잘라서 굽는 아이스박스 타입의 심플한 사블레다.
겉면에 묻힌 그래뉼러당이 반짝반짝 빛나는 모습 때문에
다이아몬드를 뜻하는 '디아망'이라 불린다.
반죽에 넣는 재료를 바꾸면 다양한 맛으로 즐길 수 있다.
달걀 대신 물을 넣으면 버터 풍미를 오롯이 느낄 수 있다.

## 재료 (각 30개 분량)

버터 …… 152g
A ┌ 슈가 파우더 …… 64g
　 └ 소금 …… 1.2g
물 …… 18g
박력분 …… 214g
로즈메리(생/다진 것) …… 2g
덧가루(강력분) …… 적당량
달걀흰자, 그래뉼러당 …… 적당량

## 준비

- 버터는 상온 상태로 준비한다.
- A는 합친다.
- 박력분은 체로 친다.
- 오븐팬에 테플론 시트를 깐다.
- 오븐은 170℃로 예열한다(구울 때).

## 만드는 법

1 볼에 버터를 넣어 단단한 포마드 상태가 될 때까지 나무 주걱으로 푼다.

2 A를 3회로 나누어 넣고 그때마다 처음에는 나무 주걱으로 천천히 섞다가 슈가 파우더가 보이지 않게 되면 가로로 긴 타원을 그리듯이 섞는다.

3 분량의 물을 3회로 나누어 넣고 그때마다 가로로 긴 타원을 그리듯이 섞는다.

▶ 반죽이 고루 섞이지 않을 때는 중탕을 하면서 볼을 약간 데운다. 단, 버터가 녹지 않도록 주의한다.

4 박력분도 2회로 나누어 넣고 그때마다 바닥에서 위로 뒤집어 올리며 자르듯이 섞는다. 80% 정도 섞이면 된다.

5 스크래퍼로 바꿔 쥐고 반죽을 바닥에서 위로 뒤집어 누르면서 날가루가 보이지 않을 때까지 확실히 섞는다.

6 스크래퍼로 두께 2cm 정도의 정사각형으로 다듬고, 비닐랩으로 감싸 냉장고에 넣어 3시간에서 하룻밤 휴지한다.

7 성형 비닐랩을 벗겨 반죽을 작업대에 올리고, 두 덩이로 나누어 한 덩이에는 로즈메리를 올린다. 각각 손바닥 아랫부분으로 으깨듯 누르면서 전체가 균일한 상태가 되도록 반죽한다.

8 반죽을 각각 원통형으로 만든 후, 덧가루를 뿌려 손바닥으로 작업대 위에서 굴려 30cm 길이의 막대 모양으로 만든다. 마지막에 나무 도마 등을 대고 반죽을 굴리면(a) 표면을 깔끔하게 마무리할 수 있다.

9 각각 비닐랩에 감싸 냉동실에 넣어 3시간에서 하룻밤 휴지한다.

10 굽기 냉동실에서 반죽을 꺼내 비닐랩을 벗기고 솔로 달걀흰자를 반죽 전체에 얇게 바른다.

11 나무 도마 위에 그래뉼러당을 얇게 펼치고, 10을 굴리며 그래뉼러당을 묻힌다(b).

12 각각 자를 대고 1cm 간격으로 칼로 표시한 후 잘라서 오븐팬에 올린다.

13 170℃로 예열한 오븐에 넣어 17~20분간 굽는다. 식힘망에 올려 식힌다.

【 보관하기 】
밀폐용기에 담아 상온에서 약 10일간 보관 가능(건조제를 넣는다).

# 사블레 비에누아

*Sablés viennois*

짜서 만드는 가벼운 식감의 사블레. 비에누아는 '빈 스타일'이라는 뜻이다.
물결 모양과 동그란 모양 등 원하는 모양으로 짜서 반죽의 아름다운 결을 즐겨보자.
반죽 위에 드레인 체리를 얹으면 단숨에 고풍스러운 분위기로 바뀐다.

## 재료

(물결 모양으로 짤 경우: 20~24개 분량)
(동그란 모양으로 짤 경우: 약 30개 분량)

버터 …… 80g
A ┌ 슈가 파우더 …… 29g
  └ 소금 …… 0.6g
달걀흰자 …… 12g
바닐라 오일 …… 1방울
박력분 …… 88g
드레인 체리*(동그란 모양으로 짤 때 사용)
     …… 4개

* 씨를 제거해 설탕 시럽에 절인 것

## 준비

- 버터와 달걀흰자는 상온 상태로 준비한다.
- A는 합친다.
- 박력분은 체로 친다.
- 드레인 체리는 8등분한다.
- 오븐팬 크기에 맞는 종이에 가이드라인
  이 되는 선을 그리고(물결 모양이라면 5.5cm
  간격으로 가로선, 동그란 모양이라면 지름 3.5cm
  원형) 오븐팬에 올려 그 위에 테플론 시트
  를 깐다.
- 오븐은 170℃로 예열한다(구울 때).

## 만드는 법

1 볼에 버터를 넣어 부드러운 포마드 상태가 될 때까지 나무 주걱으로 푼다.

2 A를 2회로 나누어 넣고 그때마다 처음에는 나무 주걱으로 천천히 섞다가 슈가 파우더가 보이지 않게 되면 가로로 긴 타원을 그리듯이 섞는다

3 달걀흰자를 2회로 나누어 넣고 그때마다 거품기로 커다란 원을 그리듯이 고루 섞는다.

4 바닐라 오일을 넣고 3과 같은 방법으로 섞는다.

5 박력분도 2회로 나누어 넣고 그때마다 나무 주걱으로 바닥에서 위로 뒤집어 올리듯 자르듯이 섞는다. 80% 정도 섞이면 된다.

6 스크래퍼로 바꿔 쥐고 반죽을 바닥에서 위로 뒤집어 누르면서 날가루가 보이지 않을 때까지 확실히 섞는다.

7 <u>성형</u> 깍지를 끼운 짤주머니에 6을 넣는다. 오븐팬에 물결 모양이라면 5.5cm 길이로 짜고(a), 동그란 모양이라면 지름 3.5cm로 짠 후에 드레인 체리를 올린다.
종이에 물결 모양이라면 5.5cm 간격으로 가로선, 동그란 모양이라면 지름 3.5cm 원형을 그린 후 테플론 시트 아래에 깔고 짜면 일정한 크기와 모양을 유지할 수 있다.

8 <u>굽기</u> 170℃로 예열한 오븐에 넣어 17~20분간 굽는다(가장자리에 옅은 구움색이 나는 정도). 식힘망에 올려 식힌다.

## 【도구】

별 모양 깍지(8날, 지름 6mm)
짤주머니

## 【보관하기】

밀폐용기에 담아 상온에서 약 일주일간
보관 가능(건조제를 넣는다).

건포도 사블레
*Palets de dames*

*건포도를 넣은 반죽을 동그랗게 짜서 구운, 소박한 사블레다.*
*랑그 드 샤를 닮았지만, 건포도와 럼주를 더해*
*한층 어른스러운 향과 풍부한 맛을 만끽할 수 있다.*
*여성도 한입에 먹을 수 있을 만큼 작고 동그란 과자라는 데서 그 이름이 유래했다.*

## 재료 (약 50개 분량)

버터 …… 50g

A ┌ 슈가 파우더 …… 50g
　 └ 소금 …… 0.4g

푼 달걀 …… 24g
럼주 …… 3g
박력분 …… 60g
건포도(반으로 자른다) …… 32g

## 준비

- 버터와 푼 달걀은 상온 상태로 준비한다.
- A는 합친다.
- 박력분은 체로 친다.
- 오븐팬에 테플론 시트를 깐다.
- 오븐은 200℃로 예열한다(구울 때).

【도구】

원형 깍지(지름 12mm)
짤주머니

## 만드는 법

1　볼에 버터를 넣어 부드러운 포마드 상태가 될 때까지 나무 주걱으로 푼다.

2　A를 3회로 나누어 넣고 그때마다 처음에는 나무 주걱으로 천천히 섞다가 슈가 파우더가 보이지 않게 되면 가로로 긴 타원을 그리듯이 섞는다.

3　푼 달걀을 3회로 나누어 넣고 그때마다 가로로 긴 타원을 그리듯이 섞는다.

4　럼주를 넣고 3과 같은 방법으로 섞는다.

5　박력분을 넣고 바닥에서 위로 뒤집어 올리며 자르듯이 섞는다. 80% 정도 섞이면 된다.

6　건포도를 넣는다. 단, 섞지 않는다.

7　고무 주걱으로 바꿔 쥐고 반죽을 바닥에서 위로 뒤집듯이 섞는다. 날가루가 보이지 않을 때까지 확실히 섞는다.

8　성형 깍지를 끼운 짤주머니에 7을 넣고 오븐팬에 지름 2.5cm 정도의 크기로 동그랗게 짠다(a).

9　굽기 200℃로 예열한 오븐에 넣어 8~10분간 굽는다(가장자리에 진한 구움색이 날 때까지). 식힘망에 올려 식힌다.

【보관하기】

밀폐용기에 담아 상온에서 일주일에서 10일간
보관 가능(건조제를 넣는다).

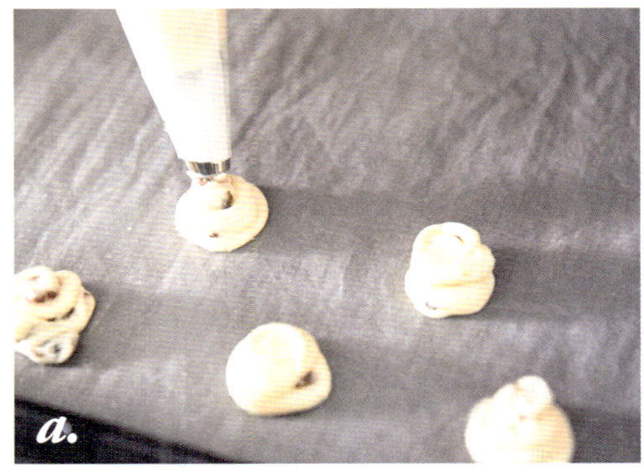

김펠리

*Gipfeli*

*'깁펠리'는 독일어로 '산 정상'이라는 뜻으로,
이름처럼 산봉우리의 곡선을 연상케 하는 모양이다.
헤이즐넛 특유의 고소함에 향신료를 더해 이국적인 풍미르 완성했다.
개성 있는 맛의 사블레다.*

## 재료 (약 35개 분량)

버터 …… 60g
슈가 파우더 …… 45g
A ⌈ 아몬드 가루 …… 22g
   ⌊ 헤이즐넛 가루 …… 22g
바닐라 오일 …… 1방울
달걀흰자 …… 20g
   ⌈ 박력분 …… 60g
B │ 시나몬 파우더 …… 0.5g
   ⌊ 넛메그 파우더 …… 0.5g
코팅용 초콜릿(밀크) …… 적당량

## 준비

- 버터와 달걀흰자는 상온 상태로 준비한다.
- A는 합쳐서 굵은 체로 친다.
- B는 합쳐서 체로 친다.
- 오븐팬 크기에 맞는 종이에 가이드라인
  이 되는 지름 3.5cm의 원을 그리고 오븐
  팬에 올려 그 위에 테플론 시트를 깐다.
- 오븐은 170℃로 예열한다(구울 때).

### 【도구】

별 모양 깍지(8날, 지름 6mm)
짤주머니

## 만드는 법

1 볼에 버터를 넣어 부드러운 포마드 상태가 될 때까지 나무
   주걱으로 푼다.

2 슈가 파우더를 2회로 나누어 넣고 그때마다 처음에는 나무
   주걱으로 천천히 섞다가 슈가 파우더가 보이지 않게 되면 가
   로로 긴 타원을 그리듯이 섞는다.

3 A를 2회로 나누어 넣고 그때마다 가로로 긴 타원을 그리듯
   이 섞는다.

4 바닐라 오일을 넣고 3과 같은 방법으로 섞는다.

5 달걀흰자를 3회로 나누어 넣고 그때마다 거품기로 고루 섞
   는다.

6 B도 2회로 나누어 넣고 그때마다 나무 주걱으로 바닥에서
   위로 뒤집어 올리며 자르듯이 섞는다. 80% 정도 섞이면 된다.

7 고무 주걱으로 바꿔 쥐고 반죽을 바닥에서 위로 뒤집듯이 섞
   으며 날가루가 보이지 않을 때까지 확실히 섞는다.

8 **성형** 깍지를 끼운 짤주머니에 7을 넣고 테플론 시트 밑에 깐
   종이 라인을 따라 오븐팬에 짠다. 이때 원 아래쪽은 짜지 않
   는다(a).

9 **굽기 · 마무리** 종이를 빼내고 170℃로 예열한 오븐에 넣어 약
   18분간 굽는다. 식힘망에 올려 식힌다.

10 코팅용 초콜릿을 중탕으로 녹이고, 9의 아래쪽 부분을 담근
   다. 테플론 시트에 올려 냉장실에 넣어 5분 정도 차게 식혀
   굳힌다.

### 【보관하기】

밀폐용기에 담아 상온(여름철에는 냉장실)에서
일주일에서 10일간 보관 가능(건조제를 넣는다).
시간이 지나면 견과류의 고소함이 사라지니 되도록
빨리 먹는다.

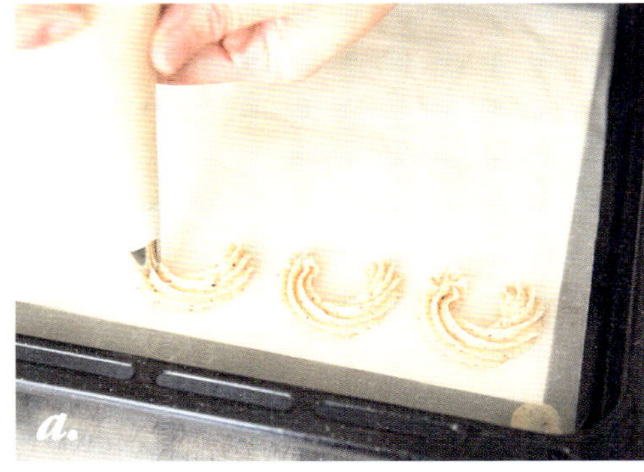

# 네로
*Nero*

오스트리아 빈에서 유래한 사블레 중 하나로,
쌉싸름한 초콜릿 맛을 즐길 수 있다. 원래는 라즈베리 잼을 샌드하지만,
잼으로 인해 눅눅해지는 것을 최대한 막기 위해 초콜릿과 프랄리네를 샌드했다.
이 책에서는 길게 짰지만, 동그랗게 짜도 된다.

## 재료 (약 25개 분량)

버터 ······ 50g
슈가 파우더 ······ 35g
푼 달걀 ······ 22g
바닐라 오일 ······ 1방울
A ┌ 박력분 ······ 46g
   └ 코코아 파우더 ······ 8g

### 샌드용 크림

다크커버춰 초콜릿 ······ 15g
프랄리네(헤이즐넛) ······ 15g

코팅용 초콜릿(다크) ······ 적당량

## 준비

- 버터와 푼 달걀은 상온 상태로 준비한다.
- A는 합쳐서 굵은 체로 친다.
- 샌드용 크림을 만든다. 초콜릿을 중탕으로 녹이고 프랄리네를 넣어 고무 주걱으로 균일하게 될 때까지 섞은 후, 어느 정도 걸쭉해질 때까지 상온에 둔다.
- 오븐팬 크기에 맞는 종이에 가이드라인이 되는 가로선을 4.2cm 간격으로 몇 개 그리고(43p 사진 참조) 오븐팬에 올려 그 위에 테플론 시트를 깐다.
- 오븐은 160℃로 예열한다(구울 때).

## 만드는 법

1 볼에 버터를 넣어 부드러운 포마드 상태가 될 때까지 나무 주걱으로 푼다.

2 슈가 파우더를 2회로 나누어 넣고 그때마다 처음에는 나무 주걱으로 천천히 섞다가 슈가 파우더가 보이지 않게 되면 가로로 긴 타원을 그리듯이 섞는다.

3 푼 달걀을 3회로 나누어 넣고 그때마다 가로로 긴 타원을 그리듯이 섞는다.

4 바닐라 오일을 넣고 3과 같은 방법으로 섞는다.

5 A도 2회로 나누어 넣고 그때마다 나무 주걱으로 바닥에서 위로 뒤집어 올리며 자르듯이 섞는다. 80% 정도 섞이면 된다.

6 고무 주걱으로 바꿔 쥐고 반죽을 바닥에서 위로 뒤집듯이 섞으며 날가루가 보이지 않을 때까지 확실히 섞는다.

7 <u>성형</u> 깍지를 끼운 짤주머니에 6을 넣고 오븐팬에 짠다. 테플론 시트 밑에 깐 종이 타인을 따라 약 3cm 간격으로 4.2cm 길이의 막대 모양으로 짠다.

8 <u>굽기·마무리</u> 종이를 빼내고 160℃로 예열한 오븐에 넣어 10분간 굽는다. 이후 온도를 150℃로 낮춰 8분간 굽는다. 식힘망에 올려 식힌다.

9 8의 절반 분량 밑부분(테플론 시트에 닿은 쪽)에 샌드용 크림을 얇게 바르고, 다른 하나를 덮어 샌드한다(a). 5분 정도 냉장실에 넣어 차게 식혀 굳힌다.

10 코팅용 초콜릿을 중탕으로 녹이고, 9의 끝부분을 대각선으로 담근 후 굳힌다.

## 【도구】

원형 깍지(지름 9mm)
짤주머니

## 【보관하기】

밀폐용기에 담아 상온(여름철에는 냉장실)에서 약 10일간 보관 가능(건조제를 넣는다).

랑그 드 샤
Langues de chat

바삭하면서도 입안에서 사르르 녹는 식감이 특징이다.
기다랗고 표면이 거친 질감 때문에 '고양이 혀'라는 뜻의 이름이 붙었다.
원래는 기다란 타원형으로 굽지만, 이 책에서는 짜기 쉬운 작고 동그란 형태로 구웠다.
취향에 따라 초콜릿을 샌드해도 맛있다.

## 재료 (약 75개 분량)

버터 …… 30g
슈가 파우더 …… 30g
달걀흰자 …… 30g
박력분 …… 30g

## 준비

- 버터와 달걀흰자는 상온 상태로 준비하고, 달걀흰자는 잘 풀어둔다.
- 박력분은 체로 친다.
- 오븐팬에 테플론 시트를 깐다.
- 오븐은 170℃로 예열한다(구울 때).

## 【도구】

원형 깍지(지름 8mm)
짤주머니

## 만드는 법

1. 볼에 버터를 넣어 부드러운 포마드 상태가 될 때까지 나무 주걱으로 푼다.

2. 슈가 파우더를 2회로 나누어 넣고 그때마다 처음에는 나무 주걱으로 천천히 섞다가 슈가 파우더가 보이지 않게 되면 가로로 긴 타원을 그리듯이 섞는다.

3. 달걀흰자를 4회로 나누어 넣고 그때마다 거품기로 큰 원을 그리듯이 고루 섞는다. 3회째를 다 섞었다면 박력분 1/3 분량을 넣고 같은 방법으로 섞은 후, 4회째 달걀흰자를 넣어 섞는다.

4. 3에 나머지 박력분을 넣고 나무 주걱으로 바닥에서 위로 뒤집어 올리며 자르듯이 섞는다. 80% 정도 섞이면 된다.

5. 고무 주걱으로 바꿔 쥐고 반죽을 바닥에서 위로 뒤집듯이 섞으며 날가루가 보이지 않을 때까지 확실히 섞는다.

6. 성형 깍지를 끼운 짤주머니에 5를 넣고 오븐팬에 지름 1.8cm 정도의 크기로 동그랗게 돔 형태로 짠다(a).

7. 굽기 170℃로 예열한 오븐에 넣어 12~14분간 굽는다(가장자리에 진한 구움색이 나고 가운데가 약간 밝은 상태). 식힘망에 올려 식힌다.

## 【보관하기】

밀폐용기에 담아 상온에서 일주일에서 10일간 보관 가능(건조제를 넣는다).

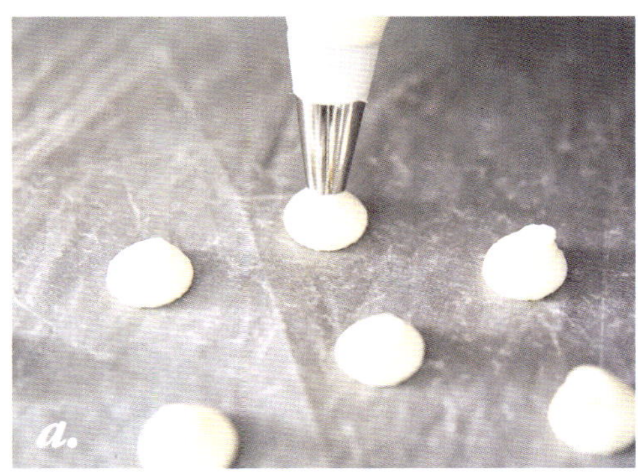

## 포슬포슬
## 모래알 상태의 버터로 만드는
## 사블레

자잘한 덩어리 상태의 버터에 밀가루를 넣고 손으로 비벼
포슬포슬하게 만든 것을 사용한다.
'사블레'라는 이름은 '모래'에서 파생했다는 설이 있는데,
이러한 모래의 질감을 연상하며 포슬포슬한 버터로 완성해보자.
처음에는 버터에 밀가루를 묻히듯이 섞다가
다음에는 엄지손가락으로 버터를 으깨듯이 섞은 후,
마지막에 손바닥으로 비벼 포슬포슬한 상태로 만든다.
버터에 밀가루를 묻히듯이 입혀주면 글루텐 형성을 억제하여
반죽은 말랑말랑 버터로 만들었을 때보다 더 쉽게 바스러진다.
바삭하면서도 부드러운 식감으로 완성되어,
입에서 사르르 녹는 사블레다.

# 사블레 브르통
## *Sablés bretons*

프랑스 북서부 브로타뉴 지방에서 사랑받는 사블레다.
이 지역은 버터 생산량이 많고 소금 산지로도 유명해
가염 버터를 사용한 과자도 많이 만들어진다.
사블레 브르통도 그중 하나로, 버터의 풍미가 풍부하고 달콤하면서도 짭짤한 맛이 특징이다.
이 책에서는 무염 버터에 소금을 넉넉히 넣어 그 맛을 살렸다.

# 사블레 브르통



> **POINT**
> - 모양틀로 찍고 남은 자투리 반죽은 합쳐서 한 덩이로 만들고 같은 방법으로 비닐랩으로 감싸 밀대로 편다. 이 상태로 냉동실에 넣어 20~30분간 차게 식힌 후에 모양틀로 찍는다.
> - 작업하는 중간에 버터가 녹아 반죽이 부드러워져서 작업하기 어려울 때는 냉장실에 넣어 차게 식힌 후에 다시 찍어낸다.
> - 두 번으로 나누어 구울 때는 두 번째에 구울 반죽을 타공 매트에 올린 후 가볍게 비닐랩을 씌워 냉장고에 넣어둔다.

**재료** (약 17개 분량)

버터 ······ 70g

A ┌ 박력분 ······ 100g
  └ 베이킹파우더 ······ 3g

B ┌ 슈가 파우더 ······ 60g
  └ 소금 ······ 1.2g

C ┌ 푼 달걀 ······ 20g
  └ 럼주 ······ 2g

## 준비

- 버터는 5mm 크기로 깍둑썰고(푸드프로세서를 사용할 경우에는 1cm 크기로 자른다), 냉장고에 1시간 정도 넣어 차게 식힌다.
- A는 합쳐서 체로 치고, 냉동실에 1시간 정도 넣어 차게 식힌다(푸드프로세서를 사용할 경우에는 냉장실에 넣는다).
- B와 C는 각각 합친다.
- 오븐팬에 타공 매트를 간다.
- 오븐은 170℃로 예열한다(구울 때).

**【 도구 】**

지름 6cm 원형틀

## 만드는 법

**1** 볼에 A와 버터를 넣고 버터에 밀가루를 입힌다.

**2** 엄지손가락을 활용해 버터를 으깨면서 밀가루와 합친다.

**3** 버터 입자가 어느 정도 작아지면 손바닥으로 반죽을 비비면서 더욱더 잘게 만든다. 전체가 거친 모래 상태가 되면 다 된 것이다.

▶ 푸드프로세서를 사용할 경우에는 버터를 1cm 크기로 깍둑썰고, A와 함께 넣어 포슬포슬 모래알 상태가 될 때까지 잘게 간다.

"

**4** B를 넣고 전체를 고루 섞는다.

**5** C를 휘휘 둘러 넣고, 4와 같은 방법으로 고루 섞는다.

**6** 스크래퍼로 반죽을 볼에 누르면서 한 덩이로 뭉친다.

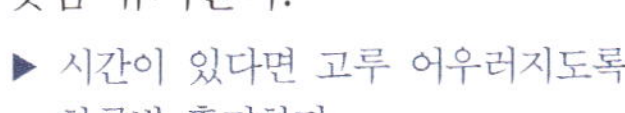

**7** 스크래퍼로 두께 2cm 정도의 정사각형으로 다듬고, 비닐랩으로 감싸 냉장고에 넣어 3시간에서 하룻밤 휴지한다.

▶ 시간이 있다면 고루 어우러지도록 하룻밤 휴지한다.

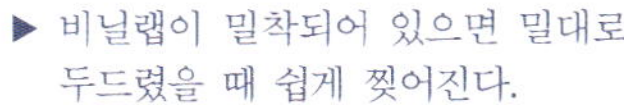

**8** 성형·굽기 냉장고에서 반죽을 꺼내 반죽 주위로 1cm 정도 여유를 두고 비닐랩을 다시 감싼다.

▶ 비닐랩이 밀착되어 있으면 밀대로 두드렸을 때 쉽게 찢어진다.

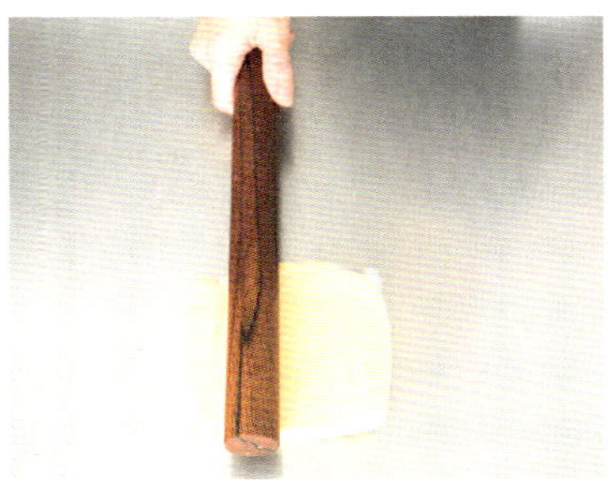

**9** 반죽을 부드럽게 만들기 위해 비닐랩으로 감싼 상태에서 밀대로 두드린다. 부드러워졌다면 밀대로 두께 1cm 정도로 밀고, 비닐랩째 뒤집어 같은 방법으로 민다.

**10** 비닐랩을 펴고 새 비닐랩을 반죽 위에 올려 반죽을 샌드한다.

**11** 반죽 양쪽에 두께 3mm 각봉을 두고 밀대로 민다. 비닐랩으로 샌드한 상태로 냉동실에 넣어 20~30분간 차게 식힌다.

▶ 버터 비중이 높은 반죽이라 밀대로 밀 때 반죽이 달라붙기 쉽다. 반죽이 달라붙으면 반죽 표면에 덧가루(강력분/분량 외)를 가볍게 뿌린다.

**12** 모양틀로 찍고 오븐팬에 간격을 띄워 올린다. 170℃로 예열한 오븐에 넣어 18~20분간 굽는다. 갓 구웠을 때는 무척 부드러우니 그대로 식힌 후에 식힘망에 올려 식힌다.

【 보관하기 】
밀폐용기에 담아 상온에서 약 일주일간 보관 가능(건조제를 넣는다).

 **Memo** 성형한 후의 사블레 반죽은 모두 한 달 정도 냉동 보관할 수 있다. 성형한 반죽을 비닐랩으로 가볍게 감싸 냉동실에 넣어 3시간 정도 차게 굳힌 후, 반죽이 마르지 않도록 한 번 더 비닐랩으로 감싸고 냉동용 지퍼백에 넣어준다.

크리스마스 사블레
Sablés de Noël

*크리스마스 시즌에 어울리는 사블레다.*
*세 가지 향신료를 블렌딩해 스파이시한 향을 살리면서도,*
*아몬드 가루를 넣어 부드러운 풍미도 더했다.*
*작은 구멍을 내어 구운 후, 끈을 달면 트리 장식으로도 활용할 수 있다.*

## 재료

버터 …… 63g

A
- 박력분 …… 105g
- 베이킹파우더 …… 0.6g
- 시나몬 파우더 …… 3g
- 생강 파우더 …… 1g
- 넛메그 파우더 …… 0.5g

B
- 슈가 파우더 …… 55g
- 소금 …… 0.4g
- 아몬드 가루 …… 30g

푼 달걀 …… 23g

## 준비

- 버터는 5mm 크기로 깍둑썰고(푸드프로세서를 사용할 경우에는 1cm 크기로 자른다), 냉장고에 1시간 정도 넣어 차게 식힌다.
- A는 합쳐서 체로 치고, 냉동실에 1시간 정도 넣어 차게 식힌다(푸드프로세서를 사용할 경우에는 냉장실에 넣는다).
- B는 합친다.
- 오븐팬에 타공 매트를 깐다.
- 오븐은 170℃로 예열한다(구울 때).

## 【도구】

트리 모양틀(대): 7×6cm
트리 모양틀(중): 6×4.2cm
트리 모양틀(소): 4.6×4.2cm
별 모양틀: 지름 4.5cm

## 【보관하기】

밀폐용기에 담아 상온에서 약 일주일
간 보관 가능(건조제를 넣는다).

## 만드는 법

1 볼에 A와 버터를 넣고 버터에 밀가루를 입힌다.

2 엄지손가락을 활용해 버터를 으깨면서 밀가루와 합친다.

3 버터 입자가 어느 정도 작아지면 손바닥으로 반죽을 비비면서 더욱더 잘게 만든다. 전체가 거친 모래 상태가 되면 다 된 것이다.

4 B를 넣고 전체를 고루 섞는다.

5 푼 달걀을 휘휘 둘러 넣고, 4와 같은 방법으로 고루 섞는다.

6 스크래퍼로 반죽을 볼에 누르면서 한 덩이로 뭉친다.

7 스크래퍼로 두께 2cm 정도의 정사각형으로 다듬고, 비닐랩으로 감싸 냉장고에 넣어 3시간에서 하룻밤 휴지한다.

8 성형·굽기 냉장고에서 반죽을 꺼내 반죽 주위로 1cm 정도 여유를 두고 비닐랩을 다시 감싼다.

9 반죽을 부드럽게 만들기 위해 비닐랩으로 감싼 상태에서 밀대로 두드린다. 부드러워졌다면 밀대로 두께 1cm 정도로 밀고, 비닐랩째 뒤집어 같은 방법으로 민다.

10 비닐랩을 펴고 새 비닐랩을 반죽 위에 올려 반죽을 샌드한다.

11 반죽 양쪽에 두께 3mm 각봉을 두고 밀대로 민다. 비닐랩으로 샌드한 상태로 냉동실에 넣어 20~30분간 차게 식힌다.

12 모양틀로 찍고 오븐팬에 간격을 띄워 올린다. 170℃로 예열한 오븐에 넣어 16~19분간 굽는다. 식힘망에 올려 식힌다.

사블레 린처
*Sablés linzer*

오스트리아 빈 스타일의 과자로 인기가 많은 린처 토르테는
향신료와 견과류가 들어간 반죽에 새빨간 잼(레드커런트 혹은 라즈베리)을
채워 굽는 타르트이다. 이 조합을 모티프 삼아
시나몬 풍미의 가벼운 반죽에 새콤달콤한 라즈베리잼을 샌드한 '사블레 린처'로 재해석했다.
스파이스와 베리의 이국적인 맛을 즐겨보자.

## 재료 (약 30개 분량)

버터 …… 75g

A ┌ 박력분 …… 75g
　└ 시나몬 파우더 …… 4.5g

B ┌ 슈가 파우더 …… 56g
　└ 소금 …… 0.3g

C ┌ 아몬드 가루 …… 60g
　└ 헤이즐넛 가루 …… 15g

푼 달걀 …… 18g

라즈베리잼 …… 약 100g

## 준비

- 버터는 5mm 크기로 깍둑썰고(푸드프로세서를 사용할 경우에는 1cm 크기로 자른다), 냉장실에 1시간 정도 넣어 차게 식힌다.
- A는 합쳐서 체로 치고, 냉동실에 1시간 정도 넣어 차게 식힌다(푸드프로세서를 사용할 경우에는 냉장실에 넣는다).
- B는 합치고, C는 합쳐서 굵은 체로 친다. B와 C를 합치고 냉장실에 1시간 정도 넣어 차게 식힌다.
- 오븐팬에 타공 매트를 깐다.
- 오븐은 170℃로 예열한다(구울 때).

## 【도구】

지름 3.7cm 스퀘어틀
그 외 지름 9mm 원형 깍지(구멍 뚫는 용)

## 만드는 법

1 볼에 A와 버터를 넣고 버터에 밀가루를 입힌다.

2 엄지손가락을 활용해 버터를 으깨면서 밀가루와 합친다.

3 버터 입자가 어느 정도 작아지면 손바닥으로 반죽을 비비면서 더욱더 잘게 만든다. 전체가 거친 모래 상태가 되면 다 된 것이다.

4 합친 B와 C를 넣고 전체를 고루 섞는다.

5 푼 달걀을 휘휘 둘러 넣고, 4와 같은 방법으로 고루 섞는다.

6 스크래퍼로 반죽을 볼에 누르면서 한 덩이로 뭉친다.

7 스크래퍼로 두께 2cm 정도의 정사각형으로 다듬고, 비닐랩으로 감싸 냉장고에 넣어 3시간에서 하룻밤 휴지한다.

8 성형 냉장고에서 반죽을 꺼내 반죽 주위로 1cm 정도 여유를 두고 비닐랩을 다시 감싼다.

9 반죽을 부드럽게 만들기 위해 비닐랩으로 감싼 상태에서 밀대로 두드린다. 부드러워졌다면 밀대로 두께 1cm 정도로 밀고, 비닐랩째 뒤집어 같은 방법으로 민다.

10 비닐랩을 펴고 새 비닐랩을 반죽 위에 올려 반죽을 샌드한다.

11 반죽 양쪽에 두께 2mm 각봉을 두고 밀대로 민다. 비닐랩으로 샌드한 상태로 냉동실에 넣어 20~30분간 차게 식힌다.

12 모양틀로 찍는다. 절반 분량은 깍지로 1~3개 구멍을 뚫고 오븐팬에 올린다.

13 굽기·마무리 170℃로 예열한 오븐에 넣어 13~15분간 굽는다. 식힘망에 올려 식힌다.

14 작은 냄비에 라즈베리잼과 물 10g(분량 외)을 넣고 약불에 올린다. 차가운 물에 떨어뜨렸을 때 잼이 뭉친 상태로 유지될 때까지 졸인다(21p 참조).

15 13에서 구멍을 뚫지 않은 사블레에 14를 숟가락으로 올리고 구멍을 뚫은 사블레로 덮어 샌드한다.

## 【보관하기】

밀폐용기에 담아 상온에서 약 5일간 보관 가능(건조제를 넣는다). 잼의 수분으로 인해 사블레가 눅눅해지기 쉬우므로 되도록 빨리 먹는다.

# 로미아스
*Romias*

로미아스 전용 깍지를 끼운 짤주머니를 이용해 짜는 것이 특징이다.
다만 전용 깍지는 가격도 비싼 데다 짜는 방법도 까다로워서
이 책에서는 국화 모양틀로 찍어내는 방법으로 바꾸어
보다 간편하게 만들 수 있도록 아이디어를 냈다.
가운데에 필링을 넣고 구우면 사블레와 캐러멜 풍미의 아몬드가 어우러져
간편하게 즐길 수 있는 플로랑탱 같은 맛으로 완성된다.

## 재료 (약 28개 분량)

버터 …… 66g
박력분 …… 95g
A ┌ 슈가 파우더 …… 35g
　│ 소금 …… 0.6g
　└ 아몬드 가루 …… 13g
푼 달걀 …… 20g

### 필링

버터 …… 15g
그래뉼러당 …… 15g
벌꿀 …… 15g
아몬드 분태 …… 22g

## 준비

- 버터는 5mm 크기로 깍둑썰고(푸드프로세서를 사용할 경우에는 1cm 크기로 자른다), 냉장실에 1시간 정도 넣어 차게 식힌다.
- 박력분은 체로 치고, 냉동고에 1시간 정도 넣어 차게 식힌다(푸드프로세서를 사용할 경우에는 냉장실에 넣는다).
- A는 합친다.
- 필링을 만든다. 작은 냄비에 버터, 그래뉼러당, 벌꿀을 넣고 약불에 올려 저으면서 가열한다. 끓어오르면 불을 끄고 아몬드 분태를 넣고 용기에 옮겨 담아 식힌다.
- 오븐팬에 테플론 시트를 깐다.
- 오븐은 170℃로 예열한다(구울 때).

## 【도구】

지름 4.5cm 국화 모양틀
그 외 지름 11mm 원형 깍지(구멍 뚫는 용)

## 【보관하기】

가운데의 필링이 눅눅해지기 쉬우므로 식으면 곧바로 밀폐용기에 담는다. 상온에서 약 일주일간 보관 가능(건조제를 넣는다).

## 만드는 법

1　볼에 박력분과 버터를 넣고 버터에 박력분을 입힌다.

2　엄지손가락을 활용해 버터를 으깨면서 밀가루와 합친다.

3　버터 입자가 어느 정도 작아지면 손바닥으로 반죽을 비비면서 더욱더 잘게 만든다. 전체가 거친 모래 상태가 되면 다 된 것이다.

4　A를 넣고 전체를 고루 섞는다.

5　푼 달걀을 휘휘 둘러 넣고, 4와 같은 방법으로 고루 섞는다.

6　스크래퍼로 반죽을 볼에 누르면서 한 덩이로 뭉친다.

7　스크래퍼로 두께 2cm 정도의 정사각형으로 다듬고, 비닐랩으로 감싸 냉장고에 넣어 3시간에서 하룻밤 휴지한다.

8　성형 냉장고에서 반죽을 꺼내 반죽 주위로 1cm 정도 여유를 두고 비닐랩을 다시 감싼다.

9　반죽을 부드럽게 만들기 위해 비닐랩으로 감싼 상태에서 밀대로 두드린다. 부드러워졌다면 밀대로 두께 1cm 정도로 밀고, 비닐랩째 뒤집어 같은 방법으로 민다.

10　비닐랩을 펴고 새 비닐랩을 반죽 위에 올려 반죽을 샌드한다.

11　반죽 양쪽에 두께 4mm 각봉을 두고 밀대로 민다. 비닐랩으로 샌드한 상태로 냉동실에 넣어 20~30분간 차게 식힌다.

12　모양틀로 찍고, 깍지(구멍이 큰 쪽)로 가운데에 구멍을 뚫는다.

13　오븐팬에 올리고 깍지로 뚫은 부분에 숟가락 등으로 필링을 넣는다(a).

14　굽기·마무리 170℃로 예열한 오븐에 넣어 16~18분간 굽는다(가운데는 캐러멜색, 사블레는 노릇하게 구움색이 나는 정도). 한 김 식으면 식힘망에 올려 식힌다.

# 초콜릿과 소금 캐러멜 사블레
*Sablés au chocolat et caramel salé*

코코아 풍미의 사블레에 짭짤한 소금 맛이 포인트인 부드러운 캐러멜을 샌드했다.
소금은 감칠맛이 뛰어난 게랑드 소금을 사용했다.
초콜릿, 소금, 캐러멜이 서로의 맛을 돋보이게 해준다.
뚜렷하고 깊이 있는 맛이 가을과 겨울에 특히 잘 어울린다.

## 재료 (약 18개 분량)

버터 …… 45g

A ┌ 박력분 …… 66g
   │ 코코아 파우더 …… 8g
   └ 베이킹파우더 …… 0.4g

B ┌ 슈가 파우더 …… 40g
   │ 소금 …… 0.2g
   └ 아몬드 가루 …… 20g

푼 달걀 …… 16g

캐러멜 만들기 (권장 분량, 만드는 법은 아래를 참조)

생크림(유지방 성분 36%) …… 80g
그래뉴러당 …… 100g

게랑드 소금(과립) …… 적당량
코팅용 초콜릿(다크) …… 적당량
카카오닙스 …… 적당량

## 준비

- 버터는 5mm 크기로 깍둑썰고(푸드프로세서를 사용할 경우에는 1cm 크기로 자른다), 냉장고에 1시간 정도 넣어 차게 식힌다.
- A는 합쳐서 체로 치고, 냉동실에 1시간 정도 넣어 차게 식힌다(푸드프로세서를 사용할 경우에는 냉장실에 넣는다).
- B는 합친다.
- 오븐팬에 타공 매트를 깐다.
- 오븐은 160℃로 예열한다(구울 때).

## 캐러멜 만드는 법

1. 생크림을 내열 용기에 담아 비닐랩을 씌우고 전자레인지(600W)에 넣어 약 1분간 가열한다(약 80℃).

2. 작은 냄비에 그래뉴러당 절반 분량을 넣어 약불에 올린다. 냄비를 움직이면서 그래뉴러당을 녹인다. 화상에 주의하면서 가열하고 캐러멜색이 되면 불을 끈다.

3. 1의 생크림을 3회로 나누어 넣고 그때마다 고무 주걱으로 잘 섞는다(튈 수 있으니 화상에 주의한다). 마지막에 나머지 절반 분량의 그래뉴러당을 넣어 고루 섞으면서 녹인다.

4. 다시 약불에 올리고 고무 주걱으로 저어가며 114~115℃까지 가열한다. 불을 끄고 테플론 시트를 깐 트레이에 붓고 상온에서 식힌다.

## 만드는 법

1. 볼에 A와 버터를 넣고 버터에 밀가루를 입힌다.

2. 엄지손가락을 활용해 버터를 으깨면서 밀가루와 합친다.

3. 버터 입자가 어느 정도 작아지면 손바닥으로 반죽을 비비면서 더욱더 잘게 만든다. 전체가 거친 모래 상태가 되면 다 된 것이다.

4. B를 넣고 전체를 고루 섞는다.

5. 푼 달걀을 휘휘 둘러 넣고, 4와 같은 방법으로 고루 섞는다.

6. 스크래퍼로 반죽을 볼에 누르면서 한 덩이로 뭉친다.

7. 스크래퍼로 두께 2cm 정도의 정사각형으로 다듬고, 비닐랩으로 감싸 냉장고에 넣어 3시간에서 하룻밤 휴지한다.

8. <u>성형</u> 냉장고에서 반죽을 꺼내 반죽 주위로 1cm 정도 여유를 두고 비닐랩을 다시 감싼다.

9. 반죽을 부드럽게 만들기 위해 비닐랩으로 감싼 상태에서 밀대로 두드린다. 부드러워졌다면 밀대로 두께 1cm 정도로 밀고, 비닐랩째 뒤집어 같은 방법으로 민다.

10. 비닐랩을 펴고 새 비닐랩을 반죽 위에 올려 반죽을 샌드한다.

11. 반죽 양쪽에 두께 3mm 각봉을 두고 밀대로 민다. 비닐랩으로 샌드한 상태로 냉동실에 넣어 20~30분간 차게 식힌다.

12. 모양틀로 찍고 오븐팬에 간격을 띄워 올린다.

13. <u>굽기·마무리</u> 160℃로 예열한 오븐에 넣어 18~20분간 굽는다. 식힘망에 올려 식힌다.

14. 캐러멜을 스크래퍼로 약 5g씩 분할하고 손으로 둥글려 13의 절반 분량에 올린다(a). 게랑드 소금을 뿌리고(b) 다른 사블레를 올려 샌드한 후, 살짝 눌러 캐러멜을 전체적으로 펼친다.

    ▶ 캐러멜이 너무 부드러워 다루기 어려울 때는 30분 정도 냉장고에 넣어 차게 식힌 후 작업한다.

15. 코팅용 초콜릿을 중탕으로 녹여 14를 비스듬히 담갔다가 테플론 시트에 올리고, 곧바로 카카오닙스를 흩뿌린다. 초콜릿이 굳으면 완성이다.

【도구】
지름 3.8cm 원형틀

【보관하기】
밀폐용기에 담아 상온(여름철예는 냉장실)에서 약 일주일간 보관 가능(건조제를 넣는다).

# 치즈스틱 사블레 (바토네 프로마주)

*Bâtonnets de fromage*

에담치즈(네덜란드의 대표적인 치즈)를 듬뿍 넣은 짭짤한 사블레다.
가벼운 식감에 치즈의 짠맛이 기분 좋게 어우러지고,
흑후추의 매콤함이 알싸하게 포인트를 더한다. 맥주나 화이트와인과의 궁합도 환상적!
이 책에서는 막대 모양으로 잘라 먹기 편하게 만들었다.
갓 구웠을 때보다 이튿날부터 치즈 맛을 제대로 느낄 수 있다.

### 재료 (40개 분량)

버터 …… 80g
박력분 …… 133g

A
- 미립자 그래뉴러당 …… 25g
- 소금 …… 1g
- 에담치즈 가루 …… 47g
- 굵게 간 흑후추 …… 1.6g

푼 달걀 …… 27g

덧칠용 달걀

푼 달걀 …… 적당량

### 준비

- 버터는 5mm 크기로 깍둑썰고(푸드프로세서를 사용할 경우에는 1cm 크기로 자른다), 냉장고에 1시간 정도 넣어 차게 식힌다.
- 박력분은 체로 치고, 냉동실에 1시간 정도 넣어 차게 식힌다(푸드프로세서를 사용할 경우에는 냉장실에 넣는다).
- A는 합친다.
- 오븐팬에 타공 매트를 깐다.
- 오븐은 170℃로 예열한다(구울 때).

### 만드는 법

1. 볼에 박력분과 버터를 넣고 버터에 밀가루를 입힌다.
2. 엄지손가락을 활용해 버터를 으깨면서 밀가루와 합친다.
3. 버터 입자가 어느 정도 작아지면 손바닥으로 반죽을 비비면서 더욱더 잘게 만든다. 전체가 거친 모래 상태가 되면 다 된 것이다.
4. A를 넣고 전체를 고루 섞는다.
5. 푼 달걀을 휘휘 둘러 넣고, 4와 같은 방법으로 고루 섞는다.
6. 스크래퍼로 반죽을 볼에 누르면서 한 덩이로 뭉친다.
7. 스크래퍼로 두께 2cm 정도의 정사각형으로 다듬고, 비닐랩으로 감싸 냉장고에 넣어 3시간에서 하룻밤 휴지한다.
8. 성형 냉장고에서 반죽을 꺼내 반죽 주위로 1cm 정도 여유를 두고 비닐랩을 다시 감싼다.
9. 반죽을 부드럽게 만들기 위해 비닐랩으로 감싼 상태에서 밀대로 두드린다. 부드러워졌다면 밀대로 두께 1cm 정도로 밀고, 비닐랩째 뒤집어 같은 방법으로 민다.
10. 비닐랩을 펴고 새 비닐랩을 반죽 위에 올려 반죽을 샌드한다.
11. 반죽 양쪽에 두께 7mm 각봉을 두고 밀대로 직사각형(대략 17×21cm)으로 민다. 비닐랩으로 샌드한 상태로 냉동실에 넣어 15~30분간 차게 식힌다.
12. 굽기 칼로 8×1cm로 자르고(a), 오븐팬에 올린다. 마지막에 솔로 덧칠용 달걀을 바르고 170℃로 예열한 오븐에 넣어 15~18분간 굽는다. 식힘망에 올려 식힌다.

【 보관하기 】

밀폐용기에 담아 상온에서 약 일주일간 보관 가능(건조제를 넣는다).

# 주르륵
# 녹인 상태의 버터로 만드는
# 사블레

버터를 중탕하여 40℃ 정도로 녹인 버터를 사용한다.
고체가 아닌 액체 상태이므로
버터 속 공기는 모두 빠진다.
밀가루와 섞으면 밀가루에 그대로 스며들어
공기를 머금을 수 없게 된다.
따라서 바삭하고 단단한 식감으로 완성된다.
메밀가루와 흑설탕처럼 소박한 재료와 고소한 견과류가
이 사블레와 잘 어울린다.
처음에는 액체 상태이니 거품기로 섞고,
가루를 넣고 나서는 고무 주걱으로 섞고,
마지막에는 스크래퍼로 볼에 반죽을 눌러가며 한 덩이로 만든다.
세 가지 도구를 단계에 따라 잘 구분하여 사용한다.

# 메밀가루 사블레

## *Sablés au sarrasin*

바삭한 식감과 메밀가루 특유의 풍미가 입안 가득 퍼지는
어딘가 정겨운 느낌의 사블레다.
프랑스 브르타뉴 지방에서는 메밀 재배가 활발해
메밀가루 사블레를 쉽게 만나볼 수 있다.

# 메밀가루 사블레

**재료** (약 20개 분량)

비정제 사탕수수 설탕 ······ 54g

A ┌ 메밀가루 ······ 90g
  │ 박력분 ······ 52g
  └ 베이킹파우더 ······ 2.4g

푼 달걀 ······ 45g

버터 ······ 54g

그래뉼러당 ······ 적당량

## 준비

- A는 합쳐서 체로 친다.
- 푼 달걀은 상온 상태로 준비한다.
- 버터는 중탕으로 녹인다
  (약 40℃로 유지한다).
- 오븐팬에 테플론 시트를 깐다.
- 오븐은 170℃로 예열한다(구울 때).

## 【도구】

지름 4.8cm 원형틀
그 외 지름 9mm 원형 깍지(구멍 뚫는 용)

### POINT

- 모양틀로 찍고 남은 자투리 반죽은 합쳐서 한 덩이로 만들고 같은 방법으로 비닐랩으로 감싸 밀대로 편다. 이 상태로 냉동실에 넣어 20~30분간 차게 식힌 후에 모양틀로 찍는다.
- 작업하는 중간에 반죽이 달라붙어 작업하기 어려울 때는 냉장실에 넣어 차게 식힌 후에 다시 찍어낸다.
- 반죽하는 중간에 고무 주걱에 반죽이 달라붙어 고루 섞기 어려울 때는 스크래퍼로 긁어내면서 작업한다.
- 두 번으로 나누어 구울 때는 두 번째에 구울 반죽을 타공 매트에 올린 후 가볍게 비닐랩을 씌워 냉장고에 넣어둔다.

## 만드는 법

1 볼에 사탕수수 설탕과 A를 넣고 고무 주걱으로 고루 섞는다.

2 다른 볼에 푼 달걀을 넣고, 녹인 버터를 조금씩 붓고 그때마다 거품기로 빙글빙글 원을 그리듯이 섞는다.

3 1에 2를 2회로 나누어 넣고 그때마다 고무 주걱으로 바닥에서 위로 뒤집어 올리며 자르듯이 섞는다.

**4** 스크래퍼로 바꿔 쥐고 반죽을 볼에 누르면서 날가루가 보이지 않을 때까지 확실히 섞는다.

**5** 스크래퍼로 두께 2cm 정도의 정사각형으로 다듬고, 비닐랩으로 감싸 냉장고에 넣어 2~3시간 휴지한다.

**6** 성형·굽기 냉장고에서 반죽을 꺼내 반죽 주위로 1cm 정도 여유를 두고 비닐랩을 다시 감싼다.

▶ 비닐랩이 밀착되어 있으면 밀대로 두드렸을 때 쉽게 찢어진다.

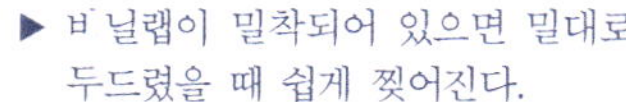

**7** 반죽을 부드럽게 만들기 위해 비닐랩으로 감싼 상태에서 밀대로 두드린다. 부드러워졌다면 밀대로 두께 1cm 정도로 밀고, 비닐랩째 뒤집어 같은 방법으로 민다.

**8** 비닐랩을 펴고 새 비닐랩을 반죽 위에 올려 반죽을 샌드한다.

**9** 반죽 양쪽에 두께 5mm 각봉을 두고 밀대로 민다. 비닐랩으로 샌드한 상태로 냉동실에 넣어 20~30분간 차게 식힌다.

▶ 냉장실보다 냉동실이 더 빨리 단단하게 굳는다.

**10** 모양틀로 찍고 오븐팬에 올린다.

**11** 가운데를 깍지(구멍이 큰 쪽)로 찍어 링 모양으로 만든다.

**12** 용기에 그래뉼러당을 담아 11 윗면에 묻히고, 오븐팬에 다시 올린다. 170℃로 예열한 오븐에 넣어 18~20분간 굽는다. 식힘망에 올려 식힌다.

---

【 보관하기 】
밀폐용기에 담아 상온에서 약 2주일간 보관 가능(건조제를 넣는다).

성형한 후의 사블레 반죽은 모두 한 달 정도 냉동 보관할 수 있다. 성형한 반죽을 비닐랩으로 가볍게 감싸 냉동실에 넣어 3시간 정도 차게 굳힌 후, 반죽이 마르지 않도록 한 번 더 비닐랩으로 감싸고 냉동용 지퍼백에 넣어준다.

# 흑당과 생강 사블레
*Sablés au kokutou et gingembre*

어릴 적 먹었던 생강맛 흑당을 떠올리며 만든 사블레다.
생강을 갈아서 넣기 때문에 뒷맛이 알싸하게 매콤하다.
손으로 둥글리기만 하면 되어서 간편하게 만들 수 있다.
흑당은 분말 타입을 사용하면 반죽에 잘 섞이니 작업도 훨씬 수월해진다.

## 재료 (25개 분량)

흑당(분말) …… 50g
A ┌ 박력분 …… 60g
　└ 베이킹파우더 …… 1.5g
푼 달걀 …… 12g
버터 …… 24g
생강(간 것) …… 10g

## 준비

- A는 합쳐서 체로 친다.
- 푼 달걀은 상온 상태로 준비한다.
- 버터는 중탕으로 녹인다
  (약 40℃로 유지한다).
- 오븐팬에 테플론 시트를 깐다.
- 오븐은 170℃로 예열한다(구울 때).

## 만드는 법

1　볼에 흑당과 A를 넣고 고무 주걱으로 고루 섞는다.

2　다른 볼에 푼 달걀을 넣고, 녹인 버터를 조금씩 붓고 그때마다 거품기로 빙글빙글 원을 그리듯이 섞는다. 마지막에 생강도 넣어 고루 섞는다.

3　1에 2를 2회로 나누어 넣고 그때마다 고무 주걱으로 바닥에서 위로 뒤집어 올리며 자르듯이 섞는다.

4　스크래퍼로 바꿔 쥐고 반죽을 볼에 누르면서 날가루가 보이지 않을 때까지 확실히 섞는다.

5　스크래퍼로 두께 2cm 정도의 정사각형으로 다듬고, 비닐랩으로 감싸 냉장고에 넣어 2~3시간 휴지한다.

6　성형 냉장고에서 반죽을 꺼내 스크래퍼로 6g씩 분할한다.

7　각각 손으로 둥글려 오븐팬에 을리고 마지막에 손바닥 아랫부분으로 누른다(a).

　▶ 달라붙기 쉬우니 손과 반죽에 덧가루(강력분/분량 외)를 뿌린다.

8　굽기 170℃로 예열한 오븐에 넣어 18분간 굽는다. 식힘망에 올려 식힌다.

【 보관하기 】
밀폐용기에 담아 상온에서 약 10일간
보관 가능(건조제를 넣는다).

호두와 건포도 스파이스 사블레

*Sablés aux épices aux raisins et noix*

겉모습은 투박하고 소박하지만, 바삭바삭한 식감과
은은하게 퍼지는 시나몬 풍미가 매력적인 사블레다.
호두와 건포도를 넣은 반죽을 티스푼으로 떠서 모양을 잡기만 하면 되니 아주 간단하다.
호두는 미리 로스팅해 두면 고소한 풍미가 더욱 살아난다.

## 재료 (약 18개 분량)

비정제 사탕수수 설탕 ······ 30g
아몬드 가루 ······ 12g
A ┌ 박력분 ······ 30g
  │ 베이킹파우더 ······ 1g
  └ 시나몬 파우더 ······ 1.8g
푼 달걀 ······ 15g
버터 ······ 30g
호두 ······ 50g
건포도(반으로 자른다) ······ 30g

## 준비

- A는 합쳐서 체로 친다.
- 푼 달걀은 상온 상태로 준비한다.
- 버터는 중탕으로 녹인다
  (약 40℃로 유지한다).
- 호두는 170℃로 예열한 오븐에 넣어 7분
  정도 가볍게 로스팅하고 7mm 크기로 자른다.
- 오븐팬에 테플론 시트를 깐다.
- 오븐은 170℃로 예열한다(구울 때).

## 만드는 법

1  볼에 사탕수수 설탕, 아몬드 가루, A를 넣고 고무 주걱으로 고루 섞는다.

2  다른 볼에 푼 달걀을 넣고, 녹인 버터를 조금씩 붓고 그때마다 거품기로 빙글빙글 원을 그리듯이 섞는다. 마지막에 생강도 넣어 고루 섞는다.

3  1에 2를 2회로 나누어 넣고 그때마다 고무 주걱으로 바닥에서 위로 뒤집어 올리며 자르듯이 섞는다.

4  80% 정도 섞이면 호두와 건포도를 넣고(a), 날가루가 보이지 않을 때까지 확실히 섞는다.

5  볼에 비닐랩을 씌우고 냉장실에 넣어 1~2시간 휴지한다.

6  성형 · 굽기 티스푼으로 반죽을 10~11g씩 떠서 오븐팬에 올리고, 손으로 동그랗게 다듬는다(b).

7  170℃로 예열한 오븐에 넣어 18~20분간 굽는다. 식힘망에 올려 식힌다.

【 보관하기 】
밀폐용기에 담아 상온에서 약 일주일간
보관 가능(건조제를 넣는다).

# 아몬드 튀일
*Tuiles aux amandes*

프랑스어로 '기와'를 뜻하는 '튀일'은
둥그런 곡선이 프랑스의 기와를 닮아 붙여진 이름이다.
버터의 풍부한 향과 아몬드의 고소함을 단박에 느낄 수 있는
프랑스 과자다운 맛이다. 가장자리는 구움색을 진하게 내고,
가운데는 살짝 밝게 굽는 것이 포인트다.

## 재료 (약 12개 분량)

푼 달걀 …… 24g
달걀흰자 …… 12g
그래뉼러당 …… 50g
바닐라 오일 …… 1방울
박력분 …… 12g
버터 …… 18g
아몬드 슬라이스 …… 50g

## 준비

- 푼 달걀과 달걀흰자는 상온 상태로
  준비한다.
- 박력분은 체로 친다.
- 버터는 중탕으로 녹인다
  (약 40℃로 유지한다).
- 오븐팬에 테플론 시트를 깐다.
- 오븐은 170℃로 예열한다(구울 때).

## 만드는 법

1  볼에 푼 달걀, 달걀흰자, 그래뉼러당을 넣고 거품기로 빙글
   빙글 원을 그리듯이 섞는다.

2  바닐라 오일을 더해 1과 같은 탕법으로 섞는다.

3  박력분을 넣고 1과 같은 방법으로 섞는다.

4  녹인 버터를 넣고 1과 같은 방법으로 섞는다.

5  아몬드 슬라이스를 넣고 고무 주걱으로 바꿔 쥐고 고루 섞
   는다.

6  볼에 비닐랩을 씌우고 냉장실에 넣어 3시간에서 하룻밤 휴
   지한다.

7  성형·굽기·마무리 냉장고에서 반죽을 꺼내 숟가락으로 반죽
   을 약 13g씩 떠서 오븐팬에 떨어뜨리고 지름 6cm인 원형으
   로 만든다. 반죽이 구워지면서 부풀기 때문에 간격을 넉넉하
   게 띄운다.

8  170℃로 예열한 오븐에 넣어 12~15분간 굽는다.

9  구움색이 노릇하게 난 것부터 순서대로 오븐에서 꺼내 곧바
   로 팔레트 나이프 등을 이용해 밀대 위에 올린다(a). 튀일이
   식으면서 곡선이 굳으면 완성이다.



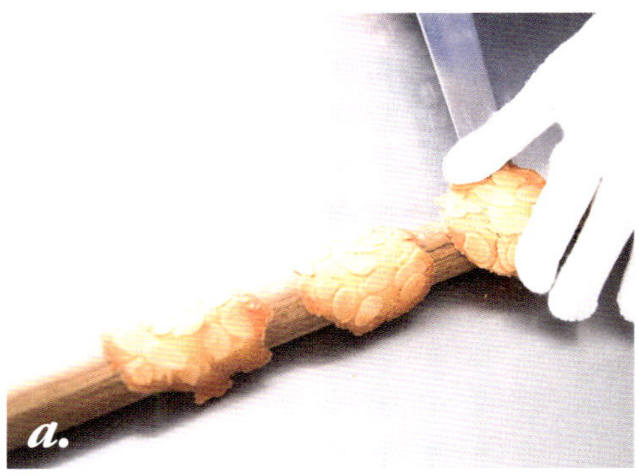

# 직접 구운 사블레를
# 가득 채워서 선물하기!

### 1~2 종류를 채운다

**사용한 용기**

A. 지름 7×높이 7cm 투명 케이스
B. 20×4.5×높이 3cm 종이 상자
C. 8.5×8.5×높이 2.5cm 투명 케이스
D. 13×8.5×높이 5cm 투명 케이스

**채우는 법**

A와 B는 한 종류만 담으니 사블레 크기에 딱 맞는 용기를 사용하자.
C는 비슷한 크기의 원형과 사각형 사블레를 조합했다.
같은 종류의 사블레를 대각선 방향으로 배치한다.
D는 비슷한 종류의 크고 작은 사블레를 타원형 케이스에 담았다.

사블레는 오래 두고 먹을 수 있는 종류가 많으니
여러 종류를 만들어 상자나 틴케이스, 투명 케이스에 가득 채워 넣어두자.
마치 제과점에서 산 것처럼 완성되어 근사한 선물이 된다.
사블레 종류는 취향대로 골라도 좋지만, 되도록 빈틈없이 채워 넣는 것이 포인트!
퍼즐을 맞추듯이 즐겁게 담아보자. 단, 건조제는 잊지 마시길!

## 다양한 종류를 채운다

사용한 용기

A. 지름 17×높이 6.5cm 틴케이스(화이트 유산지컵 포함)
B. 8×8×높이 4cm 투명 케이스
C. 12.5×12.5×높이 3cm 틴케이스
D. 13×13×높이 4cm 종이 상자

채우는 법

A는 색과 모양이 다른 것을 가까이에 배치하는 것이 포인트.
원형 용기는 가장자리를 따라 한 바퀴 먼저 채우고 그다음에 중심을 채운다.
각각 유산지컵에 넣어서 채우면 보기에도 좋고 꺼내기도 편하다.
B와 C는 앞쪽에서 뒤쪽으로 채워 넣되 먼저 큰 사블레부터 배치하고,
빈틈에는 크기가 작은 사블레로 메운다. D는 러프하게 채우고 메시지 카드를 곁들인다.

# 기본 재료

맛있는 사블레를 만들기 위해서는
식감과 풍미, 깊은 맛을 결정짓는 재료가 무척이나 중요하다.
최적의 재료를 준비하고, 정확하게 계량한다.

## 버터

모두 무염 버터를 사용한다. 일반 버터로 만들어도 맛있게 완성되지만, 발효 버터를 사용하면 감칠맛과 풍미가 한층 깊어진다. 이 책에서는 모두 발효 버터를 사용했다. 냉장고에 넣어 보관하고 유통기한 내에 다 사용하자. 다 쓰지 못할 때는 비닐랩이나 쿠킹포일에 싸서 냉동 보관하면 약 2개월간 보관할 수 있다.

## 가루류

### 아몬드 가루

박력분에는 없는 유지방 성분과 감칠맛이 있어 소량만 넣어도 깊은 맛과 풍미가 생겨난다. 글루텐이 없기에 박력분 분량의 일부를 대체해 넣으면 더 바삭한 식감으로 완성할 수 있다.

### 박력분

사블레에는 글루텐 함량이 낮은 박력분을 사용한다. 일반적인 박력분을 사용해도 되지만 프랑스산 밀을 원료로 한 '에크리튀르*'를 사용하면 훨씬 더 바삭하게 완성할 수 있다. 개봉 후에는 밀폐용기에 넣어 보관하고 2개월 이내에 다 사용하자.

### 베이킹 파우더

팔레 브르통(14p)처럼 버터와 수분 함량이 많은 반죽에 소량 넣으면 오븐 안에서 구워지면서 이산화탄소가 발생해 반죽이 가벼워진다. 알루미늄 프리 제품을 사용했다. 개봉 후에는 밀폐용기에 넣어 2개월 이내에 다 사용하자.

* 프랑스산 밀로 만든 고급 박력분.
단백질 함량 약 9.2%, 회분 0.43.

## 설탕 · 소금

### 슈가 파우더

그래뉼러당을 분쇄해 분말 상태로 만든 것. 입자가 고와서 재료에 빠르게 섞인다. 사블레에 사용하면 바삭바삭하고 가벼운 식감으로 완성된다. 이 책에서는 분말 물엿이 들어간 제품을 사용했다. 올리고당이 들어간 제품이나 콘스타치가 들어간 제품을 사용해도 된다. 슈가 파우더 성분 100%인 제품은 덩어리지기 쉬우니 체에 내린 후에 사용하는 것이 좋다.

### 사탕수수 설탕

정제도가 낮은 갈색 설탕으로, 깊고 부드러운 단맛이 특징이다. 견과류와 건과일, 향신료 등과 잘 어울린다. 은은하고 풍부한 맛으로 완성하고 싶을 때 사용하면 효과적이다.

### 소금

이 책에서 사용한 소금은 모두 프랑스 북서부 브르타뉴 지역의 '게랑드 소금(과립)'이다. 짠맛뿐 아니라 감칠맛이 풍부하다. 재료 본연의 맛 또한 더 잘 살려준다.

## 달걀 · 럼주

### 달걀

재료를 하나로 잇는 역할과 먹음직스러운 구움색을 내는 역할을 한다. 이 책에서는 모두 M 사이즈 달걀을 사용했다(M 사이즈 달걀이란 58~64g 미만으로, 특란 혹은 대란을 사용하면 된다). 푼 달걀은 전란을 잘 풀어서 계량한다.

### 럼주

사블레 등의 구움과자에 향을 입힐 때는 농후하고 풍부한 향을 가진 다크 럼을 추천한다. 이 책에서는 자메이카산 '마이어스 럼 오리지널 다크(Myers's Rum Original Dark)'를 사용했다.

# 기본 도구

평소에 자주 쓰는 익숙한 도구가 가장 좋겠지만,
사블레를 만들 때 꼭 필요한 도구들도 있다.
작업을 수월하게 진행할 수 있도록 갖추면 좋다.

## 섞기

### 볼
크기가 다른 볼 2개가 있으면 편리하다. 반죽을 섞을 때는 지름 18cm의 큰 볼, 코팅용 초콜릿을 중탕으로 녹일 때는 지름 13cm의 작은 볼을 사용하는 게 좋다. 열전도율이 좋은 스테인리스 재질을 추천한다.

### 나무 주걱, 고무 주걱, 거품기, 스크래퍼
나무 주걱은 버터를 단단한 포마드 상태로 섞을 때, 나무 주걱과 고무 주걱은 부드러운 반죽을 섞을 때, 스크래퍼는 마지막에 반죽을 한데 모을 때 사용한다. 거품기는 버터에 달걀과 우유를 더해 유화시킬 때 사용한다.

## 밀기 · 찍기 · 짜기

### 각봉
반죽을 밀 때 사용한다. 반죽 양쪽에 놓고 밀대로 밀면 균일한 두께가 된다. 두께별로 몇 개씩 갖춰두면 작업하기 편리하다. 제과 재료 전문점에서 구매할 수 있다. 이 책에서는 홈인테리어 DIY 매장인 홈센터에서 판매하는 나무 자재를 활용해 2mm, 3mm, 4mm, 1cm 두께의 각봉을 단독 또는 조합해서 사용했다.

### 비닐랩
반죽을 밀 때는 신축성이 좋은 폴리염화비닐(PVC) 재질 등이 잘 찢어지지 않아 추천한다. 반죽을 보관할 때는 산소 차단력이 높은 폴리염화비닐리덴(PVDC) 재질을 사용하면 건조를 막을 수 있다.

### 깍지
짤주머니에 끼워 사용하지만, 이 책에서는 반죽을 찍는 용도로도 활용한다. 깍지 구멍이 작은 쪽(구경 0mm로 표시하는 쪽)과 큰 쪽 모두 사용한다.

### 기타
반죽용 판, 밀대(45cm 정도가 사용하기 좋다), 짤주머니, 모양틀 등.

## 굽기

### 오븐 시트
여러 번 세척해 재사용할 수 있는 타입을 추천한다. 검은색 매트는 그물망 구조로 되어 있어 불필요한 수분과 유분이 쉽게 빠진다(프랑스 '실팡SILPAIN'). 베이지색 매트는 표면에 테플론 코팅이 되어 있어 오염을 쉽게 제거할 수 있다.

### 식힘망(쿨링랙)
구운 사블레를 식힐 때 사용한다.

## 기타

### 저울
0.1g 단위까지 측정할 수 있는 디지털 저울을 사용한다. 사블레를 만들 때는 레시피대로 계량하는 것이 중요하다. 단위가 세세하더라도 정확하게 계량하자.

### 온도계
디지털로 표시되는 타입이 편리하다. 플로랑탱의 누가(36p)와 캐러멜(62p)을 졸일 때 사용한다. 졸이는 방식에 따라 단단한 정도와 입안에서 녹는 느낌이 달라지므로, 정확하게 온도를 측정하는 것이 중요하다.

### 기타
솔, 숟가락, 차 거름망 등.

Publisher Takayoshi Seiki
Art direction by Taro Kohashi
Photographs by Yumiko Miyahama
Styling/Coordination by Yuko Magata
Proofreading by Setsuko Yamawaki
Editing by Mitsuko Kohashi, Kaori Tanaka (BUNKA GAKUEN BUNKA PUBLISHING BUREAU)

맛있는 사블레의 비밀

초판 1쇄 발행 2025년 9월 15일

지은이 시모조노 마사에
옮긴이 임지인

주간 이동은
편집 김주현
미술 임현아 김숙희 박소원
마케팅 장기석 성스레
제작 전우석 박장혁

발행처 북커스
발행인 정의선
마케팅 이사 사공성
이사 전수현

출판등록 2018년 5월 16일 제406-2018-000054호
주소 서울시 종로구 평창30길 10 (03004)
전화 02-394-5981~2(편집) 031-955-6980(마케팅)
팩스 031-955-6988

ⓒ 시모조노 마사에, 2025



ISBN 979-11-90118-94-1 (13590)

• 값은 뒤표지에 있습니다.
• 파본이나 잘못된 책은 구입하신 서점에서 교환해 드립니다.